ARM Cortex-M4微控制器原理与实践

温子祺　冼安胜　林秩谦　杨伟展　编著

北京航空航天大学出版社

内容简介

本书以新唐公司的 NuMicro M451 系列微控制器为蓝本,由浅入深,并结合 SmartM-M451 迷你开发板系统地介绍了 ARM Cortex-M4 内核的原理与结构、开发环境的使用和各种功能器件的应用。本书还介绍了驱动 TFT 屏的方法、触摸控制、SD 卡数据读写、FAT 文件系统的移植、触摸按键、μCOS 的移植与应用、μCGUI 的移植与应用及智能家居中常用的无线串口模组的使用等。此外,配套的资料提供了各章节的实例代码(可在北京航空航天大学出版社网站 www.buaapress.com.cn 的"下载专区"相关页面下载),可使读者在短时间内迅速掌握 NuMicro M451 系列微控制器的应用技巧,并向读者提供配套开发板。

本书既可以作为本、专科微控制器相关课程的教材,又可以作为相关专业技术人员的参考与学习用书。最后衷心希望本书能对 ARM Cortex-M4 内核的微控制器的应用与推广起到一定的作用。

图书在版编目(CIP)数据

ARM Cortex-M4 微控制器原理与实践 / 温子祺等编著
. -- 北京 :北京航空航天大学出版社,2016.1
ISBN 978 - 7 - 5124 - 1993 - 3

Ⅰ. ①A… Ⅱ. ①温… Ⅲ. ①微处理器—研究 Ⅳ.
①TP332

中国版本图书馆 CIP 数据核字(2015)第 312183 号

ARM Cortex-M4 微控制器原理与实践

温子祺　冼安胜　林秩谦　杨伟展　编著
责任编辑　孙兴芳

*

北京航空航天大学出版社出版发行

北京市海淀区学院路 37 号(邮编 100191)　http://www.buaapress.com.cn
发行部电话:(010)82317024　传真:(010)82328026
读者信箱:emsbook@buaacm.com.cn　邮购电话:(010)82316936
北京同江印刷有限公司印装　各地书店经销

*

开本:710×1 000　1/16　印张:40.5　字数:863 千字
2016 年 2 月第 1 版　2016 年 2 月第 1 次印刷　印数:3 000 册
ISBN 978 - 7 - 5124 - 1993 - 3　定价:99.00 元

序

欣闻温老师完成了第三本关于 ARM Cortex-M 系列的著作。从 Cortex-M0 进展至 Cortex-M4,本书涵盖了从 Cortex-M4 内核操作原理、各种外设范例到实时操作系统、UI 运作及文件系统等内容,并辅以完整周边的学习开发板,由浅入深,从内核、芯片、系统到应用,使得学习与实例相辅相成。即使原厂也不容易做到如此详尽且又系统的讲解与实例说明,因此言称"温老师"是理所当然的。

在强调创新的潮流中,MCU 为开放式创新的平台,硬件与软件搭配后,再加上创意,即成创新产品。但要成就创新产品,除了想法外,还需对芯片、系统有详尽的了解,这样才能生产出性价比较佳的产品,这也是目前从创客的创新想法到量产期间所需解决的问题。创客除了需要简单易用的开发工具外,尚须加上 MCU 的专业知识,如此方可大幅降低生产技术难度,加快达到量产。本书可以说是从想法到量产期间较好的工具书,涵盖原理与实例,是从构思到量产的技术桥梁。

目前物联网蓬勃发展,应重视从物联网终端到云端服务间的关联。物联网终端由MCU、通信与感测组件所组成,其中 MCU 为处理运算核心,需要省电和快速地处理感测组件输入的数据与通信协议,这是 32 位 MCU 体现高效能核心与节能的最佳应用领域,我们相信 32 位 MCU 一定是物联网应用的主流核心。

适逢中秋佳节,温老师完成的《ARM Cortex-M4 微控制器原理与实践》一书一定将为 32 位 MCU 的学习、推广与普及起到显著作用,并为开放式创新奠定基础。再次感谢温老师为 32 位 MCU 的推广做出的贡献。

新唐科技副总经理　林任烈
微控制器应用事业群主管　于新竹

前 言

嵌入式领域的发展日新月异,你也许还没有注意到,但如果你停下来想一想 MCU 系统 10 年前的样子,并将其与当今的 MCU 系统比较一下,就会发现 PCB 设计、元件封装、集成度、时钟速度和内存大小已经历了好几代的变化。在这方面最热门的话题之一是,仍在使用 8 位 MCU 的用户何时才能摆脱传统架构并转向使用更先进的 32 位微控制器架构,如基于 ARM Cortex-M 的 MCU 系列。在过去几年里,嵌入式开发者向 32 位 MCU 的迁移一直呈现强劲势头,采取这一行动的最强有力的理由是市场和消费者对嵌入式产品复杂性的需求大大增加。随着嵌入式产品彼此互联越来越多、功能越来越丰富,目前的 8 位和 16 位 MCU 已经无法满足处理要求,即使 8 位或 16 位 MCU 能够满足当前的项目需求,也存在限制未来产品升级和代码重复使用的严重风险;另一个常见原因是嵌入式开发者开始认识到迁移到 32 位 MCU 带来的好处,且不说 32 位 MCU 能提供超过 51 单片机 10 倍的性能,单说这种迁移本身就能够带来更低的能耗、更小的程序代码、更快的软件开发时间以及更好的软件重用性。

随着近年来制造工艺的不断进步,ARM Cortex 微控制器的成本也在不断降低,已经与 8 位和 16 位微控制器的成本处于同等水平。如今,越来越多的微控制器供应商提供基于 ARM 的微控制器,这些产品能提供选择范围更广的外设、性能、内存大小、封装、成本等。另外,基于 ARM Cortex-M 的微控制器还具有专门针对微控制器应用的一些特性,这些特性使 ARM 微控制器具有日益广泛的应用范围。与此同时,基于 ARM 的微控制器的价格在过去 5 年里已大幅降低,并且面向开发者的低成本甚至免费开发工具也越来越多。

与其他架构相比,选择基于 ARM 的微控制器也是更好的投资。现今,针对 ARM 微控制器开发的软件代码可在朱来几年内供为数众多的微控制器供应商重复使用。随着 ARM 架构的应用更加广泛,聘请具有 ARM 架构行业经验的软件工程师也比聘请其他架构的工程师更加容易,这也使得嵌入式产品更具竞争力。

本书微控制器的选型以新唐公司 ARM Cortex-M4 内核的 NuMicro M451 系列微控制器为蓝本。此前,作者已经编写了《51 单片机 C 语言创新教程》《ARM Cortex-M0 微控制器原理与实践》《ARM Cortex-M0 微控制器深度实战》等书,并在北京航空航天大学出版社出版。

　　本书共分为五大部分：

　　第一部分为初步认知篇（第 1 章～第 2 章），简略讲解 ARM Cortex-M4 架构、Nu-Micro M451 系列微控制器的内部资源。

　　第二部分为基本控制篇（第 3 章～第 26 章），围绕 NuMicro M451 系列微控制器的内部资源的使用进行讲解，如 GPIO、系统定时器、定时器、PWM、实时时钟、看门狗、窗口看门狗、串口、模拟／数字转换、数字／模拟转换、SPI、I²C、EBI、CRC、DMA、浮点运算等。

　　第三部分为人机交互篇（第 27 章），围绕驱动触摸屏进行讲解，例如：捕获点击坐标、颜色、图形、显示文字等。

　　第四部分为文件系统篇（第 28 章～第 33 章），讲解 SD 卡的通信原理，如何移植 FAT 文件系统，以及如何显示 BMP、JPG、GIF 图片等。

　　第五部分为拓展篇（第 34 章～第 36 章），讲解 μCOS 的移植与应用、μCGUI 的移植与应用、智能家居中无线串口模组的使用，充分发挥 ARM Cortex-M4 的潜能。

　　天下大事，必作于细。无论是从微控制器入门与深入的角度出发，还是从实践性与技术性的角度出发，这些都是本书的亮点，可以说是作者的心血之作，是作者多年工作经验的积累和总结。读者通过学习本书可借鉴作者的思路与经验，找到学习微控制器的捷径，能够花最少的时间获得最佳的学习效果，节省摸索的时间。

　　参与本书编写工作的主要人员有温子祺、冼安胜、林秩谦和杨伟展 4 人，最终方案的确定和本书的定稿全部由温子祺负责。感谢新唐科技股份有限公司的贾雪巍先生、北京航空航天大学出版社的胡晓柏主任，他们在本书的创作与出版过程中提出了不少有价值的参考意见，使此书不断完善。

　　本书主要取材于实际的项目开发经验，对于微控制器编程的程序员来说是一本很好的参考用书。本书所提供的程序不但编程规范，而且代码具有良好的移植性，读者可在北京航空航天大学出版社网站 www. buaapress. com. cn 的"下载专区"相关页面下载。最后，希望本书能对微控制器的应用与推广起到一定的作用。由于程序代码较复杂、图表比较多，难免会有纰漏，恳请读者批评指正，并且可以通过 wenziqi@hotmail.com 邮箱进行反馈，同时欢迎大家访问 www. smartmcu. com，我们希望能够得到您的参与和帮助。

温子祺

2015 年 8 月 29 日

目　录

目 录

绪 论

    21 世纪是信息时代,电子技术的发展日新月异,随着各种新型数据传输接口技术及新器件的出现,单片机的发展进入百花齐放、百家争鸣的时期,世界上各大芯片制造公司都推出了自己的单片机,从 8 位机、16 位机到 32 位机,从 MSP430、C51 到 ARM,数不胜数,应有尽有。未来单片机的走向很大程度上决定着大学生以后的就业以及公司研发产品的周期和性价比,因此了解单片机行业的发展是大势所趋。

    那么单片机是什么呢?单片微型计算机简称单片机,是典型的嵌入式微控制器 (Micro Controller Unit,MCU),它最早是被用在工业控制领域。单片机由芯片内仅有 CPU 的专用处理器发展而来。最早的设计理念是通过将大量外围设备和 CPU 集成在一个芯片中,使计算机系统更小,更容易集成进复杂的且对体积要求严格的控制设备中,如图 0.1.1 所示。Intel 的 Z80 是最早按照这种思想设计出来的处理器,从此以后,单片机和专用处理器的发展便分道扬镳。

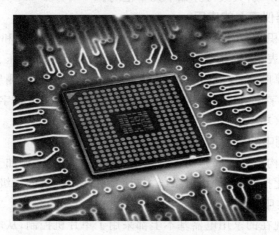

图 0.1.1　芯片集成度

    早期的单片机都是 8 位或 4 位的。其中最成功的是 Intel 的 8031,因简单可靠且性能不错而获得好评。此后,在 8031 基础上发展出了 MCS-51 系列单片机。基于这一系统的单片机直到现在还在广泛使用。随着工业控制领域要求的提高,开始出现了 16 位单片机,但因为性价比不理想并未得到广泛的应用。20 世纪 90 年代后,随着消费电子产品的大发展,单片机技术得到了很大提高。随着 Intel i960 系列特别是后来的 ARM 系列的广泛应用,32 位单片机迅速取代了 16 位单片机的高端地位而进入主流市场。而传统的 8 位单片机的性能也得到了飞速提高,其处理能力比 80 年代提高了数百倍。目前,高端的 32 位单片机主频已经超过 2 GHz,性能直追当前的 Intel Core-i3,而普通型号的出厂价格跌落至 1 美元,最高端的型号也只有 10 美元。同时,单片机是世界上数量最多的"计算机"。现代人类生活中所用的电子和机械产品中几乎都会集成有单片机。手机、电话、计算器、家用电器、电子玩具、掌上电脑以及鼠标等计算机配件中都配有 1~2 个单片机。个人计算机中也会有为数不少的单片机在工作。汽车上一般配备 40 多个单片机,复杂的工业控制系统上甚至可能有数百个单片机在同时工作! 单片机的数量远超过 PC 和其他计算机的总和,甚至比人类的数量还要多。

目前单片机渗透到我们生活的各个领域,几乎很难找到哪个领域没有单片机的踪迹。导弹的导航装置,飞机上各种仪表的控制,计算机的网络通信与数据传输,工业自动化过程的实时控制和数据处理,各种智能 IC 卡的广泛使用,民用轿车的安全保障系统,录像机、摄像机、全自动洗衣机的控制,以及程控玩具、电子宠物等,这些都离不开单片机,更不用说自动控制领域的机器人、智能仪表、医疗器械了。因此,单片机的学习、开发与应用将造就一批计算机应用与智能化控制的科学家、工程师。

1. 单片机的应用

单片机广泛应用于仪器仪表、家用电器、医用设备、航空航天、专用设备的智能化管理及过程控制等领域,大致可分如下几个范畴。

1) 在智能仪器仪表上的应用

单片机具有体积小、功耗低、控制功能强、扩展灵活、微型化和使用方便等优点,广泛应用于仪器仪表中,结合不同类型的传感器,可实现诸如电压、功率、频率、湿度、温度、流量、速度、厚度、角度、长度、硬度、元素、压力等物理量的测量。采用单片机控制可使仪器仪表数字化、智能化、微型化,且功能比采用电子或数字电路更加强大,例如精密的测量设备(功率计、示波器、各种分析仪)等。

2) 在工业控制中的应用

用单片机可以构成形式多样的控制系统、数据采集系统,例如工厂流水线的智能化管理、电梯智能化控制、各种报警系统、与计算机联网构成的二级控制系统等。

3) 在家用电器中的应用

可以这样说,现在的家用电器基本上都采用了单片机控制,从电饭煲、洗衣机、电冰箱、空调机、彩色电视机、音响视频器材,再到电子秤量设备,五花八门,无所不在。

4) 在计算机网络和通信领域中的应用

现代单片机普遍具备通信接口,可以很方便地与计算机进行数据通信,为在计算机网络和通信设备间的应用提供了极好的条件。现在的通信设备基本上都实现了单片机智能控制,从手机、电话机、小型程控交换机、楼宇自动通信呼叫系统、列车无线通信,到日常工作中随处可见的移动电话、集群移动通信、无线对讲机等。

5）在医用设备领域中的应用

单片机在医用设备中的用途也相当广泛，例如医用呼吸机、各种分析仪、监护仪、超声诊断设备及病床呼叫系统等。

6）在各种大型电器中的模块化应用

某些专用单片机设计用于实现特定功能，从而在各种电路中进行模块化应用，而不要求使用人员了解其内部结构。如音乐集成单片机，看似简单的功能微缩在纯电子芯片中（有别于磁带机的原理），就需要复杂的类似于计算机的原理；音乐信号以数字的形式存于存储器中（类似于 ROM），由微控制器读出，转化为模拟音乐电信号（类似于声卡）。在大型电路中，这种模块化应用极大地缩小了体积，简化了电路，降低了损坏、错误率，也便于更换。此外，单片机在工商、金融、科研、教育、国防、航空航天等领域都有着十分广泛的用途。

2. 单片机的发展趋势

作为一个炙手可热的产品，单片机未来的走势会是怎样的呢？作为一种应用型产品，无外乎节省、快速两个方面。在资源日益紧张的今天，节能已成为所用产品不可回避的话题，所以低功耗是未来单片机的一个重要方向。当今是一个效率社会，所以提速也是未来单片机的走向。

1）低功耗 CMOS 化

MCS-51 系列的 8031 推出时的功耗达 630 mW，而现在单片机的功耗普遍都在 100 mW 左右。随着对单片机功耗要求的提高，现在单片机制造商基本都采用了 CMOS（互补金属氧化物半导体工艺），如 80C51 就采用了 HMOS（高密度金属氧化物半导体工艺）和 CHMOS（互补高密度金属氧化物半导体工艺）。CMOS 虽然功耗较低，但其物理特征决定其工作速度不够高，而 CHMOS 则具备了高速和低功耗的特点，具有这些特点的单片机更适合在要求低功耗的场合应用，如利用电池供电的场合。所以这种工艺将是今后一段时期单片机发展的主要途径。

2）微型单片化

现在常规的单片机普遍都是将中央处理器 CPU、随机存取数据存储器 RAM、只读程序存储器 ROM、并行和串行通信接口、中断系统、定时电路、时钟电路集成在一块单一的芯片上，增强型的单片机集成了如 A/D 转换器、脉宽调制电路 PMW、看门狗 WDT，有些单片机将 LCD 驱动电路也集成在单一的芯片上，这样单片机包含的单元电路就更多，功能就更强大。单片机厂商甚至可以根据用户的要求为用户量身定做，制造出具有自己特色的单片机芯片。此外，现在的产品普遍要求体积小、重量轻，这就要求单片机除了功能强和功耗低外，还要求其体积要小。现在的许多单片机都具有多种封装形式，其中表面封装 SMD 越来越受欢迎，使得由单片机构成的系统正朝微型化方向发展。

3）主流与多品种共存

现在虽然单片机的品种繁多，各具特色，但仍以 80C51 为核心的单片机占主流，

ARM Cortex-M4微控制器原理与实践

兼容其结构和指令系统的有 PHILIPS 公司的产品、Atmel 公司的产品和中国台湾的 Winbond 系列单片机，所以以 80C51 为核心的单片机占据了半壁江山。而 Microchip 公司的 PIC 精简指令集 RISC 也有着强劲的发展势头，中国台湾的 HOLTEK 公司近年的单片机产量与日俱增，凭借其低价质优的优势，占据一定的市场份额。此外，还有 MOTOROLA 公司的产品、日本几大公司的专用单片机。在一定时期内，这种情形将持续下去，不存在某个单片机一统天下的垄断局面，走的是依存互补、相辅相成、共同发展的道路。

4) 低电压化

几乎所有的单片机都有 WAIT、STOP 等省电运行方式，允许使用的电压范围也越来越宽，一般在 3～6 V 范围内工作。低电压供电的单片机电源下限已达 1～2 V。目前，0.8 V 供电的单片机已经问世。

5) 低噪声与高可靠性

为提高单片机的抗电磁干扰能力，使产品能适应恶劣的工作环境，满足电磁兼容性方面更高的要求，各单片机厂家在单片机内部电路中都采用了新的技术措施。以往单片机内的 ROM 为 1～4 KB，RAM 为 64～128 B，但在需要复杂控制的场合，该存储容量是不够的，必须进行外接扩充。为了适应这种要求，须运用新的工艺，使片内存储器大容量化。目前，单片机内 ROM 的容量最大可达 64 KB，RAM 的容量最大为 2 KB。

6) 高性能化

高性能化主要是指进一步改进 CPU 的性能，加快指令运算的速度和提高系统控制的可靠性。采用精简指令集 RISC 结构和流水线技术，可以大幅度提高运行速度。现指令速度最高已达 100 MIPS(Million Instructions Per Second，兆指令每秒)，并加强了位处理功能，中断和定时控制功能。这类单片机的运算速度比标准的单片机高 10 倍以上。由于这类单片机有极高的指令速度，就可以用软件模拟其 I/O 功能，由此引入了虚拟外设的新概念，现在以 ARM 为首的单片机尤为突出，其功耗低、性能高。

结语:随着时间的推移，以 ARM 为首的单片机阵营不断扩大，ARM Cortex-M 系列芯片将继续蚕食单片机市场，高端市场将动摇 Intel x86 的垄断地位。

第 1 章

ARM 概述

1.1　ARM

　　ARM(Advanced RISC Machines)是微控制器行业的一家知名企业(其 LOGO 见图 1.1.1),设计了大量高性能、廉价、低耗能的 RISC 微控制器、相关技术及软件,具有性能高、成本低和能耗省的特点,适用于多种领域,比如嵌入控制、消费/教育类多媒体、DSP 和移动式应用等。

　　英文全称:Advanced RISC Machines
　　国家:英国
　　行业:电子半导体微控制器智能手机
　　总部:英国剑桥
　　CEO:沃伦·伊斯特
　　竞争对手:Intel

图 1.1.1　ARM LOGO

　　市场份额:手机微控制器 90% 的市场份额、上网本微控制器 30% 的市场份额、平板电脑微控制器 70% 的市场份额。

　　ARM 公司是苹果、Acorn、VLSI、Technology 等公司的合资企业。ARM 将其技术授权给世界上许多著名的半导体、软件和 OEM 厂商,每个厂商得到的都是一套独一无二的 ARM 相关技术及服务。利用这种合伙关系,ARM 很快成为许多全球性 RISC 标准的缔造者。

　　目前,共有 30 家半导体公司与 ARM 签订了硬件技术使用许可协议,其中包括 Intel、IBM、LG 半导体、NEC、SONY、PHILIPS 和国家半导体这样的大公司。至于软件系统的合伙人,则包括微软、SUN 和 MRI 等知名公司。

　　1991 年,ARM 公司成立于英国剑桥,主要出售芯片设计技术的授权。目前,采用 ARM 技术知识产权(IP)核的微控制器,即通常所说的 ARM 微控制器,已遍及工业控制、消费类电子产品、通信系统、网络系统、无线系统等各类产品市场,基于 ARM 技术的微控制器应用占据了 32 位 RISC 微控制器 75% 以上的市场份额,ARM 技术正在逐步渗入到我们生活的各个方面。

　　20 世纪 90 年代,ARM 公司的业绩平平,微控制器的出货量徘徊不前。由于资金短缺，ARM 做出了一个意义深远的决定：自己不制造芯片，只将芯片的设计方案授权（Licensing）给其他公司，由他们来生产。正是这个模式，最终使得 ARM 芯片遍地开花，将封闭设计的 Intel 公司置于"人民战争"的汪洋大海。

进入 21 世纪之后，由于手机制造行业的快速发展，ARM 微控制器的出货量呈爆炸式增长，ARM 微控制器占领了全球手机市场。ARM 公司在 2015 年的前 3 个月迎来了强劲的业绩表现，其第一季度的营业收入达到 3.482 亿美元，税前利润为 1.205 亿美元，基于 ARM 架构的芯片产品销量总数更是达到惊人的 38 亿块，相当于每秒售出超过 450 块。

ARM 公司是专门从事基于 RISC 技术芯片设计开发的公司，作为知识产权供应商，本身不直接从事芯片生产，而是以转让设计许可由合作公司生产各具特色的芯片。世界各大半导体生产商从 ARM 公司购买其设计的 ARM 微控制器核，根据各自不同的应用领域，加入适当的外围电路，从而形成自己的 ARM 微控制器芯片，使其进入市场。目前，全世界有几十家大的半导体公司都在使用 ARM 公司的授权，因此既使 ARM 技术获得更多的第三方工具、制造和软件的支持，又使整个系统成本降低，使产品更容易进入市场，被消费者所接受，从而更具有竞争力。

ARM 商品模式的强大之处在于，它在世界范围内有超过 100 个的合作伙伴。ARM 提供了多样的授权条款，包括售价与散播性等项目。对于受权方来说，ARM 提供了 ARM 内核的整合硬件叙述，包含完整的软件开发工具（编译器、debugger、SDK），以及针对内含 ARM CPU 硅芯片的销售权。对于无晶圆厂的受权方来说，其希望能将 ARM 内核整合到他们自行研发的芯片设计中，通常就仅针对取得一份生产就绪的核心技术（IP Core）认证。对于这些客户来说，ARM 会释出所选的 ARM 核心的闸极电路图，连同抽象模拟模型和测试程序，以协助其设计整合和验证。对于需求更多的客户来说，包括整合元件制造商（IDM）和晶圆厂家，就选择可合成的 RTL（暂存器转移层级，如 Verilog）形式来取得微控制器的知识产权。借助可整合的 RTL，客户就有能力进行架构上的最佳化与加强。这种方式能让设计者完成额外的设计目标（如高振荡频率、低能量耗损、指令集延伸等），而不会受限于无法更改的电路图。虽然 ARM 并不授予受权方再次出售 ARM 架构本身的权利，但受权方可以任意地出售制品（如芯片元件、评估板、完整系统等）。商用晶圆厂是特殊例子，因为他们不仅被授予能出售包含 ARM 内核的硅晶成品的权利，对其他客户来讲，他们通常也具有重制 ARM 内核的权利。

就像大多数知识产权出售方，ARM 依照使用价值来决定知识产权的售价。从架构上而言，更低效能的 ARM 内核比更高效能的内核拥有较低的授权费。以硅芯片而言，一颗可整合的内核要比一颗硬件宏（黑箱）内核要来得贵。对于更复杂的价位问题来讲，持有 ARM 授权的商用晶圆厂（例如韩国三星和日本富士通）可以提供更低的授权价格给他们的晶圆厂客户。透过晶圆厂自有的设计技术，客户可以更低或是免费的 ARM 预付授权费来取得 ARM 内核。相较于不具备自有设计技术的专门半导体晶圆厂(如台积电和联电),富士通/三星对每片晶圆多收取两至三倍的费用。对中小量的应用而言,具备设计部门的晶圆厂提供较低的整体价格(透过 ARM 授权费用的补助)。对于量产而言,由于长期的成本缩减可借由更低的晶圆价格降低 ARM 的 NRE 成本,使得专门的晶圆厂也成了一个更好的选择。

许多半导体公司持有 ARM 授权:Atmel、Broadcom、Cirrus Logic、Freescale(于2004 年从 MOTOROLA 公司独立出来)、Qualcomm、富士通、Intel(借由和 Digital 的控诉调停)、IBM、英飞凌科技、任天堂、恩智浦半导体(于 2006 年从 PHILIPS 公司独立出来)、OKI 电气工业、三星电子、Sharp、STMicroelectronics、德州仪器 和 VLSI 等许多公司均拥有各个不同形式的 ARM 授权。ARM 的授权项目由保密合约所涵盖,在智慧财产权工业中,ARM 是广为人知的最昂贵的 CPU 内核之一。单一的客户产品包含一个基本的 ARM 内核,就可能被索取一次高达 20 万美金的授权费用;而若是涉及大量架构上的修改,则费用就可能超过千万美元。

1.2　RISC

ARM 公司设计的微控制器基于 RISC 架构,而 RISC 精简指令集计算机是一种执行较少类型计算机指令的微控制器。起源于 20 世纪 80 年代的 MIPS 主机,RISC 中采用的微控制器统称 RISC 微控制器。它能够以更快的速度执行操作(每秒执行超过百万条指令,即 MIPS)。因为计算机执行每个指令类型都需要额外的晶体管和电路元件,所以计算机指令集越大就会使微控制器越复杂,执行操作也会越慢。

1.2.1　简　介

纽约约克镇 IBM 研究中心的 John Cocke 证明,计算机中约 20% 的指令承担了80% 的工作,他于 1974 年提出了 RISC 的概念。第一台得益于这个发现的计算机是1980 年 IBM 的 PC/XT。再后来,IBM 的 RISC System/6000 也运用了这个思想。RISC 这个概念还被用在 Sun 公司的 SPARC 微控制器中,并促成了现在所谓的MIPS 技术的建立,它是 Silicon Graphics 的一部分。当前许多微芯片都使用 RISC 概念。

RISC 概念已经引起微控制器设计的一个更深层次的思索。设计中必须考虑:指令应该如何较好地映射到微控制器的时钟速度上(理想情况下,一条指令应在一个时钟周期内执行完);体系结构需要多"简单";以及在不借助于软件的帮助下,微芯片本身能做多少工作等。

1.2.2　特　点

1. 改进特点

与 CISC 相比较,除了性能的改进外,RISC 的一些优点以及相关的设计改进还有以下几个方面。

（1）如果一个新的微控制器其目标之一是不那么复杂，那么其开发与测试将会更快。

（2）使用微控制器指令的操作系统及应用程序的程序员会发现，使用更小的指令集将使代码开发变得更加容易。

（3）RISC 的简单使得在选择如何使用微控制器上的空间时拥有更多的自由。

比起从前，高级语言编译器能产生更有效的代码，因为编译器使用 RISC 机器上的更小的指令集。

2. 主要特点

RISC 微控制器不仅精简了指令系统，而且采用超标量和超流水线结构；虽然它们的指令数目只有几十条，却大大增强了并行处理能力。例如：1987 年 Sun Microsystem 公司推出的 SPARC 芯片就是一种超标量结构的 RISC 微控制器；而 SGI 公司推出的 MIPS 微控制器则采用超流水线结构，这些 RISC 微控制器在构建并行精简指令系统多处理机中起着核心的作用。RISC 微控制器是当今 UNIX 领域 64 位多处理机的主流芯片。

3. 性能特点

（1）指令集简化后，流水线以及常用指令均可用硬件执行；

（2）采用大量的寄存器，使大部分指令操作都在寄存器之间进行，提高了处理速度；

（3）采用"缓存-主存-外存"三级存储结构，使取数与存数指令分开执行，使微控制器可以完成尽可能多的工作，且不因从存储器存取信息而放慢处理速度。

应用特点：因为 RISC 微控制器指令简单，采用硬布线控制逻辑，处理能力强，速度快，所以世界上绝大部分 UNIX 工作站和服务器厂商均采用 RISC 芯片作 CPU 用，如原 DEC 的 Alpha21364、IBM 的 Power PC G4、HP 的 PA-8900、SGI 的 R12000A 和 SUN Microsystem 的 Ultra SPARC。

4. 运行特点

RISC 芯片的工作频率一般在 400 MHz 数量级，其时钟频率低，功率消耗少，温升少，机器不易发生故障和老化，从而提高了系统的可靠性。其单一指令周期可容纳多部并行操作。在 RISC 微控制器发展过程中曾产生了超长指令字（VLIW）微控制器，它使用非常长的指令组合，把许多条指令连在一起，以实现并行执行。VLIW 微控制器的基本模型是标量代码的执行模型，使每个机器周期内有多个操作。目前，有些 RISC 微控制器也采用少数 VLIW 指令来提高处理速度。

5. 种 类

目前常见使用 RISC 的微控制器包括 DEC Alpha、ARC、ARM、MIPS、Power-PC、SPARC 和 SuperH 等。

1.2.3 RISC 和 CISC 的区别

RISC 和 CISC 是目前设计制造微控制器的两种典型技术,虽然它们都试图在体系结构、操作运行、软件与硬件、编译时间和运行时间等诸多因素中做出某种平衡,以求达到高效的目的,但采用的方法不同,因此,在很多方面差异很大,主要有以下几个方面。

(1)指令系统:RISC 设计者把主要精力放在那些经常使用的指令上,尽量使它们具有简单、高效的特色,对不常用的功能,常通过组合指令来完成。因此,在 RISC 机器上实现特殊功能时,效率可能较低,但可以利用流水技术和超标量技术加以改进和弥补。而 CISC 计算机的指令系统比较丰富,有专用指令来完成特定的功能,因此,处理特殊任务时效率较高。

(2)存储器操作:RISC 对存储器操作有限制,使控制简单化;而 CISC 机器的存储器操作指令多,操作直接。

(3)程序:RISC 汇编语言程序一般需要较大的内存空间,实现特殊功能时程序复杂,不易设计;而 CISC 汇编语言程序编程相对简单,科学计算及复杂操作的程序设计相对容易,效率较高。

(4)中断:RISC 机器在一条指令执行的适当地方可以响应中断;而 CISC 机器是在一条指令执行结束后响应中断。

(5)CPU:RISC CPU 包含较少的单元电路,因而体积小、功耗低;而 CISC CPU 包含丰富的电路单元,因而功能强、体积大、功耗高。

(6)设计周期:RISC 微控制器结构简单,布局紧凑,设计周期短,且易于采用最新技术;而 CISC 微控制器结构复杂,设计周期长。

(7)用户使用:RISC 微控制器结构简单,指令规整,性能容易把握,易学易用;而 CISC 微控制器结构复杂,功能强大,实现特殊功能容易。

(8)应用范围:由于 RISC 指令系统的确定与特定的应用领域有关,故 RISC 机器更适合于专用机;而 CISC 机器则更适合于通用机。

1.2.4 CPU 的发展

CPU 是怎样从无到有,并且一步步发展起来的呢？ Intel 公司成立于 1968 年,格鲁夫(左)、诺依斯(中)和摩尔(右)是微电子业界的梦幻组合,如图 1.2.1 所示。

1971 年 1 月,Intel 公司的霍夫(Marcian E. Hoff)研制成功世界上第一枚 4 位微控制器芯片 Intel 4004,标志着第一代微控制器问世,微控制器和微机时代从此开始。因发明微控制器,霍夫被英国《经济学家》杂志列为“二战以来最有影响力的 7 位科学家”之一。

Intel 4004 当时只有 2 300 个晶体管,是个 4 位系统,时钟频率为 108 kHz,每秒执行 6 万条指令。其功能比较弱,且计算速度较慢,只能用在 Busicom 计算器上。

ARM Cortex-M4微控制器原理与实践

10

1971 年 11 月，Intel 推出 MCS-4 微型计算机系统(包括 Intel 4001 ROM 芯片、Intel 4002 RAM 芯片、Intel 4003 移位寄存器芯片和 Intel 4004 微控制器)，其中 Intel 4004 包含 2 300 个晶体管，尺寸规格为 3 mm×4 mm，计算性能远远超过当年的 ENIAC，最初售价为 200 美元。

1972 年 4 月，霍夫等人开发出第一个 8 位微控制器 Intel 8008。由于 Intel 8008 采用的是 P 沟道 MOS 微控制器，因此仍属第一代 RISC 微控制器。

1973 年 8 月，霍夫等人研制出 8 位微控制器 Intel 8080，以 N 沟道 MOS 电路取代了 P 沟道，第二代微控制器就此诞生。主频 2 MHz 的 Intel 8080 芯片运算速度比 Intel 8008 快 10 倍，可存取 64 KB 存储器，使用了 RISC，包含基于 6 μm 技术的 6 000 个晶体管，处理速度为 2.64 MIPS。

图 1.2.1　Intel 创始人

第一台微型计算机 Altair 8800 如图 1.2.2 所示。1975 年 4 月，MITS 发布第一个通用型 Altair 8800，售价 375 美元，带有 1 KB 存储器。这是世界上第一台微型计算机。

1976 年，Intel 发布 Intel 8085 微控制器，如图 1.2.3 所示。当时，Zilog、MOTOROLA 和 Intel 在微控制器领域三足鼎立。Zilog 公司于 1976 年对 Intel 8080 进行扩展，开发出 Z80 微控制器，广泛用于微型计算机和工业自动控制设备。直到今天，Z80 仍然是 8 位微控制器 Intel 8085 的巅峰之作，仍在各种场合大卖特卖。CP/M 就是面向其开发的操作系统。

图 1.2.2　第一台微型计算机

图 1.2.3　Intel 8085 微控制器

第一台微型机器中，许多著名的软件如 WordStar 和 DBASE II 都基于此款微控制器。WordStar 处理程序是当时很受欢迎的应用软件，后来也广泛用于 DOS 平台。

1.2.5　CPU 的制造过程

1. 切割晶圆

所谓的"切割晶圆"也就是用机器从单晶硅棒上切割下一片事先确定规格的硅晶片，并将其划分成多个细小的区域，每个区域都将成为一个 CPU 的内核（Die）。

2. 影　印

所谓影印（Photolithography），就是在经过热处理得到的硅氧化物层上面涂敷一种光阻（Photoresist）物质，紫外线通过印制着 CPU 复杂电路结构图样的模板照射硅基片，被紫外线照射的地方光阻物质溶解。

3. 蚀　刻

用溶剂将被紫外线照射过的光阻物质清除，然后采用化学处理方法，把没有覆盖光阻物质部分的硅氧化物层蚀刻（Etching）掉，再把所有光阻物质清除，就得到了有沟槽的硅基片。

4. 分　层

为加工新的一层电路，再次生长硅氧化物，然后沉积一层多晶硅，涂敷光阻物质，重复影印、蚀刻过程，得到含多晶硅和硅氧化物的沟槽结构。

11

5. 离子注入

通过离子轰击，使暴露的硅基片局部掺杂，从而改变这些区域的导电状态，形成门电路，然后不断重复以上的过程。一个完整的 CPU 内核大约包含 20 层，层间留出窗口，填充金属以保持各层间电路的连接。完成最后的测试工作后，切割硅片成单个 CPU 核心并进行封装，一个 CPU 便制造出来了。

第 **2** 章

ARM Cortex-M4 的体系与架构

2.1 概 述

ARM 公司在 2010 年 2 月宣布推出新款嵌入式处理器"Cortex-M4",它是这种高性能、低功耗嵌入式方案的第四代产品,例如中国台湾新唐 M451 系列(见图 2.1.1),之前的三代分别是 Cortex-M0/M1/M3。

图 2.1.1 新唐 M451 系列

ARM Cortex-M4 是一种面向数字信号处理(DSP)和高级微控制器(MCU)应用的高效方案,具有高效率的信号处理能力,同时还有低功耗、低成本、简单易用等特点,适用于电机控制、汽车、电源管理、嵌入式音频和工业自动化等领域。

ARM Cortex-M4 处理器内集成了单周期乘加(Multiply Accumulate,MAC)单元、优化的单指令多数据(SIMD)指令、饱和算法指令和可选择的单精度浮点单元(FPU),同时保留了 Cortex-M 系列的一贯特色技术,比如处理性能最高为1.25 DMIPS/MHz的 32 位核心、代码密度优化的 Thumb-2 指令集、负责中断处理的嵌套中断向量控制器,此外还可以选择内存保护单元(MPU)、低成本诊断和追踪、完整休眠状态。

ARM Cortex-M4 可以根据应用的需要提供多种不同的制造方式,比如超低功耗版本采用台积电 180 nm ULL 工艺生产,目标频率为 150 MHz 的高性能版本则使用 GlobalFoundries 65 nm LPe 工艺生产,动态功耗也不超过 40 μW/MHz。

现在已经有多家 MCU 半导体企业购买了 ARM Cortex-M4 的授权,包括 NXP、意法半导体、德州仪器、中国台湾新唐科技等行业巨头。

ARM Cortex-M4 提供了无可比拟的功能,以将 32 位控制与领先的数字信号处理技术集成来满足需要很高能效级别的市场。ARM Cortex-M4 包含单元如图 2.1.2 所示,详细说明如下。

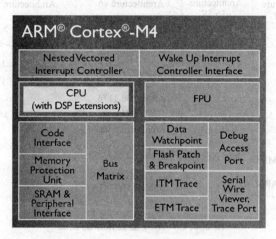

图 2.1.2　ARM Cortex-M4 内核结构

（1）RISC 处理器内核:高性能 32 位 CPU,具有确定性的运算,低延迟 3 阶段管道,可达 1.25 DMIPS/MHz。

（2）Thumb-2 指令集:16/32 位指令的最佳混合,小于 8 位设备 3 倍的代码大小,对性能没有负面影响,提供最佳的代码密度。

（3）低功耗模式:集成的睡眠状态支持,多电源域,基于架构的软件控制。

（4）嵌套矢量中断控制器（Nested Vectored Interrupt Controller,NVIC）:低延迟,低抖动中断响应,不需要汇编编程,以纯 C 语言编写的中断服务例程,能完成出色的中断处理。

（5）工具和 RTOS 支持:广泛的第三方工具支持,Cortex 微控制器软件接口标准（CMSIS）,最大限度地增加软件成果重用。

（6）CoreSight 调试和跟踪:JTAG 或 2 针串行线调试（Serial Wire Debug,SWD）连接,支持多处理器,支持实时跟踪。此外,该处理器还提供了一个可选的内存保护单元,提供低成本的调试/追踪功能和集成的休眠状态,以增加灵活性。嵌入式开发者可以快速设计并推出令人瞩目的终端产品,使其具备最多的功能以及最低的功耗和最小的尺寸。

2.2　ARMv7 架构的背景和概述

由图 2.2.1 可知,ARM7TDMI、ARM920T 属于 ARMv4 体系,ARM926、ARM946、ARM966 属于 ARMv5 体系,ARM1136、ARM1176、ARM Cortex-M0、

ARM Cortex-M1 属 于 ARM v6 体系，Cortex-A8、Cortex-R4、Cortex-M3 属 于 ARMv7 体系。

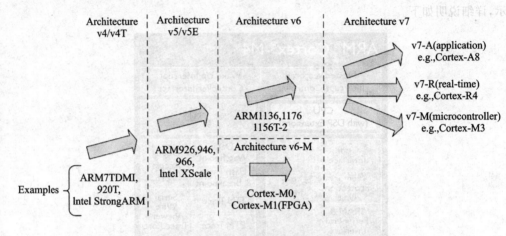

图 2.2.1　ARM 重要体系的发展

按应用特点分类，可以分为以下 3 类。

（1）应用处理器（Application Processor）：该处理器具有 MMU、Cache，并且频率最高，性能最好，功耗合理。

（2）实时控制处理器（Real-time Controller）：该处理器具有 MPU、Cache，并且能够实时响应，性能合理，功耗较低。

（3）微控制器（Micro Controller）：该处理器性能一般，但是成本最低，功耗也极低。

从 ARMv4 架构发展到 ARMv7 架构，每种架构简单介绍如下。

1. ARMv4

ARMv4 是目前支持的最老的架构，是基于 32 位地址空间的 32 位指令集。ARMv4 除了支持 ARMv3 的指令外，还扩展了以下几种。

● 支持半字的存取；

● 支持字节和半字的符号扩展读；

● 进一步明确了会引起 Undefined 异常的指令；

● 对以前的 26 位体系结构的 CPU 不再兼容。

2. ARMv4T

ARMv4T 增加了 16 位 Thumb 指令集，这样使得编译器能产生紧凑代码（相对于 32 位代码，内存能节省到 35% 以上）并保持 32 位系统的优势。

3. ARMv5TE

1999 年推出了 ARMv5TE，增强了 Thumb 体系，改进了 Thumb/ARM 相互作用、编译能力和混合及匹配 ARM 与 Thumb 的例程，以更好地平衡代码空间和性能；

并且在 ARM ISA 上扩展了增强的 DSP 指令集,增强的 DSP 指令包括支持饱和算术(Saturated Arithmetic)应用,提高了数字信号处理 70% 的性能。'E'扩展表示在通用的 CPU 上提供 DSP 能力。2000 年推出 ARMv5TEJ,增加了支持 Java 加速技术。

4. ARMv6

2001 年推出了 ARMv6,它在许多方面做了改进,如内存系统、异常处理以及较好地支持多处理器。SIMD 指令的扩展使大量的软件应用如 Video 和 Audio codec 的性能提高了 4 倍。另外,Thumb-2 和 TrustZone 技术也用于 ARMv6 中。

5. ARMv7

ARMv7 定义了 3 种不同的处理器配置(Processor Profiles):

(1) Profile A 是面向复杂、基于虚拟内存的 OS 和应用的;

(2) Profile R 是针对实时系统的;

(3) Profile M 是针对低成本应用的优化的微控制器的。

所有 ARMv7 处理器配置都能够实现 Thumb-2 技术。

结语:新架构的出现意味着旧架构被取代,就像现在 Intel CPU 演变出更高性能而功耗更低的 Core i3/5/7 系列 CPU;同样,ARM 架构的演变也代表着高性能和低功耗,目前市场以 ARMv6 和 ARMv7 架构为主导,所以我们要深入了解 ARM 就必须对这两种架构有一定的认识。

15

2.3　ARM Cortex-M4 内部结构

1. ARM Cortex-M4 处理器特性

1) ARMv7-M 架构

- Thumb-2 技术;
- SIMD 和 DSP;
- 单周期乘加指令;
- 可选配的单精度浮点运算单元;
- 集成可编程的嵌套矢量中断控制器;
- 兼容 Cortex-M3。

2) 微内核架构

- 带分支预测的三级流水线;
- 3 套 AHB-Lite 总线接口。

3) 可配置超低功耗

- 深度睡眠模式,中断可唤醒;
- 浮点运算单元可单独关闭电源。

4)灵活配置

● 可配置中断控制器(1～240 个中断源可配置,优先级可配置);
● 可选配的内存保护单元;
● 可选配的调试和跟踪模块。

ARM Cortex-M4 内部结构细节如图 2.3.1 所示。

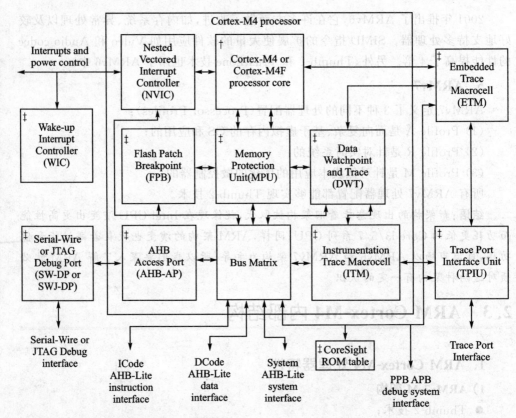

注: † 在 Cortex-M4F 内核中包含浮点预算单元。
　　‡ 可选组件。

图 2.3.1　ARM Cortex-M4 内部结构细节

核心处理器(Cortex-M4 Processor):中央内核(包含 DSP),1.25 DMIPS/MHz,Thumb-2,单周期 MAC(单周期乘加单元),带可选配的单精度浮点运算单元。

2. 嵌套矢量中断控制器

● 1∶240 中断,中断的具体路数由芯片厂商定义;
● 采用矢量中断的机制,自动取出对应的服务例程入口地址,无须软件判定;
● 支持中断嵌套;
● 1∶255 优先级;
● NMI & SysTick。

3. SysTick 定时器

- 倒计时定时器，用于在每隔一定的时间产生一个中断；
- 系统睡眠模式下也可工作；
- OS 系统心跳定时。

4. Wake-up 中断控制器

- 可配置；
- 为低功耗模式提供唤醒功能；
- 隔离不同的供电区域。

5. 内存保护单元

- 选配模块；
- 把内存分割成 8 个区域并进行保护；
- 非法访问将产生异常中断错误。

6. 总线互联矩阵(BusMatrix)

- AHB 互联的网络；
- 让数据在不同的总线之间并行传送，两个总线主机不访问同一块内存区域；
- 可支持 Bit-banding，实现按位操作一定的区域。

7. AHB to APB 桥接器

- 从 AHB 总线转换到 APB 总线的桥接模块；
- APB 总线用于访问系统上的私有慢速总线外设设备，通常为私有的调试模块；
- 芯片厂商可附加其他的外设设备。

8. SW-DP /SWJ-DP 串行调试口和支持 JTAG 的串行调试口

- 与 AHB 访问端口(AHB-AP)协同工作，将 SW-DP 的外部调试器命令转换成内部总线命令；
- 处理器核心没有 JTAG 扫描链，多数调试功能通过 AHB 访问来实现；
- SWJ-DP 同时支持串行线协议和 JTAG 协议，而 SW-DP 只支持串行协议。

9. AHB-AP 桥接

用于桥接 SW-DP/SWJ-DP 到 AHB 总线互联矩阵，从而发起 AHB 访问。

10. 内嵌跟踪宏单元(Embedded Trace Macrocell,ETM)

ETM 与内核紧密耦合，可实现实时指令跟踪。

11. 数据观察跟踪单元(Data Watchpoint and Trace,DWT)

- 可以设置数据观察点；
- 当数据地址或数据的值匹配了观察点时,产生了一次匹配命中事件；
- 匹配命中事件用于产生一个观察点事件,激活调试器以产生数据跟踪信息,或让 ETM 联动。

2.4　ARM Cortex-M4 与其他 Cortex-M 内核比较

Cortex-M 系列针对成本和功耗敏感的 MCU 和终端应用（如智能测量、人机接口设备、汽车和工业控制系统、大型家用电器、消费性产品和医疗器械）的混合信号设备进行过优化，而 ARM Cortex-M4 属于 ARM Cortex-M3 的升级版，那么 ARM Cortex-M4 内核与 ARM Cortex-M0/M1/M3 的内核有什么区别呢？下面将针对大众的视野逐个去剖析。ARM Cortex-M 各系列的优点如表 2.4.1 所列。

表 2.4.1　ARM Cortex-M 各系列的优点

ARM Cortex-M0	ARM Cortex-M3	ARM Cortex-M4
8/16 位应用	16/32 位应用	32 位/DSP 应用
低成本和简单性	性能效率	有效的数字信号控制

Cortex-M 系列处理器都是二进制向上兼容的，这使得软件重用以及从一个 Cortex-M 处理器无缝发展到另一个成为可能。下面将对 ARM Cortex-M0/M3/M4 进行定位分析。

1. 为什么选择 Cortex-M0

1) 能耗最低的最小 ARM 处理器

Cortex-M0 的代码密度和能效优势意味着它是各种应用中 8/16 位设备的自然高性价比换代产品，同时保留了与功能丰富的 Cortex-M3 处理器的工具和二进制的向上兼容性。

2) 超低的能耗

Cortex-M0 处理器在不到 12K 门的面积内，实现的能耗仅有 85 μW/MHz（0.085 mW）。

3) 简　单

指令只有 56 个，可使用户快速掌握整个 Cortex-M0 指令集（如果需要），但其 C 语言友好体系结构意味着这并不是必需的。可供选择的具有完全确定性的指令和中断计时使得计算响应时间十分容易。

4) 优化的连接性

其设计为支持低能耗连接，如 Bluetooth Low Energy（BLE）、IEEE 802.15 和 Z-wave。特别是在这样的模拟设备中：这些模拟设备正在增加其数字功能，以有效地预处理和传输数据。

Cortex-M0 处理器执行 Thumb 指令集，包括少量使用 Thumb-2 技术的 32 位指令，这是 Cortex-M3 和 Cortex-M4 支持的指令集的二进制向上可兼容子集。国内用得最火的是新唐公司的 M051 系列,50 MHz 的主频,不到 1 美元的价格,秒杀国内 51 单片机市场。

2. 为什么选择 Cortex-M3

1) 提供更高的性能和更丰富的功能

于 2004 年引进新技术,并更新了 Cortex-M3 处理器,是专门针对微控制器应用开发的主流 ARM 处理器。

2) 性能和能效

其具有高性能和低动态能耗,Cortex-M3 处理器提供领先的功效:在 90 nmG 基础上为 12.5 DMIPS/mW。将集成的睡眠模式与可选的状态保留功能相结合,Cortex-M3处理器确保对同时需要低能耗和出色性能的应用不存在折中。

3) 全功能

该处理器执行 Thumb-2 指令集以获得最佳性能和代码大小,包括硬件除法、单周期乘法和位字段操作。Cortex-M3 NVIC 在设计时是高度可配置的,最多可提供 240 个具有单独优先级、动态重设优先级功能和集成系统时钟的系统中断。

4) 丰富的连接

功能和性能的组合使基于 Cortex-M3 的设备可以有效处理多个 I/O 通道和协议标准,如 USB OTG (On-The-Go)。

3. 为什么选择 Cortex-M4

Cortex-M4 是专门面向电动机控制、汽车、电源管理、嵌入式音频和工业自动化市场的新兴类别的灵活解决方案。

1) 曾获大奖的高能效数字信号控制

Cortex-M4 提供了无可比拟的功能,以将 32 位控制与领先的数字信号处理技术集成来满足需要很高能效级别的应用。

2) 易于使用的技术

Cortex-M4 通过一系列出色的软件工具和 Cortex 微控制器软件接口标准(Cortex Microcontroller Software Interface Standard,CMSIS),使信号处理算法开发变得十分容易。

2.5　Thumb-2 技术

当今的嵌入式系统开发者要面对各种复杂的挑战,其中就包括如何在代码性能和系统成本之间进行平衡。在这方面,ARM 处理器可以提供给开发者业界领先的技术方案,在综合考虑性能和成本的情况下取得最优的设计方案。

Thumb-2 指令集是 ARMv7 架构的新技术,它兼容之前的 Thumb 指令集,并提供了一些新的 16 位 Thumb 指令以改善代码运行效率和流程,还提供了新的 32 位

Thumb 指令以改善性能和代码大小。一个 32 位指令可替代多个 16 位指令操作，32 位指令与 16 位指令在同一处理器模式下解码执行，无须切换 Thumb-2 指令集的设计是专门面向 C 语言的，且包括 If/Then 结构（预测接下来 4 条语句的条件执行）、硬件除法以及本地位域操作。

Thumb-2 指令集强大、易用、高效。Thumb-2 指令集是 16 位 Thumb 指令集的一个超集，在 Thumb-2 指令集中，16 位指令首次与 32 位指令并存，使得在 Thumb 状态下可以做的事情一下子丰富了许多（见图 2.5.1），同样工作需要的指令周期数也明显下降。

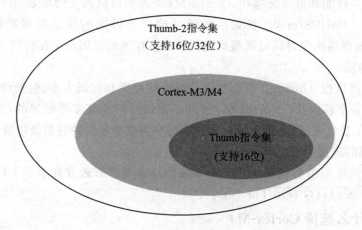

图 2.5.1　Thumb-2 指令集与 Thumb 指令集之间的关系

由图 2.5.1 可知，Cortex-M4 勇敢地拒绝了 32 位 ARM 指令集，却把自己的处理能力以身相许给 Thumb-2 指令集。这可能有些令人意外，事实上这却见证了 Cortex-M4 的用情专一：在内核水平上，就已经为适应单片机和小内存器件而抉择取舍过了，因为 Thumb-2 指令集在这个领域完全可以挑大梁。但是，这也意味着 Cortex-M4 作为新生代处理器，不是向后兼容的。因此，为 ARM7 写的 ARM 汇编语言程序不能直接移植到 Cortex-M4 上来。不过，Cortex-M4 支持绝大多数传统的 Thumb 指令，因此用 Thumb 指令写的汇编程序就从善如流了。

在支持了 16 位和 32 位指令之后，就无须烦心地把处理器状态在 Thumb 和 ARM 之间来回切换了。这种事在 ARM7 和 ARM9 中是司空见惯的，尤其是在使用大型条件嵌套以及执行复杂运算时，能精妙地移形换影于不同状态之间，那可是非常重要的基本功。

Cortex-M4 是 ARMv7 架构的掌上明珠。老一辈 ARM7 曾经红透整个业界，想当年恩智浦公司生产的 LPC 系列 ARM 7 内核芯片红透半边天，此前，作者做的产品都是用 LPC 系列的芯片；但是随着 Cortex-M 内核的发展，Cortex-M4 成为新生代的偶像，处处闪耀着青春的光芒和活力。比如：硬件除法器被带到 Cortex-M0/M3/M4 中；乘法方面，也有好几条新指令闪亮登场，用于提升数据分析（Data-crunching）的性能。此外,Cortex-M4 的出现还在 ARM 处理器中破天荒地支持了"非对齐数据访问支持"。

那么当 ARM 的代码存储在相同的大小空间中时,ARM 指令集、Thumb 指令集、Thumb-2 指令集的表现又是怎样的呢? 具体情况如图 2.5.2 所示。

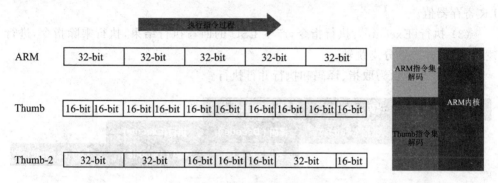

图 2.5.2　不同指令集执行流程

由图 2.5.2 可知,ARM 指令集只能执行 32 位长度的指令,Thumb 指令集只能执行 16 位长度的指令,而 Thumb-2 指令集同时兼容了 32 位长度的指令和 16 位长度的指令,兼顾性能的同时也节省了存储空间。

2.6　流水线技术

ARM Cortex-M4 为三级流水线架构,详细执行过程如图 2.6.1 所示。执行主要分为取指、译码、执行三大部分,各细节描述如下。

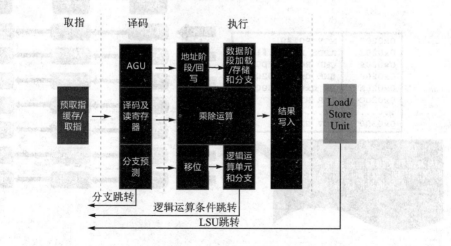

图 2.6.1　ARM 三级流水线执行流程

(1) 取指(Fetch):用来计算下一个预取指令的地址,从指令空间中取出指令,或

ARM Cortex-M4微控制器原理与实践

者自动加载中断向量。此阶段还包含 3 个长字的预取指缓冲区以及非对齐指令 3 个长字的预取指缓冲区,用来做指令缓冲以及非对齐指令的对齐(自动检测 Thumb-2 指令)。

(2) 译码(Decode):解码指令,产生操作数的 LSU(Load/Store Unit)地址,产生 LR 寄存器值。

(3) 执行(Execute):执行指令,产生 LSU 的回写执行结果,执行乘除指令,进行逻辑运算,并产生分支跳转。

图 2.6.2 所示为取指、译码和执行并行执行。

图 2.6.2　取指、译码和执行并行执行

ARM Cortex-M4 为 32 位系统,总线宽度为 32 位,因此一次可以取出 32 位的指令。如果代码都为 16 位的 Thumb 指令,则处理器会每隔一个周期做一次取指。如果缓冲区满,总线取指则空闲下来。

当执行到跳转指令时,需要清洗流水线,处理器将不得不从跳转目的地重新取指。一些算法需要对指令反复执行运算,简单的分支推测有利于减少因流水线清空所产生的开销,分支预测在指令译码阶段就可以预测是否发生跳转,从而减少由于跳转分支打乱流水线导致的流水线气泡过大的问题,如图 2.6.3 所示。

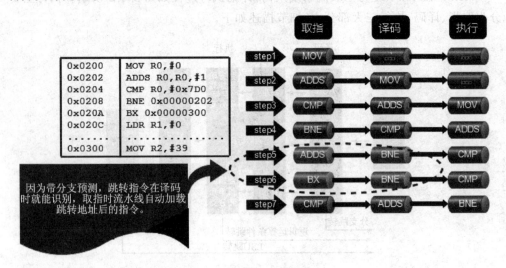

图 2.6.3　分支预测跳转

2.7　ARM Cortex-M4 内部总线

　　ARM Cortex-M4 采用哈佛结构,为系统提供了 3 套总线,3 套总线可以同时独立地发起总线传输读写操作(见图 2.3.1):

- ICode 总线,用于访问代码空间的指令;
- DCode 总线,用于访问代码空间的数据;
- System 总线,用于访问其他系统空间。

1.　ICode

- 基于 AHB-Lite 总线协议的 32 位总线。
- 访问空间为 0x0000 0000~0x1FFF FFFF (512 MB)取指令的专用通道。
- 取指令的专用通道:
  - ◆ 提升系统取指的性能;
  - ◆ 只能发起读操作,写操作被禁止。
- 每次取一个长字(32 位),可能为以下组合:
  - ◆ 一个或两个 16 位 Thumb 指令;
  - ◆ 一个完整的或部分的 32 位 Thumb-2 指令。
- 内核中包含的 3 个长字的预取指缓存可以用来缓存从 ICode 总线上取得的指令或者拼接 32 位 Thumb-2 指令。

2.　DCode

- 基于 AHB-Lite 总线协议的 32 位总线。
- 访问空间为 0x0000 0000~0x1FFF FFFF (512 MB)。
- 内核访问数据的总线以及调试模块的访问数据接口:
  - ◆ 任何在该空间的读写数据的操作都在这个总线上发起;
  - ◆ 内核相比调试模块有更高的访问优先级;
  - ◆ 数据访问可发起单个或顺序读取;
  - ◆ 非对齐的访问会被总线分割为几个对齐的访问。

3.　ARM Cortex-M4 的内部总线——System 总线

- 基于 AHB-Lite 总线协议的 32 位总线。
- 访问空间为 0x2000 0000~0xDFFF FFFF 和 0xE010 0000~0xFFFF FFFF。
- 它是内核访问指令、数据以及调试模块的访问接口:
  - ◆ 访问的优先级为数据最高,其次为指令和中断矢量,调试接口访问优先级最低;
  - ◆ 访问 Bit-banding 的映射区会自动转换成对应的位访问。
- 同 DCode 总线一样,所有的非对齐的访问会被总线分割为几个对齐的访问。

4．PPB 总线和 DAP 总线

PPB 和 DAP 总线都是用于调试和保留的一些总线，一般不供用户代码访问。

- PPB 私有外设总线：
  - ◆ 基于 APB 总线协议的 32 位总线；
  - ◆ 挂接了系统内部的调试模块 TPIU、ETM、ROM 表等；
  - ◆ 芯片商可挂接自己的私有外设；
  - ◆ 访问空间为 0xE004 0000～0xE00F FFFF。
- DAP 调试访问端口总线：
  - ◆ 基于 APB 总线协议的 32 位总线；
  - ◆ 用于 SW-DP 或 SWJ-DP 调试口访问内部资源。

5．如何充分利用 ARM Cortex-M4 总线系统的哈佛架构

- 考虑 ARM Cortex-M4 的系统总线：3 条总线分别是 ICode、DCode、System 总线。
- ICode 只能取指；DCode 只能操作数据；System 总线既可取指，又可操作数据。3 条可同时相互独立地发起总线操作，但必须访问不同的设备区域。
- 要充分发挥系统设计的最大效能：
  - ◆ 代码放在 0x0000 0000～0x1FFF FFFF 区域内，由 ICode 总线取指；
  - ◆ 系统堆栈放在 0x2000 0000 以上的存储空间中，使得在任务切换或者触发中断时的压栈操作与中断向量的获取可同时进行；
  - ◆ 操作数据放在 0x0000 0000～0x1FFF FFFF 区域内，由 DCode 总线访问。

2.8　寄存器

寄存器是 CPU 内部用来存放数据的一些小型存储区域，用来暂时存放参与运算的数据和运算结果。其实寄存器就是一种常用的时序逻辑电路，但这种时序逻辑电路只包含存储电路。寄存器的存储电路是由锁存器或触发器构成的，因为一个锁存器或触发器能存储 1 位二进制数，所以由 N 个锁存器或触发器可以构成 N 位寄存器。寄存器是中央处理器内的组成部分。寄存器是有限存储容量的高速存储部件，它们可用来暂存指令、数据和位址。

在计算机领域，寄存器是 CPU 内部的元件，包括通用寄存器、专用寄存器和控制寄存器。寄存器拥有非常高的读写速度，所以在寄存器之间的数据传送非常快。

Cortex-M4 总共有 18 个寄存器（见图 2.8.1），相比传统 ARM（如 ARM7/ARM9/Cortex-A 系列）的 38 个寄存器已减少很多，减少了内核核心面积（Die-size）。

对于编译器非常友好易用，例如：包含灵活的寄存器配置，任意寄存器之间可实现单周期乘法，任意寄存器可以作为数据、结构或数组的指针。此外，Cortex-M4 还包含 4 个特殊功能寄存器 PRIMASK、FAULTMASK、BASEPRI 和 CONTROL。

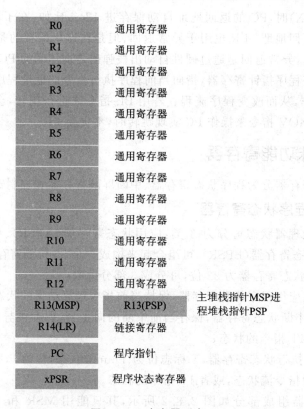

图 2.8.1　寄存器列表

2.8.1　通用寄存器

R0~R7 为低组寄存器(Low Register),宽 32 位,所有 Thumb 和 Thumb-2 都可以访问该类寄存器。

R8~R12 为高组寄存器(High Register),宽 32 位,只有少量 16 位 Thumb 指令可以访问此类寄存器,而 32 位指令既可以访问 Thumb 指令,也可以访问此类寄存器。

R13 是堆栈指针寄存器,它实际上有两个物理寄存器,分别对应主堆栈指针(MSP)和进程堆栈指针(PSP)。因此,系统可以同时支持两个堆栈。这两个堆栈取决于 CONTROL[1]中的值,当 CONTROL[1]为 1 时,使用 PSP;当 CONTROL[1]为 0 时,使用 MSP。一般在操作系统中,MSP 用于内核以及系统异常中断的代码的堆栈指针,PSP 用于用户任务的应用堆栈指针。这样即使用户程序错误导致堆栈崩溃,也可将其隔离在内核之外,不至于引起内核崩溃。这两个堆栈都是 4 字节对齐的,可以通过仿真器观察执行的代码,用户会发现 R13 的最低 2 位硬件上绑定为 0,表明堆栈指针永远是长字(4 字节)对齐的。

R14 链接寄存器(LR):在执行分支(B)和链接(BL)指令或带有交换分支(BX)

和链接指令(BLX)时,PC 的返回地址自动保存进 LR。比如:在子程序调用时用于保存子程序的返回地址。LR 也用于异常返回,但是在这里保存的是返回后的状态,不是返回的地址,异常返回是通过硬件自动出栈弹出之前压入的 PC 完成的。

R15(PC)是程序指针寄存器,指向当前程序执行指令的地址程序,可以直接对此寄存器进行操作,从而改变程序流程。若用 BL 指令来进行跳转,会更新 LR 和 PC 寄存器。但用 MOV 指令来操作 PC 实现跳转时,不更新 LR。

2.8.2　特殊功能寄存器

特殊功能寄存器分为程序状态寄存器、中断屏蔽寄存器和控制寄存器 3 类。

1. xPSR 程序状态寄存器

系统级的处理器状态可分为 3 类:应用状态寄存器(APSR)、中断状态寄存器(IPSR)、执行状态寄存器(EPSR),可组合起来构成一个 32 位的寄存器,统称 xPSR。

xPSR 程序状态寄存器为 32 位,可分成 3 部分读取:

(1) APSR,应用程序状态寄存器,保持当前指令运算结果的状态;

(2) IPSR,中断状态寄存器,保存当前中断的向量号,保存被异常中断打断的指令流状态,或者 IT 指令的状态;

(3) EPSR,执行状态寄存器,T 标志位为 Thumb 状态,恒为 1,则 ICI/IT 保存被异常中断打断的指令流状态,或者 IT 指令的状态。

xPSR 寄存器组成部分如图 2.8.2 所示,其只能用 MSR 和 MRS 指令访问。xPSR 寄存器各位功能如表 2.8.1 所列。

名称	位															
	31	30	29	28	27	26:25	24	23:20	19:16	15:10	9	8	7	6	5	4:0
APSR	N	Z	C	V	Q											
IPSR												Exception Number				
EPSR						ICI/IT	T			ICI/IT						

图 2.8.2　xPSR 寄存器组成部分

表 2.8.1　xPSR 寄存器各位功能

位	名称	定义
31	N	负数或小于标志:1 表示结果为负数或小于;0 表示结果为正数或大于
30	Z	零标志:1 表示结果为 0;0 表示结果为非 0
29	C	进位/借位标志:1 表示进位或借位;0 表示没有进位或借位
28	V	溢出标志:1 表示溢出;0 表示没有溢出
27	Q	粘着饱和标志:1 表示已饱和;0 表示没有饱和

续表 2.8.1

位	名　称	定　义
26:25 15:10	IT	if-Then 位,它们是 if-Then 指令的执行状态位,包含 if-Then 模块的指令数目和它们的执行条件
24	T	用于指示处理器当前是 ARM 状态还是 Thumb 状态
15:12	ICI	可中断–可继续的指令位:如果在执行 LDM 或 STM 操作时产生一次中断,则 LDM 或 STM 操作暂停,该位来保存该操作中下一个寄存器操作数的编号,在中断响应之后,处理器返回由该位指向的寄存器并恢复操作
8:0	ISR	占先异常的编号

2. 中断屏蔽寄存器

中断屏蔽寄存器分为 3 组,分别是 PRIMASK、FAULTMASK 和 BASEPRI。

PRIMASK 为片上外设总中断开关,该寄存器只有位 0 有效。当该位为 0 时,响应所有外设中断;当该位为 1 时,屏蔽所有片上外设中断。

FAULTMASK 寄存器管理系统错误的总开关,该寄存器只有最低位有效,即第 0 位。当该位为 0 时,响应所有的异常;当该位为 1 时,屏蔽所有的异常。

BASEPRI 寄存器用来屏蔽优先级等于和小于某一个中断数值的寄存器。

3. 控制寄存器

控制寄存器 CONTROL 有两个作用,其一用于定义处理器特权级别,其二用于选择堆栈指针,如表 2.8.2 所列。

表 2.8.2　控 制 寄 存 器 CONTROL

位	功　能
CONTROL[1]	堆栈指针选择,0 表示选择主堆栈指针(MSP),1 表示选择进程堆栈指针(PSP)
CONTROL[0]	0 表示特权级,1 表示用户级

CONTROL[0]:异常情况下,处理器总是处于特权模式,CONTROL[0]位总是为 0;在线程模式情况下(非异常情况),处理器可以工作在特权级,也可以工作在用户级,该位可为 0 或 1。特权级下所有的资源都可以访问,而用户级下被限制的资源不能访问,比如 MPU 被限制的资源。

CONTROL[1]:为 0 时,只使用 MSP,此时用户程序和异常共享同一个堆栈,处理器复位后默认的也是该模式;为 1 时,用户应用程序使用 PSP,而中断仍然得使用 MSP。这种双堆栈机制特别适合在带有 OS 的环境下使用,只要 OS 内核在特权级下执行,而用户应用程序在用户模式下执行,就可以很好地将代码隔离,互不影响。

2.9　工作模式

ARM Cortex-M4 支持 2 个模式和 2 个特权等级,如表 2.9.1 所列。在嵌入式系统应用程序中,程序代码涉及异常服务程序代码和非异常服务程序代码,这些代码可以工作在处理器特权级,也可以工作在用户级,但有区别。当处理器处在线程模式下时,既可以使用特权级,也可以使用用户级;另外,Handler 模式总是特权级的。在复位后,处理器进入线程模式＋特权级。

表 2.9.1　处理器工作模式

程序位置	特权(CONTROL[0]＝0)	特权(CONTROL[0]＝1)
异常 Handler	Handler 模式	错误的用法
主代码	线程模式	线程模式

在线程模式＋用户级下,对系统控制空间(SCS, 0xE000 E000～0xE000 EFFF,包括 NVIC、SysTick、MPU 以及代码调试控制所用的寄存器)的访问将被禁止。除此之外,还禁止使用 MRS/MSR 访问除了 APSR 之外的特殊功能寄存器。如果操作,则对于访问特殊功能寄存器的操作被忽略,而对于访问 SCS 空间的操作将产生错误。

在特权级下不管是什么原因产生了异常,处理器都将以特权级来运行其服务例程,异常返回后,系统将回到产生异常时所处的级别,同时特权级也可通过置位CONTROL[0]来进入用户级。用户级下的代码不能再试图修改 CONTROL[0]来回到特权级,它必须通过一个异常 Handler 来修改 CONTROL[0],才能在返回到线程模式后进入特权级。

线程模式与 Handler 模式之间的转换如图 2.9.1 所示。

把代码按特权级和用户级分开处理,有利于使 ARM Cortex-M4 的架构更加稳定、可靠。例如,当某个用户程序代码出问题时,可防止处理器对系统造成更大的危害,因为用户级的代码是禁止写特殊功能寄存器和 NVIC 的。另外,如果还配有MPU,保护力度就更大,甚至可以阻止用户代码访问不属于它的内存区域。

在引入嵌入式实时操作系统中时,为了避免系统堆栈因应用程序的错误使用而毁坏,我们可以给应用程序专门配一个堆栈,不让它共享操作系统内核的堆栈。在这个管理制度下,运行在线程模式的用户代码使用 PSP,异常服务例程使用 MSP。这两个堆栈指针的切换是智能全自动的,在异常服务的始末由 ARM Cortex-M4 硬件处理。

如前所述,特权等级和堆栈指针的选择均由 CONTROL 负责。

若 CONTROL[0]＝0,则在异常处理的始末只发生了处理器模式的转换,即当出现中断事件时,处理器模式由线程模式切换为 Handler 模式,中断返回时则从

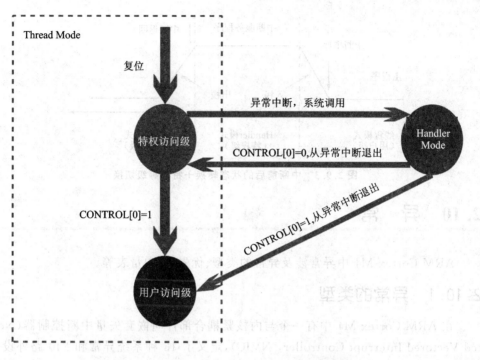

图 2.9.1　线程模式与 Handler 模式之间的转换

Handler 模式切换为线程模式,如图 2.9.2 所示。

　　若 CONTROL[0]=1(线程模式＋用户级),则在中断响应的始末,处理器模式和特权等级都要发生变化,即当出现中断事件时,处理器模式由线程模式切换为 Handler 模式,且当前级别从用户级切换为特权级,中断返回时则从 Handler 模式切换为线程模式,当前级别恢复用户级别,如图 2.9.3 所示。

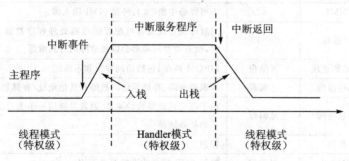

图 2.9.2　中断前后的状态转换

　　CONTROL[0]只有在特权级下才能访问。用户级的程序如果想进入特权级,通常都是使用一条"系统服务呼叫指令(SVC)"来触发"SVC 异常",该异常的服务例程可以视具体情况而修改 CONTROL[0]。

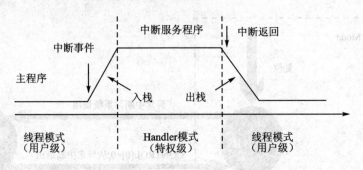

图 2.9.3　中断前后的状态转换＋特权等级切换

2.10　异　常

ARM Cortex-M4 中异常涉及异常的类型、优先级、向量表等。

2.10.1　异常的类型

在 ARM Cortex-M4 中有一个与内核紧耦合部件叫嵌套矢量中断控制器(Nested Vectored Interrupt Controller，NVIC)，定义了 16 种系统异常和 240 路外设中断。通常芯片设计者可自由设计片上外设，因此具体的片上外设中断都不会用到全部的 240 路。表 2.10.1 所列为系统异常类型，表 2.10.2 所列为外设中断类型。

表 2.10.1　异常类型

编　号	类　型	优先级	描　述
0		—	复位时载入向量表的第一项作为主堆栈栈顶地址
1	复位	−3	复位
2	NMI	−2	不可屏蔽中断(来自外部 NMI 输入脚)
3	硬故障	−1	当故障优先级或者可配置的故障处理程序被禁止而无法激活时，所有类型故障都会以硬故障的方式激活
4	存储器管理	可编程	MPU 不匹配，包括访问冲突和不匹配
5	总线故障	可编程	预取指故障、存储器访问故障和其他地址/存储器相关的故障
6	用法故障	可编程	由于程序错误导致的异常，通常是使用一条无效指令，或都是非法的状态转换
7～10	保留	—	保留
11	SVCall	可编程	执行 SVC 指令的系统服务调用
12	调试监视器	可编程	调试监视器(断点、数据观察点，或是外部调试请求)
13	保留	—	保留
14	PendSV	可编程	系统服务的可触发(Pendable)请求
15	SysTick	可编程	系统节拍定时器

表 2.10.2 中断类型

编 号	类 型	优先级	描 述
16	IRQ ♯0	可编程	外设中断 ♯0
17	IRQ ♯1	可编程	外设中断 ♯1
⋮	⋮	⋮	⋮
255	IRQ ♯239	可编程	外设中断 ♯239

ARM Cortex-M4 中目前只有 11 种系统异常可用,分别是:系统复位、NMI(不可屏蔽中断)、硬件故障、存储器管理、总线故障、用法故障、SVCall(软件中断)、调试监视器中断、PendSV(系统服务请求)、SysTick(24 位定时器中断)。240 路外设中断,是指片上外设的各模块,比如 I/O 口、UART 通信接口、I^2C 总线接口等所需的中断。

2.10.2 异常的进入与退出

1. 异常进入

入栈:当处理器发生异常时,首先自动把 8 个寄存器(xPSR、PC、LR、R12、R3、R2、R1、R0)压入栈,处理器自动完成。在自动入栈的过程中,把寄存器写入栈的时间顺序并不是与写入空间相对应的,但机器会保证正确的寄存器被保存到正确的位置,如图 2.10.1 所示,假设入栈,栈地址为 N。

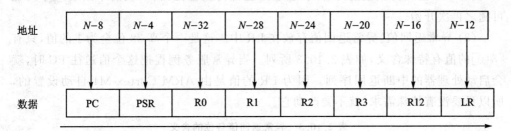

图 2.10.1 内部入栈示意图

取向量:发生异常,紧接着内核将根据向量表找出正确的异常向量,然后在服务程序的入口处预取指,处理器将取指与取数据分别通过总线进行控制,使入栈与取指这两项工作能同时进行,以便快速进入中断。

更新寄存器:入栈和取向量操作完成之后,在执行服务程序之前,还必须更新一系列寄存器。

SP:在入栈后会把堆栈指针(PSP 或 MSP)更新到新的位置。在执行服务例程时,将由 MSP 负责对堆栈的访问。

xPSR：更新 IPSR 位段（地处 PSR 的最低部分）的值为新响应的异常编号。

PC：在取向量完成后，PC 将指向服务例程的入口地址。

LR：在出入 ISR 的时候，LR 的值将得到重新诠释，这种特殊的值称为"EXC_RETURN"。在异常进入时由系统计算并赋予 LR，并在异常返回时使用它。

以上是在响应异常时通用寄存器及特殊功能寄存器的变化。另外在 NVIC 中，也会更新若干个相关寄存器。

2. 异常退出

当异常服务程序最后一条指令进入异常时，LR 的值加载到 PC 中，该操作指示中断服务结束。在从异常返回时处理器将执行下列操作之一：

（1）如果激活异常的优先级比所有被压栈（等待处理）的异常的优先级都高，则处理器会末尾连锁到一个激活异常；

（2）如果没有激活异常，或者如果被压栈的异常的最高优先级比激活异常的最高优先级要高，则处理器返回到上一个被压栈的中断服务程序；

（3）如果没有激活的中断或被压栈的异常，则处理器返回线程模式。

在启动了中断返回序列后，下述的处理就将进行。

（1）出栈：先前压入栈中的寄存器在这里恢复。内部的出栈顺序与入栈时的相对应，堆栈指针的值也改回先前的值。

（2）更新 NVIC：伴随着异常的返回，它的活动位也被硬件清除。对于外部中断，倘若中断输入再次被置为有效，悬起位也将再次置位，新一次的中断响应序列也可随之再次开始。

（3）异常返回值：异常返回值存放在 LR 中。这是一个高 28 位全为 1 的值，只有 [3:0] 的值有特殊含义，如表 2.10.3 所列。当异常服务例程把这个值送往 PC 时，就会启动处理器的中断返回序列。因为 LR 的值是由 ARM Cortex-M4 自动设置的，所以只要没有特殊需求，就不要改动它。

表 2.10.3　异常返回值各位的含义

位　段	含　义
[31:4]	异常返回值的标识，必须全为 1
3	0 表示返回后进入处理器模式，1 表示返回后进入线程模式
2	0 表示从主堆栈中做出栈操作，返回后使用 MSP；1 表示从进程堆栈中做出栈操作，返回使用 PSP
1	保留，必须为 0
0	0 表示返回 ARM 状态，1 表示返回 Thumb 状态。ARM Cortex-M4 中必须为 1

因此，表 2.10.3 中异常返回的值有 3 种情况：

● 0xFFFF FFF1，返回处理器模式；

- 0xFFFF FFF9，返回线程模式，并使用主堆栈；
- 0xFFFF FFFD，返回线程模式，并使用线程堆栈。

例如，系统中使用了 PendSV 异常，服务程序结束时，由处理模式返回到线程模式前使用进程堆栈，如程序清单 2.10.1 所示。

程序清单 2.10.1　异常返回类型实例

```
OSPendSV
…… ;异常服务程序
LDR LR, = 0Xfffffffd ;返回到线程模式进程堆栈
BX LR
```

2.10.3　异常的处理机制

ARM Cortex-M4 中断处理的特点是采用中断向量表处理，直接由向量表载入 ISR 的入口地址给 PC 指针，无须查表载入跳转指令再实现跳转。中断触发时自动保存现场，自动压栈，中断服务程序退出时自动退栈，恢复现场。获取向量与保存现场同时进行，最大限度节省中断响应时间，使用到的技术为 late-arrive（延迟）机制和 tail-chainning（末尾连锁）机制。

1. 末尾连锁

末尾连锁能够在两个中断之间没有多余的状态保存和恢复指令的情况下实现异常背对背处理。当内核正在处理一个中断 1 时，另外一个同级或低级的中断 2 触发，则其处于挂起状态等待前一中断 1 处理完毕。中断 1 处理完毕时，按正常流程需要恢复打断的现场，将寄存器出栈，再响应中断 2，重新将现场寄存器进行入栈操作。整个出栈/入栈需要 30 多个周期。

末尾连锁机制简化了中间重复工作，无须重新出栈/入栈，仅进行新的中断取向量工作，将切换简化为 6 个周期，实现了中断延迟的优化，详细情况如图 2.10.2 所示。

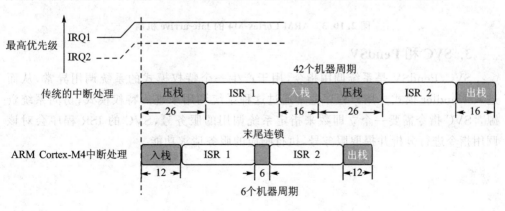

图 2.10.2　ARM Cortex-M4 的末尾连锁机制

2. ARM Cortex-M4 的 late-arrive 机制

一般来说一个优先级低的中断在处理时,优先级高的中断可以打断它并执行,但需要重新保存低优先级的现场。由于从中断信号被触发到开始执行 ISR 一般需要 12 个时钟周期保存现场,在此期间如果有高优先级的中断触发(早于低优先级中断的取向量操作),则本次入栈操作对低优先级中断执行现场保护。在高优先级结束的时候,恢复低优先级的中断服务,采用末尾连锁机制启动它的取指,如图 2.10.3 所示。

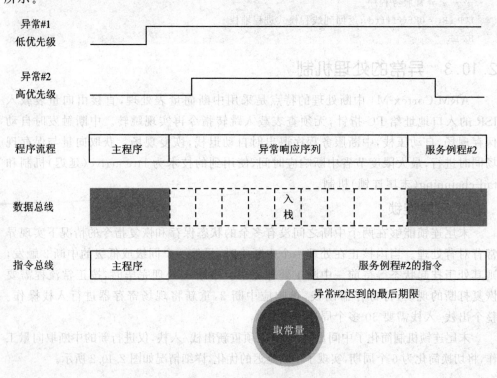

图 2.10.3 ARM Cortex-M4 的 late-arrive 机制

3. SVC 和 PendSV

SVC/PendSV 是系统调用指令,用于产生一个特权模式的系统调用异常,从而进入 Handler 模式。用户程序通常通过这种系统调用来进入特权模式,访问系统资源。SVC 指令需要一个立即数来指定系统调用的服务号,SVC 的 ISR 程序会对该调用指令进行分析并提取服务号,执行响应的服务请求功能。

2.11　MPU 内存保护单元

在嵌入式技术中,为了提高应用的稳定可靠性,微处理器通常都配置有存储器管理单元(MMU),用来合理有效地管理系统中的存储器,这也是区分微处理器和微控制器的条件之一。比如 ARM 公司的 ARM9、ARM10、ARM11 以及 ARM Cortex-A 系列的处理器,都带有 MMU。在 ARM Cortex-M4 内核中选配了一个存储器保护单元(MPU),其作用是对存储器(主要是内存和外设寄存器)进行保护,从而使软件更加健壮和可靠。MPU 有如下的功能可以提高系统的可靠性:

- 阻止用户应用程序破坏操作系统使用的数据;
- 阻止一个任务访问其他任务的数据区,从而把任务隔开;
- 可以把关键数据区设置为只读,从根本上消除了被破坏的可能;
- 检测意外的存储访问,如堆栈溢出、数组越界;
- 此外,还可以通过 MPU 设置存储器片块的其他访问属性,比如是否缓冲区等。

MPU 为复杂系统提供了内存保护机制,在多任务系统中防止任务非法访问其他任务或系统的存储空间。MPU 支持物理地址的访问权限控制,不执行地址转换;采用按 Region 区域划分管理的内存,并可单独设置不同的访问权限(见图 2.11.1),如果触犯访问规则,则会产生系统异常;最多支持 8 个 Region。Region 交叠时,交叠

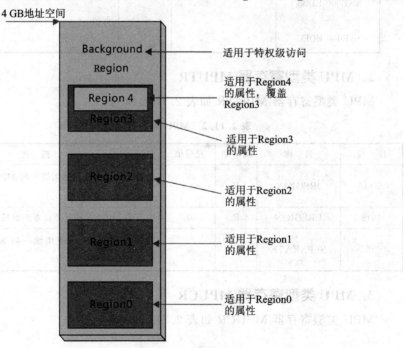

图 2.11.1　不同 Region 的属性

区域由编号大的来决定，Region0 为最低优先级，Region7 为最高优先级。

ARM Cortex-M4 内核实现内存保护涉及以下多个寄存器。

1. MPU 内存保护单元——寄存器

MPU 内存保护单元——寄存器如表 2.11.1 所列。

表 2.11.1　MPU 内存保护单元——寄存器

地　址	寄存器名	类　型	描　述
0xE000 ED90	MPUTR	RO	MPU 类型寄存器
0xE000 ED94	MPUCR	RW	MPU 控制寄存器
0xE000 ED98	MPURNR	RW	MPU Region 号寄存器
0xE000 ED9C	MPURBAR	RW	MPU Region 基址寄存器
0xE000 EDA0	MPURASR	RW	MPU Region 属性和容量大小寄存器
0xE000 EDA4	MPU_RBAR_A1	RW	基址寄存器别名 1
0xE000 EDA8	MPU_RASR_A1	RW	属性寄存器别名 1
0xE000 EDAC	MPU_RBAR_A2	RW	基址寄存器别名 2
0xE000 EDB0	MPU_RASR_A2	RW	属性寄存器别名 2
0xE000 EDB4	MPU_RBAR_A3	RW	基址寄存器别名 3
0xE000 EDB8	MPU_RASR_A3	RW	属性寄存器别名 3
0xE000 EDB8 ～ 0xE000 EDEC	—	—	保留

2. MPU 类型寄存器 MPUTR

MPU 类型寄存器 MPUTR 如表 2.11.2 所列。

表 2.11.2　MPU 类型寄存器 MPUTR

位　段	名　称	类　型	复位值	描　述
23:16	IREGION	R	0	因为处理器内核只使用统一的 MPU，所以 IREGION 总是包含 0x00
15:8	DREGION	R	0	支持的 MPU 区域数。设置该值只能是 0 或者 8
0	SEPARATE	R	0	因为处理器内核只使用统一的 MPU，所以 SEPARATE 总是为 0

3. MPU 类型寄存器 MPUCR

MPU 类型寄存器 MPUCR 如表 2.11.3 所列。

表 2.11.3　MPU 类型寄存器 MPUCR

位　段	名　称	类　型	复位值	描　述
2	PRIVDEFENA	RW	0	是否为特权级打开默认存储器映射。1 表示特权级下打开背景 Region,0 表示不打开背景 Region。任何访问违例以及对 Region 外地址区的访问都引起 fault
1	HFNMIENA	RW	0	1 表示在 NMI 和硬 fault 服务例程中不强制禁用 MPU,0 表示在 NMI 和硬 fault 服务例程中强制禁用 MPU
0	ENABLE	RW	0	MPU 使能位:1 表示使能 MPU,0 表示禁能 MPU。复位将 ENABLE 位清零

MPU 控制寄存器用于:

● 使能 MPU;

● 使能默认时的存储器映射;

● 在处于硬故障、NMI 和 FAULTMASK 升级处理时使能 MPU。

在使能 MPU 时,为了运行 MPU,除非 PRIVDEFENA 位置位,否则必须至少使能一个存储器映射区。如果 PRIVDEFENA 位置位而没有区域被使能,那么只能运行特权代码。

MPU 禁止时,使用默认的地址映射,相当于没有 MPU。

MPU 使能时,只有系统分区和向量表装载总是可访问。其他区必须根据区域以及 PRIVDEFENA 是否使能才能决定其是否可访问。除非 HFNMIENA 置位,否则 MPU 在异常优先级为-1 或-2 时不能被使能。这些优先级仅在处于硬故障、NMI 或当 FAULT-MASK 使能时才存在。当 HFNMIENA 位和这两个优先级一起工作时,它用于使能 MPU。

若改变 MPUCR 中的 PRIVDEFENA 位,对 Region 的影响如图 2.11.2 所示。

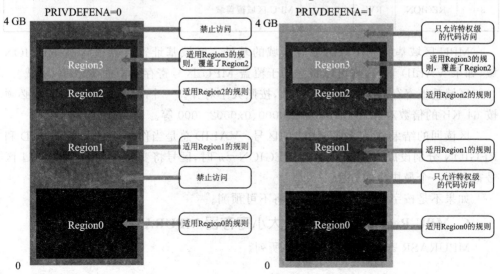

图 2.11.2　PRIVDEFENA 位对 Region 的影响

4. MPU Region 号寄存器 MPURNR

MPU 区号寄存器 MPURNR(见表 2.11.4)用于选择进行访问的保护区,然后写 MPU 区域基址寄存器或 MPU 属性及容量大小寄存器以对保护区的特性进行配置。

表 2.11.4　MPURNR 寄存器

位　段	名　称	类　型	复位值	描　述
7:0	REGION	RW	—	选择下一个要配置的区。因为只支持 8 个区,所以事实上只有[2:0]有意义,在使用"区域属性及容量大小寄存器"和"区域基址寄存器"时选择进行操作的域。首先必须写 RE-GION,但在对地址 VALID+REGION 域进行写操作时除外,它覆盖了 REGION

5. MPU Region 基址寄存器 MPURBAR

MPURBAR 寄存器如表 2.11.5 所列。

表 2.11.5　MPURBAR 寄存器

位　段	名　称	类　型	复位值	描　述
31:N	ADDR	RW	—	区域基址域。N 的值取决于区域的大小,所以基址是按照大小的偶数倍来对齐的。由 MPU 区域属性及容量大小寄存器的 SZENABLE 域指定的 2 的乘幂决定了使用的基址位数
4	VALID	RW	—	MPU 区号有效位:1 表示 MPU 区号寄存器被位 3:0(REGION 值)覆写;0 表示 MPU 区号寄存器保持不变并被解释
3:0	REGION	RW	—	MPU 区域覆盖域

MPU 区域基址寄存器用于写区域的基址。区域基址寄存器还含有 REGION 域,如果 VALID 置位,你可以将它用于覆盖 MPU 区号寄存器中的 REGION 域。

区域基址寄存器为区域设置基址,按照大小对齐。一个 64 KB 大小的区域必须按 64 KB 的倍数对齐,例如 0x0001 0000、0x0002 0000 等。

区读回的结果总是当前 MPU 的区号。VALID 总是当作 0 读回。将 VALID 和 REGION 分别设成 VALID=1 和 REGION=n 时,区号将变为 n。这是写 MPU 区号寄存器一个最快捷的方法。

如果不是按字访问,那么寄存器将不可预测。

6. MPU Region 属性及容量大小寄存器 MPURASR

MPURASR 寄存器如表 2.11.6 所列。

表 2.11.6　MPURASR 寄存器

位　段	长　度	名　称	功　能
31:29	3	—	保留
28	1	XN	指令访问禁止位；1 表示禁止取指；0 表示使能取指
27	1	—	保留
26:24	3	AP	访问许可，如表 2.11.7 所列
23:22	2	—	保留
21:19	3	TEX	类型拓展
18	1	S	可共享位；1 表示可共享；0 表示不可共享
17	1	C	可高速缓存的位；1 表示可高速缓存；0 表示不可高速缓存
16	1	B	可缓冲的位；1 表示可缓冲；0 表示不可缓冲
15:8	8	SRD	子区禁止位段。每设置 SRD 的一个位，就会有对应的一个子区。容量大于 128 字节的区都被划分成 8 个容量相同的子区。容量小于等于 128 字节的区不能再分
7:6	2	—	保留
5:1	5	REGIONSIZE	MPU 保护区大小域，如表 2.11.8 所列
0	1	SIZEENABLE	区域使能位；1 表示使能此 Region；0 表示禁止此 Region

表 2.11.7　MPU 保护区访问许可

值	特权级下的许可	用户级下的许可	描　述
0b000	NA	NA	无访问
0b001	RW	NA	只允许特权访问
0b010	RW	RO	写在用户区会产生 fault
0b011	RW	RW	完全访问
0b100	不可预知的	不可预知的	不可预知的
0b101	RO	NA	只允许特权读取
0b110	RO	RO	只读
0b111	RO	RO	只读

表 2.11.8　MPU 保护区域大小域

区　域	大　小	区　域	大　小
b0 0000	保留	b1 0000	128 KB
b0 0001	保留	b1 0001	256 KB
b0 0010	保留	b1 0010	512 KB

区　域	大　小	区　域	大　小
b0 0011	保留	b1 0011	1 MB
b0 0100	32 B	b1 0100	2 MB
b0 0101	64 B	b1 0101	4 MB
b0 0110	128 B	b1 0110	8 MB
b0 0111	256 B	b1 0111	16 MB
b0 1000	512 B	b1 1000	32 MB
b0 1001	1 KB	b1 1001	64 MB
b0 1010	2 KB	b1 1010	128 MB
b0 1011	4 KB	b1 1011	256 MB
b0 1100	8 KB	b1 1100	512 MB
b0 1101	16 KB	b1 1101	1 GB
b0 1110	32 KB	b1 1110	2 GB
b0 1111	64 KB	b1 1111	3 GB

　　MPU 区域属性及容量大小寄存器用于控制 MPU 的访问权限。寄存器由两个局部寄存器组成,每个都是半字大小。可以使用单独的长度对这些寄存器进行访问,也可以使用字操作同时对它们进行访问。

　　表 2.11.6 中的[15:8]位提到了"子区"的概念。由于 8 个区的定义区域较大,因而允许把每个区的内部进一步划分成更小的块,这就是子区。但是子区的使用有限制:每个区必须 8 等分,每份是一个子区,而且所有子区的属性都与"父区"的是相同的。每个子区可以独立地使能或禁止,SRD 中的 8 个位,每个位控制一个子区是否被禁止。如果 SRD.3=0,则 3 号子区被禁止。如果某个子区被禁止,且其对应的地址范围又没有落在其他区中,则对该子区覆盖范围的访问将引发 fault。子区最小也要有 256 字节,如果是对 128 字节或者是更小的区划分子区,则后果是不可预料的。

　　表 2.11.6 中的[26:24]为 AP 位段,AP 位段用于限定各种访问权限,这也是加以分区保护的最重要的组成部分。

　　表 2.11.6 中位段[28]的名字是 XN(eXecute Never),它决定在本区中是否允许取指。如果不允许取指(清零),则任何指令预取都将触发 MemManage fault。其作用是可以把新得到的还不受信任的代码先存储到此区,待经过身份鉴定后,再允许它执行。

　　表 2.11.6 中的[21:16]位段中 TEX、S、C 和 B,对应着存储系统中比较高级的操作。ARM Cortex-M4 中没有缓存(Cache),但它是以 ARMv7-M 的架构设计的,而 ARMv7-M 支持外部缓存以及更先进的存储器系统。按 ARMv7-M 的规格说明,可以通过对这些位段的编程来支持多样的内存管理模型。这些位组合的详细功能如

40

表 2.11.9 所列。

表 2.11.9　TEX、C 和 B 对存储器类型的决定

TEX	C	B	描　　述	存储器类型	可否共享
000	0	0	严格按顺序	严格按顺序	总是可以
000	0	1	共享的设备	设备	总是可以
000	1	0	片外或片内的"写通"型内存,没有写 allocate	普通	S 位决定
000	1	1	片外或片内的"写回"型内存,没有写 allocate	普通	S 位决定
001	0	0	片外或片内的"缓存不可"型内存	普通	S 位决定
001	0	1	保留	保留	保留
001	1	0	已定义的执行	保留	保留
001	1	1	片外或片内的"写回"型,带读和写的 allocate	普通	S 位决定
010	1	x	共享不可的设备	设备	总是不可
010	0	1	保留	保留	保留
010	1	x	保留	保留	保留
1BB	A	A	带缓存的内存。BB 表示适用于片外内存,AA 表示适用于片内内存	普通	S 位决定

表 2.11.9 中最后 TEX 的 MSB=1 时的情况,如果该区是片内存储器,则由 C 和 B 决定其缓存属性(AA);如果是片外存储器,则由 TEX 的[1:0]决定其缓存属性 (BB)。不管是 AA 还是 BB,每个数值的含义都是相同的,如表 2.11.10 所列。

表 2.11.10　缓存方针编码

存储器属性编码（AA 和 BB）	高速缓存策略
00	不缓存
01	写回,读写均有 allocate
10	写通,写没有 allocate
11	写回,写没有 allocate

例如,有一应用项目要求对代码区特权级代码 8 MB(0x0000 0000～ 0x008F FFFF)全访问,可缓存;对片上 RAM 特权级数据 64 KB(0x2000 0000～ 0x2000 FFFF)全访问,可缓存;对片上外设 512 MB(0x4000 0000～0x5FFF FFFF) 全访问,共享设备;对系统私有区 1 MB(0xE000 0000～0xE00F FFFF)特权级访问, 严格按顺序。操作如程序清单 2.11.1 所示。

程序清单 2.11.1　MPU 内存保护单元-示例

```
MpuSetup                        ;入口函数,它内部呼叫子程序来完成 MPU 设置
    PUSH {R0 - R6,LR}
    LDR R0, = 0xE000ED94        ; MPU 控制寄存器
    MOV R1, #0
    STR R1, [R0]                ;配置前先禁止 MPU
    ; --- Region #0 ---
    LDR R0, = 0x00000000        ;区号 0:基址 = 0x0000 0000
    MOV R1, #0x0                ;区号 0:区号 = 0
    MOV R2, #0x16               ;区号 0:容量 = 0x16(8 MB)
    MOV R3, #0x3                ;区号 0:访问许可 = 0x3(全访问)
    MOV R4, #0x7                ;区号 0:属性 = 0x7
    MOV R5, #0x0                ;区号 0:子区禁止 = 0
    MOV R6, #0x1                ;区号 0:{XN, Enable} = 0,1
    BL MpuRegionSetup
    ; --- Region #1 ---
    LDR R0, = 0x08000000        ;区号 1:基址 = 0x2000 0000
    MOV R1, #0x1                ;区号 1:区号 = 1
    MOV R2, #0x0F               ;区号 1:容量 = 0x0F(64 KB)
    MOV R3, #0x3                ;区号 1:访问许可 = 0x3(全访问)
    MOV R4, #0x7                ;区号 1:属性 = 0x7
    MOV R5, #0x0                ;区号 1:子区禁止 = 0
    MOV R6, #0x1                ;区号 1:{XN, Enable} = 0,1
    BL MpuRegionSetup
    ; --- Region #2 ---
    LDR R0, = 0x08000000        ;区号 2:基址 = 0x4000 0000
    MOV R1, #0x2                ;区号 2:区号 = 2
    MOV R2, #0x1C               ;区号 2:容量 = 0x1C(512 MB)
    MOV R3, #0x3                ;区号 2:访问许可 = 0x3(全访问)
    MOV R4, #0x1                ;区号 2:属性 = 0x1
    MOV R5, #0x0                ;区号 2:子区禁止 = 0
    MOV R6, #0x1                ;区号 2:{XN, Enable} = 0,1
    BL MpuRegionSetup
    ; --- Region #3 ---
    LDR R0, = 0x08000000        ;区号 3:基址 = 0xE000 0000
    MOV R1, #0x3                ;区号 3:区号 = 3
    MOV R2, #0x13               ;区号 3:容量 = 0x13(1 MB)
    MOV R3, #0x1                ;区号 3:访问许可 = 0x1(特权访问)
    MOV R4, #0x0                ;区号 3:属性 = 0x0
    MOV R5, #0x0                ;区号 3:子区禁止 = 0
    MOV R6, #0x1                ;区号 3:{XN, Enable} = 0,1
    BL MpuRegionSetup
```

```
        LDR  R0, = 0xE000ED94        ; MPU 控制寄存器
        MOV  R1, #1
        STR  R1, [R0]                ; 使能 MPU
        POP  {R0 - R6, PC}           ; 返回
MpuRegionSetup
        ; MPU 区 设置及启用子程
        ;入口条件:
        ; R0 = 基址
        ; R1 = 区号
        ; R2 = 容量
        ; R3 = 访问许可
        ; R4 = 属性({TEX[2:0], S, C, B})
        ; R5 = 子区禁止
        ; R6 = {XN, Enable}
        PUSH {R0 - R1, LR}
        BIC  R0, R0, #0x1F           ; 清零基址中不会用到的位段
        BFI  R0, R1, #0, #4          ; 把区号插入到 R0[3:0]
        ORR  R0, R0, #0x10           ; 置位 VALID 位
        LDR  R1, = 0xE000ED9C        ; 加载 MPU 基址寄存器的地址
        STR  R0, [R1]                ; 填写之
        AND  R0, R6, #0x01           ; 读取使能位
        UBFX R1, R6, #1, #1          ; 读取 XN 位
        BFI  R0, R1, #28, #1         ; 把 XN 插入到 R0[28]
        BFI  R0, R2, #1, #5          ; 把区容量(R2[4:0])插入到 R0[5:1]中
        BFI  R0, R3, #24, #3         ; 把 AP 访问许可(R3[2:0])插入到 R0[26:24]中
        BFI  R0, R4, #16, #6         ; 把属性(R4[5:0])插入到 R0[21:16]中
        BFI  R0, R5, #8, #8          ; 把子 SRD 子区(R5[7:0])插入到 R0[15:8]中
        LDR  R1, = 0xE000EDA0        ; 加载 MPU 属性及容量大小寄存器的地址
        STR  R0, [R1]                ; 写入寄存器
        POP  {R0 - R1, PC}           ; 返回
MpuRegionDisable
        ;该子程序用于禁止一个 MPU
        ;入口条件: R0 = 待禁止的区号
        PUSH {R1, LR}
        AND  R0, R0, #0xF            ; 区号只取低 4 位
        ORR  R0, R0, #0x10           ; 设置 VALID 位
        LDR  R1, = 0xE000ED9C        ; 加载 MPU 基址寄存器的地址
        STR  R0, [R1]                ; 填写之
        MOV  R0, #0
        LDR  R1, = 0xE000EDA0        ; 加载 MPU 属性及容量大小寄存器的地址
        STR  R0, [R1]                ; 把它归零,这也蕴涵了除能的命令
        POP  {R1, PC}                ; 返回
```

2.12　ARM Cortex-M4 的电源管理

ARM Cortex-M4 内核支持 3 种睡眠模式：即刻睡眠（Sleep-now）、退出中断睡眠（Sleep-on-exit）和深度睡眠（Deep-sleep）。

（1）Sleep-now：使用 WFI（Wait for Interrupt）指令或者 WFE（Wait for Event）指令，直接让内核进入低功耗，如图 2.12.1 所示。

（2）Sleep-on-exit：当系统控制寄存器的 SLEEPONEXIT 位被设置时，处理器将在退出所有的中断服务程序时进入低功耗模式，即处理器仅在 Handler 模式下工作，对于长期无人值守的设备来说非常有用。

（3）Deep-sleep：当系统控制寄存器的 SLEEPDEEP 位置位时，内核将在进入低功耗模式时进入深度睡眠。

进入睡眠模式后芯片的反应取决于芯片设计，ARM Cortex-M4 内核可以输出指示 2 种级别的睡眠深度的信号给外围：Sleep 和 Deep-sleep，芯片厂商可以根据具体芯片设计需求来处理。

在 Sleep 模式下，内核停止工作，不执行代码和取指，但是时钟 FCLK 仍然需要，以便中断控制寄存器可以捕获中断信号，从而唤醒内核。内核的时钟 FCLK 可以停止下来以降低功耗，如图 2.12.1 所示。

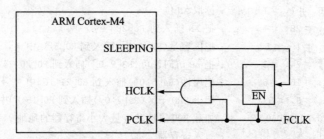

图 2.12.1　WFE 指令后时钟工作状态（Sleep 模式）

在 Deep-sleep 模式下，芯片外设可以进一步关闭更多的模块。图 2.12.2 中的 Deep-sleep 信号可以关闭芯片中的时钟锁相环等进一步降低功耗。唤醒时，由锁相

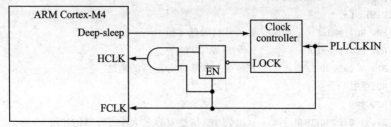

图 2.12.2　WFI 指令后时钟工作状态（Deep-sleep 模式）

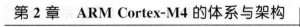

环的锁定信号来决定是否使能处理器的时钟,以保证其稳定工作。

2.13　Bitband

传统 32 位处理器系统在实现数据位操作的时候,只能采用 Load-modify-write (读—修改—写)的方式来进行,这样效率较低,ARM Cortex-M4 为了最大程度地支持按位操作外设和数据,提供了 Bitband 技术,通过 Bitband 可以实现直接对存储区内的数据某位进行操作而无需载入数据到寄存器中。

Bitband 技术只在特定的几个区域内实现,且只支持数据访问,不支持取指范围。支持 Bitband 的区域都有对应的一个 Bitband alias(位带别名)区域。

ARM Cortex-M4 在映射存储空间时开放了 2 个区域支持 Bitband 操作,每个区域空间为 1 MB,对应的还有 2 个 Bitband alias(位带别名)区域(见图 2.13.1):

一个位于 0x2000 0000~0x200F FFFF,用于片上 SRAM 的数据位操作;

一个位于 0x4000 0000~0x400F FFFF,用于外设寄存器的位操作。

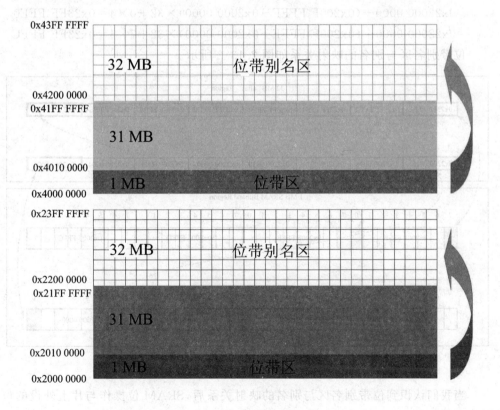

图 2.13.1　位带别名区和位带区

那么如何计算处理位地址与位别名地址的对应关系,以下有两个对应的公式。

- 对于 SRAM 位带区的某个位：

$$Aliasaddr = 0x2200\ 0000 + ((A - 0x2000\ 0000) \times 8 + n) \times 4$$
$$0x2200\ 0000 + (A - 0x2000\ 0000) \times 32 + n \times 4$$

- 对于片上外设位带区的某个位：

$$Aliasaddr = 0x4200\ 0000 + ((A - 4x2000\ 0000) \times 8 + n) \times 4$$
$$0x4200\ 0000 + (A - 0x4000\ 0000) \times 32 + n \times 4$$

在上述表达式中，A 表示要操作的位所在的字节地址，$n(0 \leqslant n \leqslant 7)$ 表示位序号。

举例：根据上述计算公式可以计算出地址 0x2000 0000 的第 0 位的位带别名地址为 0x2200 0000，地址 0x2000 0000 的第 7 位的位带别名地址为 0x2200 001C，地址 0x200F FFFF 的第 0 位的位带别名地址为 0x23FF FFE0，地址 0x200F FFFF 的第 7 位的位带别名地址为 0x23FF FFFC，计算过程如下：

$$0x22000\ 0000 + (0x2000\ 0000 - 0x2000\ 0000) \times 32 + 0 \times 4 = 0x2200\ 0000$$
$$0x22000\ 0000 + (0x2000\ 0000 - 0x2000\ 0000) \times 32 + 7 \times 4 = 0x2200\ 001C$$
$$0x22000\ 0000 + (0x200F\ FFFF - 0x2000\ 0000) \times 32 + 0 \times 4 = 0x23FF\ FFE0$$
$$0x22000\ 0000 + (0x200F\ FFFF - 0x2000\ 0000) \times 32 + 7 \times 4 = 0x23FF\ FFFC$$

位带别名区与别名的映射关系如图 2.13.2 所示。

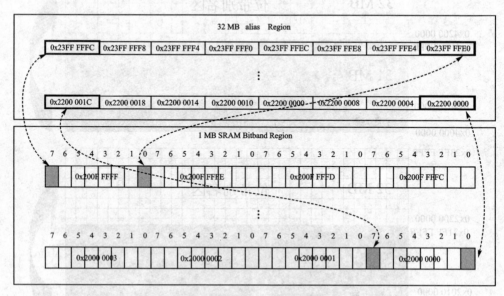

图 2.13.2　位带别名区与别名的映射关系

当我们认识到位带别名区与别名的映射关系后，SRAM 位操作与片上外设的位操作实例如下。

SRAM 位操作实例：将地址 0x2000 0000 的第 0 位置 1，通过上述计算关系，可计算出位带别名为 0x2200 0000,如程序清单 2.13.1 所示。

程序清单 2.13.1　SRAM 位操作实例

```
LDR R0, = 0x22000008
LDR R1, = 0x01
STR R1, [R0]
```

片上外设位操作实例:将片上外设 I/O 端口 A 口的第 0 位(也即 PA0)设为输出,其 A 口的方向寄存器地址为 0x4000 4400,设置 1 作为输出,可根据上述关系计算出位带别名为 0x4208 8000,如程序清单 2.13.2 所示。

程序清单 2.13.2　片上外设位操作实例

```
LDR R0, = 0x42088000
LDR R1, = 0x01
STR R1, [R0]
```

注:采用大端格式时,对位邦定别名区的访问必须以字节方式,否则访问不可预知。

第3章

新唐 M451 系列

作为一家全球微控制器领先企业,新唐提供了基于 ARM Cortex-M4 内核(外形如图 3.1.0 所示)的新一代 NuMicro 32 位的微控制器。新唐的 Cortex-M4 微控制器提供宽工作电压(2.5～5.5 V)、工业级温度(－40～105 ℃)、高精度内部振荡器和强抗干扰性。

M451 系列分为 M451B 基础系列、M451U USB系列、M451C CAN 系列和 M451A 全功能系列,它们适用于工业控制、工业自动化、消费类产品、网络设备、能源电力、马达控制等应用领域。

M451 系列产品特性:含有浮点运算单元和DSP 的 ARM Cortex-M4 内核,最高可运行至72 MHz,内建 128 KB/256 KB Flash 存储器、32 KBSRAM,快速 USB OTG、CAN 和其他外设单元。同时还配备了大量的外围设备,如 USBOTG、USBHost/Device、定时器、看门狗定时器、RTC、PDMA、EBI、UART、智能卡接口、SPI、I²C、PWM、GPIO、

图 3.1.0　新唐 M451

12 位 ADC、12 位 DAC、触摸按键传感器、模拟比较器、温度传感器、低电压复位、欠压电压检测。

3.1　M451 系列特性

1. 内　核

- ARM Cortex-M4F 内核最高可运行到 72 MHz。
- 支持带硬件除法器的 DSP 扩展功能。
- 支持 IEEE 754 兼容浮点运算单元。
- 支持内存保护单元。
- 一个 24 位系统定时器。
- 支持通过 WFI 和 WFE 指令进入低功耗睡眠模式。
- 单周期 32 位硬件乘法器。

- 支持可编程的嵌套中断控制器 16 级优先级。
- 支持可编程屏蔽中断。

2. LDO

内建内置低压线性稳压器（Low Dropout Regulator，LDO）宽工作电压范围从 2.5～5.5 V。

3. Flash Memory

- 128/256 KB Flash 内存。
- 代码/数据空间可配。
- 4 KB Flash LDROM。
- 支持通过 SWD/ICE 接口 2 线 ICP 烧录。
- 支持在系统编程（Insystem Programming，ISP）、在应用编程（InApplication Programming，IAP）。
- 2 KB 的 Flash 页擦除功能。
- 支持通过外部编程器快速并口编程。

4. Mask ROM

- 16 KB 内置 Mask ROM。
- 支持新唐 UART0、SPI0、I2C0、CAN 和 USB 引导码。
- 支持 ISP/IAP 库。
- 支持直接从 Mask ROM 启动。

5. SRAM Memory

- 内置 32 KB SRAM。
- 支持 16 KB 空间硬件奇偶校验检测。
- 支持字节、半字和字操作。
- 支持奇偶校验检测错误发生后产生异常。
- 支持 PDMA 模式。
- 带两个给内存模块专用的外部片选引脚。
- 每个 bank 支持操作空间达 1 MB，实际外部操作空间依据封装输出引脚的多少而定。
- 支持 8/16 位数据宽度。
- 支持 16 位数据宽度数据写入模式。
- 支持 PDMA 模式。
- 支持地址/数据复用模式。
- 支持每个内存模块时序参数独立设置。

6. PDMA（Peripheral DMA）

- 在内存与外设之间建立了 12 个独立的可配置自动数据传输渠道。

- 支持"正常"、"分散-收集"(Scatter-Gather)传输模式。
- 支持两种类型的优先级模式：固定优先级和循环(Round-Robin)模式。
- 支持字节、半字和字访问。
- 源地址和目的地址自动递增。
- 支持单次和突发传输模式。

7. 时钟控制

- 内置 22.118 4 MHz 内部高速 RC 振荡器(HIRC)，可用于系统运行(−40～ +105 ℃时，误差<2%)。
- 内置 10 kHz 内部低速 RC 振荡器(LIRC)，用于看门狗及掉电唤醒等功能。
- 外部 4～24 MHz 高速晶体(HXT)用于精准的时序操作。
- 外部 32.768 kHz 低速晶体 (LXT) 用于 RTC 功能和低功耗系统运行。
- 支持一组 PLL，高至 144 MHz，用于高性能的系统运行，时钟源可以选择 HIRC 和 HXT。
- 支持高/低速外部时钟失效检测。
- 支持检测到时钟失效后产生异常(NMI)。
- 支持时钟输出。

8. 电压调节接口

- 通过专用电源输入引脚(VDDIO)使得部分 I/O 输出电压用户可配置到 1.8～ 5.5 V。
- 支持 UART1、SPI0、SPI1、I2C1 或 I2C0 接口。

9. GPIO

- 4 种 I/O 模式。
- TTL/施密特触发输入可选。
- I/O 口作为中断源可选择边沿/电平触发。
- 支持强灌电流和强拉电流 I/O (5 V 时达 20 mA)。
- 电平转换速率控制软件可选。
- 支持 5V-tolerance 功能。
- 支持 LQFP100/64/48 对应多达 85/55/42 个 GPIO。

10. Timer

- 支持 4 个 32 位定时器，每个定时器包括一个 24 位向上计数器和一个 8 位预分频计数器。
- 每个定时器时钟源独立可选。
- 有 One-shot、Periodic、Toggle 和 Continuous Counting 四种工作模式。
- 带事件计数功能以记录外部事件引脚所发生的事件。
- 支持输入捕捉功能来捕捉或复位计数器的值。

11. 看门狗定时器

- 支持 LIRC(默认选择)、HCLK/2048 和 LXT 多个时钟源可选。
- 从 1.6 ms～26.0 s (与时钟源有关)8 个可选时间溢出周期。
- 可从 Power-down 或 IDLE 模式唤醒。
- 看门狗溢出后中断或复位可选。

12. 窗口看门狗定时器

- 支持 HCLK/2048 (默认选择) 和 LIRC 多个时钟源可选。
- 窗口范围通过 6 位计数器和一个 11 位预分频计数器可设。
- 可从 Power-down 或 IDLE 模式唤醒。
- 看门狗溢出后中断或复位可选。

13. RTC

- 支持外部电源引脚 V_{BAT} 给模块单独供电。
- 支持通过设置频率补偿寄存器(FCR)进行软件补偿。
- 支持 RTC 计数 (时,分,秒) 和日历计数(年,月,日)。
- 支持报警寄存器 (年,月,日,时,分,秒)。
- 12 小时或 24 小时两种模式可选。
- 自动闰年计算功能。
- 支持 1/128 s、1/64 s、1/32 s、1/16 s、1/8 s、1/4 s、1/2 s 和 1 s 8 个周期滴答中断时间可选。
- 支持唤醒功能。
- 带 80 字节备用寄存器。
- 可编程备用寄存器擦除功能。
- 支持 32 kHz 振荡器增益控制。
- 支持 tamper 引脚检测功能。

14. PWM

- 支持多达 12 个独立的 16 位分辨率的 PWM 输出。
- 支持最高工作频率达 144 MHz。
- 带一个 12 位的时钟预分频计数器。
- 支持单次和自动装载 2 种工作模式。
- 支持向上、向下、上-下 3 种计数模式。
- 支持同步功能。
- 支持 12 位的死区插入时间。
- 支持外部引脚、模拟比较器和系统安全事件源刹车功能。
- 支持 PWM 刹车条件解除后自动恢复功能。

- 支持屏蔽功能和每个 PWM 引脚三态使能。
- 支持 PWM 事件中断。
- 支持触发 EADC/DAC 开始转换。
- 支持多达 12 个独立输入捕捉通道,每个通道可设置为上升沿/下降沿捕捉,计数器重载功能可设。
- 带一个 16 位解析度的捕捉计数器。
- 支持捕捉中断。
- 支持捕捉 PDMA 模式。

15. UART

- 支持多达 4 个串口:UART0、UART1、UART2 和 UART3。
- 支持 16 字节 FIFO,触发等级可设。
- 支持自动流控功能(CTS 和 RTS)。
- 支持 IrDA(SIR)功能。
- 支持 RS-485 9 位模式和方向控制。
- UART0 和 UART1 支持 LIN 功能。
- 可编程波特率最高可达系统时钟的 1/16。
- 支持唤醒功能。
- 支持 PDMA 模式。

16. I²C

- 支持两个 I²C 接口。
- 支持主/从模式。
- 主从间双向数据传输。
- 多主总线(无中心主机)。
- 多主机间同时传输数据仲裁,避免总线上串行数据被破坏。
- 总线采用串行时钟同步,允许设备间以不同速率进行通信。
- 串行时钟同步可以用于握手机制来暂停和恢复串行传输。
- 可编程时钟允许各种速度传输控制。
- 支持多地址识别功能（4 个从机地址带 Mask 选项）。
- 支持 SMBus 和 PMBus 功能。
- 支持最高速率可达 1 Mbps。
- 支持多地址睡眠唤醒功能。

17. SPI

- 1 路 SPI 控制器 SPI0。
- 支持 SPI 主/从机工作模式。
- 支持 2 位传输模式。

- 支持双 I/O 和四 I/O 传输模式。
- 一个事务传输的数据长度可配置为 8～32 位。
- 提供独立的 8 级深度发送和接收 FIFO 缓存。
- 支持 MSB 或 LSB 优先传输。
- 支持字节重排序功能。
- 支持字节或字间隔功能。
- 支持唤醒功能。
- 支持 PDMA 模式。
- 支持三线，无片选信号，双向接口。
- 当配置为主机模式时，传输速率最高可达 32 MHz；当配置为从机模式时，可达 16 MHz（MCU 工作在 $V_{DD}=5$ V）。

18. SPI/I²S

- 支持多达两套 SPI 控制器：SPI1 和 SPI2。
- 支持主或从工作模式。
- 字传输位长度从 8～32 位可设。
- 提供独立的 4 级收和发 FIFO 缓存。
- 支持 MSB 或 LSB 优先传输。
- 支持字节重排序功能。
- 支持字节或字间隔功能。
- 支持三线，无片选信号，双向接口。
- 当配置为主机模式时，传输速率最高可达 36 MHz；当配置为从机模式时，可达 18 MHz（MCU 工作在 $V_{DD}=5$ V）。
- 支持两套 I²S 通过 SPI 控制器（SPI1 和 SPI2）。
- 带外部音频 CODEC 接口。
- 支持主和从模式。
- 可处理 8、16、24 和 32 位大小数据长度。
- 支持单声道和立体声音频数据。
- 支持 PCM 模式 A、PCM 模式 B、I²S 和 MSB 数据格式。
- 每路提供两个 4 字 FIFO 数据缓存，一个用于发送，另一个用于接收。
- 当缓存数据达到设置长度后会产生一个中断请求。
- 每路支持两个 PDMA 请求，一个用于发送，另一个用于接收。

19. CAN2.0

- 带一套 CAN 控制器。
- 支持 CAN 协议 v2.0 A 和 B 部分。
- 位速率最高可达 1 Mbit/s。

ARM Cortex-M4 微控制器原理与实践

- 支持 32 个报文对象。
- 每个报文对象都有自己的标识符掩码。
- 可编程 FIFO 模式(链接报文对象)。
- 支持中断功能。
- 禁用时间触发 CAN 应用下的自动重传模式。
- 支持睡眠唤醒功能。

20. USB 2.0 全速(Full Speed)控制器

- 带一套 USB 2.0 全速带 OTG 功能的控制器。
- 全速主机与 Open HCI 1.0 规范兼容。
- 与 USB 规范 v2.0 兼容。
- OTG 与 USB OTG Supplement 1.3 兼容。
- 片上 USB 收发器。
- 支持控制,批量输入/输出,中断和同步传输方式。
- 总线无信号超过 3 ms 自动挂起功能。
- 带有 8 可编程端点。
- 带 512 字节内部 SRAM 作为 USB 缓冲区。
- 支持遥控唤醒功能。
- 片上提供 5 V 转 3.3 V LDO 用于 USB PHY。

21. EBI

- 带两个给内存模块专用的外部片选引脚。
- 每个 bank 支持操作空间达 1 MB,实际外部操作空间依据封装输出引脚的多少而定。
- 支持 8/16 位数据宽度。
- 支持 16 位数据宽度数据写入模式。
- 支持 PDMA 模式。
- 支持地址/数据复用模式。
- 支持每个内存模块时序参数独立设置。

22. ADC

- 模拟输入电压范围:$0 \sim V_{REF}$(Max AV_{DD})。
- 支持 12 位分辨率的 ADC 转换。
- 12 位分辨率和 10 位精度保证。
- 5.0 V 电压下最快可达 1 MSPS 转换速率。
- 多达 16 个外部单端模拟输入通道。
- 多达 8 个差分模拟输入通道组。
- 支持单个 ADC 中断。

- 带有外部参考电压 V_{REF}。
- 支持内部 band-gap 和电压分压参考电压。
- 可通过软件、外部引脚、定时器 0～3 溢出和 PWM 触发来启动 A/D 转换。
- 支持 3 种内部输入：VBAT 输入、band-gap 输入和温度传感器输入。
- 支持 PDMA 传输。

23. DAC

- 支持 12 位电压型 DAC。
- 轨到轨解决时间 8 μs。
- 外部参考电压 V_{REF}。
- 缓冲模式下最大输出电压 $AV_{DD}-0.2$ V。
- 通过软件或 PDMA 触发开始转换。

24. 触摸按键

- 支持多达 16 个触摸按键。
- 每个通道灵敏度可调。
- 扫描速度可调以适用于不同应用。
- 支持任意触摸按键唤醒以适用于低功耗应用。
- 支持手动/单次或周期按键扫描设置。
- 自动键扫描和中断模式可选。

25. 模拟比较器

- 多达两个轨对轨模拟比较器。
- 正端点对应多路 I/O。
- 支持 I/O 引脚、band-gap、Voltage 分压和 DAC 输出到负端点。
- 速度和功耗可设。
- 当比较结果改变时将产生中断(中断条件可设)。
- 支持睡眠唤醒功能。
- 支持 break 事件触发和 PWM 循环控制。

26. 循环冗余计算单元

- 支持 4 种通用多项式：CRC-CCITT、CRC-8、CRC-16 和 CRC-32。
- 初始值可设。
- 输入数据和 CRC 校验的序列反向设置可设。
- 输入数据和 CRC 校验支持补码设置。
- 支持 8/16/32 位数据宽度。
- 校验和发送错误时会产生一次中断。

27. 温度传感器

一个内置温度传感器,误差为 ±1℃。

28. 掉电检测

- 有 4 个等级：4.4 V、3.7 V、2.7 V 和 2.2 V。
- 支持掉电中断或复位功能。

29. 低压复位

复位门槛电压为 2.0 V。

30. 工作温度范围

工作温度范围为 -40～105 ℃。

3.2　M451 硬件平台

SmartM-M451 迷你板属于 SmartM-M451 旗舰板的精简版本，麻雀虽小，却五脏俱全，是入门 ARM Cortex-M4 的必备开发平台，如图 3.2.1 所示。详细板载资源如下。

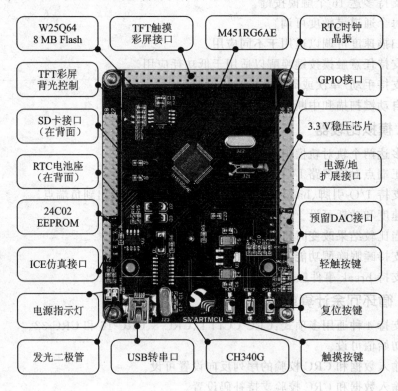

图 3.2.1　SmartM-M451 迷你板

- CPU 为 M451RG6AE，Flash：256 KB，RAM 为 32 KB。
- 外接 SPI Flash：W25Q64，8 MB 容量，用于存储大量数据，常见用途为存储字库或图片。

- 1 个复位按键用于复位芯片。
- 2 个普通按键。
- 1 个触摸按键。
- 1 个 RTC 电池座（在背面），实现断电时实时时钟继续运行。
- 1 个 DAC 接口，实现可控电压输出与波形输出。
- 1 个标准的 2.4 寸 LCD 接口，支持触摸屏。
- 支持插入 SD 卡，丰富了访问多媒体数据，支持 FAT32 文件系统。
- 外拓调试仿真接口。
- 自带 USB 转串口功能。
- 除晶振占用 I/O 外，其他 I/O 口全部引出。

第 **4** 章

CMSIS

4.1　概　述

　　ARM 公司于 2008 年 11 月 12 日发布了 ARM Cortex-M 微控制器软件接口标准（Cortex Microcontroller Software Interface Standard，CMSIS）。CMSIS 是独立于供应商的 Cortex-M 微控制器系列硬件抽象层，为芯片厂商和中间件供应商提供了连续的、简单的微控制器软件接口，简化了软件复用，降低了 Cortex-M0/M3/M4 上操作系统的移植难度，并缩短了新入门的微控制器开发者的学习时间和新产品的上市时间。

　　根据近期的调查研究，软件开发已经被嵌入式行业公认为最主要的开发成本。图 4.1.1 所示为近年来软件开发与硬件开发成本对比图。因此，ARM 与 Atmel、IAR、Keil、hami-nary Micro、Micrium、NXP、SEGGER 和 ST 等诸多芯片和软件厂商合作，将所有 Cortex 芯片厂商产品的软件接口标准化，制定了 CMSIS。此举意在降低软件开发成本，尤其针对新设备项目开发，或者将已有软件移植到其他芯片厂商提

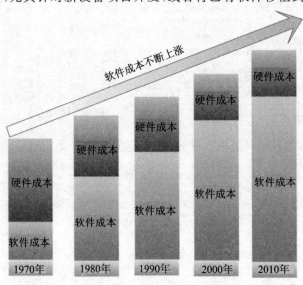

图 4.1.1　近年来软件开发与硬件开发成本对比图

供的基于 Cortex 微控制器的微控制器的情况。有了该标准,芯片厂商就能够将他们的资源专注于产品外设特性的差异化,并且消除对微控制器进行编程时需要维持的不同的、互相不兼容的标准的需求,从而达到降低开发成本的目的。

4.2　CMSIS 的软件架构

如图 4.2.1 所示,基于 CMSIS 的软件架构主要分为 4 层:用户应用层、操作系统及中间件接口层、CMSIS 层、硬件寄存器层。其中 CMSIS 层起着承上启下的作用:一方面该层对硬件寄存器层进行统一实现,屏蔽了不同厂商对 Cortex-M 系列微控制器核内外设寄存器的不同定义;另一方面又向上层的操作系统及中间件接口层和用户应用层提供接口,降低了应用程序开发难度,使开发人员能够在完全透明的情况下进行应用程序开发。正是如此,CMSIS 层的实现相对复杂。

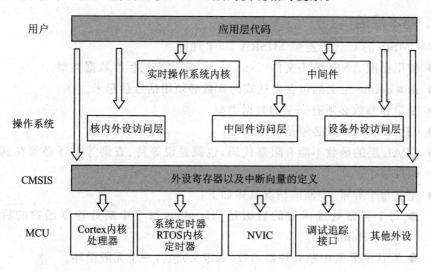

图 4.2.1　CMSIS 的软件架构

CMSIS 层主要分为 3 部分,如下。

(1) 核内外设访问层(CPAL):由 ARM 负责实现,包括对寄存器地址的定义,对核寄存器、NVIC、调试子系统的访问接口的定义,以及对特殊用途寄存器的访问接口(如 CONTROL 和 xPSR)的定义。由于对特殊寄存器的访问以内联方式定义,所以 ARM 针对不同的编译器统一用_INLINE 来屏蔽差异。该层定义的接口函数均是可重入的。

(2) 中间件访问层(MWAL):由 ARM 负责实现,但芯片厂商需要针对所生产的设备特性对该层进行更新。该层主要负责定义一些中间件访问的 API 函数,例如为 TCP/IP 协议栈、SD/MMC、USB 协议以及实时操作系统的访问与调试提供标准软件接口。该层在 1.1 标准中尚未实现。

（3）设备外设访问层（DPAL）：由芯片厂商负责实现。该层的实现与 CPAL 类似，负责对硬件寄存器地址以及外设访问接口进行定义。该层可调用 CPAL 层提供的接口函数，同时根据设备特性对异常向量表进行扩展，以处理相应外设的中断请求。

对一个 Cortex-M 微控制系统而言，CMSIS 通过以上 3 个部分能够实现以下功能。

- 定义了访问外设寄存器和异常向量的通用方法。
- 定义了核内外设的寄存器名称和核异常向量的名称。
- 为 RTOS 核定义了与设备独立的接口，包括 Debug 通道。

4.3 CMSIS 文件的规范

1. 基本规范

- CMSIS 的 C 代码遵照 MISRA 2004 规则。
- 使用标准 ANSI C 头文件＜stdint. h＞中定义的标准数据类型。
- 由 ♯ define 定义的包含表达式的常数必须用括号括起来。
- 变量和参数必须有完全的数据类型。
- CPAL 层的函数必须是可重入的。
- CPAL 层的函数不能有阻塞代码，也就是说等待、查询等循环必须在其他的软件层中。
- 定义每个异常/中断的情况具体如下：
  ◆ 每个异常处理函数的后缀是＿Handler，每个中断处理器函数的后缀是＿IRQHandler。
  ◆ 默认的异常中断处理器函数（弱定义）包含一个无限循环。
  ◆ 用 ♯ define 将中断号定义成后缀为＿IRQn 的名称。

2. 推荐规范

- 定义通用寄存器、外设寄存器和 CPU 指令名称时使用大写。
- 定义外设访问函数、中断函数名称时首字母大写。
- 对于某个外设相应的函数，一般用该外设名称作为其前缀。
- 按照 Doxygen 规范撰写函数的注释，注释使用 C90 风格（/ ＊ 注释 ＊/）或者 C++风格（// 注释），函数的注释应包含以下内容：
  ◆ 一行函数简介。
  ◆ 参数的详细解释。
  ◆ 返回值的详细解释。
  ◆ 函数功能的详细描述。

3. 文件结构

CMSIS 的文件结构如图 4.3.1 所示(以 NuMiro M451 为例)。其中,stdint.h 包括对 8 位、16 位、32 位等类型指示符的定义,主要用来屏蔽不同编译器之前的差异。core_cm4.h 中包括 Cortex-M4 核的全局变量声明和定义,并定义一些静态功能函数。M451Series.h 定义了与特定芯片厂商相关的寄存器以及各中断异常号,并可定制 Cortex-M4 核中的特殊设备,如 MCU、中断优先级位数以及寄存器定义。虽然 CMSIS 提供的文件很多,但在应用程序中只需包含.h。

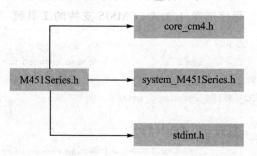

图 4.3.1　M451 CMSIS 文件结构

4. 数据类型及 I/O 类型限定符

HAL 层使用标准 ANSI C 头文件 stdint.h 定义的数据类型。I/O 类型限定符用于指定外设寄存器的访问限制,定义如表 4.3.1 所列。

表 4.3.1　I/O 类型限定符

I/O 类型限定符	#define	描　述
__I	volatile const	只读
__O	volatile	只写
__IO	volatile	读写

5. CMSIS 版本号

CMSIS 标准有多个版本号,对于 ARM Cortex-M4 处理器,在 core_cm4.h 中定义所用 CMSIS 的版本,如程序清单 4.3.1 所示。

程序清单 4.3.1 CMSIS 版本号

```
#define __CM4_CMSIS_VERSION_MAIN  (0x03)  /*! <[31:16] CMSIS HAL main version*/
#define __CM4_CMSIS_VERSION_SUB   (0x01)  /*! <[15:0] CMSIS HAL sub version*/
#define __CM4_CMSIS_VERSION  ((__CM4_CMSIS_VERSION_MAIN << 16)|\__CM4_CMSIS_VERSION_SUB)
```

6. CMSIS 内核

对于 ARM Cortex-M4 处理器,在头文件 core_cm4.h 中定义,见程序清单 4.3.2。

程序清单 4.3.2　确认当前 Cortex-M 内核

```
#define __CORTEX_M                (0x04)/*! < Cortex-M Core  */
```

7. 工具链

CMSIS 支持目前嵌入式开发的三大主流工具链，即 ARM ReakView(armcc)、IAR EWARM(iccarm)以及 GNU 工具链(gcc)。通过在 core_cm4.h 中的定义来屏蔽一些编译器内置关键字的差异，见程序清单 4.3.3。

程序清单 4.3.3　CMSIS 支持的工具链

```
#if   defined ( __CC_ARM )
  #define __ASM          __asm       /*! < asm keyword for ARM Compiler */
  #define __INLINE          __inline  /*! < inline keyword for ARM Compiler */
  #define __STATIC_INLINE  static __inline

#elif defined ( __ICCARM__ )
  #define __ASM            __asm      /*! < asm keyword for IAR Compiler */
  #define __INLINE          inline    /*! < inline keyword for IAR Compiler */
  #define __STATIC_INLINE  static inline

#elif defined ( __TMS470__ )
  #define __ASM            __asm      /*! < asm keyword for TI CCS Compiler */
  #define __STATIC_INLINE  static inline

#elif defined ( __GNUC__ )
  #define __ASM            __asm      /*! < asm keyword for GNU Compiler */
  #define __INLINE          inline    /*! < inline keyword for GNU Compiler */
  #define __STATIC_INLINE  static inline

#elif defined ( __TASKING__ )
  #define __ASM            __asm      /*! < asm keyword for TASKING Compiler */
  #define __INLINE          inline    /*! < inline keyword for TASKING Compiler */
  #define __STATIC_INLINE  static inline

#endif
```

这样，CPAL 中的功能函数就可以被定义成静态内联类型(static_INLINE)，实现编译优化。

8. 中断异常

CMSIS 对异常和中断标识符、中断处理函数名以及中断向量异常号都有严格的要求。异常和中断标识符需加后缀_IRQn，系统异常向量号必须为负值，而设备的中断向量号是从 0 开始递增的,具体的定义在 M451Series. h 文件中,程序清单 4.3.4 如下(以 M451 微控制器系列为例)。

ARM Cortex-M4 微控制器原理与实践

程序清单 4.3.4 M451 的中断异常

```
typedef enum IRQn
{
    /****** Cortex-M4 Processor Exceptions Numbers ******/
    NonMaskableInt_IRQn     = -14,    /*! <  2 Non Maskable Interrupt      */
    MemoryManagement_IRQn   = -12,    /*! <  4 Memory Management Interrupt */
    BusFault_IRQn           = -11,    /*! <  5 Bus Fault Interrupt          */
    UsageFault_IRQn         = -10,    /*! <  6 Usage Fault Interrupt        */
    SVCall_IRQn             = -5,     /*! < 11 SV Call Interrupt            */
    DebugMonitor_IRQn       = -4,     /*! < 12 Debug Monitor Interrupt      */
    PendSV_IRQn             = -2,     /*! < 14 Pend SV Interrupt            */
    SysTick_IRQn            = -1,     /*! < 15 System Tick Interrupt        */


    /****** M451 Specific Interrupt Numbers *****/

    BOD_IRQn        = 0,     /*! < Brown Out detection Interrupt        */
    IRC_IRQn        = 1,     /*! < Internal RC Interrupt                */
    PWRWU_IRQn      = 2,     /*! < Power Down Wake Up Interrupt         */
    RAMPE_IRQn      = 3,     /*! < SRAM parity check failed Interrupt

                                                                       */
    CKFAIL_IRQn     = 4,     /*! < Clock failed Interrupt               */
    RTC_IRQn        = 6,     /*! < Real Time Clock Interrupt            */
    TAMPER_IRQn     = 7,     /*! < Tamper detection Interrupt           */
    WDT_IRQn        = 8,     /*! < Watchdog Timer Interrupt             */
    WWDT_IRQn       = 9,     /*! < Window Watchdog Timer Interrupt      */
    EINT0_IRQn      = 10,    /*! < External Input 0 Interrupt           */
    EINT1_IRQn      = 11,    /*! < External Input 1 Interrupt           */
    EINT2_IRQn      = 12,    /*! < External Input 2 Interrupt           */
    EINT3_IRQn      = 13,    /*! < External Input 3 Interrupt           */
    EINT4_IRQn      = 14,    /*! < External Input 4 Interrupt           */
    EINT5_IRQn      = 15,    /*! < External Input 5 Interrupt           */
    GPA_IRQn        = 16,    /*! < GPIO Port A Interrupt                */
    GPB_IRQn        = 17,    /*! < GPIO Port B Interrupt                */
    GPC_IRQn        = 18,    /*! < GPIO Port C Interrupt                */
    GPD_IRQn        = 19,    /*! < GPIO Port D Interrupt                */
    GPE_IRQn        = 20,    /*! < GPIO Port E Interrupt                */
    GPF_IRQn        = 21,    /*! < GPIO Port F Interrupt                */
    SPI0_IRQn       = 22,    /*! < SPI0 Interrupt                       */
```

ARM Cortex-M4 微控制器原理与实践

64

```
    SPI1_IRQn          = 23,     /*!< SPI1 Interrupt                        */
    BRAKE0_IRQn        = 24,     /*!< BRAKE0 Interrupt                      */
    PWM0P0_IRQn        = 25,     /*!< PWM0P0 Interrupt                      */
    PWM0P1_IRQn        = 26,     /*!< PWM0P1 Interrupt                      */
    PWM0P2_IRQn        = 27,     /*!< PWM0P2 Interrupt                      */
    BRAKE1_IRQn        = 28,     /*!< BRAKE1 Interrupt                      */
    PWM1P0_IRQn        = 29,     /*!< PWM1P0 Interrupt                      */
    PWM1P1_IRQn        = 30,     /*!< PWM1P1 Interrupt                      */
    PWM1P2_IRQn        = 31,     /*!< PWM1P2 Interrupt                      */
    TMR0_IRQn          = 32,     /*!< Timer 0 Interrupt                     */
    TMR1_IRQn          = 33,     /*!< Timer 1 Interrupt                     */
    TMR2_IRQn          = 34,     /*!< Timer 2 Interrupt                     */
    TMR3_IRQn          = 35,     /*!< Timer 3 Interrupt                     */
    UART0_IRQn         = 36,     /*!< UART 0 Interrupt                      */
    UART1_IRQn         = 37,     /*!< UART 1 Interrupt                      */
    I2C0_IRQn          = 38,     /*!< I2C 0 Interrupt                       */
    I2C1_IRQn          = 39,     /*!< I2C 1 Interrupt                       */
    PDMA_IRQn          = 40,     /*!< Peripheral DMA Interrupt              */
    DAC_IRQn           = 41,     /*!< DAC Interrupt                         */
    ADC00_IRQn         = 42,     /*!< ADC0 Source 0 Interrupt               */
    ADC01_IRQn         = 43,     /*!< ADC0 Source 1 Interrupt               */
    ACMP01_IRQn        = 44,     /*!< Analog Comparator 0 and 1 Interrupt   */
    ADC02_IRQn         = 46,     /*!< ADC0 Source 2 Interrupt               */
    ADC03_IRQn         = 47,     /*!< ADC0 Source 3 Interrupt               */
    UART2_IRQn         = 48,     /*!< UART2 Interrupt                       */
    UART3_IRQn         = 49,     /*!< UART3 Interrupt                       */
    SPI2_IRQn          = 51,     /*!< SPI2 Interrupt                        */
    USBD_IRQn          = 53,     /*!< USB device Interrupt                  */
    USBH_IRQn          = 54,     /*!< USB host Interrupt                    */
    USBOTG_IRQn        = 55,     /*!< USB OTG Interrupt                     */
    CAN0_IRQn          = 56,     /*!< CAN0 Interrupt                        */
    SC0_IRQn           = 58,     /*!< Smart Card 0 Interrupt                */
    TK_IRQn            = 63      /*!< Touch Key Interrupt                   */
} IRQn_Type;
```

　　CMSIS 对系统异常处理函数以及普通的中断处理函数名的定义也有所不同,系统异常处理函数名需加后缀"_Handler",而普通中断处理函数名则加后缀"_IRQHandler"。这些异常中断处理函数被定义为 weak 属性,以便在其他文件中重新实现时不出现重复定义的错误。这些处理函数的地址用来填充中断异常向量表,并在启动代码中给予声明,例如:BOD_IRQHandler、WDT_IRQHandler、TMR0_IRQHandler、UART0_IRQHandler 等。

9. 安全机制

在嵌入式软件开发过程中,代码的安全性和健壮性一直是开发人员所关注的,因此 CMSIS 在这方面也做出了努力,所有的 CMSIS 代码都基于 MISRA-C2004(Motor Industry Software Reliability Association for the C Programming Language)标准。MIRSA-C2004 制定了一系列安全机制用来保证驱动层软件的安全性,是嵌入式行业都应遵循的标准。对于不符合 MISRA 标准的,编译器会提示错误或警告,这主要取决于开发者所使用的工具链。

第 5 章

环境搭建

5.1　安装 NuLink

使用 Keil 下载代码的前提是必须安装"Nu-Link_Keil_Driver",否则代码下载功能得不到支持。安装步骤如下。

第一步:安装"Nu-Link_Keil_Driver" ![Nu-Link_Keil_Driver.exe 图标],一直按照提示将该软件安装完毕。

第二步:安装成功后,在对应的安装目录下找到 NuLink 相应的文件,如图 5.1.1 所示。

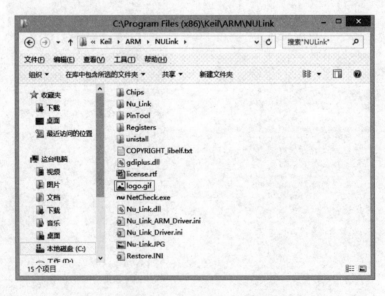

图 5.1.1　安装 Nu-Link_Keil_Driver 后目录下的文件

第三步:使用 NuLink 通过排线或杜邦线对 SmartM-M451 系列开发板(当前开发板为迷你板)的 SWD 接口进行连接,连接的 5 个引脚分别为 VCC、DAT、CLK、RST 和 GND,如图 5.1.2 所示。

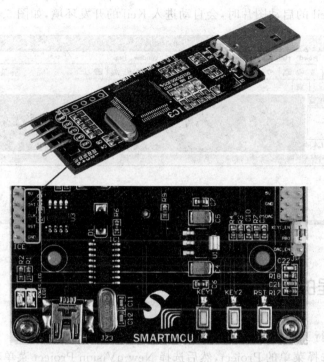

图 5.1.2 NuLink 仿真器与 SmartM-M451 迷你板连接

5.2 平台的搭建

双击 Keil 图标，弹出显示 Keil Logo 的图片，如图 5.2.1 所示。

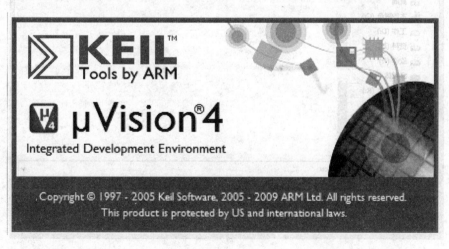

图 5.2.1 Keil Logo

当见到 Keil 的启动图片时，会自动进入 Keil 的开发环境，如图 5.2.2 所示。

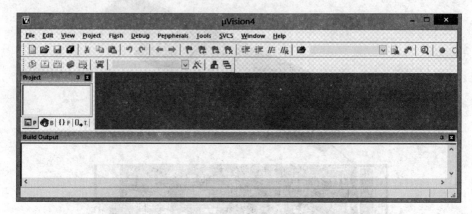

图 5.2.2　Keil 开发环境

5.3　工程的创建与运行

创建与运行工程的步骤如下。

第一步：选择菜单的 Project，然后选择 New uVision Project 菜单项，弹出 Create New Project 对话框，如图 5.3.1 所示。

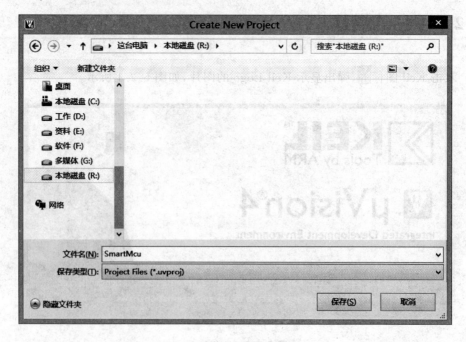

图 5.3.1　新建工程

第二步:在【文件名】文本框中输入工程名"SmartMcu",单击【保存】退出,弹出 Select a CPU Data Base File 对话框,并在下拉列表框选中选择 NuMicro Cortex-M Database 选项,如图 5.3.2 所示。

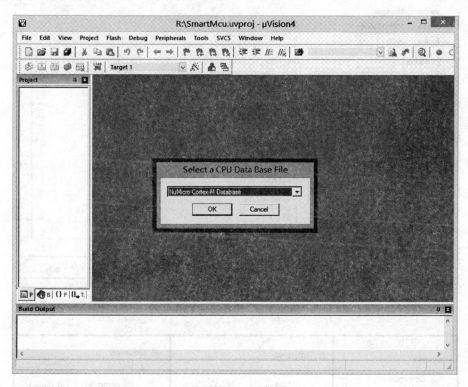

图 5.3.2　选择 CPU 数据库文件

第三步:在弹出的 Select Device for Target 'Targe 1'对话框中选中 Nuvoton 选项,然后再选中 M451RG6AE 选项,单击 OK 按钮,如图 5.3.3 所示。

第四步:复制 SmartMcu 提供的 StdDriver、System 文件夹到当前工程目录,System 文件夹包含常用的类型定义、CPU 频率初始化、延时函数等调用。StdDriver 就是常用 CMSIS 函数,包含芯片里定时器、串口、看门狗、SPI、I^2C 等常用接口函数,详细如图 5.3.4 所示。

第五步:在 Project 列表框中新建的 Common 与 StdDriver 组文件夹中,添加相应的文件到对应的 *.c 文件与 *.s 文件,如图 5.3.5 所示。

第六步:右击 Project 列表框中的 SmartMcu 工程,选中 Options for Target 'SmartMcu'选项,进入图 5.3.6 所示的界面。

第七步:切换到 Output 选项卡,选中 Create HEX File 复选框,以便于使用其他工具进行下载程序,如图 5.3.7 所示。

ARM Cortex-M4 微控制器原理与实践

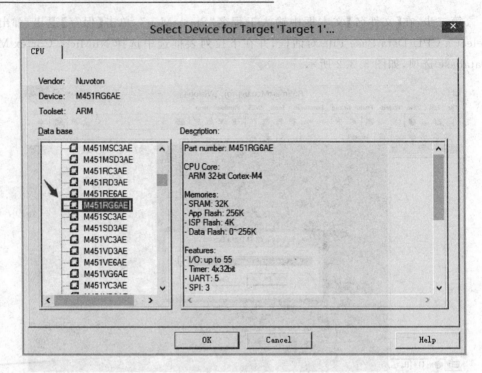

图 5.3.3　选择当前 CPU

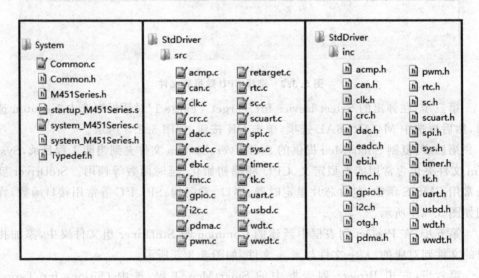

图 5.3.4　System 与 StdDriver 文件夹内容

　　第八步：切换到 C/C++选项卡，在 Language/Code Generation 选项组的 Optimization 下拉列表框中选择"Level 2(-O2)"选项，选中 One ELF Section per Function 复选框，此时其主要功能是对冗余函数的优化。通过这个选项，可以在最后生成的二进制文件中将冗余函数排除掉(虽然其所在的文件已经参与了编译链接)，以便

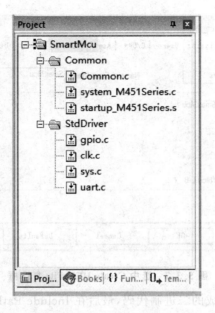

图 5.3.5　Project 列表框

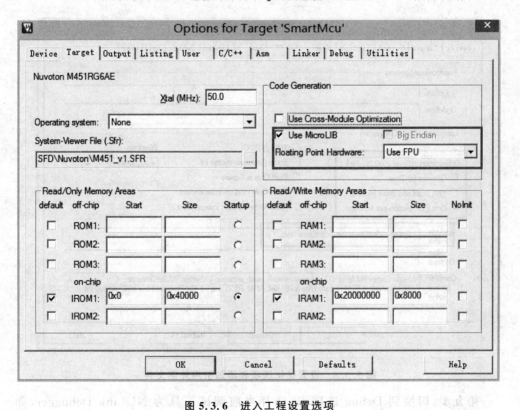

图 5.3.6　进入工程设置选项

ARM Cortex-M4微控制器原理与实践

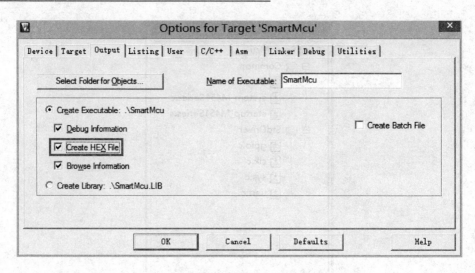

图 5.3.7　选中 Create HEX File 复选框

最大程度地优化最后生成的二进制代码,最后在 Include Paths 文本框中添加对外部文件内容的引用,如 System、StdDriver 文件夹,详细设置如图 5.3.8 所示。

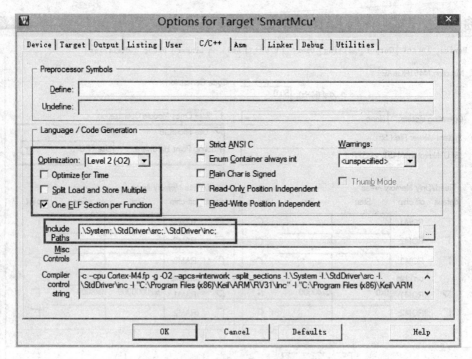

图 5.3.8　设置优化选项和添加引用外部文件

　　第九步:切换到 Debug 选项卡,选择当前调试工具为 NULink Debugger,如图 5.3.9所示;同时单击 Settings 按钮 ,在弹出的 Debug 对话框中选择 Chip Type

为 M451,如图 5.3.10 所示。

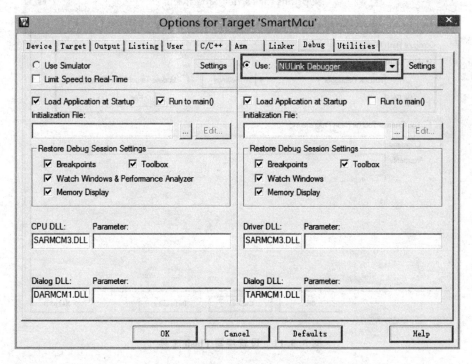

图 5.3.9　选择调试工具

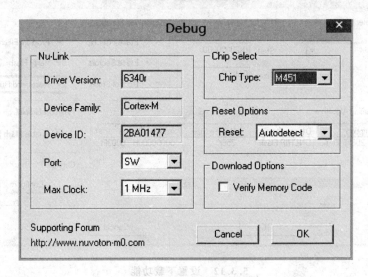

图 5.3.10　选择芯片类型

　　第十步:设置烧写 Flash 的工具为 NULink Debugger,如图 5.3.11 所示;同时单击 Settings 按钮,设置下载功能时必须选中 Reset and Run 复选框,保证下载程序后就复位芯片并执行程序,如图 5.3.12 所示。

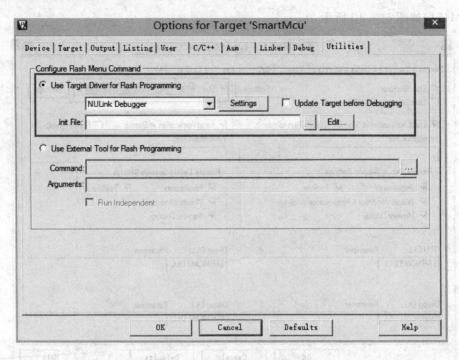

图 5.3.11　设置烧写 Flash 工具

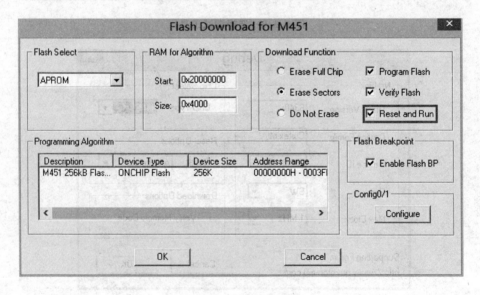

5.3.12　设置下载功能

第十一步：单击 Configure 按钮时，可以设置相关的配置位，如复位时时钟源的选择，启动时是从 LDROM 还是从 APROM 启动等，详细如图 5.3.13 所示。

第十二步：添加串口打印示例代码 main.c 文件到工程列表中，如图 5.3.14 所示。

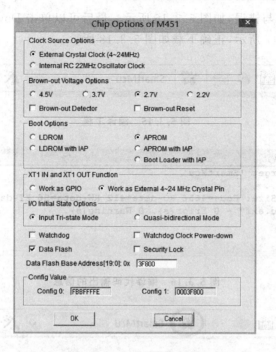

图 5.3.13 配置位的设置

图 5.3.14 添加串口打印示例代码 main.c 文件

第十三步：单击 Bulid 按钮，编译工程代码，如图 5.3.15 所示。若代码正确，则在 Build Output 窗口中输出编译信息，如当前代码大小、内存占用多少，并检查当前代码是否存在警告与错误,如图 5.3.16 所示。最后可以单击 Download 按钮进行程序下载,如图 5.3.17 所示,正确下载如图 5.3.18 所示。

图 5.3.15　编译工程

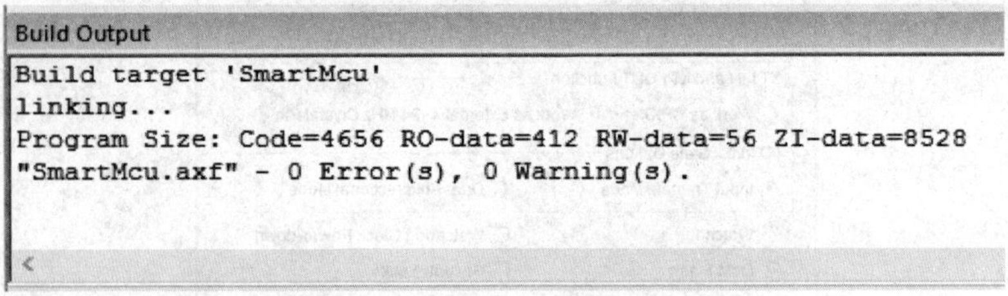

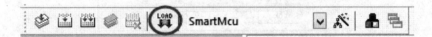

图 5.3.16　编译代码输出的信息

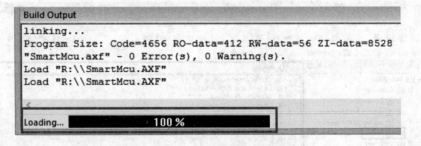

图 5.3.17　单击 Download 按钮

图 5.3.18　下载程序显示的进度

5.4　硬件仿真

　　单片机仿真器是一种在电子产品开发阶段代替单片机芯片进行软硬件调试的开发工具。配合集成开发环境使用仿真器可以对单片机程序进行单步跟踪调试,也可以使用断点、全速等调试手段,并可观察各种变量、RAM 及寄存器的实时数据,跟踪程序的执行情况,同时还可以对硬件电路进行实时调试。利用单片机仿真器可以迅速找到并排除程序中的逻辑错误,大大缩短了单片机开发的周期。在现场只利用烧录器反复烧写单片机,通过肉眼观察结果进行开发的方法大大增加了调试的难度,延长了整个开发周期,并且不容易发现程序中许多隐含的错误,特别对于单片机开发经验不丰富的初学者来说更加困难,由此可见,单片机仿真器在单片机系统开发中发挥着重要的作用。

使用 Keil 进行仿真时,必须安装好 NuLink for Keil 的驱动,同时将仿真器跟开发板的 ICE 接口进行连接,详细请参考 5.1 节。完成后可使用 SmartMcu 提供的任何代码进行硬件仿真。具体步骤如下。

第一步:打开 TIMER|【定时计数】工程,并单击 Debug 按钮,如图 5.4.1 所示,会发现该工程视图发生了重大变化,如显示寄存器窗口、汇编窗口、调用堆栈窗口等,如图 5.4.2 所示。

图 5.4.1　单击 Debug 按钮

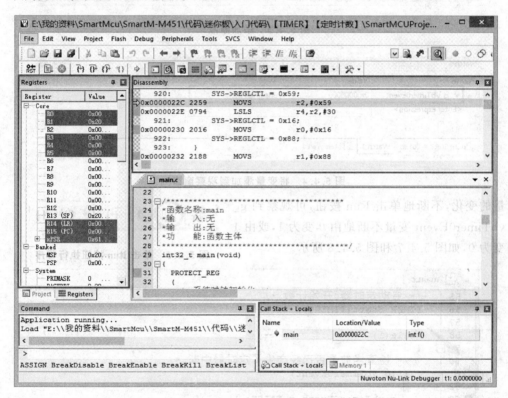

图 5.4.2　工程视图发生的变化

第二步:单击对应的代码行,为代码添加断点,用于阻塞代码一直执行,方便单步执行观察当前变量的变化,如图 5.4.3 所示。同时右击变量 g_vbTimer0Event,在弹出的快捷菜单中选中【Add 'g_vbTimer0Event' 到 Watch 1】,即添加该变量到观察窗口 1,如图 5.4.4 所示。

第三步:单击 Run 按钮,如图 5.4.5 所示,会发现代码执行到 "if(g_vbTimer0Event)" 停下来(见图 5.4.6),然后通过 Watch1 观察 g_vbTimer0Event 变

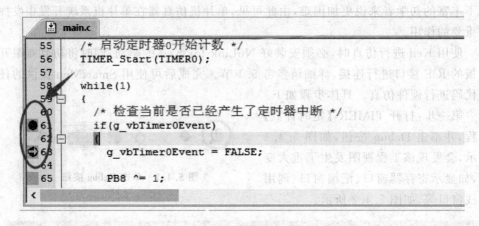

图 5.4.3 添加断点

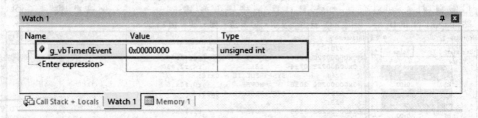

图 5.4.4 将变量添加到观察窗口

量的变化,不断地单击 Run 按钮,可观察到 g_ vbTimer0Event 变量不断地由 0 变为 1,或由 1 变为 0,如图 5.4.7 和图 5.4.8 所示。

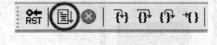

图 5.4.5 单击 Run 按钮执行程序

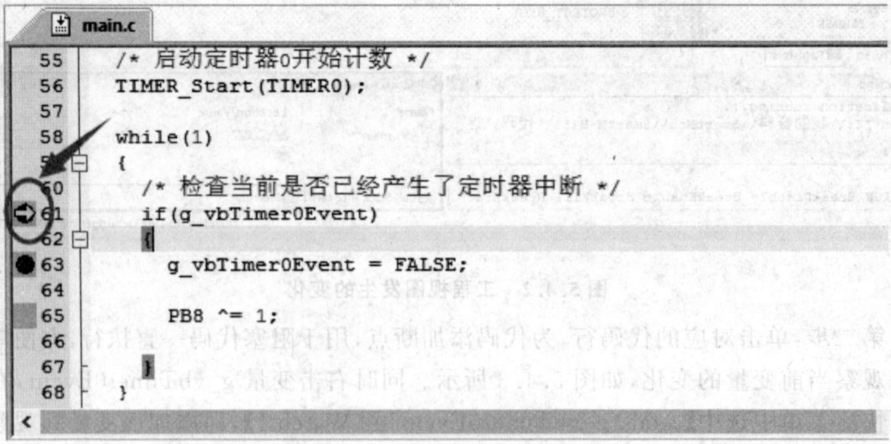

```
main.c
55      /* 启动定时器0开始计数 */
56      TIMER_Start(TIMER0);
57
58      while(1)
59      {
60          /* 检查当前是否已经产生了定时器中断 */
61          if(g_vbTimer0Event)
62          {
63              g_vbTimer0Event = FALSE;
64
65              PB8 ^= 1;
66          }
67      }
68  }
```

图 5.4.6 代码执行到断点位置

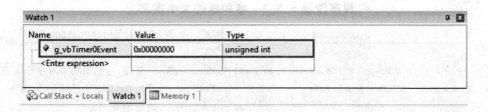

图 5.4.7　g_vbTimer0Event 值为 0

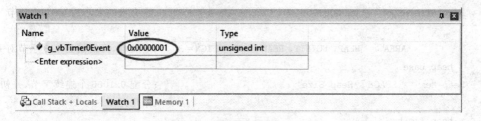

图 5.4.8　g_vbTimer0Event 值为 1

5.5　启动流程

一般嵌入式开发流程就是先建立一个工程,然后编写源文件,再进行编译,把所有的 * . s 文件和 * . c 文件编译成一个 * . o 文件,最后对目标文件进行链接和定位,编译成功后会生成一个 * . hex 文件和调试文件。接下来要进行调试,如果成功,就可以将它固化到 Flash 里面去。

启动代码是用来初始化电路以及用来为高级语言编写的软件作好运行前准备的一小段汇编语言,是任何处理器上电复位时的程序运行入口点。比如,刚上电的过程中,PC 会将系统的一个运行频率锁定在一个固定的值,这个设计频率的过程就是在汇编源代码中进行的,也就是在启动代码中进行的。

启动代码作用一般如下:

● 堆和栈的初始化;

● 向量表定义;

● 地址重映射及中断向量表的转移;

● 设置系统时钟频率;

● 中断寄存器的初始化;

● 进入 C 应用程序。

1. 启动代码分析

(1) 堆和栈的大小定义,程序如下。

程序清单 5.5.1　堆和栈的大小定义

```
Stack_Size  EQU   0x00001000                          ;定义栈大小为 0x1000 字节

            AREA   STACK, NOINIT, READWRITE, ALIGN = 3 ;定义栈,可初始为 0,8 字节对齐
Stack_Mem   SPACE  Stack_Size                          ;分配 0x1000 个连续字节,并初
                                                        ;始化为 0

__initial_sp                                            ;汇编代码地址标号


Heap_Size   EQU   0x00001000                           ;定义堆的大小为 0x1000 字节

            AREA   HEAP, NOINIT, READWRITE, ALIGN = 3  ;定义堆,可初始为 0,8 字节对齐
__heap_base
Heap_Mem    SPACE  Heap_Size                            ;分配 0x1000 个连续字节,并初
                                                        ;始化为 0

__heap_limit

            PRESERVE8                                   ;指定当前文件堆栈 8 字节对齐
            THUMB                                       ;告诉汇编器下面是 32 位的
                                                        ;Thumb 指令,如果需要汇编器
                                                        ;将插入位以保证对齐
```

(2) 中断向量表定义程序如下。

程序清单 5.5.2　中断向量表定义

```
; Vector Table Mapped to Address 0 at Reset

            AREA   RESET, DATA, READONLY    ;定义复位向量段,只读
            EXPORT __Vectors                ;定义一个可以在其他文件中使用的
                                            ;全局标号。此处表示中断地址
            EXPORT __Vectors_End
            EXPORT __Vectors_Size

__Vectors   DCD    __initial_sp             ;给 __initial_sp 分配 4 字节 32 位的
                                            ;地址 0x0
            DCD    Reset_Handler            ;给标号 Reset Handler 分配地址为 0x0000 0004
            DCD    NMI_Handler              ;给标号 NMI Handler 分配地址为 0x0000 0008
            DCD    HardFault_Handler        ;Hard Fault Handler
            DCD    MemManage_Handler        ;MPU Fault Handler
            DCD    BusFault_Handler         ;Bus Fault Handler
            DCD    UsageFault_Handler       ;Usage Fault Handler
            DCD    0                        ;这种形式就是保留地址,不给任何标号分配
            DCD    0                        ;Reserved
```

DCD	0	;Reserved
DCD	0	;Reserved
DCD	SVC_Handler	;SVCall Handler
DCD	DebugMon_Handler	;Debug Monitor Handler
DCD	0	;Reserved
DCD	PendSV_Handler	;PendSV Handler
DCD	SysTick_Handler	;SysTick Handler
		;External Interrupts
DCD	BOD_IRQHandler	;0: Brown Out detection
DCD	IRC_IRQHandler	;1: Internal RC
DCD	PWRWU_IRQHandler	;2: Power down wake up
DCD	RAMPE_IRQHandler	;3: RAM parity error
DCD	CLKFAIL_IRQHandler	;4: Clock detection fail
DCD	Default_Handler	;5: Reserved
DCD	RTC_IRQHandler	;6: Real Time Clock
DCD	TAMPER_IRQHandler	;7: Tamper detection
DCD	WDT_IRQHandler	;8: Watchdog timer
DCD	WWDT_IRQHandler	;9: Window watchdog timer
DCD	EINT0_IRQHandler	;10: External Input 0
DCD	EINT1_IRQHandler	;11: External Input 1
DCD	EINT2_IRQHandler	;12: External Input 2
DCD	EINT3_IRQHandler	;13: External Input 3
DCD	EINT4_IRQHandler	;14: External Input 4
DCD	EINT5_IRQHandler	;15: External Input 5
DCD	GPA_IRQHandler	;16: GPIO Port A
DCD	GPB_IRQHandler	;17: GPIO Port B
DCD	GPC_IRQHandler	;18: GPIO Port C
DCD	GPD_IRQHandler	;19: GPIO Port D
DCD	GPE_IRQHandler	;20: GPIO Port E
DCD	GPF_IRQHandler	;21: GPIO Port F
DCD	SPI0_IRQHandler	;22: SPI0
DCD	SPI1_IRQHandler	;23: SPI1
DCD	BRAKE0_IRQHandler	;24:
DCD	PWM0P0_IRQHandler	;25:
DCD	PWM0P1_IRQHandler	;26:
DCD	PWM0P2_IRQHandler	;27:
DCD	BRAKE1_IRQHandler	;28:
DCD	PWM1P0_IRQHandler	;29:
DCD	PWM1P1_IRQHandler	;30:
DCD	PWM1P2_IRQHandler	;31:
DCD	TMR0_IRQHandler	;32: Timer 0

```
        DCD     TMR1_IRQHandler          ;33: Timer 1
        DCD     TMR2_IRQHandler          ;34: Timer 2
        DCD     TMR3_IRQHandler          ;35: Timer 3
        DCD     UART0_IRQHandler         ;36: UART0
        DCD     UART1_IRQHandler         ;37: UART1
        DCD     I2C0_IRQHandler          ;38: I2C0
        DCD     I2C1_IRQHandler          ;39: I2C1
        DCD     PDMA_IRQHandler          ;40: Peripheral DMA
        DCD     DAC_IRQHandler           ;41: DAC
        DCD     ADC00_IRQHandler         ;42: ADC0 interrupt source 0
        DCD     ADC01_IRQHandler         ;43: ADC0 interrupt source 1
        DCD     ACMP01_IRQHandler        ;44: ACMP0 and ACMP1
        DCD     Default_Handler          ;45: Reserved
        DCD     ADC02_IRQHandler         ;46: ADC0 interrupt source 2
        DCD     ADC03_IRQHandler         ;47: ADC0 interrupt source 3
        DCD     UART2_IRQHandler         ;48: UART2
        DCD     UART3_IRQHandler         ;49: UART3
        DCD     Default_Handler          ;50: Reserved
        DCD     SPI2_IRQHandler          ;51: SPI2
        DCD     Default_Handler          ;52: Reserved
        DCD     USBD_IRQHandler          ;53: USB device
        DCD     USBH_IRQHandler          ;54: USB host
        DCD     USBOTG_IRQHandler        ;55: USB OTG
        DCD     CAN0_IRQHandler          ;56: CAN0
        DCD     Default_Handler          ;57: Reserved
        DCD     SC0_IRQHandler           ;58:
        DCD     Default_Handler          ;59: Reserved.
        DCD     Default_Handler          ;60:
        DCD     Default_Handler          ;61:
        DCD     Default_Handler          ;62:
        DCD     TK_IRQHandler            ;63:

__Vectors_End

__Vectors_Size  EQU     __Vectors_End - __Vectors
```

（3）中断向量表的转移，程序如下。

程序清单 5.5.3 中断向量表的转移

```
        AREA    |.text|, CODE, READONLY


; Reset Handler

Reset_Handler    PROC                    ;标记一个函数的开始
EXPORT  Reset_Handler   [WEAK]           ;[WEAK]选项表示当所有的源文件都没有,定义
                                         ;这样一个标号时,编译器也不给出错误信息,在多
                                         ;数情况下将该标号置为 0;若该标号为 B 或 BL
                                         ;指令引用,则将 B 或 BL 指令置为 NOP 操作
                                         ;EXPORT 提示编译器该标号可以为外部文件引用
        IMPORT  SystemInit               ;通知编译器要使用的标号在其他文件
        IMPORT  __main
        LDR     R0, = SystemInit         ;使用" = "表示 LDR 目前是伪指令不是标准指令
                                         ;这里是把 SystemInit 的地址给 R0
        BLX     R0
        LDR     R0, = __main
        BX      R0                       ;BX 是 ARM 指令集和 Thumb 指令集之间程序的跳转
        ENDP


; Dummy Exception Handlers (infinite loops which can be modified)

NMI_Handler      PROC                    ;标记一个函数的开始
        EXPORT  NMI_Handler     [WEAK]
        B       .                        ;等同于 while(1)循环
        ENDP
HardFault_Handler\
        PROC
        EXPORT  HardFault_Handler   [WEAK]
        B       .
        ENDP
MemManage_Handler\
        PROC
        EXPORT  MemManage_Handler   [WEAK]
        B       .
        ENDP
BusFault_Handler\
        PROC
        EXPORT  BusFault_Handler    [WEAK]
        B       .
```

```
                ENDP
UsageFault_Handler\
        PROC
        EXPORT  UsageFault_Handler      [WEAK]
        B       .
        ENDP
SVC_Handler     PROC
        EXPORT  SVC_Handler             [WEAK]
        B       .
        ENDP
DebugMon_Handler\
        PROC
        EXPORT  DebugMon_Handler        [WEAK]
        B       .
        ENDP
PendSV_Handler\
        PROC
        EXPORT  PendSV_Handler          [WEAK]
        B       .
        ENDP
SysTick_Handler\
        PROC
        EXPORT  SysTick_Handler         [WEAK]
        B       .
        ENDP


Default_Handler PROC

        EXPORT  BOD_IRQHandler          [WEAK]
        EXPORT  IRC_IRQHandler          [WEAK]
        EXPORT  PWRWU_IRQHandler        [WEAK]
        EXPORT  RAMPE_IRQHandler        [WEAK]
        EXPORT  CLKFAIL_IRQHandler      [WEAK]
        EXPORT  RTC_IRQHandler          [WEAK]
        EXPORT  TAMPER_IRQHandler       [WEAK]
        EXPORT  WDT_IRQHandler          [WEAK]
        EXPORT  WWDT_IRQHandler         [WEAK]
        EXPORT  EINT0_IRQHandler        [WEAK]
        EXPORT  EINT1_IRQHandler        [WEAK]
        EXPORT  EINT2_IRQHandler        [WEAK]
        EXPORT  EINT3_IRQHandler        [WEAK]
        EXPORT  EINT4_IRQHandler        [WEAK]
```

```
EXPORT    EINT5_IRQHandler        [WEAK]
EXPORT    GPA_IRQHandler          [WEAK]
EXPORT    GPB_IRQHandler          [WEAK]
EXPORT    GPC_IRQHandler          [WEAK]
EXPORT    GPD_IRQHandler          [WEAK]
EXPORT    GPE_IRQHandler          [WEAK]
EXPORT    GPF_IRQHandler          [WEAK]
EXPORT    SPI0_IRQHandler         [WEAK]
EXPORT    SPI1_IRQHandler         [WEAK]
EXPORT    BRAKE0_IRQHandler       [WEAK]
EXPORT    PWM0P0_IRQHandler       [WEAK]
EXPORT    PWM0P1_IRQHandler       [WEAK]
EXPORT    PWM0P2_IRQHandler       [WEAK]
EXPORT    BRAKE1_IRQHandler       [WEAK]
EXPORT    PWM1P0_IRQHandler       [WEAK]
EXPORT    PWM1P1_IRQHandler       [WEAK]
EXPORT    PWM1P2_IRQHandler       [WEAK]
EXPORT    TMR0_IRQHandler         [WEAK]
EXPORT    TMR1_IRQHandler         [WEAK]
EXPORT    TMR2_IRQHandler         [WEAK]
EXPORT    TMR3_IRQHandler         [WEAK]
EXPORT    UART0_IRQHandler        [WEAK]
EXPORT    UART1_IRQHandler        [WEAK]
EXPORT    I2C0_IRQHandler         [WEAK]
EXPORT    I2C1_IRQHandler         [WEAK]
EXPORT    PDMA_IRQHandler         [WEAK]
EXPORT    DAC_IRQHandler          [WEAK]
EXPORT    ADC00_IRQHandler        [WEAK]
EXPORT    ADC01_IRQHandler        [WEAK]
EXPORT    ACMP01_IRQHandler       [WEAK]
EXPORT    ADC02_IRQHandler        [WEAK]
EXPORT    ADC03_IRQHandler        [WEAK]
EXPORT    UART2_IRQHandler        [WEAK]
EXPORT    UART3_IRQHandler        [WEAK]
EXPORT    SPI2_IRQHandler         [WEAK]
EXPORT    USBD_IRQHandler         [WEAK]
EXPORT    USBH_IRQHandler         [WEAK]
EXPORT    USBOTG_IRQHandler       [WEAK]
EXPORT    CAN0_IRQHandler         [WEAK]
EXPORT    SC0_IRQHandler          [WEAK]
EXPORT    TK_IRQHandler           [WEAK]
```

ARM Cortex-M4 微控制器原理与实践

86

```
BOD_IRQHandler
IRC_IRQHandler
PWRWU_IRQHandler
RAMPE_IRQHandler
CLKFAIL_IRQHandler
RTC_IRQHandler
TAMPER_IRQHandler
WDT_IRQHandler
WWDT_IRQHandler
EINT0_IRQHandler
EINT1_IRQHandler
EINT2_IRQHandler
EINT3_IRQHandler
EINT4_IRQHandler
EINT5_IRQHandler
GPA_IRQHandler
GPB_IRQHandler
GPC_IRQHandler
GPD_IRQHandler
GPE_IRQHandler
GPF_IRQHandler
SPI0_IRQHandler
SPI1_IRQHandler
BRAKE0_IRQHandler
PWM0P0_IRQHandler
PWM0P1_IRQHandler
PWM0P2_IRQHandler
BRAKE1_IRQHandler
PWM1P0_IRQHandler
PWM1P1_IRQHandler
PWM1P2_IRQHandler
TMR0_IRQHandler
TMR1_IRQHandler
TMR2_IRQHandler
TMR3_IRQHandler
UART0_IRQHandler
UART1_IRQHandler
I2C0_IRQHandler
I2C1_IRQHandler
PDMA_IRQHandler
DAC_IRQHandler
ADC00_IRQHandler
```

```
ADC01_IRQHandler
ACMP01_IRQHandler
ADC02_IRQHandler
ADC03_IRQHandler
UART2_IRQHandler
UART3_IRQHandler
SPI2_IRQHandler
USBD_IRQHandler
USBH_IRQHandler
USBOTG_IRQHandler
CAN0_IRQHandler
SC0_IRQHandler
TK_IRQHandler
        B       .
        ENDP

        ALIGN
```

（4）堆和栈的初始化，程序如下。

程序清单 5.5.4 堆和栈的初始化

```
; User Initial Stack & Heap

        IF          :DEF:__MICROLIB ;DEF 的用法——:DEF:X,就是说 X 定义了则为真,否则为假

        EXPORT   __initial_sp
        EXPORT   __heap_base
        EXPORT   __heap_limit

        ELSE

        IMPORT   __use_two_region_memory
        EXPORT   __user_initial_stackheap

__user_initial_stackheap PROC
        LDR      R0, =  Heap_Mem
        LDR      R1, =(Stack_Mem + Stack_Size)
        LDR      R2, =(Heap_Mem +  Heap_Size)
        LDR      R3, = Stack_Mem
        BX       LR
        ENDP
```

```
    ALIGN ;填充字节使地址对齐

    ENDIF


    END
```

2. __user_initial_stackheap 函数分析

__user_initial_stackheap 用于设置堆和栈,详细代码如下。

程序清单 5.5.5 __user_initial_stackheap 函数

```
/*
* This can be defined to override the standard memory models' way
* of determining where to put the initial stack and heap.
*
* The input parameters R0 and R2 contain nothing useful. The input
* parameters SP and SL are the values that were in SP and SL when
* the program began execution (so you can return them if you want
* to keep that stack).
*
* The two 'limit' fields in the return structure are ignored if
* you are using the one - region memory model; the memory region is
* taken to be all the space between heap_base and stack_base.
*/
struct __initial_stackheap {
    unsigned heap_base;                 /* low - address end of initial heap */
    unsigned stack_base;                /* high - address end of initial stack */
    unsigned heap_limit;                /* high - address end of initial heap */
    unsigned stack_limit;               /* low - address end of initial stack */
};

extern __value_in_regs struct __initial_stackheap
__user_initial_stackheap(unsigned /* R0 */, unsigned /* SP */,unsigned /* R2 */, un-
signed /* SL */);
```

由于 ARM 应用的灵活性可以通过分散加载文件来定义代码和变量的位置,所以堆栈的地址并不固定。当 ARM C 库里的函数用到堆栈的地址时,就用上面定义的变量来代替。另外,一般的 STARTUP. S 都只初始了栈,就是 SP,没有初始堆,所以在该函数里初始堆还是有必要的;而且该函数的作用主要是返回堆栈的地址,这个地址除了初始化外,还可以有其他的作用。毕竟用户不大方便在 C 语言里直接取 SP 的地址。如果没有 B __main,就没有调用 C 库,也就用不到初始化 C 库。不调用

__main，直接进入 main 是可以实现的。正常进入用户应用程序 main 的过程如图 5.5.1
所示。

图 5.5.1 在应用程序主函数之前插入 __main

__main 是编译系统提供的一个函数，负责完成库函数的初始化，最后自动跳向
main 函数。这种情况下，用户程序的主函数名字必须是 main。用户可以根据需要
选择是否使用__main。如果想让系统自动完成系统调用（如库函数）的初始化过程，
可以直接使用__main；如果所有的初始化步骤都是由用户自己显式地完成的，则可以
跳过__main。当然，使用__main 时可能会涉及一些库函数的移植和重定向问题。在
__main() 里面的程序执行流程如图 5.5.2 所示。

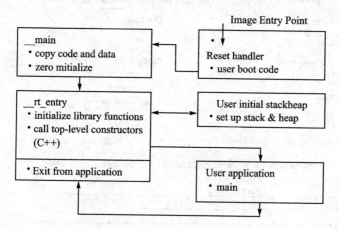

图 5.5.2 有系统调用参与的程序执行流程

5.6 ISP 下载程序

在系统编程（In System Programming, ISP），是一种无需将存储芯片（如
EPROM）从嵌入式设备上取出就能对其进行编程的过程。在系统编程需要在目标
板上有额外的电路完成编程任务。其优点是，即使器件焊接在电路板上，仍可对其
（重新）进行编程。在系统编程是 Flash 存储器的固有特性（通常无须额外的电路），
Flash 几乎都采用这种方式编程。

新唐公司下载工具支持 USB 下载与串口下载，下载代码支持应用程序区
（APROM）和数据存储区（Data Flash），并提供设置配置位的功能，如图 5.6.1 所示。

第一步：当 ISP 下载工具还没有检测到 MCU 进入下载模式的应答时，Connec-
tion check 默认状态显示为 Disconnected，如图 5.6.2 所示。

ARM Cortex-M4 微控制器原理与实践

90

NuMicro ISP Programming Tool V1.46　　　　— □ ✕

File　About

nuvoTon

Connection type
○ USB　　　　　　　　○ EMAC
● COM　COM6　▽

Connection check
[Connect]　**Disconnected**

Part No.
　　　　　　RAM: N/A　APROM: N/A　DataFlash: N/A　　　　F/W Ver: N/A

Load file
[APROM]　File name:　C:\Program Files (x86)\Nuvoton Tools\ISPTool\
　　　　　File size:　　　　　　　　Checksum:

[DataFlash]　File name:　C:\Program Files (x86)\Nuvoton Tools\ISPTool\
　　　　　　File size:　　　　　　　Checksum:

Configuration bits
[Setting]　Config 0: 0x　FFFFFFFF　　　Config 1: 0x　FFFFFFFF　　Last config ▽

File data
[APROM]　DataFlash

Program
● APROM　○ DataFlash　○ APROM+DataFlash　○ Erase All　□ Config

Status
　　　　　　　　　　　　　　　　　　　　　　　[Start]

图 5.6.1　ISP 下载工具

第二步:单击 Connect 按钮,ISP 下载工具就不断通过串口向 MCU 下发连接指令,此时手动复位 MCU(MCU 已经被正确配置为 LDROM 启动,并且烧写了正确的 LDROM 代码,否则不能做出正确的连接应答。注:SmartM-M451 迷你板出货时默认已经烧写好 LDROM 代码),Connection check 状态显示为 Connected,如图 5.6.3 所示。

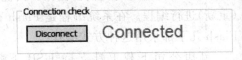

图 5.6.2　连接状态为 Disconnected　　　　图 5.6.3　连接状态为 Connected

第三步:单击 APROM 按钮选择要下载的文件,如 TIMER. bin,这时 File data 会显示下载文件的相关信息,如图 5.6.4 所示。

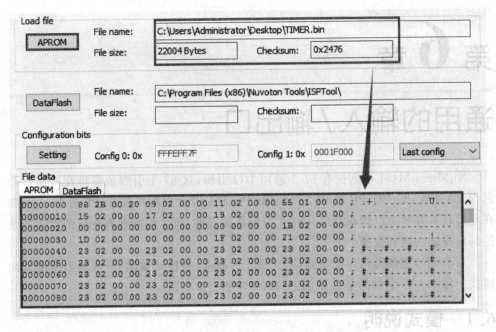

图 5.6.4　载入下载文件

第四步：在 Program 选项组中选中 APROM 单选按钮、Config 复选框，如图 5.6.5所示。

图 5.6.5　选中编程选项

第五步：单击 Start 按钮，如图 5.6.6 所示，下载完毕后，将会显示 PASS 字样，如图 5.6.7 所示。

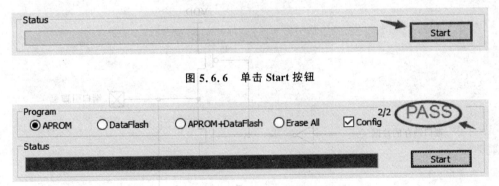

图 5.6.6　单击 Start 按钮

图 5.6.7　ISP 下载程序成功

第 **6** 章

通用的输入 / 输出口

NuMicro M451 系列拥有 87 个通用 I/O 引脚,这 87 个引脚被安排在 6 组口命名为 PA、PB、PC、PD、PE 和 PF。PA、PB、PC、PD 16 个引脚在端口;PE 有 15 个引脚在端口;PF 有 8 个引脚在端口。87 个引脚是独立的,每个引脚都有相应的寄存器位控制自身的功能和数据。

每个 I/O 引脚都可以配置软件,分别作为输入、推挽式输出、开漏输出或准双向模式。每个 I/O 引脚都牵引着 110~300 kΩ 弱上拉电阻。

6.1 模式说明

1. 输入模式

输入模式需要设置 Px_MODE[2n+1:2n]为 0,此时引脚没有驱动能力,当前状态为高阻状态,此时 Px_PIN[n]的值反映了当前引脚的电平。

2. 推挽输出模式

推挽输出模式需要设置 Px_MODE[2n+1:2n]为 1,此时引脚具有输出高低电平的功能,如图 6.1.1 所示,并具有吸收反向电流的能力。Px_PIN[n]的值对应当前引脚输出的是高电平还是低电平。

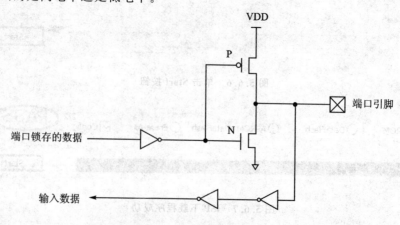

图 6.1.1 推挽输出模式

推挽电路是两个参数相同的三极管或 MOSFET,以推挽方式存在于电路中,各负责正负半周的波形放大任务。电路工作时,两只对称的功率开关管每次只有一个导通,所以导通损耗小、效率高。

输出既可以向负载灌电流,也可以从负载抽取电流。推挽式输出既提高了电路的负载能力,又提高了开关速度。

3. 开漏输出模式

开漏输出:输出端相当于三极管的集电极,要得到高电平状态需要上拉电阻,适合做电流型的驱动。其吸收电流的能力相对较强(一般 20 mA 以内)。

开漏形式的电路有以下几个特点。

(1)利用外部电路的驱动能力,减少 IC 内部的驱动。当 IC 内部 MOSFET 导通时,驱动电流是从外部的 VCC 流经上拉电阻、MOSFET 到 GND。IC 内部仅需很小的栅极驱动电流。

(2)一般来说,开漏是用来连接不同电平的器件,用于匹配电平,因为开漏引脚不连接外部的上拉电阻时,只能输出低电平,如果需要同时具备输出高电平的功能,则需要接上拉电阻。其优点是通过改变上拉电源的电压,便可改变传输电平。比如,加上上拉电阻就可以提供 TTL/CMOS 电平输出等。注意:上拉电阻的阻值决定了逻辑电平转换沿的速度,阻值越大,速度越低,功耗也越低,所以负载电阻的选择要兼顾功耗和速度。

(3)开漏输出模式提供了灵活的输出方式,但是也有其弱点,就是带来上升沿的延时。因为上升沿是通过外接上拉无源电阻对负载充电的,所以当电阻选择小时延时就小,但功耗高;反之,延时大,功耗低。

(4)可以将多个开漏输出的引脚连接到一条线上。通过一只上拉电阻,在不增加任何器件的情况下,形成"与"逻辑关系,这也是 I^2C、SMBus 等总线判断总线占用状态的原理。

补充:什么是"线与"?

在一个结点(线)上,连接一个上拉电阻到电源 VCC,或连接到 NPN 或 NMOS晶体管的集电极 C 或漏极 D 上,这些晶体管的发射极 E 或源极 S 都接到地线上,只要有一个晶体管饱和,这个结点(线)就被拉到地线电平上。因为当这些晶体管的基极注入电流(NPN)或栅极加上高电平(NMOS)时,晶体管就会饱和,所以这些基极或栅极对这个结点(线)的关系是"或非"逻辑。如果这个结点后面加一个反相器,就是"或"逻辑。其实可以简单地理解为:当所有引脚连在一起时,外接一上拉电阻,如果有一个引脚输出为逻辑 0,相当于接地,与之并联的回路"相当于被一根导线短路",所以外电路逻辑电平便为 0,只有都为高电平时,"与"的结果才为逻辑 1。

开漏输出模式需要设置 Px_MODE[2n+1:2n]为 2。开漏输出模式如图 6.1.2所示。

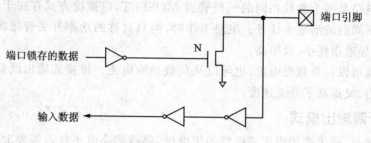

图 6.1.2　开漏输出模式

4. 准双向模式

准双向模式(见图 6.1.3)最常见的是 8051 单片机,而新唐公司的 M451 系列的 MCU 同样拥有准双向模式的 I/O,准双向模式需要设置 Px_MODE[2n+1:2n]为 3。当引脚被设置为准双向模式时,源电流只有数百 μA。当引脚的状态为高电平时,其内部电路不会发生任何动作,但当引脚的状态切换为低电平时,则需要 2 个时钟周期才能禁用强输出驱动功能。

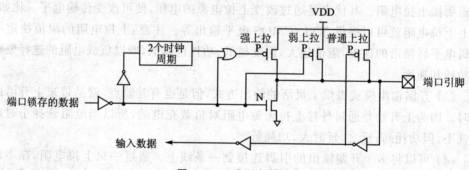

图 6.1.3　准双向模式

6.2　实　验

6.2.1　驱动 LED

【实验要求】SmartM-M451 系列开发板:实现 LED 闪烁功能。

1. 硬件设计

1) LED 灯的硬件设计

由图 6.2.1 可知,如果点亮 LED 灯,则需要 I/O 引脚输出低电平;反之,熄灭 LED 灯需要 I/O 引脚输出高电平。也就是说,当前控制 LED 灯使用了灌电流的设计方案。

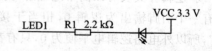

图 6.2.1　LED1 硬件设计

在集成电路中,拉电流和灌电流是一个很重要的概念。由于数字电路的输出只有高、低(0,1)两种电平值,高电平输出时,一般是输出端对负载提供电流,其提供电流的数值叫"拉电流";低电平输出时,一般是输出端要吸收负载的电流,其吸收电流的数值叫"灌(入)电流"。拉电流和灌电流用来衡量电路输出的驱动能力,对每个芯片而言,拉电流和灌电流的大小都有各自的最大值。默认情况下,灌电流比拉电流具有更强的驱动能力,意味着芯片可以带动更多的负载。

由于现在很多芯片都具有推挽输出模式,拉电流单个 I/O 达到 20 mA,但是整体 I/O 输出总电流不能超过 55 mA,也就是说,如果驱动多盏 LED 灯,再驱动更多的器件,芯片就会显得力不从心。所以,设计电路图时必须按照实际情况进行设计,因此,默认情况下驱动 LED 灯使用灌电流的形式。

2) LED 灯位置

LED1 的位置如图 6.2.2 所示。

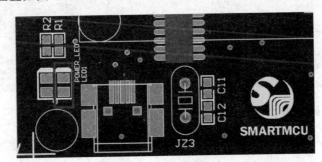

图 6.2.2　LED1 位置

2. 程序设计

代码位置:\SmartM-M451\迷你板\入门代码\【GPIO】【输出模式】【软件延时】

(1) M451 支持输入模式、推挽输出模式、开漏输出模式、准双向模式,由于驱动 LED 灯只需要对 PB8 引脚输出高低电平就行了,通过之前各种 I/O 模式的分析,这里设置 PB8 引脚为推挽输出模式即可,需要调用库函数 GPIO_SetMode(需要包含 gpio.c),代码如下。

程序清单 6.2.1　设置 PB8 引脚为推挽输出模式

```
GPIO_SetMode(PB,BIT8,GPIO_MODE_OUTPUT);
```

(2) 当 PB8 引脚设置为推挽输出模式后,如何编程引脚为高低电平的输出呢?代码如下。

程序清单 6.2.2 PB8 引脚输出高电平

```
/* PB8 赋值为'1'时,代表当前的 PB8 引脚状态被编程为高电平输出 */
PB8 = 1;
```

程序清单 6.2.3 PB8 引脚输出低电平

```
/* PB8 赋值为'0'时,代表当前的 PB8 引脚状态被编程为低电平输出 */
PB8 = 0;
```

（3）按照实验要求,LED 实现闪烁功能,因此还要编写一个延时函数,代码如下。

程序清单 6.2.4 软件延时函数编写

```
VOID Delay(VOID)
{
        UINT32 i = 0x10000;

        while(i -- );
}
```

（4）主体代码如下。

程序清单 6.2.5 程序主体

```
int32_t main(void)
{

    PROTECT_REG
    (
        /* 系统时钟初始化 */
        SYS_Init(PLL_CLOCK);
    )

    /* PB8 引脚初始化为推挽输出模式 */
    GPIO_SetMode(PB,BIT8,GPIO_MODE_OUTPUT);

    while(1)
    {

        /* PB8 引脚输出高电平 */
        PB8 = 1;

        /* 延时一会儿 */
```

```
      Delay();

      /* PB8 引脚输出低电平 */
      PB8 = 0;

      /* 延时一会儿 */
      Delay();
   }
}
```

3. 下载验证

通过 NuLink 仿真下载器将程序下载到 SmartM-M451 迷你板后,能够观察到 LED 灯有规律地闪烁,如图 6.2.3 和图 6.2.4 所示。

图 6.2.3　LED1 亮

图 6.2.4　LED1 灭

6.2.2　按键检测

【实验要求】SmartM-M451 系列开发板:按键检测。

1. 硬件设计

1) 按键的硬件设计

由图 6.2.5 可知,KEY1 与 KEY2 都外接 10 kΩ 的上拉电阻。这里我们必须要了解为什么要加上拉电阻。当 KEY1 和 KEY2 引脚设置为输入模式时,I/O 状态表现为高阻状态,用于检测外部电平的变化,如果是高电平,则必须检测到 3.3 V 的电压;如果是低电平,则必须检测到 0 V 的电压。如果当前 KEY1 和 KEY2 只是悬空引脚,高电平就不复存在;同时,当按键没有按下时,KEY1 与 KEY2 引脚表现为悬空状态,引脚状态是不确定的,容易受到外界的电磁干扰。在制作工艺为 CMOS 的芯片上,为了防止静电造成损坏,不用的引脚不能悬空,一般接上拉电阻以使输入阻抗降低,提供泄荷通路。通过以上分析,就知道按键硬件电路的设计必须接上拉电阻的原因了。

2) 按键位置

按键 1 和按键 2 的位置如图 6.2.6 所示。

ARM Cortex-M4 微控制器原理与实践

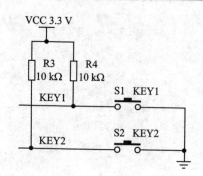

图 6.2.5 按键的硬件电路

图 6.2.6 按键 1 与按键 2 的位置

2. 程序设计

代码位置:\SmartM-M451\迷你板\入门代码\【GPIO】【输入模式】【按键检测】

(1) 为了检测引脚的电平,可以将 I/O 引脚设置为输入模式或准双向模式。这里选择为输入模式,需要调用库函数 GPIO_SetMode(需要包含 gpio.c),代码如下。

程序清单 6.2.6　设置 PB0、PE8 引脚为输入模式

```
/* PB0 引脚初始化为输入模式 */
GPIO_SetMode(PB,BIT0,GPIO_MODE_INPUT);

/* PE8 引脚初始化为输入模式 */
GPIO_SetMode(PE,BIT8,GPIO_MODE_INPUT);
```

(2) 在单片机的应用中,利用按键实现与用户的交互功能是相当常见的,同时按键的检测也是很讲究的。众所周知,在按键按下后,数据线上的信号出现一段时间的抖动,然后为低;当按键释放时,信号抖动一段时间后变高,然而这段抖动时间要维持 10~50 ms,这与按键本身的材质有一定的关系,在这个范围内基本上都可以确定。当前实验只是验证输入模式,按键扫描可以采用简单的按键延时消抖去实现。主体代码如下。

程序清单 6.2.7　程序主体

```
int32_t main(void)
{

    PROTECT_REG
    (
        /* 系统时钟初始化 */
        SYS_Init(PLL_CLOCK);
```

98

```
        /* 串口 0 初始化,波特率 115 200 bps */
        UART0_Init(115200);
)

/* PB0 引脚初始化为输入模式 */
GPIO_SetMode(PB,BIT0,GPIO_MODE_INPUT);

/* PE8 引脚初始化为输入模式 */
GPIO_SetMode(PE,BIT8,GPIO_MODE_INPUT);

while(1)
{
        /* 检查 KEY1 是否按下 */
        if(PB0 == 0)
        {
                /* 延时 20 ms */
                Delayms(20);

                /* 等待 KEY1 释放 */
                while(PB0 == 0);

                /* 打印 KEY1 输出信息 */
                printf("KEY1 is pressed\r\n");

        }

        /* 检查 KEY2 是否按下 */
        if(PE8 == 0)
        {
                /* 延时 20 ms */
                Delayms(20);

                /* 等待 KEY2 释放 */
                while(PE8 == 0);

                /* 打印 KEY2 输出信息 */
                printf("KEY2 is pressed\r\n");

        }

}

}
```

3. 下载验证

通过 NuLink 仿真下载器将程序下载到 SmartM-M451 迷你板后,打开单片机多功能调试助手进行观察。当按下按键 1 与按键 2 时,通过串口能够观察到当前按键按下的打印信息,如图 6.2.7 所示。

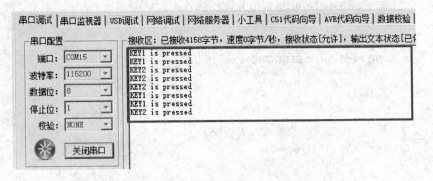

图 6.2.7 按键 1 与按键 2 按下的打印信息

第 7 章

时钟体系

7.1 概　述

PLL(Phase Locked Loop)为锁相回路或锁相环,用来统一整合时脉讯号,使内存能正确地存取资料。PLL 用于振荡器中的反馈技术。许多电子设备要正常工作,通常需要外部的输入信号与内部的振荡信号同步,利用锁相环路就可以实现这个目的。正常来说,MCU 外部接上什么频率的晶振,该 MCU 就运行在什么频率,譬如说,外部接上 12 MHz 的晶振,MCU 就工作在 12 MHz。但是,NuMicro M451 使用了 PLL 技术后,能将本来工作在 12 MHz 的频率提升到 72 MHz,而不需要购买昂贵的特殊晶振,降低了成本。

下面将分析 VCO 的工作原理。

(1)基准频率以外部晶振 12 MHz 为时钟输入源,称为 f_r,输入到相位比较器,电压控制振荡器(VCO)也产生频率输入到相位频率比较器,称为 f_o。

(2)相位频率比较器将 f_r 与 f_o 进行比较,产生误差信号 PD,并将其送入回路滤波器。

(3)回路滤波器将误差信号变换为直流电压 V_R。

(4)直流电压输入到 VCO 中,V_R 的改变直接影响振荡频率。

(5)PLL 就一直重复(1)~(4)的循环,简称回授控制,直到 f_r 与 f_o 达到固定的相位差为止。

过程如图 7.1.1 所示。

当同时进行倍频时,会有一段时间出现停振现象,从旧的频率转换为新的频率,而停振的时间恰恰是 PLL 锁定的时间,如图 7.1.2 所示。

时钟控制器为整个芯片提供时钟源,包括系统时钟和所有外围设备时钟。该控制器还通过单独时钟的开或关、时钟源选择和分频器来进行功耗控制。在 CPU 使能低功耗 PDEN(CLK_PWRCTL[7]) 位以及 Cortex-M4 内核执行 WFI 指令后,芯片才能进入低功耗模式,直到唤醒中断发生,芯片才会退出低功耗模式。在低功耗模式下,时钟控制器会关闭外部 4~24 MHz 高速晶振和内部 22.118 4 MHz 高速 RC 振荡器,以降低整个系统功耗。

ARM Cortex-M4 微控制器原理与实践

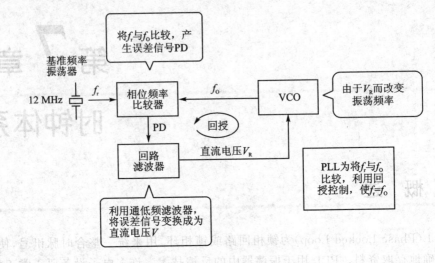

图 7.1.1 PLL-VCO 电路工作原理

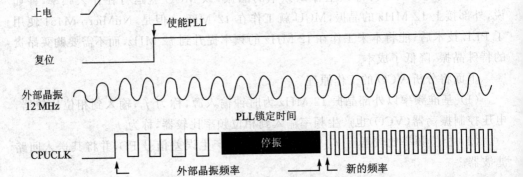

图 7.1.2 原频率变更为新频率的过程

时钟发生器由如下 5 个时钟源组成：

● 外部 32.768 kHz 低速晶振(LXT)；

● 外部 4~24 MHz 高速晶振(HXT)；

● 可编程的 PLL 输出时钟频率(PLLFOUT)，PLL 由外部 4~24 MHz 晶振或内部 22.118 4 MHz 振荡器提供时钟源；

● 内部 22.118 4 MHz 高速振荡器(HIRC)；

● 内部 10 kHz 低速 RC 振荡器(LIRC)。

时钟发生器框图如图 7.1.3 所示。

系统时钟有 5 个可选时钟源，由时钟发生器产生。时钟源切换取决于寄存器 HCLKSEL(CLK_CLKSEL0[2:0])，其框图如图 7.1.4 所示。

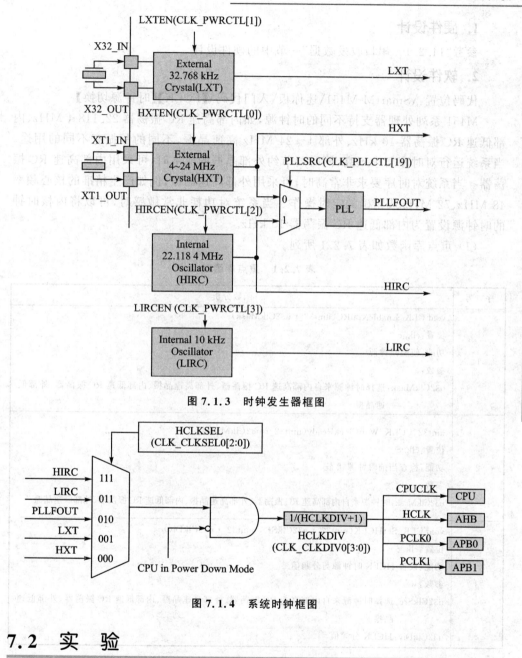

图 7.1.3　时钟发生器框图

图 7.1.4　系统时钟框图

7.2　实　验

7.2.1　时钟源切换

【实验要求】SmartM-M451 系列开发板：内核时钟选择不同的时钟源，检测串口打印数据的间隔。

1. 硬件设计

参考"14.2.1　串口收发数据"一节中的硬件设计。

2. 软件设计

代码位置：\SmartM-M451\迷你板\入门代码\【FCLK】【时钟源切换】

M451 系列处理器支持不同的时钟源，如内部高速 RC 振荡器 22.118 4 MHz、内部低速 RC 振荡器 10 kHz、外部 4～24 MHz 高速晶振，不同的晶振有不同的用途。当系统运行对时序要求不高，同时要节约外部晶振的成本时，可采用内部高速 RC 振荡器。当系统对时序要求非常高时，可采用外部高速晶振，例如产生精准的核心频率 48 MHz、72 MHz 或精确的定时操作。当系统对功耗非常敏感时，可以将内核时钟的时钟源设置为内部低速 RC 振荡器 10 kHz。

（1）重点库函数如表 7.2.1 所列。

表 7.2.1　重点库函数

序　号	函数分析
1	void CLK_EnableXtalRC(uint32_t u32ClkMask) 位置：clk.c 功能：使能时钟源 参数： u32ClkMask：选择时钟源来自内部高速 RC 振荡器、外部高速晶振、内部低速 RC 振荡器、外部低速晶振
2	uint32_t CLK_WaitClockReady(uint32_t u32ClkMask) 位置：clk.c 功能：检查当前时钟源状态 参数： u32ClkMask：时钟源来自内部高速 RC 振荡器、外部高速晶振、内部低速 RC 振荡器、外部低速晶振
3	void CLK_SetHCLK(uint32_t u32ClkSrc, uint32_t u32ClkDiv) 位置：clk.c 功能：设置 HCLK 时钟源与分频值 参数： u32ClkSrc：选择时钟源来自内部高速 RC 振荡器、外部高速晶振、内部低速 RC 振荡器、外部低速晶振 u32ClkDiv：HCLK 分频值

（2）完整代码如下。

程序清单 7.2.1　完整代码

```
#include "SmartM_M4.h"

/***************************************************
```

```
* 函数名称:Delay
* 输    入:无
* 输    出:无
* 功    能:软件延时
*********************************/
VOID Delay(VOID)
{
    UINT32 i = 0x100000;

    while(i--);
}
/ *********************************
* 函数名称:main
* 输    入:无
* 输    出:无
* 功    能:函数主体
*********************************/
int32_t main(void)
{
    UINT32 i = 0;


    PROTECT_REG
    (
        /* 使能外部晶振时钟(12 MHz) */
        CLK_EnableXtalRC(CLK_PWRCTL_HXTEN_Msk);

        /* 等待外部晶振时钟(12 MHz) */
        CLK_WaitClockReady(CLK_STATUS_HXTSTB_Msk);

        /* 选择 HCLK 时钟源为外部晶振,同时 HCLK 的分频值为 1 */
        CLK_SetHCLK(CLK_CLKSEL0_HCLKSEL_HXT, CLK_CLKDIV0_HCLK(1));
    )

    /* 串口 0 波特率 115 200 bps */
    UART0_Init(115200);


    while(1)
    {

        PROTECT_REG
```

```
    (
        /* 使能外部晶振时钟(12 MHz) */
        CLK_EnableXtalRC(CLK_PWRCTL_HXTEN_Msk);

        /* 等待外部晶振时钟(12 MHz) */
        CLK_WaitClockReady(CLK_STATUS_HXTSTB_Msk);

        /* 选择 HCLK 时钟源为外部晶振,同时 HCLK 的分频值为 1 */
        CLK_SetHCLK(CLK_CLKSEL0_HCLKSEL_HXT, CLK_CLKDIV0_HCLK(1));
    )

    printf("当前时钟源选择为外部晶振,请查看串口打印数据速度\r\n");

    i = 20;
    while(i -- )
    {
        printf("www.smartmcu.com\r\n");
        Delay();
    }


    PROTECT_REG
    (
        /* 使能内部高速 RC 振荡器(22.118 4 MHz) */
        CLK_EnableXtalRC(CLK_PWRCTL_HIRCEN_Msk);

        /* 等待内部高速 RC 振荡器(22.118 4 MHz) */
        CLK_WaitClockReady(CLK_STATUS_HIRCSTB_Msk);

        /* 选择 HCLK 时钟源为内部高速 RC 振荡器,同时 HCLK 的分频值为 1 */
        CLK_SetHCLK(CLK_CLKSEL0_HCLKSEL_HIRC, CLK_CLKDIV0_HCLK(1));
    )

    printf("当前时钟源选择为内部高速 RC 振荡器,请查看串口打印数据速度\r\n");

    i = 20;
    while(i -- )
    {
        printf("www.smartmcu.com\r\n");
        Delay();
    }
    }
}
```

（3）代码分析如下。

① 程序执行时，首先使能外部 12 MHz 高速晶振为时钟源，调用 CLK_EnableXtalRC 函数进行设置。

② 调用 CLK_WaitClockReady 函数检测当前输入时钟是否稳定。

③ 调用 CLK_SetHCLK 函数设置当前 HCLK 与时钟源同样的频率，即不进行分频。

④ 通过 while 循环和软件延时函数的组合，观察串口打印输出的间隔。

⑤ 使能内部高速 RC 振荡器为时钟源，调用 CLK_EnableXtalRC 函数进行设置。

⑥ 调用 CLK_WaitClockReady 函数检测当前输入时钟是否稳定。

⑦ 调用 CLK_SetHCLK 函数设置当前 HCLK 与时钟源同样的频率，即不进行分频。

⑧ 通过 for 循环和软件延时函数的组合，观察串口打印输出的间隔。

3. 下载验证

通过 NuLink 仿真下载器将程序下载到 SmartM-M451 迷你板后，打开单片机多功能调试助手进行观察，当时钟源使用外部晶振打印数据时，观察到打印速度为 76 字节/秒，如图 7.2.1 所示。

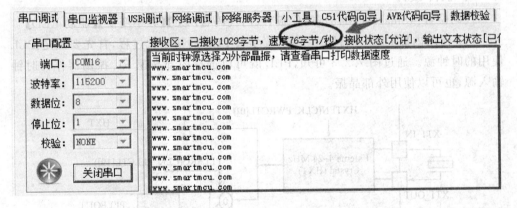

图 7.2.1 时钟源为外部晶振

当时钟源使用内部高速 RC 振荡器打印数据时，观察到打印速度为 152 字节/秒，如图 7.2.2 所示。

综合上述打印结果，时钟源选择内部高速 RC 振荡器比外部晶振 12 MHz 快 1 倍。

图 7.2.2 时钟源为内部高速 RC 振荡器

7.2.2 PLL 实现频率切换

【实验要求】SmartM-M451 系列开发板：编写 PLL 函数，按照需求实现频率变换。

1. 硬件设计

参考"14.2.1 串口收发数据"一节中的硬件设计。

2. 软件设计

代码位置：\SmartM-M451\迷你板\入门代码\【PLL】【频率变换】【驱动 LED】

（1）使用内部 PLL 进行频率变换，要学会 PLL 的初始化过程，首先要确定 PLL 使用的时钟源。通过图 7.2.3 可知，PLL 既可以选择内部高速 RC 振荡器作为时钟输入源，也可以使用外部晶振。

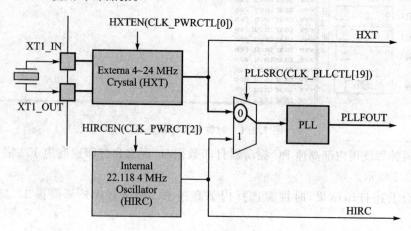

图 7.2.3 PLL 时钟源的选择

若选择 PLL 作为内核时钟的时钟源，则必须设置 CLK_PWRCTL 寄存器和 CLK_PLLCTL 寄存器，调用库函数 CLK_EnableXtalRC 和 CLK_SetCoreClock。为

了以后实验配置更加方便,我们使用 12 MHz 外部晶振,不使用带有小数点的 22.118 4 MHz 内部高速 RC 振荡器电路,代码如下。

程序清单 7.2.2 使用 PLL 示例代码

```
/* 使能外部晶振时钟(12 MHz) */
CLK_EnableXtalRC(CLK_PWRCTL_HXTEN_Msk);


/* 设置内核时钟为 72 MHz */
CLK_SetCoreClock(72000000);
```

(2) 为了验证不同频率下(12 MHz、24 MHz、48 MHz、72 MHz)LED 的闪烁速度,软件函数必须统一,主体代码如下。

程序清单 7.2.3 主体代码

```
/*******************************************
* 函数名称:Delay
* 输    入:无
* 输    出:无
* 功    能:软件延时
*******************************************/
VOID Delay(VOID)
{
        UINT32 i = 0x100000;

        while(i--);
}
/*******************************************
* 函数名称:main
* 输    入:无
* 输    出:无
* 功    能:函数主体
*******************************************/
int32_t main(void)
{
        UINT32 i,j;
        UINT32 unPllTbl[4] = {12000000,24000000,48000000,72000000};

        PROTECT_REG
        (
                /* 使能外部晶振时钟(12 MHz) */
                CLK_EnableXtalRC(CLK_PWRCTL_HXTEN_Msk);
```

```
    /* 等待外部晶振时钟(12 MHz) */
    CLK_WaitClockReady(CLK_STATUS_HXTSTB_Msk);
}

/* PB8 引脚初始化为推挽输出模式 */
GPIO_SetMode(PB,BIT8,GPIO_MODE_OUTPUT);

while(1)
{
    for(i = 0; i<4;    i ++ )
    {
        /* 设置当前内核时钟的频率 */
        PROTECT_REG
        (
            CLK_SetCoreClock(unPllTbl[i]);
        )

        /* LED 灯闪烁一会儿 */
        for(j = 0;    j<5;    j ++ )
        {
            PB8 = 1;Delay();
            PB8 = 0;Delay();
        }
    }
}
}
```

(3) 代码分析如下。

① 由于使用 PLL 倍频后的频率都是整数,需要调用 CLK_EnableXtalRC 函数使能芯片的输入时钟源为外部 12 MHz 高速晶振。

② CLK_SetCoreClock 函数用于设置内核的时钟,传入的参数为频率值,变换的频率为 12 MHz、24 MHz、48 MHz、72 MHz。

③ 当切换频率后,观察 LED 灯的闪烁速度。

3. 下载验证

通过 NuLink 仿真下载器将程序下载到 SmartM-M451 迷你板后,能够观察到 LED 灯闪烁速度不断地加快。

第 8 章

系统定时器 SysTick

8.1　概　述

ARM Cortex-M4 集成了一个 SysTick，它提供了一种简单的、24 位写清零（Clear-on-write）、递减的、计数值减到零后自动重载（Wrap-on-zero）的计数器，该计数器带有灵活的控制机制。SysTick 其实就是一个定时器，只是它放在了 NVIC 中，主要目的是给操作系统提供一个硬件上的中断，也称作"滴答中断"。那么什么是滴答中断呢？这里来简单地解释一下。当操作系统进行运转的时候，也会有"心跳"，它会根据"心跳"的节拍来工作，把整个时间段分成很多小小的时间片，每个任务每次只能运行一个"时间片"的时间长度就得退出给别的任务运行，这样可以确保任何一个任务都不会占用整个系统不放；或者把每个定时器周期的某个时间范围赋予特定的任务等；还有操作系统提供的各种定时功能，都与这个滴答定时器有关。因此，需要一个定时器来产生周期性的中断，而且最好还让用户程序不能随意访问它的寄存器，以维持操作系统"心跳"的节律。只要不把它在 SysTick 控制及状态寄存器中的使能位清除，就永不停息。

8.2　实　验

8.2.1　SysTick 延时

【实验要求】Smart-M451 系列开发板：控制 LED 灯闪烁，调用系统时钟模块，实现精确的延时。

1. 硬件设计

参考"6.2.1　驱动 LED"一节中的硬件设计。

2. 程序设计

代码位置：\SmartM-M451\迷你板\入门代码\【GPIO】【输出模式】【SysTick 延时】

（1）由于涉及时钟的控制，首先应确定当前 SysTick 使用的时钟源，如图 8.2.1

所示。

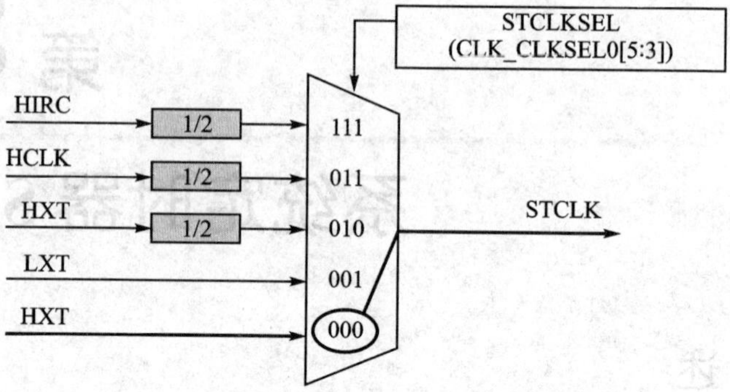

图 8.2.1　SysTick 时钟源的选择

在这里，默认使用 12 MHz 外部晶振（HXT）作为 SysTick 的时钟源，需要通过设置寄存器 CLK_CLKSE0[5:3]为"000"，使用库函数 CLK_SetSysTickClockSrc 进行设置，代码如下。

程序清单 8.2.1　SysTick 时钟源的选择

```
CLK_SetSysTickClockSrc(CLK_CLKSEL0_STCLKSEL_HXT);
```

（2）设置好 SysTick 的时钟源后，就得按照其提供的频率为 SysTick 设置相应的定时计数值。这里涉及 3 个寄存器，分别为 SYST_CTRL、SYST_VAL、SYST_LOAD，它们的作用分别是 SysTick 的控制、SysTick 的计数值设置、SysTick 的自动重载值的设置。使用到库函数 CLK_SysTickDelay，详细代码如下。

程序清单 8.2.2　SysTick 延时函数

```
__STATIC_INLINE void CLK_SysTickDelay(uint32_t us)
{
    /* 1.SysTick 的自动重载值的设置 */
    SysTick ->LOAD = us * CyclesPerUs;

    /* 2.SysTick 的计数值设置 */
    SysTick ->VAL   = (0x00);

    /* 3.SysTick 的时钟源选择为内核时钟、使能计数器 */
    SysTick ->CTRL = SysTick_CTRL_CLKSOURCE_Msk | SysTick_CTRL_ENABLE_Msk;

    /* 4.等待计数器向下计数完毕 */
    while((SysTick ->CTRL & SysTick_CTRL_COUNTFLAG_Msk) == 0);
}
```

当系统定时器使能后,将从 SysTick 的当前寄存器（SYST_VAL）的值向下计数到 0,并在下一个时钟周期,重新加载寄存器 SYST_LOAD 的值,然后再随时钟递减。当计数器减到 0 时,标志位 COUNTFLAG 置位,读 COUNTFLAG 位使其清零。复位后,SYST_VAL 的值是未知的。使能前,软件应该向寄存器写入值清零,这样确保定时器使能时以 SYST_LOAD 的值开始计数,而非任意值。若 SYST_LOAD 的值为 0,在重新加载后,定时器将保持当前值 0。这个功能可以在计数器使能后用于禁用的独立功能。

通过分析代码,寄存器 SYST_LOAD 自动重载值的设置与寄存器 SYST_CTRL 中的时钟源的选择再次确认。当 SysTick 第二次选择时钟输入源为内核时钟时,此时内核时钟的频率为 72 MHz;当使用 SysTick 实现微秒级延时的时候,SysTick→LOAD＝us＊（72 000 000/1 000 000）＝us＊72,变量 us 就是延时的时间,单位为微秒。

为了统一使延时函数调用更加方便,在 common. c 中再次对 CLK_SysTickDelay 重新进行封装,编写了 Delayms 和 Delayus 函数,详细代码如下。

程序清单 8.2.3　毫秒级和微秒级延时函数

```
/ * * * * * * * * * * * * * * * * * * * * * * * * * * * * * * *
 * 函数名称:Delayms
 * 输    入:u32 ms - 毫秒延时值
 * 输    出:无
 * 功    能:毫秒级延时
 * * * * * * * * * * * * * * * * * * * * * * * * * * * * * * */
void Delayms(uint32_t u32ms)
{
    while(u32ms -- )
        CLK_SysTickDelay(1000);
}
/ * * * * * * * * * * * * * * * * * * * * * * * * * * * * *
 * 函数名称:Delayus
 * 输    入:u32us - 微秒延时值
 * 输    出:无
 * 功    能:微秒级延时
 * * * * * * * * * * * * * * * * * * * * * * * * * * * * * */
void Delayus(uint32_t u32us)
{
    CLK_SysTickDelay(u32us);
}
```

（3）关于 GPIO 的初始化不再赘述,实现 LED 灯闪烁的代码如下。

程序清单 8.2.4 程序主体

```
#include "SmartM_M4.h"

int32_t main(void)
{

    PROTECT_REG
    (
        /* 系统时钟初始化 */
        SYS_Init(PLL_CLOCK);
    )

/* PB8 引脚初始化为输出模式 */
GPIO_SetMode(PB,BIT8,GPIO_MODE_OUTPUT);

    while(1)
    {
                /* PB8 引脚输出高电平 */
                PB8 = 1;

                /* 延时 500 ms */
                Delayms(500);

                /* PB8 引脚输出低电平 */
                PB8 = 0;

                /* 延时 500 ms */
                Delayms(500);
    }
}
```

3. 下载验证

通过 NuLink 仿真下载器将程序下载到 SmartM-M451 迷你板后，能够观察到 LED 灯闪烁，间隔为 500 ms。

8.2.2 SysTick 中断

【实验要求】SmartM-M451 系列开发板：控制 LED 灯闪烁，以系统定时器中断的形式实现精确的延时。

1. 硬件设计

参考"6.2.1 驱动 LED"一节中的硬件设计。

2. 程序设计

代码位置：\SmartM-M451\迷你板\入门代码\【GPIO】【输出模式】【SysTick 中断】

8.2.1 节使用 SysTick 实现了精确的延时，那么本小节将使用 SysTick 产生定时中断，对后面动手移植 μCOS 提前熟悉。

（1）SysTick 时钟源的选择依然是外部 12 MHz 晶振，代码如下。

程序清单 8.2.5　SysTick 时钟源的选择

```
CLK_SetSysTickClockSrc(CLK_CLKSEL0_STCLKSEL_HXT);
```

（2）设置好 SysTick 的时钟源后，就得按照其提供的频率为 SysTick 设置相应的定时计数值，这里涉及 3 个寄存器，分别为 SYST_CTRL、SYST_VAL、SYST_LOAD，它们的作用分别是 SysTick 的控制、SysTick 的计数值设置、SysTick 的自动重载值的设置。在库函数 CLK_SysTickDelay 的基础上进行修改，添加使能 SysTick 中断的控制，自行定义新的函数 SysTickInitWithInterrput，代码如下。

程序清单 8.2.6　SysTick 初始化

```
VOID SysTickInitWithInterrput(UINT32 ms)
{
    /* 1.SysTick 的自动重载值的设置 */
    SysTick ->LOAD = ms * 12 * 1000;

    /* 2.为 NVIC SysTick 中断设置优先级 */
    NVIC_SetPriority (SysTick_IRQn, (1 << __NVIC_PRIO_BITS) - 1);

    /* 3.清零计数器 */
    SysTick ->VAL   = (0x00);

    /* 4.SysTick 的时钟源选择为外部高速晶振 12MHz,使能计数器,使能 SysTick 中断 */
    SysTick ->CTRL = SysTick_CTRL_ENABLE_Msk|
                      SysTick_CTRL_TICKINT_Msk;
}
```

（3）中断函数的编写也非常简单，只需要在 main.c 中进行定义即可，代码如下。

程序清单 8.2.7　SysTick 中断服务函数

```
VOID SysTick_Handler(VOID)
{
    g_vbSysTickEvent = TRUE;
}
```

（4）主体代码如下。

程序清单 8.2.8　程序主体

```
int32_t main(void)
{
        BOOL b = FALSE;

        PROTECT_REG
        (
            /* 系统时钟初始化 */
            SYS_Init(PLL_CLOCK);
        )

        /* PB8 引脚初始化为输出模式 */
        GPIO_SetMode(PB,BIT8,GPIO_MODE_OUTPUT);

        SysTickInitWithInterrput(250);

        while(1)
        {
                if(g_vbSysTickEvent)
                {
                        g_vbSysTickEvent = FALSE;

                        PB8 = b;

                        b = ! b;

                }
        }
}
```

3. 下载验证

通过 NuLink 仿真下载器将程序下载到 SmartM-M451 迷你板后，能够观察到 LED 灯闪烁，间隔为 250 ms。

第**9**章

定时器

9.1 概　述

定时器是微控制器中最基本的接口之一,它的用途非常广泛,常用于计数、延时、提供定时脉冲信号等。在实际应用中,对于转速、位移、速度、流量等物理量的测量,通常也由传感器转换成脉冲电信号,然后通过使用定时器来测量其周期或频率,再经过计算处理获得。

定时器控制器包含 4 组 32 位定时器(Timer0～Timer3),为用户提供便捷的计数定时功能。定时器可执行很多功能,如频率测量、时间延迟、时钟发生、外部输入引脚事件计数和外部捕捉引脚脉宽测量等。

9.2 特　性

- 4 组 32 位定时器,带 24 位向上计数器和一个 8 位的预分频计数器。
- 每个定时器都可以设置独立的时钟源。
- 提供 One-shot、Periodic、Toggle 和 Continuous 四种计数操作模式。
- 通过 CNT (TIMERx_CNT[23:0])可读取内部 24 位向上计数器的值。
- 支持事件计数功能。
- 通过 CAPDAT (TIMERx_CAP[23:0])可读取 24 位捕捉值。
- 支持外部引脚捕捉功能,可用于脉宽测量。
- 支持外部引脚事件计数,可用于复位 24 位向上定时器。
- 如果定时器中断信号产生,支持芯片从空闲/掉电模式唤醒。
- 支持 Timer0 超时溢出中断来触发 Touch-Key 扫描。
- 支持 Timer0～Timer3 超时溢出中断或捕捉中断来触发 PWM、EADC 和 DAC 功能。

9.3　实　验

定时计数

【实验要求】SmartM-M451 系列开发板：使用定时器实现定时中断，实现 LED 每 250 ms 闪烁一次。

1. 硬件设计

参考"6.2.1　驱动 LED"一节中的硬件设计。

2. 软件设计

代码位置：\SmartM-M451\迷你板\入门代码\【TIMER】【定时计数】

(1) 重点库函数如表 9.3.1 所列。

表 9.3.1　重点库函数

序　号	函数分析
1	void CLK_EnableModuleClock(uint32_t u32ModuleIdx) 位置：clk. c 功能：使能当前硬件对应的时钟模块 参数： u32ModuleIdx：使能当前哪个时钟模块。若使能定时器 0，填入参数为 TMR0_MODULE；若使能 串口 0，填入参数为 UART0_MODULE，更多的参数值参考 clk. c
2	uint32_t TIMER_Open(TIMER_T * timer, uint32_t u32Mode, uint32_t u32Freq) 位置：timer. c 功能：使能对应的定时器 参数： timer：哪一组定时器 u32Mode：定时器工作模式 u32Freq：定时器工作频率 返回：当前定时器的工作频率
3	static __INLINE void TIMER_Start(TIMER_T * timer) 位置：timer. h 功能：启动对应的定时器 参数： timer：哪一组定时器

序　号	函数分析
4	static __INLINE void TIMER_EnableInt(TIMER_T * timer) 位置：timer. h 功能：使能对应的定时器产生中断 参数： timer：哪一组定时器

（2）代码设计分别如下。

① M451 系列支持 4 组定时器，从 4 组中选择一组即可，默认选择定时器 0。既然选择定时操作，就必须选择时钟源；若图 9.3.1 所示的定时器 0 正常工作，则需要设置 CLKSEL1 寄存器。完成 CLKSEL1 寄存器的设置后，还需要设置 APBCLK0 寄存器使能定时器 0 时钟。为了设置定时器 0 的时钟源并使能，需要调用库函数 CLK_SetModuleClock 和 CLK_EnableModuleClock，详细代码如下。

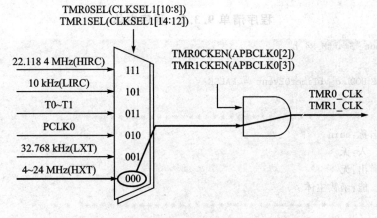

图 9.3.1　定时器 0/1 的时钟源选择与使能

程序清单 9.3.1　设置时钟源和使能定时器 0

```
/＊设置定时器 0 时钟源输入为外部晶振 ＊/
CLK_SetModuleClock(TMR0_MODULE, CLK_CLKSEL1_TMR0SEL_HXT, 0);
/＊使能定时器 0 时钟模块 ＊/
CLK_EnableModuleClock(TMR0_MODULE);
```

② 设置好时钟源并使能定时器 0 时钟模块后，则需要设置正确的定时值。细心观察图 9.3.2，要使定时器 0 触发中断，还需要设置 8 位预分频值寄存器（8-bit Prescale）、定时器 0 计数值（24-bit up Counter）、定时器 0 比较值（24-bit CMPDAT）。当计数值与比较值相匹配时，就会将定时器 0 中断标志位 TIF 置位，最后产生定时器 0 中断（Timer0 Interrput）。

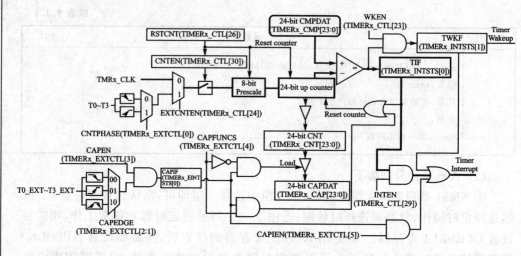

图 9.3.2　定时器 0 产生中断的过程

③ 主体代码如下。

程序清单 9.3.2　程序主体

```
#include "SmartM_M4.h"

VOLATILE BOOL g_vbTimer0Event = FALSE;

/***************************************
* 函数名称:main
* 输    入:无
* 输    出:无
* 功    能:函数主体
***************************************/
int32_t main(void)
{
    PROTECT_REG
    (
        /* 系统时钟初始化 */
        SYS_Init(PLL_CLOCK);

        /* 设置定时器 0 时钟源输入为外部晶振 */
        CLK_SetModuleClock(TMR0_MODULE, CLK_CLKSEL1_TMR0SEL_HXT, 0);

        /* 使能定时器 0 时钟模块 */
        CLK_EnableModuleClock(TMR0_MODULE);
    )
```

```
    /* PB8 引脚初始化为输出模式 */
    GPIO_SetMode(PB,BIT8,GPIO_MODE_OUTPUT);

    /* 设置定时器 0 为定时计数模式且 1 s 内产生 4 次中断 */
    TIMER_Open(TIMER0, TIMER_PERIODIC_MODE, 4);

    /* 使能定时器 0 中断 */
    TIMER_EnableInt(TIMER0);

    /* 使能定时器 0 嵌套向量中断 */
    NVIC_EnableIRQ(TMR0_IRQn);

    /* 启动定时器 0 开始计数 */
    TIMER_Start(TIMER0);

    while(1)
    {
        /* 检查当前是否已经产生了定时器 0 中断 */
        if(g_vbTimer0Event)
        {
            g_vbTimer0Event = FALSE;

            PB8 ^= 1;


        }

    }
}
/************************************************
* 函数名称:TMR0_IRQHandler
* 输    入:无
* 输    出:无
* 功    能:定时器 0 中断服务函数
*************************************************/
VOID TMR0_IRQHandler(VOID)
{
        /* 检查定时器 0 中断标志位是否置位 */
        if(TIMER_GetIntFlag(TIMER0) == 1)
        {
                /* 清除定时器 0 中断标志位 */
                TIMER_ClearIntFlag(TIMER0);

                g_vbTimer0Event = TRUE;
```

```
        }
    }
```

（3）main 函数分析如下。

① 调用 CLK_SetModuleClock 函数设置定时器的时钟源来自外部 12 MHz 高速晶振，由于定时器常用的最小定时值为微秒或毫秒级别，同时必须是整数，那么选择外部 12 MHz 高速晶振最合适。

② 调用 TIMER_Open 函数用于使能某一定时器，同时设置当前定时器的定时时间，第 3 个参数用于设置产生中断的次数，也就是说，若产生中断次数为 4，那么 1 s/4＝250 ms 是该定时器的定时时间。

③ 一旦产生中断，g_vbTimer0Event 变量就置位，同时对 PB8 引脚进行异或，即对 LED 灯点亮与熄灭进行控制。

（4）TMR0_IRQHandler 中断服务函数分析如下。

① 调用 TIMER_GetIntFlag 函数检查当前定时器 0 是否产生中断，若是，则调用 TIMER_ClearIntFlag 清除定时器 0 中断标志位。

② 将 g_vbTimer0Event 变量置位。

3. 下载验证

通过 NuLink 仿真下载器将程序下载到 SmartM-M451 迷你板后，能够观察到 LED 灯闪烁，间隔为 250 ms。

第 **10** 章

脉冲宽度调制

10.1　概　述

脉冲宽度调制(Pulse Width Modulation,PWM)波是连续的方波,但在一个周期中,其高电平和低电平的占空比是不同的,一个典型的 PWM 波如图 10.1.1 所示。T 是 PWM 波的周期,t_1 是高电平的宽度,t_2 是低电平的宽度,因此占空比为 $t_1/(t_1+t_2)=t_1/T$。假设当前高电平值为 5 V,$t_1/T=50\%$,那么当该 PWM 波通过一个积分器(低通滤波器)后,可以得到其输出的平均电压为 5 V×0.5=2.5 V。在实际应用中,常利用 PWM 波的输出实现 D/A 转换,调节电压或电流的控制以改变电机的转速,实现变频控制等功能。

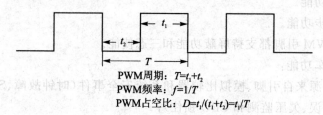

PWM周期: $T=t_1+t_2$

PWM频率: $f=1/T$

PWM占空比: $D=t_1/(t_1+t_2)=t_1/T$

图 10.1.1　PWM 波示意图

M451 提供了两路 PWM 发生器。每路 PWM 发生器支持 6 通道 PWM 输出或输入捕捉。有一个 12 位的预分频器,把时钟源分频后输入给 16 位的计数器;还有一个 16 位的比较器。PWM 计数器支持向上、向下、上下计数方式。PWM 利用比较器和计数器的比较来产生事件,这些事件用来产生 PWM 脉冲、中断、EADC/DAC 转换触发信号。

PWM 发生器支持两种标准 PWM 输出模式:独立模式和互补模式,它们的架构不同。标准输出模式又有两种输出功能:组功能和同步功能。组功能可以在独立模式和互补模式下使能,同步功能只有在互补模式下才可以被使能。互补模式有两个比较器,产生各种带 12 位死区时间的 PWM 脉宽,另外还有一个自由触发比较器来产生 EADC 的触发信号。PWM 输出控制单元具有支持极性输出、独立引脚屏蔽和刹车功能。

PWM 也支持输入捕捉功能，当输入通道有向上跳变、向下跳变，或者两者都有的跳变时，就会锁存 PWM 计数器的值到相应的寄存器中。捕捉功能支持通过 PD-MA 把捕捉到的数据搬移到内存中。

10.2 特 性

1. PWM 功能特性

- 支持时钟频率最高达 144 MHz。
- 支持两个 PWM 模块，每个模块提供 6 个输出通道。
- 支持独立模式的 PWM 输出/输入捕捉。
- 支持 3 组互补通道的互补模式：
  ◆ 12 位解析度的死区插入；
  ◆ 相控制的同步功能；
  ◆ 每个周期两个比较值。
- 支持 12 位从 1～4 096 的预分频。
- 支持 16 位解析度的 PWM 计数器：向上、向下和上-下计数操作类型。
- 支持 One-shot 或自动装载计数器工作模式。
- 支持组功能。
- 支持同步功能。
- 每个 PWM 引脚都支持屏蔽功能和三态使能。
- 支持刹车功能：
  ◆ 刹车源来自引脚、模拟比较器和系统安全事件（时钟故障、SRAM 奇偶校验错误、欠压监测和 CPU 锁住）；
  ◆ 刹车源引脚噪声滤波器；
  ◆ 通过边缘检测刹车源来控制刹车状态，直到刹车中断清除；
  ◆ 刹车条件解除后，电平检测刹车源自动恢复功能。
- 支持下列事件中断：
  ◆ PWM 计数器值为 0、周期值或比较值；
  ◆ 发生刹车条件。
- 支持下列事件触发 EADC/DAC：
  ◆ PWM 计数器值为 0、周期值或比较值；
  ◆ PWM 计数器匹配自由触发比较器比较值（仅 EADC）。

2. 捕捉功能特性

- 支持 12 个 16 位解析度的输入捕捉通道。
- 支持上升/下降沿捕捉条件。

- 支持输入上升/下降沿捕捉中断。
- 支持计数器重载选项的上升/下降沿捕捉。
- 支持 PWM 的所有通道实现 PDMA 数据的搬移功能。

10.3　实　验

呼吸灯

【实验要求】SmartM-M451 系列开发板：通过动态调整 PWM 的占空比实现呼吸灯。

1. 硬件设计

参考"6.2.1　驱动 LED"一节中的硬件设计。

2. 软件设计

代码位置：\SmartM-M451\迷你板\入门代码\【PWM】【呼吸灯】

（1）重点库函数如表 10.3.1 所列。

表 10.3.1　重点库函数

序　号	函数分析
1	void CLK_EnableModuleClock(uint32_t u32ModuleIdx) 位置：clk.c 功能：使能当前硬件对应的时钟模块 参数： u32ModuleIdx：使能当前哪个时钟模块。若使能定时器 0，填入参数为 TMR0_MODULE；若使能串口 0，填入参数为 UART0_MODULE，更多的参数值参考 clk.c
2	uint32_t PWM_ConfigOutputChannel(PWM_T * pwm, 　　　　　　　　　　　　　uint32_t u32ChannelNum, 　　　　　　　　　　　　　uint32_t u32Frequency, 　　　　　　　　　　　　　uint32_t u32DutyCycle) 位置：pwm.c 功能：配置 PWM 波输出的频率、占空比等 参数： pwm：哪一组 PWM u32ChannelNum：PWM 通道号 u32Frequency：PWM 输出的频率 u32DutyCycle：占空比 返回值：返回最接近的时钟频率

序　号	函数分析
3	void PWM_EnableOutput(PWM_T * pwm, uint32_t u32ChannelMask) 位置:pwm.c 功能:使能哪一组 PWM 的通道输出 参数: pwm:哪一组 PWM u32ChannelMask:PWM 通道号
4	void PWM_Start(PWM_T * pwm, uint32_t u32ChannelMask) 位置:pwm.c 功能:启动哪一组 PWM 参数: pwm:哪一组 PWM u32ChannelMask:PWM 通道号

（2）代码设计具体如下。

① 要实现对 LED 亮度的控制,就意味着要调整 LED 灯的点亮时间,可通过 PWM 波来实现。根据图 10.3.1 进行配置,选择产生 PWM 波的时钟源,这里默认使用 HCLK。

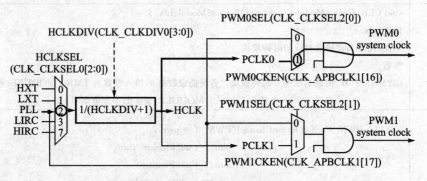

图 10.3.1　PWM 时钟源的选择(1)

选择 HCLK 作为 PWM 波的时钟源,需要设置 CLK_CLKDIV0 寄存器,已知当前 HCLK 的频率默认是 PLL 频率的 2 分频,即 72 MHz 的一半,36 MHz;同时设置 CLK_CLKSEL2 寄存器,选择 PWM 波的时钟为 PCLK0,即 HCLK,调用库函数 CLK_SetHCLK 和 CLK_SetModuleClock,代码如下。

程序清单 10.3.1 PWM 时钟源的选择

```
/*选择内部 PLL 作为 HCLK 的时钟源,同时 HCLK 的频率为 PLL 的 2 分频 */
CLK_SetHCLK(CLK_CLKSEL0_HCLKSEL_PLL, CLK_CLKDIV0_HCLK(2));

/*设置 PWM0 时钟源为 PCLK0 */
CLK_SetModuleClock(PWM0_MODULE, CLK_CLKSEL2_PWM0SEL_PCLK0, NULL);
```

② 接着就是 PWM 波输出的频率。由图 10.3.2 可知,需要设置 12 位预分频值寄存器 2,公式为

$$PWM 波频率＝PCLK0/(预分频值＋1)/(计数值＋1)$$

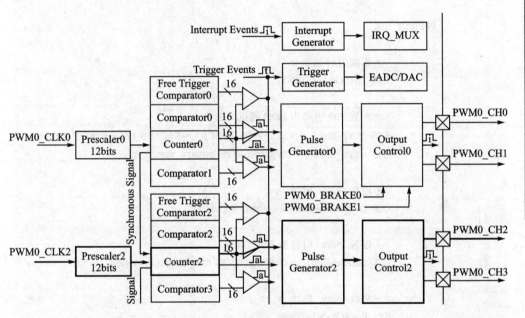

图 10.3.2 PWM 时钟源的选择(2)

当前的 PWM 控制 LED 灯涉及的引脚为 PB8,即 PWM0_CH2(PWM0 通道 2)。为了方便控制某一 PWM 通道的频率与占空比,调用 PWM_ConfigOutputChannel 就可以解决当前的配置,代码如下。

程序清单 10.3.2 配置 PWM0 通道 2 的输出频率与占空比

```
/*设置 PWM0 通道 2 输出频率为 1 000 Hz,占空比 50% */
PWM_ConfigOutputChannel(PWM0, 2, 1000, 50);
```

③ 设置 PB8 引脚功能为 PWM0 通道 2,需要对 GPIOB 高字节复用功能控制寄存器 SYS_GPB_MFPH 进行设置,根据提供的 M451Series.h 提供的宏定义,代码如下。

程序清单 10.3.3　设置 PB8 引脚为 PWM 功能

```
SYS ->GPB_MFPH = (SYS ->GPE_MFPH & (～SYS_GPB_MFPH_PB8MFP_Msk));

SYS ->GPB_MFPH | = SYS_GPB_MFPH_PB8MFP_PWM0_CH2;
```

④ 主体代码如下。

程序清单 10.3.4　程序主体

```
INT32 main(VOID)
{
        UINT8 ucDuty = 100;

        PROTECT_REG
        (
                / * 系统时钟初始化 * /
                SYS_Init(PLL_CLOCK);

                / * 配置 PB8 引脚为 PWM0 通道 2 输出 * /
                SYS ->GPB_MFPH = (SYS ->GPB_MFPH & (～SYS_GPB_MFPH_PB8MFP_Msk));
                SYS ->GPB_MFPH | = SYS_GPB_MFPH_PB8MFP_PWM0_CH2;

                / * 使能 PWM0  时钟 * /
                CLK_EnableModuleClock(PWM0_MODULE);

                / * 设置 PWM0  时钟源为 PCLK0 * /
                CLK_SetModuleClock(PWM0_MODULE, CLK_CLKSEL2_PWM0SEL_PCLK0, NULL);

                / * 复位 PWM0  模块 * /
                SYS_ResetModule(PWM0_RST);

                / * 设置 PWM0 通道 2  输出频率为 1 000 Hz,占空比 50 % * /
                PWM_ConfigOutputChannel(PWM0, 2, 1000, ucDuty);

                / * 使能 PWM0 通道 2  输出 * /
                PWM_EnableOutput(PWM0, PWM_CH_2_MASK);

                / * 使能 PWM0 通道 2  时钟 * /
                PWM_Start(PWM0, PWM_CH_2_MASK);
        )


        while(1)
```

```
        {
            /* 占空比自减10,灯渐亮 */
            while(ucDuty > 0)
            {
                ucDuty - = 10;
                PWM_ConfigOutputChannel(PWM0, 2, 1000, ucDuty);
                Delayms(100);
            }
            /* 占空比自加10,灯渐灭 */
            while(ucDuty < 100)
            {
                ucDuty + = 10;
                PWM_ConfigOutputChannel(PWM0, 2, 1000, ucDuty);
                Delayms(100);
            }
        }
    }
}
```

（3）代码分析如下。

① 在 while(1)循环中，ucDuty 变量为当前的占空比，并传入到 PWM_ConfigOutputChannel 函数中，每隔 100 ms 调整当前的占空比。

② 在 while(ucDuty>0)循环里，ucDuty 变量自减 10，即占空比每次递减 10%，LED 灯则渐亮。

③ 在 while(ucDuty<100)循环里，ucDuty 变量自加 10，即占空比每次增 10%，LED 灯则渐灭。

3. 下载验证

通过 NuLink 仿真下载器将程序下载到 SmartM-M451 迷你板后，观察到 LED 灯重复着渐亮渐灭的过程。

第**11**章

实时时钟

11.1 简 介

实时时钟(Real-Time Clock，RTC)是一种时钟，是一个由晶体控制精度的、向主系统提供 BCD 码表示的时间和日期的器件。并行器件速度快，但需较大的底板空间，并且比较贵，而串行器件体积较小，价格也相对低。

一个没有实时时钟的系统也可以计算实际时间，但使用实时时钟具有以下的优点：

- 功耗低(当使用辅助电源时格外重要)；
- 让主系统处理更需时效性的工作；
- 有时会比其他方式的输出要更准确。

全球定位系统的接收器若配合实时时钟，可减少其开机所需的时间。开机时可将其得到的时间和上次接收到有效讯号的时间相比较。

1. 电源来源

实时时钟一般会有备用电源，当主电源断电或无法使用时，实时时钟可利用备用电源来继续计算时间。有些较旧系统的备用电源会用锂电池，不过有些较新的系统会使用超级电容，其优点是可充电，而且可焊接在电路板上。备用电源也可作为非挥发性 BIOS 内存的电源。

2. 时脉来源

许多实时时钟以石英晶体谐振器为其时脉的来源，不过有些则是利用交流电源的频率。若使用石英晶体谐振器，多半谐振器的频率会和石英钟中的谐振器频率相同，为 32.768 kHz，进行 2^{15} 分频，则频率为 1 Hz，方便配合简单的二进制计数器一起使用。

许多集成电路供应商都贩售实时时钟，例如精工爱普生、Intel、Maxim、恩智浦半导体、德州仪器及意法半导体等。第一台使用实时时钟的个人计算机是 1984 年的 IBM-PC，使用的是 MC146818 的实时时钟，后来达拉斯半导体也开发了相容的实时时钟，常用在早期的个人计算机中。较晚期的计算机常会将实时时钟集成在南桥芯片中,有些具有许多周边的单片机也会内建实时时钟的功能。

11.2　内部实时时钟

　　M451 内部实时时钟控制器用于记录实时时间及日历等信息。RTC 控制器支持可配置的时间节拍和闹钟定时中断。时间及日历等信息的表示格式为 BCD 码,还可对外接晶振的频率精度进行数字频率补偿。

　　内部实时时钟的特性如下。

- 支持时间计数(秒,分,时)和日历计数(日,月,年),用户可以通过访问寄存器 RTC_TIME 和 RTC_CAL 查看时间及日历。
- 可设定闹钟时间(秒,分,时)和日历(日,月,年),参看寄存器 RTC_TALM 和 RTC_CALM。
- 可设定闹钟时间(秒,分,时)和日历(日,月,年)的掩码使能功能,参看 RTC_TAMSK 和 RTC_CAMSK 寄存器。
- 可选择 12 小时或 24 小时制式,参看 RTC_CLKFMT 寄存器。
- 支持闰年自动识别,参看 RTC_LEAPYEAR 寄存器。
- 支持周内日期计数,参看 RTC_WEEKDAY 寄存器。
- 支持 RTC 时钟源频率补偿功能,参看寄存器 RTC_FREQADJ。
- 所有时间、日期的数据格式为 BCD 码。
- 支持周期 RTC 时间节拍中断,提供 8 个周期选项供选择,分别为 1/128 s、1/64 s、1/32 s、1/16 s、1/8 s、1/4 s、1/2 s 及 1 s。
- 支持 RTC 定时节拍和闹钟定时中断。
- 支持 RTC 中断从空闲模式或掉电模式下唤醒芯片。
- 提供 80 个字节的备用寄存器用于存储用户信息,并提供一根 snoop 检测脚用于清除备用寄存器中的内容。

11.3　实　验

11.3.1　显示日期与时间

　　【实验要求】SmartM-M451 系列开发板:每隔 1 s 通过串口打印当前的日期与时间,在第 5 s 进行日期与时间的更改。

1. 硬件设计

RTC 硬件设计如图 11.3.1 所示。

RTC 晶振位置如图 11.3.2 所示。

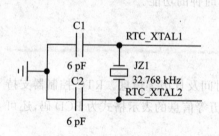

图 11.3.1　RTC 晶振 32.768 kHz

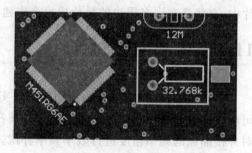

图 11.3.2　RTC 晶振位置

2. 软件设计

代码位置：\SmartM-M451\迷你板\入门代码\【RTC】【显示日期与时间】

（1）重点库函数如表 11.3.1 所列。

表 11.3.1　重点库函数

序　号	函数分析
1	void RTC_Open(S_RTC_TIME_DATA_T * sPt) 位置：rtc.c 功能：初始化 RTC 模块并使能计数 参数： sPt：日期与时间值
2	void RTC_SetTickPeriod(uint32_t u32TickSelection) 功能：RTC 产生滴答周期 参数： u32TickSelection：滴答周期选择 RTC_TICK_1_SEC：1 s 产生一次滴答中断 RTC_TICK_1_2_SEC：1/2 s 产生一次滴答中断 RTC_TICK_1_4_SEC：1/4 s 产生一次滴答中断 RTC_TICK_1_8_SEC：1/8 s 产生一次滴答中断 RTC_TICK_1_16_SEC：1/16 s 产生一次滴答中断 RTC_TICK_1_32_SEC：1/32 s 产生一次滴答中断 RTC_TICK_1_64_SEC：1/64 s 产生一次滴答中断 RTC_TICK_1_128_SEC：1/128 s 产生一次滴答中断
3	void RTC_GetDateAndTime(S_RTC_TIME_DATA_T * sPt) 功能：获取当前的日期与时间 参数： sPt：指向 S_RTC_TIME_DATA_T 结构体对象

序 号	函数分析
4	void RTC_SetDate(uint32_t u32Year, 　　　　　　　uint32_t u32Month, 　　　　　　　uint32_t u32Day, 　　　　　　　uint32_t u32DayOfWeek) 功能:设置日期 参数: u32Year:年 u32Month:月 u32Day:日 u32DayOfWeek:星期
5	void RTC_SetTime(uint32_t u32Hour, 　　　　　　　uint32_t u32Minute, 　　　　　　　uint32_t u32Second, 　　　　　　　uint32_t u32TimeMode, 　　　　　　　uint32_t u32AmPm) 功能:设置日期 参数: u32Hour:时 u32Minute:分 u32Second:秒 u32TimeMode:12 小时制/24 小时制 u32AmPm:用于表示上午或下午

（2）完整代码如下。

程序清单 11.3.1　完整代码

```
#include "SmartM_M4.h"

/* ------------------------------------------------------- */
/*                    全局变量                              */
/* ------------------------------------------------------- */
VOLATILE UINT32 g_unRTCTickINT;


/* ------------------------------------------------------- */
/*                    函数                                  */
/* ------------------------------------------------------- */


/*****************************************
* 函数名称:main
```

```
*  输      入:无
*  输      出:无
*  功      能:函数主体
******************************************/
INT32 main(VOID)
{
    S_RTC_TIME_DATA_T sWriteRTC, sReadRTC;

    UINT32 unSec;
    UINT8  bIsNewDateTime = 0;

    PROTECT_REG
    (
            /*  系统时钟初始化  */
            SYS_Init(PLL_CLOCK);

            /*  使能 RTC 时钟模块  */
            CLK_EnableModuleClock(RTC_MODULE);

            /*  使能外部 32.768 kHz 作为 RTC 时钟源  */
            CLK->PWRCTL |= CLK_PWRCTL_HXTEN_Msk | CLK_PWRCTL_LXTEN_Msk;

            /*  串口 0 初始化  */
            UART0_Init(115200);

    )


    printf("\n\nCPU @ %dHz\n", SystemCoreClock);
    printf("--------------------------------       \n");
    printf("    RTC Date/Time and Tick Sample Code         \n");
    printf("Led1 will Flash 0.25 Second                    \n");
    printf("                          www.smartmcu.com     \n");
    printf("--------------------------------      \n\n");

    /*  使能 RTC NVIC 中断  */
    NVIC_EnableIRQ(RTC_IRQn);

/*  打开 RTC 并开始计数,起始时间为 2014 年 5 月 15 日星期四,15 时 30 分 30 秒,24 小时制  */
    sWriteRTC.u32Year       = 2014;
    sWriteRTC.u32Month      = 5;
    sWriteRTC.u32Day        = 15;
    sWriteRTC.u32DayOfWeek  = RTC_THURSDAY;
```

```
sWriteRTC.u32Hour          = 15;
sWriteRTC.u32Minute        = 30;
sWriteRTC.u32Second        = 30;
sWriteRTC.u32TimeScale     = RTC_CLOCK_24;
RTC_Open(&sWriteRTC);

/* 使能 RTC 滴答中断,一个 RTC 滴答为 1/4 s */
RTC_EnableInt(RTC_INTEN_TICKIEN_Msk);
RTC_SetTickPeriod(RTC_TICK_1_4_SEC);

/* 设置 PB8(LED1)为输出模式 */
PB->MODE = (PB->MODE & ~GPIO_MODE_MODE8_Msk) | (GPIO_MODE_OUTPUT << GPIO_MODE_
MODE8_Pos);

unSec = 0;
g_unRTCTickINT = 0;

while(1)
{
    /* 检查当前 RTC 滴答中断是否已经发生 4 次,即刚好 1 s */
    if(g_unRTCTickINT == 4)
    {
        g_unRTCTickINT = 0;

        /* 读取 RTC 日期和时间 */
        RTC_GetDateAndTime(&sReadRTC);

        /* 打印当前日期与时间 */
        printf("    %d/%02d/%02d %02d:%02d:%02d\n",
                sReadRTC.u32Year,
                sReadRTC.u32Month,
                sReadRTC.u32Day,
                sReadRTC.u32Hour,
                sReadRTC.u32Minute,
                sReadRTC.u32Second);

        /* 检查 RTC 时钟是否工作正常 */
        if(unSec == sReadRTC.u32Second)
        {
            printf("\nRTC tick period time is incorrect.\n");
```

ARM Cortex-M4 微控制器原理与实践

```
                    while(1);
                }

            unSec = sReadRTC.u32Second;

            /* 5 s 后更改为新的时间,只修改一次 */
            if(bIsNewDateTime == 0)
            {
                if(unSec == (sWriteRTC.u32Second + 5))
                {
                    printf("\n");
                    printf("Update new date/time to 2014/12/25 11:12:13.\n");

                    bIsNewDateTime = 1;

                    /* 设置新的日期:2014 年 12 月 25 日,星期四 */
                    RTC_SetDate(2014, 12, 25, RTC_THURSDAY);

                    /* 设置新的时间:AM 11 时 12 分 13 秒 */
                    RTC_SetTime(11, 12, 13, RTC_CLOCK_24, RTC_AM);
                }
            }
        }
    }
}


/* ----------------------------------------------------------------------- */
/*                        中断服务函数                                       */
/* ----------------------------------------------------------------------- */
/* *********************************************
 * 函数名称:RTC_IRQHandler
 * 输    入:无
 * 输    出:无
 * 功    能:RTC 中断服务函数
 ******************************************** */
VOID RTC_IRQHandler(VOID)
{
    /* 检查是否 RTC 滴答中断发生 */
    if(RTC_GET_TICK_INT_FLAG() == 1)
    {
        /* 清除滴答中断标志位 */
        RTC_CLEAR_TICK_INT_FLAG();
```

```
        g_unRTCTickINT ++ ;

        PB8 ^ = 1;
    }
}
```

（3）主程序 main 分析如下。

① 调用 CLK_EnableModuleClock 函数使能 RTC 硬件时钟，同时设置 CLK→PWRCTL 寄存器，设置 RTC 的时钟源为外部晶振 32.768 kHz。

② 调用 RTC_Open 函数设置 RTC 当前的日期与时间，并开始计数。

③ 调用 RTC_SetTickPeriod 函数设置计数到 250 ms 就产生一次中断。

④ 在 while(1) 循环中检测 g_unRTCTickINT 变量值是否等于 4，若等于 4，即代表当前 RTC 计数已经达到 1 s，调用 RTC_GetDateAndTime 函数获取当前的日期与时间，然后通过串口进行打印。

⑤ 当达到第 5 s 时，使用 RTC_SetDate 和 RTC_SetTime 修改当前 RTC 的时间与日期，仅修改一次。

（4）中断服务函数 RTC_IRQHandler 分析如下。

① 进入中断时，调用 RTC_GET_TICK_INT_FLAG 函数检查当前中断是否滴答中断。

② 若当前是滴答中断，则调用 RTC_CLEAR_TICK_INT_FLAG 函数清除当前滴答中断标志位。g_unRTCTickINT 自加 1，并使用异或运算控制 PB8 引脚电平，即控制 LED 灯的亮灭。

3. 下载验证

通过 NuLink 仿真下载器将程序下载到 SmartM-M451 迷你板后，进入单片机多功能调试助手中的串口调试页面，将观察到 RTC 每隔 1 s 会显示当前日期与时间，5 s 后则执行时间更新，如图 11.3.3 所示。

同时观察 SmartM-M451 迷你板的 LED1，每隔 250 ms 闪烁一次。

11.3.2　警报唤醒

【实验要求】SmartM-M451 系列开发板：使能 RTC 警报唤醒芯片功能。

1. 硬件设计

参考"11.3.1　显示日期与时间"一节中的硬件设计。

2. 软件设计

代码位置：\SmartM-M451\迷你板\入门代码\【RTC】【Alarm 唤醒】

（1）重点库函数 void RTC_SetAlarmDateAndTime（S_RTC_TIME_DATA_T

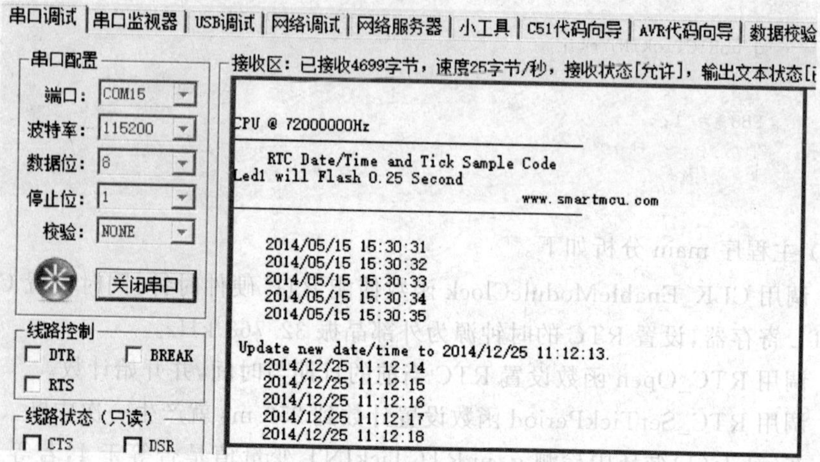

图 11.3.3　RTC 显示日期与时间

* sPt)分析如下。

① 功能:设置 RTC 警报的日期与时间。

② 参数:sPt 指向 S_RTC_TIME_DATA_T 结构体对象。

(2)完整代码如下。

程序清单 11.3.2　完整代码

```
# include "SmartM_M4.h"

/* -------------------------------------------------------------- */
/*                      全局变量                                   */
/* -------------------------------------------------------------- */



VOLATILE UINT8 g_bIsRTCAlarmINT = 0;


/* -------------------------------------------------------------- */
/*                      函数                                       */
/* -------------------------------------------------------------- */
EXTERN_C INT32 IsDebugFifoEmpty(VOID);



/* *********************************************************** *

 * 函数名称:main
 * 输      入:无
 * 输      出:无
 * 功      能:函数主体
```

```
*************************************************/
INT32 main(VOID)
{
    S_RTC_TIME_DATA_T sWriteRTC, sReadRTC;

    PROTECT_REG
    (
        /* 系统时钟初始化 */
        SYS_Init(PLL_CLOCK);

        /* 串口 0 初始化 */
        UART0_Init(115200);

        /* 使能 RTC 时钟模块 */
        CLK_EnableModuleClock(RTC_MODULE);
    )


    printf(" +---------------------------------------+\n");
    printf("|      RTC Alarm Wake-up Sample Code     |\n");
    printf(" +---------------------------------------+\n\n");


    /* 使能 RTC NVIC 中断 */
    NVIC_EnableIRQ(RTC_IRQn);

    /* 打开 RTC,并设置日期与时间初值,2014 年 5 月 15 日 23 时 59 分 50 秒,星期四,24 小时制 */
    sWriteRTC.u32Year        = 2014;
    sWriteRTC.u32Month       = 5;
    sWriteRTC.u32Day         = 15;
    sWriteRTC.u32DayOfWeek   = RTC_THURSDAY;
    sWriteRTC.u32Hour        = 23;
    sWriteRTC.u32Minute      = 59;
    sWriteRTC.u32Second      = 50;
    sWriteRTC.u32TimeScale   = RTC_CLOCK_24;
    RTC_Open(&sWriteRTC);

    /* 设置 RTC 报警的日期与时间,2014 年 5 月 15 日 23 时 59 分 55 秒,星期四,24 小时制 */
    sWriteRTC.u32Year        = 2014;
    sWriteRTC.u32Month       = 5;
    sWriteRTC.u32Day         = 15;
    sWriteRTC.u32DayOfWeek   = RTC_THURSDAY;
    sWriteRTC.u32Hour        = 23;
```

ARM Cortex-M4 微控制器原理与实践

140

```c
        sWriteRTC.u32Minute      = 59;
        sWriteRTC.u32Second      = 55;
        RTC_SetAlarmDateAndTime(&sWriteRTC);

        /* 使能 RTC 报警中断同时使能唤醒功能 */
        RTC_EnableInt(RTC_INTEN_ALMIEN_Msk);

        printf("# Set RTC current date/time: 2014/05/15 23:59:50.\n");
        printf("# Set RTC alarm date/time:   2014/05/15 23:59:55.\n");
        printf("# Wait system waken-up by RTC alarm interrupt event.\n");

        g_bIsRTCAlarmINT = 0;

        SYS_UnlockReg();

        printf("\nSystem enter to power-down mode ...\n");

        /* 等待所有的调试信息是否完成,等待串口数据发送完毕 */
        while(IsDebugFifoEmpty() == 0);

        /* 芯片进入掉电模式 */
        CLK_PowerDown();

        /* 等待 RTC 报警唤醒 */
        while(g_bIsRTCAlarmINT == 0);

        /* 读取 RTC 当前日期与时间 */
        RTC_GetDateAndTime(&sReadRTC);

        printf("System has been waken-up and current date/time is:\n");
        printf("    %d/%02d/%02d %02d:%02d:%02d\n",
                                sReadRTC.u32Year,
                                sReadRTC.u32Month,
                                sReadRTC.u32Day,
                                sReadRTC.u32Hour,
                                sReadRTC.u32Minute,
                                sReadRTC.u32Second);

    while(1);

}
```

```
/* ------------------------------------------------------------ */
/*                    中断服务函数                          */
/* ------------------------------------------------------------ */
/* ************************************************
 * 函数名称:RTC_IRQHandler
 * 输    入:无
 * 输    出:无
 * 功    能:RTC 中断服务函数
 * ***********************************************/
VOID RTC_IRQHandler(VOID)
{
    /* 检查是否有 RTC 警报中断产生 */
    if(RTC_GET_ALARM_INT_FLAG() == 1)
    {
        /* 检查 RTC 警报中断标志位 */
        RTC_CLEAR_ALARM_INT_FLAG();

        g_bIsRTCAlarmINT = 1;
    }
}
```

（3）主程序 main 分析如下。

① 调用 CLK_EnableModuleClock 函数使能 RTC 硬件时钟,同时设置 CLK→PWRCTL 寄存器,设置 RTC 的时钟源为外部晶振 32.768 kHz。

② 调用 RTC_Open 函数设置 RTC 当前的日期与时间,并开始计数。

③ 调用 RTC_SetAlarmDateAndTime 函数设置 RTC 报警的日期与时间,计数到 5 s 后就产生一次中断。

④ 调用 CLK_PowerDown 函数让芯片进入掉电模式。

⑤ 等待 g_bIsRTCAlarmINT 变量置位,当该变量置位后调用 RTC_GetDateAndTime 函数获取当前日期与时间,接着向串口打印。

（4）中断服务函数 RTC_IRQHandler 分析如下。

① 进入中断时,调用 RTC_GET_ALARM_INT_FLAG 函数检查当前 RTC 中断是否为警报中断。

② 若当前是警报中断,则调用 RTC_CLEAR_ALARM_INT_FLAG 函数清除当前警报中断标志位,g_bIsRTCAlarmINT 变量置 1。

3. 下载验证

通过 NuLink 仿真下载器将程序下载到 SmartM-M451 迷你板后,进入单片机多功能调试助手中的串口调试页面,RTC 的当前日期与时间为 2014/05/15 23:59:50,

系统唤醒时间为 2014/05/15 23:59:55,如图 11.3.4 所示。

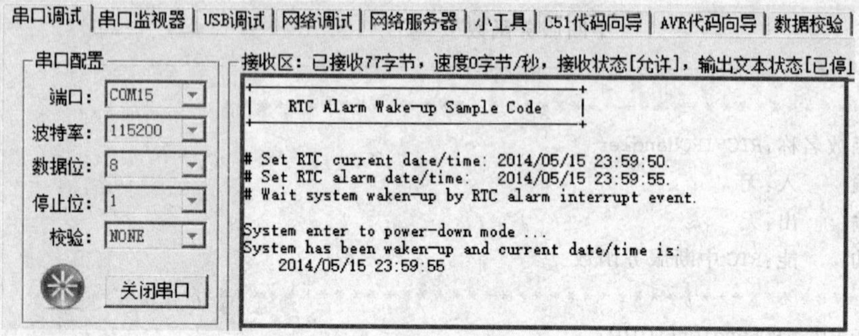

```
串口调试 | 串口监视器 | USB调试 | 网络调试 | 网络服务器 | 小工具 | C51代码向导 | AVR代码向导 | 数据校验 |

┌─串口配置──────        接收区:已接收77字节,速度0字节/秒,接收状态[允许],输出文本状态[已停]
  端口:  COM15   ▼     ┌──────────────────────────────────────────┐
  波特率: 115200  ▼     │      RTC Alarm Wake-up Sample Code         │
  数据位: 8       ▼     │                                            │
  停止位: 1       ▼     │ # Set RTC current date/time: 2014/05/15 23:59:50. │
  校验:  NONE    ▼     │ # Set RTC alarm date/time:   2014/05/15 23:59:55. │
                       │ # Wait system waken-up by RTC alarm interrupt event. │
     ✹    关闭串口      │                                            │
                       │ System enter to power-down mode ...        │
                       │ System has been waken-up and current date/time is: │
                       │     2014/05/15 23:59:55                    │
                       └──────────────────────────────────────────┘
```

图 11.3.4　RTC 的警报唤醒

第**12**章

看门狗

12.1　概　述

在由微控制器构成的微型计算机系统中,由于微控制器的工作常常会受到来自外界电磁场的干扰,造成程序的跑飞而陷入死循环,程序的正常运行被打断,由微控制器控制的系统无法继续工作,会使整个系统陷入停滞状态,产生不可预料的后果。因此,出于对微控制器运行状态进行实时监测的考虑,便产生了一种专门用于监测微控制器程序运行状态的芯片,俗称"看门狗(Watchdog)"。

看门狗电路的应用,使微控制器可以在无人状态下实现连续工作。其工作原理是:看门狗芯片和微控制器的一个 I/O 引脚相连,并定时地往看门狗的这个引脚上送入高电平(或低电平);这一程序语句是分散地放在微控制器其他控制语句中间的,一旦微控制器由于干扰造成程序跑飞而陷入某一程序段进入死循环状态,写看门狗引脚的程序便不能被执行;此时看门狗电路就会由于得不到微控制器送来的信号,便在它和微控制器复位引脚相连的引脚上送出一个复位信号,使微控制器发生复位,即程序从程序存储器的起始位置开始执行,这样便实现了微控制器的自动复位。

以前传统的 8051 往往没有内置看门狗,都是需要外置看门狗的,常用的看门狗芯片有 Max813、5045、IMP706 和 DS1232。例如芯片 DS1232 在系统工作时(见图 12.1.1),必须不间断地给引脚 ST 输入一个脉冲系列,这个脉冲的时间间隔由引脚 TD 设定,如果脉冲间隔大于引脚 TD 的设定值,芯片将输出一个复位脉冲使微控

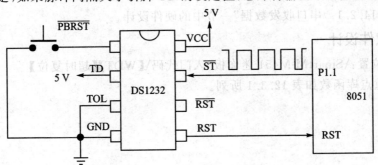

图 12.1.1　DS1232 看门狗电路

制器复位。一般将这个功能称为看门狗，将输入给看门狗的一系列脉冲称为"喂狗"。这个功能可以防止微控制器系统死机。

虽然看门狗的好处很多，其成本却制约着是否使用外置看门狗。幸运的是，现在很多微控制器都内置了看门狗，例如 AVR、PIC 和 ARM。当然，现在的 M451 系列微控制器也不例外，其已经内置了看门狗，而且基本上满足了项目的需要。

12.2 特 性

- 18 位的向上看门狗定时器可满足用户溢出时间间隔要求。
- 溢出时间间隔有 $2^4 \sim 2^{18}$ 个 WDT_CLK 时钟周期可选，如 WDT_CLK = 10 kHz，那么溢出时间间隔是 1.6 ms～26.214 s。
- 系统复位保持时间为 (1/WDT_CLK)×63。
- 支持看门狗定时器复位延时周期，包括 1 026、130、18 或 3 个 WDT_CLK 的复位延时时间。
- 通过设置 CONFIG0 中 CWDTEN[2:0] 位为 1，支持芯片上电或复位条件下看门狗强制打开。
- 如果时钟源选择内部低速 10 kHz 时钟或 LXT 时钟，则支持看门狗定时器溢出唤醒。

12.3 实 验

看门狗复位

【实验要求】SmartM-M451 系列开发板：使能看门狗超时中断和超时唤醒中断，设计程序让看门狗产生 3 次超时中断进行喂狗，3 次过后则不执行喂狗，让系统复位。

1. 硬件设计

参考"14.2.1 串口收发数据"一节中的硬件设计。

2. 软件设计

代码位置：\SmartM-M451 迷你板\入门代码\【WDT】【超时复位】

(1) 重点库函数如表 12.3.1 所列。

表 12.3.1 重点库函数

序 号	函数分析
1	void WDT_Open(uint32_t u32TimeoutInterval, 　　　　　　 uint32_t u32ResetDelay, 　　　　　　 uint32_t u32EnableReset, 　　　　　　 uint32_t u32EnableWakeup) 位置:wdt.c 功能:初始化看门狗并启动计数 参数: u32TimeoutInterval:看门狗超时时间 u32ResetDelay:看门狗复位延迟时间 u32EnableReset:是否使能复位 u32EnableWakeup:是否使能唤醒复位
2	void WDT_EnableInt(void) 位置:wdt.c 功能:使能看门狗触发中断 参数:无
3	WDT_RESET_COUNTER() 位置:wdt.h 功能:复位看门狗计数值 参数:无
4	WDT_GET_TIMEOUT_INT_FLAG() 位置:wdt.h 功能:获取看门狗超时中断标志位值 参数:无
5	WDT_CLEAR_TIMEOUT_INT_FLAG() 位置:wdt.h 功能:清零看门狗超时中断标志位值 参数:无
6	WDT_GET_TIMEOUT_WAKEUP_FLAG() 位置:wdt.h 功能:获取看门狗超时唤醒中断标志位值 参数:无
7	WDT_CLEAR_TIMEOUT_WAKEUP_FLAG() 位置:wdt.h 功能:清零看门狗超时唤醒中断标志位值 参数:无

（2）完整代码如下。

程序清单 12.3.1　完整代码

```
# include "SmartM_M4.h"


/* ----------------------------------------------------------------- */
/*                          全局变量                                  */
/* ----------------------------------------------------------------- */
EXTERN_C INT32      IsDebugFifoEmpty(VOID);
VOLATILE UINT32 g_unWDTINTCounts;
VOLATILE UINT8      g_bIsWDTWakeupINT;


/* ----------------------------------------------------------------- */
/*                          函数                                      */
/* ----------------------------------------------------------------- */


/***********************************************
* 函数名称:main
* 输    入:无
* 输    出:无
* 功    能:函数主体
***********************************************/
INT32 main(VOID)
{

    PROTECT_REG
    (
        /* 系统时钟初始化 */
        SYS_Init(PLL_CLOCK);

        /* 使能看门狗时钟 */
        CLK_EnableModuleClock(WDT_MODULE);

        /* 看门狗时钟源为内部低速 10 kHz RC 振荡器 */
        CLK_SetModuleClock(WDT_MODULE, CLK_CLKSEL1_WDTSEL_LIRC, 0);

        /* 串口 0 初始化波特率为 115 200 bps */
        UART0_Init(115200);
    )


    printf(" + ---------------------------------------------------+\n");
```

```
printf("|      WDT Time - out Wake - up Sample Code      |\n");
printf(" + ----------------------------------------- + \n\n");

/* 检查复位是否看门狗复位导致 */
if(WDT_GET_RESET_FLAG() == 1)
{
    WDT_CLEAR_RESET_FLAG();
    printf(" * * * System has been reset by WDT time - out event * * * \n\n");
    while(1);
}


/* 使能看门狗 NVIC 中断 */
NVIC_EnableIRQ(WDT_IRQn);

/* 受保护的寄存器都进行解锁 */
SYS_UnlockReg();

g_unWDTINTCounts = g_bIsWDTWakeupINT = 0;

/* 设置看门狗超时时间为 2^14 看门狗时钟周期,看门狗延迟复位为 18 个看门狗时钟周
   期,启动看门狗计数 */
WDT_Open(WDT_TIMEOUT_2POW14, WDT_RESET_DELAY_18CLK, TRUE, TRUE);

/* 使能看门狗触发中断 */
WDT_EnableInt();

while(1)
{
    /* 系统进入掉电模式前必须对受保护的寄存器进行解锁,因为改写 PWRCTL 寄存器
       需要对其解锁 */
    SYS_UnlockReg();

    printf("\nSystem enter to power - down mode ... \n");

    /* 检查是否所有打印信息已经结束 */
    while(IsDebugFifoEmpty() == 0);

    /* 系统进入掉电模式 */
    CLK_PowerDown();

    /* 检查当前看门狗是否触发了超时中断和唤醒中断 */
    while(g_bIsWDTWakeupINT == 0);
```

```
            g_bIsWDTWakeupINT = 0;

    /* 打印当前看门狗触发中断的次数 */
            printf("System has been waken up done. WDT interrupt counts: %d.\n\n", g_unWD-
TINTCounts);
        }
    }


/* ------------------------------------------------------------- */
/*                    中断服务函数                                */
/* ------------------------------------------------------------- */
VOID WDT_IRQHandler(VOID)
{
    if(g_unWDTINTCounts < 3)
    {
        /* 看门狗复位计数值,即喂狗 */
        WDT_RESET_COUNTER();
    }

    /* 检查当前看门狗触发的中断是否超时中断 */
    if(WDT_GET_TIMEOUT_INT_FLAG() == 1)
    {
        /* 清除看门狗超时中断标志位 */
        WDT_CLEAR_TIMEOUT_INT_FLAG();

        g_unWDTINTCounts ++ ;
    }

    /* 检查当前看门狗触发的中断是否超时唤醒中断 */
    if(WDT_GET_TIMEOUT_WAKEUP_FLAG() == 1)
    {
        /* 清除看门狗超时唤醒中断标志位 */
        WDT_CLEAR_TIMEOUT_WAKEUP_FLAG();

        g_bIsWDTWakeupINT = 1;
    }
}
```

（3）主程序 main 分析如下。

① 调用 CLK_EnableModuleClock 函数使能看门狗时钟，并调用 CLK_SetModuleClock 函数设置看门狗时钟源为内部低速 10 kHz RC 振荡器。

② 调用 WDT_GET_RESET_FLAG 函数检测当前的复位是否是看门狗复位后进入初始化硬件流程的,若是,打印输出信息。

③ 调用 WDT_Open 函数设置看门狗超时时间为 2^{14} 看门狗时钟周期,看门狗延迟复位为 18 个看门狗时钟周期,启动看门狗计数。

④ 调用 WDT_EnableInt 函数使能看门狗触发中断。

⑤ 当看门狗产生超时中断时,g_bIsWDTWakeupINT 将被置 1,通过 while(g_bIsWDTWakeupINT==0)代码进行检测,并打印输出看门狗产生中断的次数。

(4) 中断服务函数 WDT_IRQHandler 分析如下。

① g_unWDTINTCounts 变量用于记录看门狗产生中断的次数,若小于 3,则调用 WDT_RESET_COUNTER 函数复位看门狗计数值,即喂狗;若等于 3,则不喂狗,将会使看门狗复位。

② 调用 WDT_GET_TIMEOUT_INT_FLAG 函数获取当前看门狗是否触发超时中断,若是,则调用 WDT_CLEAR_TIMEOUT_INT_FLAG 函数清除当前标志位,且 g_unWDTINTCounts 自加 1。

③ 调用 WDT_GET_TIMEOUT_WAKEUP_FLAG 函数检测当前看门狗是否触发超时唤醒中断,若是,则调用 WDT_CLEAR_TIMEOUT_WAKEUP_FLAG 函数清除当前标志位,且 g_bIsWDTWakeupINT 置 1。

3. 下载验证

通过 NuLink 仿真下载器将程序下载到 SmartM-M451 迷你板后,使用单片机多功能调试助手中的串口调试,看门狗连续产生 3 次超时中断,并且这 3 次超时中断都进行了喂狗操作,超过 3 次后则不进行喂狗,系统将进行复位,开机检测当前复位状态为看门狗超时不喂狗所致的,如图 12.3.1 所示。

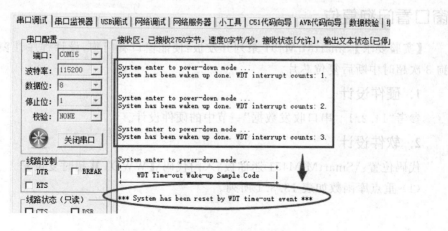

图 12.3.1　看门狗复位与喂狗演示

第 **13** 章

窗口看门狗

13.1 概　述

　　窗口看门狗定时器用来在一个指定的窗口周期中实现系统复位,避免软件无限期进入不可控状态。

13.2 特　性

窗口看门狗具有以下特性:

- 6 位向下计数值(CNTDAT)和 6 位比较值(CMPDAT),使得窗口周期更加灵活;
- 支持 4 位值(PSCSEL)选择看门狗预分频值,预分频计数器最大可达 11 位。

13.3 实　验

窗口看门狗复位

　　【实验要求】SmartM-M451 系列开发板:使能窗口看门狗,设计程序让窗口看门狗 3 次超时中断后复位芯片。

1. 硬件设计

参考"14.2.1　串口收发数据"一节中的硬件设计。

2. 软件设计

代码位置:\SmartM-M451 迷你板\入门代码\【WWDT】【超时复位】

(1) 重点库函数如表 13.3.1 所列。

表 13.3.1　重点库函数

序　号	函数分析
1	void CLK_EnableModuleClock(uint32_t u32ModuleIdx) 位置:clk. c 功能:使能当前硬件对应的时钟模块 参数: u32ModuleIdx:使能当前哪个时钟模块。若使能定时器 0,填入参数为 TMR0_MODULE;若使能 　　　　　　串口 0,填入参数为 UART0_MODULE,更多的参数值参考 clk. c
2	void CLK_SetModuleClock(uint32_t u32ModuleIdx, uint32_t u32ClkSrc, uint32_t u32ClkDiv) 位置:clk. c 功能:设置硬件模块的时钟源 参数: u32ModuleIdx:使能当前哪个时钟模块。若使能定时器 0,填入参数为 TMR0_MODULE;若使能 　　　　　　串口 0,填入参数为 UART0_MODULE,更多的参数值参考 clk. c u32ClkSrc:设置模块的时钟源 u32ClkDiv:设置时钟源输入分频值
3	void WWDT_Open(uint32_t u32PreScale,uint32_t u32CmpValue, uint32_t u32EnableInt) 位置:wwdt. c 功能:设置硬件模块的时钟源 参数: u32PreScale:设置窗口看门狗的分频值,即对应窗口看门狗超时时间 u32CmpValue:设置窗口看门狗的比较值,即通知我们现在该去喂狗了 u32EnableInt:设置时钟源输入分频值
4	WWDT_GET_RESET_FLAG() 位置:wwdt. h 功能:获取当前是否是窗口看门狗导致复位 参数:无
5	WWDT_CLEAR_RESET_FLAG() 位置:wwdt. h 功能:清除当前窗口看门狗复位标志位 参数:无
6	WWDT_GET_INT_FLAG() 位置:wwdt. h 功能:判断当前窗口看门狗是否产生中断 参数:无
7	WWDT_CLEAR_INT_FLAG() 位置:wwdt. h 功能:清除当前窗口看门狗中断标志位 参数:无

（2）完整代码如下。

程序清单 13.3.1　完整代码

```
#include "SmartM_M4.h"


/* ------------------------------------------------------------ */
/*                        全局变量                              */
/* ------------------------------------------------------------ */
EXTERN_C   INT32 IsDebugFifoEmpty(VOID);


STATIC VOLATILE UINT8 g_unWWDTINTCounts;



/* ------------------------------------------------------------ */
/*                          函数                                */
/* ------------------------------------------------------------ */


/**************************************************
* 函数名称:main
* 输      入:无
* 输      出:无
* 功      能:函数主体
***************************************************/
INT32 main(VOID)
{

    PROTECT_REG
    (
        /* 系统时钟初始化 */
        SYS_Init(PLL_CLOCK);

        /* 使能窗口看门狗时钟 */
        CLK_EnableModuleClock(WWDT_MODULE);

        /* 窗口看门狗时钟源为 10 kHz 内部低速 RC 振荡器 */
        CLK_SetModuleClock(WWDT_MODULE, CLK_CLKSEL1_WWDTSEL_LIRC, 0);

        /* 串口 0 波特率设置为 115 200 bps */
        UART0_Init(115200);
    )

    printf(" + ------------------------------------------ + \n");
```

```
printf("|     WWDT Compare March Interrupt Sample Code      |\n");
printf(" + ------------------------------------------- + \n\n");


/* 检查芯片复位是否窗口看门狗复位 */
if(WWDT_GET_RESET_FLAG() == 1)
{

    WWDT_CLEAR_RESET_FLAG();

    printf("当前复位是窗口看门狗超时复位触发\r\n");

}

/* 使能窗口看门狗嵌套向量中断控制位 */
NVIC_EnableIRQ(WWDT_IRQn);

g_unWWDTINTCounts = 0;
```

```
/* 设置窗口看门狗超时时间为 3.276 8 s,当计数值从 0x3F 计数到 0 时,则超时时间为
   3.276 8s,当前设置比较匹配时间为超时时间的一半,则比较匹配值 = 0x3F/2 = 32,
   并使能窗口看门狗中断
 */
WWDT_Open(WWDT_PRESCALER_512, 32, TRUE);


while(1);
}



/* ------------------------------------------------------- * /
/ *                    中断服务函数                         * /
/ * ------------------------------------------------------- * /
/ *********************************************
 * 函数名称:WWDT_IRQHandler
 * 输    入:无
 * 输    出:无
 * 功    能:窗口看门狗中断服务函数
 *********************************************/
VOID WWDT_IRQHandler(VOID)
{

    if(WWDT_GET_INT_FLAG() == 1)
    {
```

```
        /* 清除窗口看门狗比较匹配中断标志位 */
        WWDT_CLEAR_INT_FLAG();


        g_unWWDTINTCounts + + ;

        /* 若窗口看门狗比较匹配超过 3 次时,则不进行喂狗 */
        if(g_unWWDTINTCounts < 3)
        {
                /* 重载看门狗计数值为 0x3F */
                WWDT_RELOAD_COUNTER();
        }

        printf("WWDT compare match interrupt occurred. ( % d)\n", g_unWWDTINTCounts);
    }

}
```

（3）main 函数分析如下。

① 调用 CLK_EnableModuleClock 函数使能窗口看门狗硬件。

② 调用 CLK_SetModuleClock 函数设置当前窗口看门狗时钟源为内部低速 RC 振荡器,频率为 10 kHz。

③ 为了获取当前复位状态是否由窗口看门狗导致,调用 WWDT_GET_RESET_ FLAG 函数进行检测,若是复位由窗口看门狗导致,则调用 WWDT_CLEAR_RESET_ FLAG 函数清除该标志位。

④ 调用 WWDT_Open 函数设置当前窗口看门狗的超时时间、比较匹配时间值 以及是否允许窗口看门狗中断。

窗口看门狗周期选择如表 13.3.2 所列。

表 13.3.2　窗口看门狗周期选择

周期选择	预分频值	最大定时溢出间隔	最大定时溢出时间值（WWDT_CLK=10 kHz）
0000	1	$1 \times 64 \times T_{WWDT}$	6.4 ms
0001	2	$2 \times 64 \times T_{WWDT}$	12.8 ms
0010	4	$4 \times 64 \times T_{WWDT}$	25.6 ms
0011	8	$8 \times 64 \times T_{WWDT}$	51.2 ms
0100	16	$16 \times 64 \times T_{WWDT}$	102.4 ms
0101	32	$32 \times 64 \times T_{WWDT}$	204.8 ms
0110	64	$64 \times 64 \times T_{WWDT}$	409.6 ms

续表 13.3.2

周期选择	预分频值	最大定时溢出间隔	最大定时溢出时间值（WWDT_CLK=10 kHz）
0111	128	128×64×T_{WWDT}	819.2 ms
1000	192	192×64×T_{WWDT}	1.228 8 s
1001	256	256×64×T_{WWDT}	1.638 4 s
1010	384	384×64×T_{WWDT}	2.457 6 s
1011	512	512×64×T_{WWDT}	3.276 8 s
1100	768	768×64×T_{WWDT}	4.915 2 s
1101	1 024	1024×64×T_{WWDT}	6.553 6 s
1110	1 536	1536×64×T_{WWDT}	9.830 4 s
1111	2 048	2048×64×T_{WWDT}	13.107 2 s

（4）WWDT_IRQHandler 中断服务函数分析如下。

① 进入窗口看门狗比较匹配中断服务函数时，调用 WWDT_CLEAR_INT_FLAG 函数清除当前中断标志位。

② 由于窗口看门狗喂狗有一个窗口时间，即知道当前的窗口时间。同独立看门狗不同，窗口看门狗不能过早喂狗，也不能太迟喂狗，必须在窗口周期进行喂狗，否则将会导致芯片复位，如图 13.3.1 所示。

155

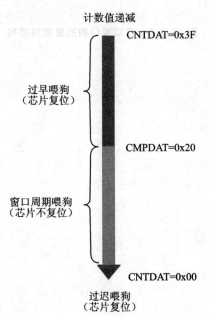

图 13.3.1　窗口看门狗喂狗时间段

③ 在当前中断服务函数中,g_unWWDTINTCounts 变量用于记录当前窗口看门狗比较匹配中断次数,若 g_unWWDTINTCounts 的值小于 3,则在当前的窗口周期(CNTDAT≤CMPDAT)内调用 WWDT_RELOAD_COUNTER 进行喂狗;若 g_unWWDTINTCounts 的值大于 3,窗口看门狗计数值(CNTDAT=0)则不执行喂狗操作,而执行窗口看门狗复位系统。

3. 下载验证

通过 NuLink 仿真下载器将程序下载到 SmartM-M451 迷你板后,使用单片机多功能调试助手中的串口调试,窗口看门狗连续产生 3 次比较匹配中断,并且这 3 次比较匹配中断都进行了喂狗操作,超过 3 次后则不进行喂狗,系统将进行复位,并在开机检测时当前复位状态为窗口看门狗超时不喂狗所致的,如图 13.3.2 所示。

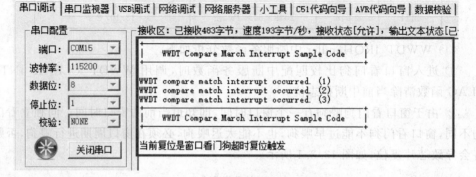

图 13.3.2 窗口看门狗的复位与喂狗

第 **14** 章

串　口

14.1　概　述

　　RS232 是目前最常用的一种串行通信接口,是 1970 年由美国电子工业协会(EIA)联合贝尔系统、调制解调器厂家及计算机终端生产厂家共同制定的用于串行通信的标准。它的全名是"数据终端设备(DTE)和数据通信设备(DCE)之间串行二进制数据交换接口技术标准"。传统的 RS232 接口标准有 22 根线,采用标准 25 芯 D 型插头座。后来的 PC 上使用简化了的 9 芯 D 型插座,25 芯插头座已很少采用。现在的台式计算机一般有一个串行口——COM1,从设备管理器的端口列表中就可以看到。硬件表现为计算机后面的 9 针 D 形接口,由于其形状和针脚数量的原因,其接头又被称为 DB9 接头。现在有很多手机数据线或者物流接收器都采用 COM 口与计算机相连,很多投影仪、液晶电视等设备都具有此接口,厂家也常常会提供控制协议,便于在控制方面实现编程受控,现在越来越多的智能会议室和家居建设采用这种中央控制设备对多种受控设备的串口控制方式。图 14.1.1 所示为串口的公口和母口。

　　目前较为常用的串口有 9 针串口(DB9)和 25 针串口(DB25),通信距离较近时(<12 m),可以用电缆线直接连接标准 RS232 端口(RS422、RS485 较远);若距离较远,则需附加调制解调器(Modem)。最为简单且常用的是三线制接法,即接收数据、发送数据和地(2、3、5)脚相连,如图 14.1.2 所示。

图 14.1.1　串口的公口与母口

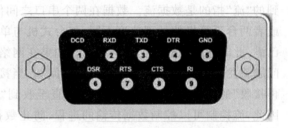

图 14.1.2　DB9 引脚分布

1. 常用信号引脚说明

RS232 9 针串口(DB9)常用信号引脚如表 14.1.1 所列。

表 14.1.1　RS232 9 针串口(DB9)常用信号引脚

针 口	功能性说明	缩 写	针 口	功能性说明	缩 写
1	数据载波检测	DCD	6	数据设备准备好	DSR
2	接收数据	RXD	7	请求发送	RTS
3	发送数据	TXD	8	清除发送	CTS
4	数据终端准备	DTR	9	振铃指示	DELL
5	信号地	GND	—	—	—

2. 串口调试要点

(1) 线路焊接要牢固,不然程序没问题,却会因为接线问题误事。特别是当串口线有交叉、直连这两种类型时。

(2) 串口调试时,准备一个好用的调试工具,如串口调试助手,有事半功倍的效果。

强烈建议不要带电插拔串口,插拔时至少有一端是断电的,否则串口易损坏。因为串口(RS232 接口硬件)本身根据使用定义,是允许任何针脚之间相互短路不致损坏的,从这个定义上讲,可以理解为"支持热插拔"(意思是不应因此而损坏);而带电插拔会导致损坏的原因不是串口自身的问题,而是由两系统的地电位差异过大导致。这可以通过以下实验验证:将两个系统的地互连,并确保其一直良好接通,在此基础上插拔串口不会引起任何损坏;相反的,当两系统的地电位存在不合理差异时"要支持热插拔",恐怕必须将线路全部光耦隔离,因此就产生了光耦隔离的电路。

3. 流控制

在串行通信处理中,常常看到 RTS/CTS(请求发送/清除发送)和 XON/XOFF(继续/停止)这两个选项,这是两个流控制的选项。目前流控制主要应用于调制解调器的数据通信中,但对普通 RS232 编程时了解一点这方面的知识是有好处的。那么,流控制在串行通信中有何作用呢? 在编制串行通信程序时怎样应用呢? 这里讲到的"流"指的是数据流。数据在两个串口之间传输时,常常会出现丢失数据的现象,或者两台计算机的处理速度不同,如台式机与单片机之间的通信,接收端数据缓冲区已满,此时继续发送数据就会丢失。如果在网络上通过 Modem 进行数据传输,这个问题就尤为突出。流控制能解决这个问题,当接收端数据处理不过来时,就发出"不再接收"的信号,发送端将停止发送,直至收到"可以继续发送"的信号再发送数据。因此,流控制可以控制数据传输的进程,防止数据的丢失。PC 中常用的两种流控制是硬件流控制(包括 RTS/CTS、DTR/DSR(数据终端就绪/数据设置就绪)等)和软件流控制 XON/XOFF,下面将分别说明。

1) 硬件流控制

硬件流控制常用的有 RTS/CTS 流控制和 DTR/DSR 流控制, 硬件流控制必须将相应的电缆线连上。用 RTS/CTS 流控制时, 应将通信两端的 RTS、CTS 线对应相连, 数据终端设备(如计算机)使用 RTS 来启动调制解调器或其他数据通信设备的数据流, 而数据通信设备(如调制解调器)则用 CTS 来启动和暂停来自计算机的数据流。这种硬件握手方式的过程为: 在编程时根据接收端缓冲区大小设置一个高位标志(可为缓冲区大小的 75%)和一个低位标志(可为缓冲区大小的 25%), 当缓冲区内数据量达到高位时, 在接收端将 CTS 线置低电平(送逻辑 0); 当发送端的程序检测到 CTS 为低后, 就停止发送数据, 直到接收端缓冲区的数据量低于低位而将 CTS 置高电平。RTS 则用来标明接收设备有没有准备好接收数据。

由于流控制的多样性, 当硬件中使用流控制时, 应做详细的说明, 如何接线, 如何应用等。

2) 软件流控制

由于电缆线的限制, 在普通的控制通信中一般不用硬件流控制, 而用软件流控制。一般通过 XON/XOFF 来实现软件流控制。常用方法是: 当接收端的输入缓冲区内数据量超过设定的高位时, 就向数据发送端发出 XOFF 字符(十进制的 19 或control-s, 设备编程说明书应该有详细阐述), 发送端收到 XOFF 字符后就立即停止发送数据; 当接收端的输入缓冲区内数据量低于设定的低位时, 就向数据发送端发出XON 字符(十进制的 17 或 control-q), 发送端收到 XON 字符后就立即开始发送数据。一般可以从设备配套源程序中找到发送的是什么字符。注意, 若传输的是二进制数据, 标志字符也有可能在数据流中出现而引起误操作, 这是软件流控制的缺陷, 而硬件流控制不会有这个问题。

M451 系列提供了多达 4 个通用异步串行接口(UART)。UART 控制器支持标准速度 UART, 并提供流量控制。UART 控制器的接收过程是把外设的串行数据转为并行数据, 发送过程是把 CPU 的并行数据转成串行数据发送出去。每个 UART通道支持 10 种类型的中断。UART 控制器还支持 IrDA SIR、RS-485 和波特率自动测量功能。

UART 特性:

● 全双工, 异步通信口。

● 独立的接收/发送 16/16 字节 FIFO。

● 支持硬件自动流控制。

● 接收缓存触发等级的数据长度可设。

● 每个通道波特率可单独设置。

● 支持 nCTS 和 RX 数据触发唤醒功能。

● 支持 8 位接收缓存定时溢出检测功能。

● 通过设置寄存器 DLY (UA_TOR [15:8]), 可配置两个数据之间(从上一个

stop 位到下一个 start 位）的传送时间间隔。
- 支持波特率自动侦测。
- 支持 break error、frame error、parity error 和收/发缓冲区溢出检测等功能。
- 可编程串行接口，其特性如下：
  ◆ 数据位长度可设为 5～8 位；
  ◆ 可编程校验，包括奇、偶、无校验，或固定校验位生成和检测；
  ◆ 可设置停止位长度为 1 位、1.5 位或 2 位。
- 支持 IrDA SIR 功能模式，标准模式下支持 3/16 位宽功能。
- 支持 LIN 功能模式（UART0/UART1 支持）：
  ◆ 支持 LIN 主/从模式；
  ◆ 传输中支持 break 生成功能可设。
- 支持接收器 break 检测功能。
- 支持 RS-485 模式：
  ◆ 支持 RS-485 的 9 位模式；
  ◆ 支持软硬件控制 nRTS 引脚，用于控制 RS-485 传送方向。

M451 系列每个串口的特性如表 14.1.2 所列。

表 14.1.2　每个串口的特性

UART 特性	UART0/UART1	UART2/UART3	SC_UART
FIFO	16 字节	16 字节	4 字节
自动流控（CTS/RTS）	√	√	—
IrDA	√	√	—
LIN	√	—	—
RS-485 功能模式	√	√	—
自动流控	√	√	—
nCTS 唤醒	√	√	—
RX 接收数据唤醒	√	√	—
波特率自动测量	√	√	—
停止位长度	√	√	—
字长 5、6、7、8 位	1、1.5、2 位	1、1.5、2 位	1、2 位
偶/奇校验	√	√	√
固定位	√	√	√

14.2　实　　验

14.2.1　串口收发数据

【实验要求】SmartM-M451 系列开发板：M451 的串口 0 接收到数据后，立刻通过当前串口发送出去。

1. 硬件设计

1）串口硬件设计

图 14.2.1 所示为 USB 转串口硬件设计图。

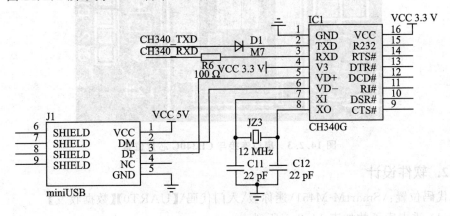

图 14.2.1　USB 转串口

芯片 CH340G 是一个 USB 总线的转接芯片，可实现 USB 转串口、USB 转 IrDA 红外或者 USB 转打印口。在打印口方式下，CH340G 提供了兼容 USB 规范和 Windows 操作系统的标准 USB 打印口，用于将普通的并口打印机直接升级到 USB 总线。因为这是 USB 转串口，所以必须安装该芯片在 Windows 中驱动，详细连接如图 14.2.2 所示。

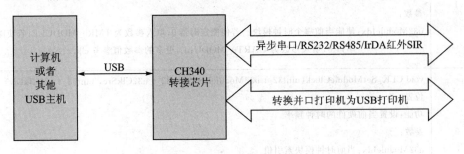

图 14.2.2　CH340 连接 PC 示意图

2)串口位置

串口连接与 CH340G 芯片位置如图 14.2.3 所示。

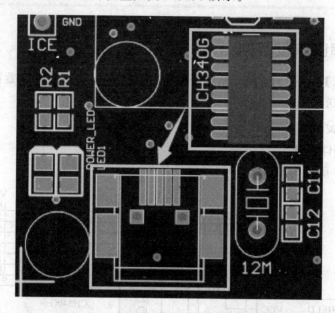

图 14.2.3 串口连接与 CH340G 芯片位置

2. 软件设计

代码位置:\SmartM-M451\迷你板\入门代码\【UART0】【数据收发】

(1)重点库函数如表 14.2.1 所列。

表 14.2.1 重点库函数

序号	函数分析
1	void CLK_EnableModuleClock(uint32_t u32ModuleIdx) 位置:clk.c 功能:使能当前硬件对应的时钟模块 参数: u32ModuleIdx:使能当前哪个时钟模块。若使能定时器 0,填入参数为 TMR0_MODULE;若使能串口 0,填入参数为 UART0_MODULE,更多的参数值参考 clk.c
2	void CLK_SetModuleClock(uint32_t u32ModuleIdx, uint32_t u32ClkSrc, uint32_t u32ClkDiv) 位置:clk.c 功能:设置当前硬件的时钟频率 参数: u32ModuleIdx:当前时钟模块索引值 u32ClkSrc:选择当前硬件的时钟源 u32ClkDiv:当前硬件接入时钟源需要分频的值

ARM Cortex-M4 微控制器原理与实践

序　号	函数分析
3	void SYS_ResetModule(uint32_t u32ModuleIndex) 位置:sys.c 功能:复位当前硬件 参数: u32ModuleIndex:当前时钟模块索引值
4	void UART_Open(UART_T * uart, uint32_t u32baudrate) 位置:uart.c 功能:设置串口并使能 参数: uart:选择串口 u32baudrate:串口波特率
5	void UART_EnableInt(UART_T * uart, uint32_t u32InterruptFlag) 位置:uart.c 功能:使能串口中断 参数: uart:选择串口 u32InterruptFlag:设置串口中断方式
6	UART_IS_RX_READY(uart) 位置:uart.h 功能:检查当前串口是否接收数据完成 参数: uart:选择串口
7	UART_READ(uart) 位置:uart.h 功能:返回串口接收到的数据 参数: uart:选择串口
8	uint32_t UART_Write(UART_T * uart, uint8_t * pu8TxBuf, uint32_t u32WriteBytes) 位置:uart.c 功能:串口发送数据 参数: uart:选择串口 pu8TxBuf:发送数据的内容 u32WriteBytes:发送数据的长度

（2）完整代码如下。

程序清单 14.2.1 完整代码

```
#include "SmartM_M4.h"

/************************************************
 * 函数名称:main
 * 输    入:无
 * 输    出:无
 * 功    能:函数主体
 ************************************************/
INT32 main(VOID)
{
        PROTECT_REG
        (
                /* 系统时钟初始化 */
                SYS_Init(PLL_CLOCK);

                /* 使能 UART0 模块时钟 */
                CLK_EnableModuleClock(UART0_MODULE);

                /* 选择 UART0 时钟源为外部晶振,分频值设置为 1 */
                CLK_SetModuleClock(UART0_MODULE, CLK_CLKSEL1_UARTSEL_HXT, CLK_CLK-
                DIV0_UART(1));

                /* 设置 PD0 引脚为 UART0 的 RXD、PD1 引脚为 UART0 的 TXD */
                SYS->GPD_MFPL &= ~(SYS_GPD_MFPL_PD0MFP_Msk | SYS_GPD_MFPL_PD1MFP_Msk);
                SYS->GPD_MFPL |= (SYS_GPD_MFPL_PD0MFP_UART0_RXD | SYS_GPD_MFPL_
                PD1MFP_UART0_TXD);

                /* 复位 UART 模块 */
                SYS_ResetModule(UART0_RST);

                /* 配置 UART0 和设置 UART0 波特率 */
                UART_Open(UART0, 115200);
        )

        /* 使能 UART RDA 中断 */
        UART_EnableInt(UART0, UART_INTEN_RDAIEN_Msk);
```

```
    while(1);
}

/**********************************************
* 函数名称:UART0_IRQHandler
* 输    入:无
* 输    出:无
* 功    能:串口中断服务函数
**********************************************/
VOID UART0_IRQHandler(VOID)
{
    UINT8      d                = 0xFF;
    UINT32     unStatus         = UART0->INTSTS;

    if(unStatus & UART_INTSTS_RDAINT_Msk)
    {
        /* 获取所有输入字符 */
        while(UART_IS_RX_READY(UART0))
        {
    /* 从 UART0 的数据缓冲区获取数据 */
    d = UART_READ(UART0);

            /* 往 UART0 对外写数据 */
    UART_Write(UART0,&d,1);
        }
    }
}
```

(3) 主程序 main 分析如下。

① 调用 CLK_EnableModuleClock 函数使能串口 0 时钟,并调用 CLK_SetModuleClock 设置串口 0 时钟源为外部晶振,分频值为 1,即不分频。

② 通过设置 GPD_MFPL 寄存器,将 PD0 引脚设置为串口 0 的接收数据引脚 RXD,将 PD1 引脚设置为串口 0 的发送数据引脚 TXD。

③ 调用 SYS_ResetModule 函数复位串口硬件。

④ 调用 UART_Open 函数初始化串口 0,设置通信波特率为 115 200 bps。

⑤ 为了实时让串口接收到数据,使用中断更为方便,调用 UART_EnableInt 函数使能串口 0 接收到单字节数据就触发中断,若触发该中断,系统默认进入 UART0_IRQHandler 中断服务函数中。

(4) 中断服务函数 UART0_IRQHandler 分析如下。

① 检查当前中断的状态，必须读取 UART0_INTSTS 寄存器，获取串口 0 当前的中断状态，若产生了接收可用数据中断提示，则表示接收到数据。无论是否使能了串口 0 的 FIFO 机制，都可以通过 UART_IS_RX_READY 函数检测当前数据是否读取完成。

② 读取数据需要调用 UART_READ 函数，读取到的数据都是单字节的，并保存到变量 d。

③ 调用 UART_Write 函数发送数据。

3. 下载验证

通过 NuLink 仿真下载器将程序下载到 SmartM-M451 迷你板后，进入单片机多功能调试助手中的串口调试界面，在发送区输入"www. smartmcu. com SmartM-M451 mini board"，然后单击【发送】按钮，在接收区显示"www. smartmcu. com SmartM-M451 mini board"，代表当前串口数据收发成功，如图 14.2.4 所示。

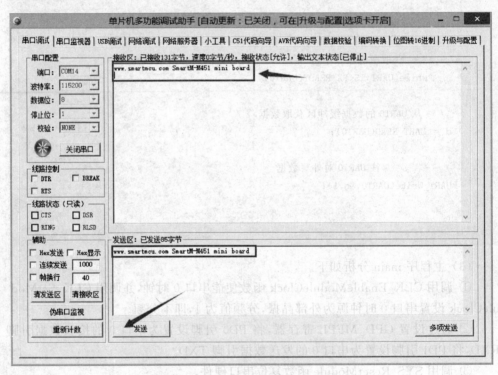

图 14.2.4　串口数据收发实验演示

14.2.2　编写 printf 函数

【实验要求】SmartM-M451 系列开发板：移植 printf 函数，让串口 0 输出支持格式化字符串。

1. 硬件设计

参考"14.2.1　串口收发数据"一节中的硬件设计。

2. 软件设计

代码位置:\SmartM-M451\迷你板\入门代码\【UART0】【自定义 printf】

（1）设计思想分析如下。

在 C 语言编程中会遇到一些参数个数可变的函数,一般用户对它的实现不理解。例如 printf,printf 函数是 C 语言中非常常用的一个典型的变参数函数,它的原型为: int printf(const char * format, ...)。它除了一个参数 format 固定外,后面参数的个数和类型都是不确定的,如程序清单 14.2.2 中所示的 3 种调用方法:

程序清单 14.2.2　prinf 函数常见的调用

```
printf("%d\n", i);
printf("%s\n","Hello World");
printf("The result is %d, name is %s", i,"Lily");
```

使用可变参数时,需要用到的库函数有 va_list 、va_start、va_arg、va_end,要包含头文件<stdarg.h>,使用可变参数的步骤如下。

① 在函数里定义一个 va_list 型的变量,如 args。

② 用 va_start 宏初始化变量 args,这个宏的第二个参数是第一个可变参数的前一个参数,是一个固定的参数。

③ 用 va_arg 返回可变的参数。依次取可变参数,va_arg 的第二个参数是要返回的参数的类型。

④ 用 va_end 宏结束可变参数的获取。

prinf 函数常见的调用的代码如下。

程序清单 14.2.3　prinf 函数常见的调用

```
CHAR g_szPrintfBuf[256] = {0};

VOID SmartMCU_Printf(CONST CHAR * fmt,...)
{
    INT32 i;

    /* 是在 C 语言中解决变参问题的一组宏,用于获取不确定个数的参数 */
    va_list args;

    /* va_start 宏,获取可变参数列表的第一个参数的地址 */
    va_start(args, fmt);
```

ARM Cortex-M4 微控制器原理与实践

168

```
/* 可变列表 args 复制到 g_szPrintfBuf 中 */
vsprintf((char *)g_szPrintfBuf,fmt,args);


/* 结束可变参数的获取 */
va_end(args);


/* 串口 0 输出打印信息 */
for(i = 0; i < strlen((char *)g_szPrintfBuf); i++)
{
            UART_WRITE(UART0,g_szPrintfBuf[i]);
}
}
```

（2）主函数 main 代码如下。

程序清单 14.2.4　主函数 main

```
INT32 main(VOID)
{
      INT32 i = 10;
      FP32  j = 9.9;

      PROTECT_REG
      (
            /* 系统时钟初始化 */
            SYS_Init(PLL_CLOCK);

            /* 使能 UART0 模块时钟 */
            CLK_EnableModuleClock(UART0_MODULE);

            /* 选择 UART0 时钟源为外部晶振,分频值设置为 1 */
            CLK_SetModuleClock(UART0_MODULE, CLK_CLKSEL1_UARTSEL_HXT, CLK_CLK-
DIV0_UART(1));


            /* 设置 PD0 引脚为 UART0 的 RXD、PD1 引脚为 UART0 的 TXD */
            SYS ->GPD_MFPL &= ~(SYS_GPD_MFPL_PD0MFP_Msk | SYS_GPD_MFPL_PD1MFP_Msk);
            SYS ->GPD_MFPL |= (SYS_GPD_MFPL_PD0MFP_UART0_RXD | SYS_GPD_MFPL_
PD1MFP_UART0_TXD);


            /* 复位 UART 模块 */
            SYS_ResetModule(UART0_RST);
```

```
            /* 配置 UART0 和设置 UART0 波特率 */
            UART_Open(UART0, 115200);
    )

    SmartMCU_Printf("This is SmartMCU printf function\r\n");
    SmartMCU_Printf("i = % d\r\n",i);
    SmartMCU_Printf("j = %.2 % f\r\n",j);

    while(1);
}
```

3. 下载验证

通过 NuLink 仿真下载器将程序下载到 SmartM-M451 迷你板后,使用单片机多功能调试助手中的串口调试,可以看到正常打印出"i＝10 j＝9.900000"信息,如图 14.2.5 所示。

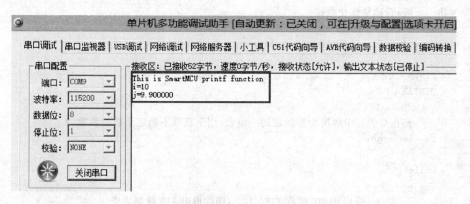

图 14.2.5 串口打印信息

14.2.3 编写 scanf 函数

【实验要求】SmartM-M451 系列开发板:移植 scanf 函数,让串口 0 输入支持格式化字符串。

1. 硬件设计

参考"14.2.1 串口收发数据"一节中的硬件设计。

2. 软件设计

代码位置:\SmartM-M451\迷你板\入门代码\【UART0】【自定义 scanf】

(1) 设计思想:移植 scanf 函数与 printf 函数类似,printf 函数用于格式化字符串输出,而 scanf 函数用于格式化字符串输入,为使编写或调试代码便利,详细步骤与14.2.2 节编写 printf 函数类似,在此不再赘述。

（2）完整代码如下。

程序清单 14.2.5　完整代码

```c
#include "SmartM_M4.h"

/* ----------------------------------------------------- */
/*                    全局变量                            */
/* ----------------------------------------------------- */
CHAR g_szScanfBuf[256] = {0};


/* ----------------------------------------------------- */
/*                    函数                                */
/* ----------------------------------------------------- */
/********************************************
 * 函数名称:SmartMCU_Scanf
 * 输    入:fmt     - 格式化字符串
 * 输    出:无
 * 功    能:转换格式化数据
 *******************************************/
VOID SmartMCU_Scanf(CONST CHAR * fmt, ...)
{
    UINT8   c;
    UINT32  i = 0;

    /* 是在 C 语言中解决变参问题的一组宏,用于获取不确定个数的参数 */
    va_list args;

    while(1)
    {
        /* 等待 UART0 接收 FIFO 为空,即读取 UART0 数据完毕 */
        while(UART0 ->FIFOSTS & UART_FIFOSTS_RXEMPTY_Msk);

        /* 读取 UART0 单字节数据 */
        c = UART_READ(UART0);

        /* 判断当前是否回车换行 */
        if((c == 0x0D) || (c == 0x0A))
        {
            /* 对输入缓冲区最后一个字节设置为'\0',表示输入数据终止 */
            g_szScanfBuf[i] = '\0';

            /* 跳出循环 */
            break;
        }
        else
        {
            /* 将串口接收到的数据存储到输入缓冲区当中 */
```

```
                    g_szScanfBuf[i ++] = c;
            }
    }

    /* va_start 宏,获取可变参数列表的第一个参数的地址 */
    va_start(args,fmt);

    /* vsscanf 函数会将参数 g_szScanfBuf 的字符串根据参数 fmt 字符串来转换并格式化
       数据 */
    vsscanf((CHAR * )g_szScanfBuf,fmt,args);

    /* 结束可变参数的获取 */
    va_end(args);
}
/***************************************
* 函数名称:main
* 输    入:无
* 输    出:无
* 功    能:函数主体
***************************************/
INT32 main(VOID)
{
        INT32 i = 0;
        CHAR  buf[128] = {0};

        PROTECT_REG
        (
                /* 系统时钟初始化 */
                SYS_Init(PLL_CLOCK);

                /* 使能 UART0 模块时钟 */
                CLK_EnableModuleClock(UART0_MODULE);

                /* 选择 UART0 时钟源为外部晶振,分频值设置为 1 */
                CLK_SetModuleClock(UART0_MODULE, CLK_CLKSEL1_UARTSEL_HXT, CLK_CLK-
                DIV0_UART(1));

                /* 设置 PD0 引脚为 UART0 的 RXD、PD1 引脚为 UART0 的 TXD */
                SYS ->GPD_MFPL & = ~(SYS_GPD_MFPL_PD0MFP_Msk | SYS_GPD_MFPL_PD1MFP_Msk);
                SYS ->GPD_MFPL | = (SYS_GPD_MFPL_PD0MFP_UART0_RXD | SYS_GPD_MFPL_
                PD1MFP_UART0_TXD);

                /* 复位 UART 模块 */
                SYS_ResetModule(UART0_RST);

                /* 配置 UART0 和设置 UART0 波特率 */
```

```
                    UART_Open(UART0, 115200);
    )

    SmartMCU_Scanf("% d % s\r\n",&i,buf);

    printf("i = % d\r\n",i);
    printf("buf is % s\r\n",buf);

while(1);
)
```

3. 下载验证

通过 NuLink 仿真下载器将程序下载到 SmartM-M451 迷你板后,进入单片机多功能调试助手中的串口调试界面,在发送区输入"123 www.smartmcu.com",接着按下回车键,然后单击【发送】按钮,在接收区显示"i = 123 buf is www.smartmcu.com",代表当前调用 SmartMCU_Scanf 函数成功,如图 14.2.6 所示。

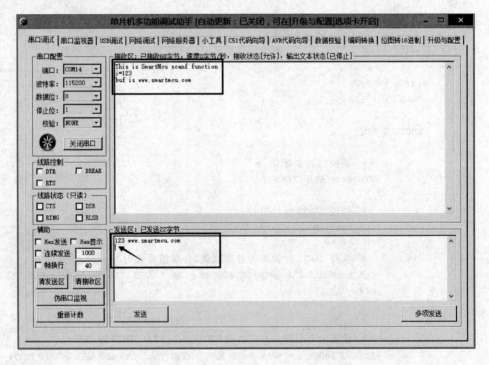

图 14.2.6 SmartMCU_Scanf 函数演示

第 **15** 章

模拟／数字转换

15.1 概　述

模/数变换器（Analog to Digital Converter，ADC）也称"模/数转换器"，是把模拟量转换为数字量的装置。

图 15.1.1 所示的数字示波器是利用数据采集、A/D 转换、软件编程等一系列的技术制造出来的高性能示波器。数字示波器一般支持多级菜单，能提供给用户多种选择、多种分析功能。还有一些示波器可以提供存储功能，实现对波形的保存和处理。

图 15.1.1　数字示波器

我们常用的数字万用表的测量过程由转换电路将被测量转换成直流电压信号，再由模/数（A/D）转换器将电压模拟量转换成数字量，然后通过电子计数器计数，最后将测量结果用数字直接显示在显示屏上。

1. 什么是模拟信号

模拟信号主要是与离散的数字信号相对的连续的信号，其分布于自然界的各个角落，如每天温度的变化；而数字信号是人为抽象出来的、在时间上不连续的信号。电学上的模拟信号主要是指幅度和相位都连续的电信号，此信号可以被模拟电路进行各种运算，如放大、相加、相乘等。

模拟信号是指用连续变化的物理量表示的信息，其信号的幅度或频率和相位随时间作连续变化,如目前广播的声音信号、图像信号等。

常见的模拟信号有正弦波、调幅波、阻尼振荡波、指数衰减波。

2. 什么是数字信号

数字信号指幅度的取值是离散的,幅值表示被限制在有限个数值之内的信号。二进制码就是一种数字信号。二进制码受噪声的影响小,易于由数字电路进行处理,所以得到了广泛应用。

3. 模拟信号与数字信号的区别

1) 模拟信号和数字信号之间可以相互转换

模拟信号一般通过脉冲编码调制(Pulse Code Modulation,PCM)方法量化为数字信号,即让模拟信号的不同幅度分别对应不同的二进制值,例如采用 8 位编码可将模拟信号量化为 2^8 个量级,实用中常采取 24 位或 30 位编码;数字信号一般通过对载波进行移相(Phase Shift)的方法转换为模拟信号。计算机、计算机局域网与城域网中均使用二进制数字信号。目前在计算机广域网中实际传送的既有二进制数字信号,也有由数字信号转换而得的模拟信号,但是更具应用发展前景的是数字信号。

脉冲编码调制就是把一个时间连续、取值连续的模拟信号变换成时间离散、取值离散的数字信号,然后将其在信道中传输。脉冲编码调制就是对模拟信号先抽样,再对样值幅度量化、编码的过程,如图 15.1.2 所示。

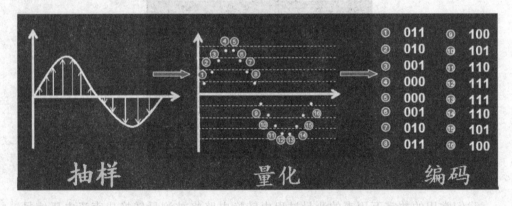

图 15.1.2　模拟数字转换过程

2) 抽样

抽样就是对模拟信号进行周期性扫描,把时间上连续的信号变成时间上离散的信号。该模拟信号经过抽样后应当包含原信号中所有的信息,也就是说,能无失真地恢复原模拟信号。

3) 量化

量化就是把经过抽样得到的瞬时值的幅度离散化,然后将其用最接近的电平值(即一组规定的电平)来表示,通常是用二进制表示。

174

4) 编码

编码就是用一组二进制码组来表示每一个有固定电平的量化值。实际上,量化是在编码过程中同时完成的,故编码过程也称为模/数变换,可记作 A/D。

4. M451 系列的 ADC

M451 系列包含一个 12 位,带 16 个外部输入通道和 3 个内部通道的逐次逼近式模拟/数字转换器(SAR A/D 转换器)。A/D 转换器可以通过软件触发,PWM0/1 触发,Timer0～Timer3 溢出脉冲触发,ADINT0、ADINT1 中断 EOC(转换结束)脉冲触发,以及外部引脚(STADC)输入信号来启动转换,其特性如下:

- 模拟电源输入范围为 $0～V_{REF}$(最大 5.0 V)。
- 参考电压来自 VREF 引脚或 AVDD。
- 12 位分辨率,保证 10 位精度。
- 多达 16 个外部单端模拟输入通道或 8 对差分模拟输入通道。
- 多达 3 个内部通道,分别为带隙电压(VBG)、温度传感器(VTEMP)和电池源(VBAT)。
- 4 个带独立中断向量地址的 ADC 中断(ADINT0～ADINT3)。
- 最大 ADC 时钟频率是 20 MHz。
- 高达 1 MSPS 转换速率。
- 可配置的 ADC 内部采样时间。
- 多达 19 个采样模块:
  - ◆ 每个采样模块都是可配置的,用于 ADC 转换通道 EADC_CH0～EADC_CH15 和触发源;
  - ◆ 采样模块 16～18 固定用于 ADC16、ADC17 和 ADC18 通道,输入源为带隙电压(VBG)、温度传感器(VTEMP)和电池源(VBAT);
  - ◆ 双缓存用于采样控制逻辑模块 0～3;
  - ◆ 每个采样模块都可配置采样时间;
  - ◆ 转换结果存在 18 个数据寄存器中,带有效/溢出提示标志。
- A/D 转换可由以下方式启动:
  - ◆ 写 1 到 SWTRGn (EADC_SWTRG[n], $n=0～18$);
  - ◆ 外部 STADC 引脚;
  - ◆ Timer0～Timer3 溢出脉冲触发;
  - ◆ ADINT0 和 ADINT1 中断 EOC (转换结束) 脉冲触发;
  - ◆ PWM 触发。
- 支持 PDMA 传输。

15.2 实 验

电压检测

【实验要求】SmartM-M451 系列开发板：通过 ADC 引脚检测当前的输入电压值，并通过串口输出。

1. 硬件设计

(1) 参考"14.2.1 串口收发数据"一节中的硬件设计。

(2) 功能引脚为 PB0 引脚。

(3) 参考电压为 $V_{REF}=3.3\ V$，如图 15.2.1 所示。

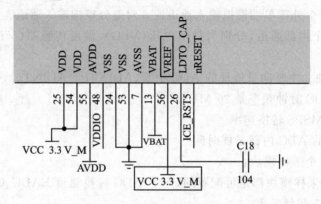

图 15.2.1 参考电压 3.3 V

2. 软件设计

代码位置：\SmartM-M451\迷你板\入门代码\【EADC】【模拟数字转换】

(1) 重点库函数如表 15.2.1 所列。

表 15.2.1 重点库函数

序 号	函数分析
1	void CLK_EnableModuleClock(uint32_t u32ModuleIdx) 位置：clk.c 功能：使能当前硬件对应的时钟模块 参数： u32ModuleIdx：使能当前哪个时钟模块。若使能定时器 0，填入参数为 TMR0_MODULE；若使能串口 0，填入参数为 UART0_MODULE，更多的参数值参考 clk.c

序　号	函数分析
2	void CLK_SetModuleClock(uint32_t u32ModuleIdx, uint32_t u32ClkSrc, uint32_t u32ClkDiv) 位置:clk. c 功能:设置当前硬件的时钟频率 参数: u32ModuleIdx:当前时钟模块索引值 u32ClkSrc:选择当前硬件的时钟源 u32ClkDiv:当前硬件接入时钟源需要分频的值
3	GPIO_DISABLE_DIGITAL_PATH(port, u32PinMask) 位置:gpio. h 功能:取消 GPIO 的数字通道,即只允许模拟通道 参数: port:指定哪一组 GPIO u32PinMask:掩码
4	void EADC_Open(EADC_T * eadc, uint32_t u32InputMode) 位置:eadc. c 功能:设置 EADC 的模拟输入模式并使能 A/D 转换 参数: eadc:指定哪一组 EADC u32InputMode:指定哪一种输入模式。EADC_CTL_DIFFEN_SINGLE_END 为单端模拟输入, 　　　　　　　EADC_CTL_DIFFEN_DIFFERENTIAL 为差分模拟输入
5	void EADC_SetInternalSampleTime(EADC_T * eadc, uint32_t u32SampleTime) 位置:eadc. c 功能:设置 EADC 的采样时间 参数: eadc:指定哪一组 EADC u32SampleTime:设置 EADC 内部采样时间,可以设置 1~8 个 ADC 时钟
6	void EADC_ConfigSampleModule(EADC_T * eadc, 　　　　　　　　　　　　　　uint32_t u32ModuleNum, 　　　　　　　　　　　　　　uint32_t u32TriggerSrc, 　　　　　　　　　　　　　　uint32_t u32Channel) 位置:eadc. c 功能:设置 EADC 的采样模块 参数: eadc:指定哪一组 EADC u32ModuleNum:指定哪一个采样模块,范围 0~15 u32TriggerSrc:指定触发源,触发源支持 PWM、TIMER、软件触发,详细请参考该函数在 eadc. c 　　　　　　　的注释 u32Channel:指定采样通道,范围 0~15

续表 15.2.1

序 号	函数分析
7	EADC_CLR_INT_FLAG(eadc，u32Mask) 位置：eadc. h 功能：清除 EADC 中断标志位 参数： eadc：指定哪一组 EADC u32Mask：清除哪一个模块的中断标志位
8	EADC_ENABLE_INT(eadc，u32Mask) 位置：eadc. h 功能：使能 EADC 中断 参数： eadc：指定哪一组 EADC u32Mask：指定哪一组模块
9	EADC_ENABLE_SAMPLE_MODULE_INT(eadc，u32IntSel，u32ModuleMask) 位置：eadc. h 功能：使能 EADC 哪一组采样模块中断 参数： eadc：指定哪一组 EADC u32IntSel：指定 EADC 中断源，范围 0～3 u32ModuleMask：指定哪一个模块
10	EADC_START_CONV(eadc，u32ModuleMask) 位置：eadc. h 功能：启动 A/D 转换 参数： eadc：指定哪一组 EADC u32ModuleMask：指定哪一个模块
11	EADC_GET_CONV_DATA(eadc，u32ModuleNum) 位置：eadc. h 功能：获取 A/D 转换的数值 参数： eadc：指定哪一组 EADC u32ModuleNum：指定哪一个模块

（2）程序设计如下述。

① 使能 EADC 时钟模块，调用 CLK_EnableModuleClock 和 CLK_SetModuleClock 进行设置，如图 15.2.2 所示，代码如程序清单 15.2.1 所示。

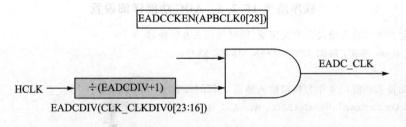

图 15.2.2　ADC 时钟源选择与设置

程序清单 15.2.1　ADC 时钟源选择

```
/* 使能 ADC 时钟模块 */
CLK_EnableModuleClock(EADC_MODULE);
```

② 由于 EADC 涉及转换频率，意味着需要设置当前 ADC 时钟源，EADC 时钟频率高达 20 MHz，并且采样频率高达 1 MSPS。默认设置需要 20 个 EADC 时钟来完成一个 A/D 转换。观察图 15.2.2 可知，HCLK 作为 EADC 外部时钟源，ADC 时钟频率通过 8 位预分频器分频，公式为：

$$EADC\ 时钟频率＝(HCLK)\ /\ (EADCDIV\ (CLKDIV0[23:16])＋1)$$

可通过调用库函数 CLK_SetModuleClock 进行设置，代码如程序清单 15.2.2 所示。

程序清单 15.2.2　ADC 时钟设置

```
/* 设置 ADC 时钟源为 PLL，并进行 8 分频，即 ADC 时钟频率 = 72 MHz/8 = 9 MHz */
CLK_SetModuleClock(EADC_MODULE, 0, CLK_CLKDIV0_EADC(8));
```

③ 设置 A/D 内部采样时间，调用 EADC_SetInternalSampleTime 进行设置，这里设置为 6 个 ADC 时钟采样时间，代码如程序清单 15.2.3 所示。

程序清单 15.2.3　设置 ADC 采样的时间

```
/* 设置 ADC 内部采样时间为 6 个 ADC 时钟 */
EADC_SetInternalSampleTime(EADC, 6);
```

④ 芯片复位时，GPIO 默认为数字信号通道，为了实现模拟输入，必须将当前电压检测的引脚设置为模拟信号通道，代码如程序清单 15.2.4 所示。

程序清单 15.2.4　使能 PB0 引脚为 ADC 功能引脚

```
/* 配置 PB0 引脚为 ADC 模拟信号输入引脚 */
SYS->GPB_MFPL &= ~(SYS_GPB_MFPL_PB0MFP_Msk);
SYS->GPB_MFPL |= (SYS_GPB_MFPL_PB0MFP_EADC_CH0);
```

⑤ 按部就班地将对应的 ADC 组和 ADC 模块一一使能。当前使用的是 ADC0 的采样模块 4，代码如程序清单 15.2.5 所示。

程序清单 15. 2. 5　ADC 功能详细设置

```
/* 设置 ADC 输入模式为单次完成,同时使能 A/D 转换器 */
EADC_Open(EADC, EADC_CTL_DIFFEN_SINGLE_END);

/* 配置采样模块 4 作为模拟输入通道 0,同时设置 ADINT0 触发源 */
EADC_ConfigSampleModule(EADC, 4, EADC_ADINT0_TRIGGER, 0);

/* 使能 ADC0 的采样模块 4 中断 */
EADC_ENABLE_INT(EADC, 0x1);
EADC_ENABLE_SAMPLE_MODULE_INT(EADC, 0, (0x1 << 4));

/* 使能 NVIC ADC0_0 IRQ 中断 */
NVIC_EnableIRQ(ADC00_IRQn);
```

⑥ 一切就绪后,就是准备如何获取当前 A/D 转换后的值。为了方便获取,编写一个用于读取 A/D 转换后结果的值。启动 A/D 转换需要调用 EADC_START_CONV 函数;然后通过检测 g_unAdcIntFlag 变量是否被 ADC00_IRQHandler 中断服务函数置 1,若置 1,表示当前 A/D 转换结束;最后调用 EADC_GET_CONV_DA-TA 函数读取转换结果值,代码如程序清单 15.2.6 所示。

程序清单 15. 2. 6　读取转换结果值

```
/************************************************
* 函数名称:ADC_Read
* 输    入:无
* 输    出:ADC 数据值
* 功    能:获取采样模块 4 的 ADC 数据值
************************************************/
UINT32 ADC_Read(VOID)
{
/* 启动采样模块 4 */
EADC_START_CONV(EADC, (0x1 << 4));

/* 等待采样模块 4 转换结束 */
while(g_unAdcIntFlag == 0);

g_unAdcIntFlag = 0;

/* 返回采样模块 4 的数据值 */
return EADC_GET_CONV_DATA(EADC,4);
}
```

⑦ 由于 A/D 转换后得出的结果值并不是电压值,需要按照以下公式得出真正的电压值:

$$当前电压值 = (参考电压值 \times A/D 转换结果值) / 2^{分辨率}$$

通过硬件设计可知,参考电压值为 3.3 V,即 3 300 mV,同时 A/D 转换默认使用 12 位分辨率,那么

$$当前电压值 = (3\ 300 \times ADC\_Read()) / (2^{12}) = (3\ 300 \times ADC\_Read()) / 4\ 096$$

最后,通过 printf 函数打印输出到串口 0。

3. 下载验证

通过 NuLink 仿真下载器将程序下载到 SmartM-M451 迷你板后,进入单片机多功能调试助手中的串口调试页面,同时将 PB0 引脚通过杜邦线连接到 3.3 V 电源引脚,在串口调试接收区显示当前的电压值为 3 299 mV,即跟输入电压值保持一致,如图 15.2.3 所示;将 PB0 引脚接入 GND 引脚,输出结果为 0 mV,如图 15.2.4 所示。

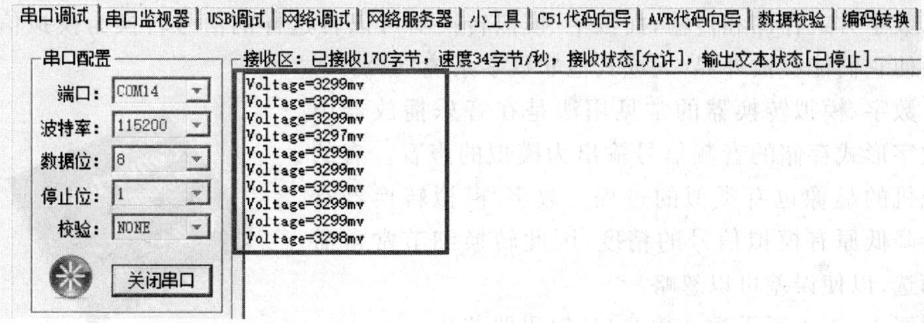

图 15.2.3 PB0 引脚接入 3.3 V 电源时的输出结果

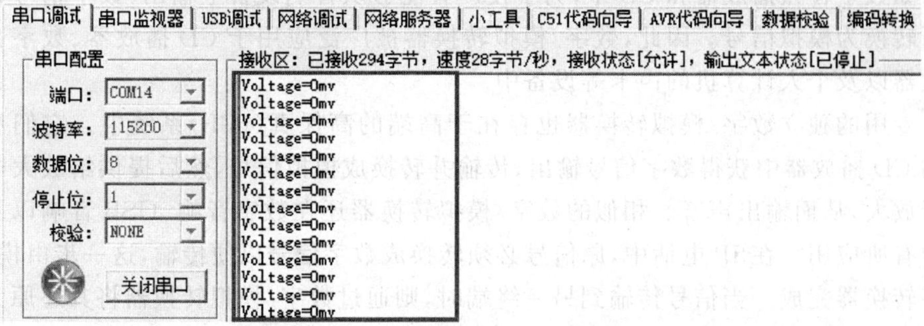

图 15.2.4 PB0 引脚接入 GND 时的输出结果

第 16 章

数字/模拟转换

16.1 概　述

数字/模拟转换器(Digital to Analog Converter,DAC)是一种将数字信号转换为模拟信号(以电流、电压或电荷的形式)的设备。在很多数字系统中(例如计算机),信号以数字方式存储和传输,而数字/模拟转换器可以将这样的信号转换为模拟信号,从而使它们能够被外界(人或其他非数字系统)识别。

数字/模拟转换器的常见用法是在音乐播放器中将数字形式存储的音频信号输出为模拟的声音。有的电视机的显像也有类似的过程。数字/模拟转换器有时会降低原有模拟信号的精度,因此转换细节常常需要筛选,以使误差可以忽略。

图 16.1.1 所示为一款 DAC 解码器芯片。

大多数现代的音频信号都以数字信号的形式存储

图 16.1.1　DAC 解码器芯片

在诸如数字音频播放器和 CD 中,为了使声音能够从音响设备上输出,数字信号必须重新转换为模拟信号。因此,数字/模拟转换器被广泛应用于 CD 播放器、数字音频播放器以及个人计算机的声卡等设备中。

专用的独立数字/模拟转换器也存在于高端的高保真(hi-fi)系统中。它们从兼容的 CD 播放器中获得数字信号输出,传输并转换成模拟信号,然后提供给放大电路进行放大,从而输出声音。相似的数字/模拟转换器还在数字音响、USB 音响以及声卡中有所应用。在 IP 电话中,原信号必须转换成数字信号以便传输,这一步由模拟/数字转换器完成。当信号传输到另一终端时,则通过数字/模拟转换器将其还原为模拟信号,提供给音频输出设备。

出于成本的考虑以及对模块化电子元件的需求,数字/模拟转换器基本上是以集成电路(Integrated Circuit,IC)的形式制造的。数字/模拟转换器有多重架构,它们各有优缺点。在特定的应用中,数字/模拟转换器的选用是否合适,取决于其一系列参数(包括转换速率以及分辨率)是否合适。

数字系统具有抗干扰能力强、信号处理精度高、信号处理过程容易通过编程来实现等优点,但是自然界中大多数信号都是模拟信号。如果使用数字系统处理模拟信号,那么首先需要将模拟信号转换为数字信号,然后才能对其进行处理。另外,完成处理的信号经常还需要转换回模拟信号。对模拟信号进行数字处理的过程如图 16.1.2 所示。

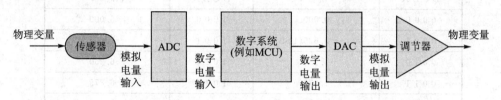

图 16.1.2 模拟信号进行数字处理的过程

原始信号通常表现为非电信号的物理变量,例如声、光、热等,利用传感器可以将各种物理量转换到电物理量。传感器具有多种类型,能够将某一种非电信号的物理变量转换为电物理量。模拟/数字转换器完成模拟电量到数字电量的转换,数字电量再送入数字系统进行信号处理,处理以后的数字信号通过数字/模拟转换器将数字电量转换回模拟电量,最后这个模拟电量通过调节器实现对最终对象的控制。一些调节器可以接收数字信号,例如打印机,这时就不再需要数字/模拟转换器了。

16.2 工作原理

图 16.2.1 所示是一种 4 位数字/模拟转换模块的原理电路图,图中的 A、B、C 和 D 为数字信号输入端。假设这里的数字量"1"对应的电压为 5 V,数字量"0"对应的电压为 0 V,V_{OUT} 为模拟电压输出端,图 16.2.1 中的运算放大器接成加法电路形式,则电路的输出电压和输入电压的关系式如下:

$$V_{\text{OUT}} = -\left(V_D + \frac{1}{2}V_C + \frac{1}{4}V_B + \frac{1}{8}V_A\right)$$

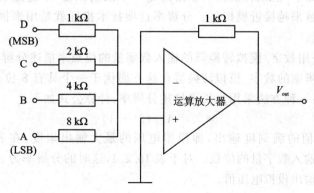

图 16.2.1 4 位数字/模拟转换模块的原理电路图

图 16.2.1 所示电路的输出是一个表示数字信号输入加权求和的模拟电压。表 16.2.1 列出了所有可能的数字信号输入情况以及对应的电路输出电压数值。

表 16.2.1　数字输入与模拟输出的关系表

D C B A	V_{OUT}/V	D C B A	V_{OUT}/V
0 0 0 0	0.000	1 0 0 0	−5.000
0 0 0 1	−0.625(LSB)	1 0 0 1	−5.625
0 0 1 0	−1.250	1 0 1 0	−6.250
0 0 1 1	−1.875	1 0 1 1	−6.875
0 1 0 0	−2.500	1 1 0 0	−7.500
0 1 0 1	−3.125	1 1 0 1	−8.125
0 1 1 0	−3.750	1 1 1 0	−8.750
0 1 1 1	−4.375	1 1 1 1	−9.375(A_{fs})

由表 16.2.1 可知,数字/模拟转换模块的输出只能取一些离散的电压值,不能连续取值,因此并不是严格意义上的模拟量。然而随着输入数字量位数的增加,各种可能输出值的数量将随之增多,相邻两个输出值之间的差别将减小,这就使得所产生的输出电压越来越像在一定范围内连续变化的模拟量。事实上数字/模拟转换模块输出的是一个准模拟量,我们仍按习惯称其为模拟量。

表 16.2.1 给出了输入为 4 位数字信号对应输出模拟电压的理想值。实际的输出模拟电压受到许多因素的影响,这些影响包括输入数字信号电压的精度、电路中电阻的精度、运算放大器的非理想等。虽然可以采用各种技术手段降低上述影响,但是并不能从根本上消除,因此需要通过一些技术指标来反映数字/模拟转换模块的工作情况。

1. 分辨率

如前所述,数字/模拟转换模块输出的是一个准模拟量,不过随着输入数字量位数的增加,输出越来越接近模拟量。分辨率这项技术指标就是用来描述输出电压接近模拟量的程度。

一种方法采用数字/模拟转换器的输入数字量的位数来描述分辨率。很明显,一个具有 10 位分辨率的数字/模拟转换器在这方面优于一个具有 8 位分辨率的数字/模拟转换器。另一种方法采用步长来描述分辨率,计算公式如下:

$$步长 = A_{fs}/(2^n - 1)$$

式中:A_{fs} 为模拟值的满刻度输出,即模拟电压的最大输出幅度,在表 16.2.1 中为 −9.375 V;n 为输入数字量的位数。对于表 16.2.1,这时的分辨率为 −0.625 V,即等于 1LSB 对应的输出模拟电压值。

2. 精　度

最常用来描述精度的技术指标为满刻度误差和线性误差,采用满刻度输出的百分比(％F.S)这种相对误差来表示。满刻度误差表示数字/模拟转换器的实际输出电压与理想输出电压之间的最大偏差。例如,假定表 16.2.1 描述的数字/模拟转换模块的满刻度误差为±0.01％F.S,这时满刻度输出为－9.375 V,由这些可以获得±0.01％×9.375 V＝±0.937 5 mV。表示这个数字/模拟转换模块在任何时候输出的模拟电压与期望值的偏差都将小于 0.937 5 mV。线性误差表示数字/模拟转换器的实际步长与理想步长之间的最大偏差。

3. 偏移误差

这项技术指标反映当输入数字量为全"0"时,输出模拟电压的数值。偏移误差如果未被修正,则对于所有的输入状态,输出的模拟电压的期望值上都将叠加上这个误差。

4. 建立时间

这项技术指标反映数字/模拟转换器的工作速度。建立时间测量的过程为:当器件输入的数字量由全"0"变为全"1"时,输出模拟电压达到稳定值的±1/2LSB 以内所需要的时间。

5. 单调性

如果一个数字/模拟转换器的输入数字量增加,它的输出模拟量也增加,则称这个器件是单调的。这项技术指标反映器件满足一个模拟输出量只对应一个数字输入量的情况。

16.3 内部 DAC

DAC 模块是 12 位电压输出的数字转模拟的转换器,它可以配置成 12 位或 10 位输出模式,并且可以与 PDMA 配合使用。DAC 内含一个电压输出缓存可以用来降低输出阻力,不需要加外部放大器就可直接驱动外部负载。

1. 特 性

● 模拟输出电压范围为 0~AV_{DD}。
● 参考电压来自内部参考电压(INT_VREF)、VREF 引脚或 AVDD 引脚。
● DAC 最大转换更新速率为 1 MSPS。
● 支持电压输出缓存模式和直通电压输出缓存模式。
● 支持软件和硬件触发启动 DAC 转换。
● 支持 PDMA 请求。

2. DAC 输出

DAC 输出引脚在多功能寄存器 SYS_GPB_MFPL[3:0]配置。

DAC 控制器时钟源通过 DACCKEN (CLK_APBCLK1[12])使能。DAC 通道

输出缓存可以通过 BYPASS（DAC_CTL[8]）使能或禁止。DAC 最大输出电压取决于选择的参考电压源。

3. DAC 参考电压

DAC 的参考电压与 EADC 参考电压共享，并且通过系统管理控制寄存器 VREFCTL（SYS_VREFCTL[4:0]）配置。DAC 参考电压可选择外部参考电压（VREF）引脚、内部参考电压发生器（INT_VREF）、模拟电源引脚（AVDD）。

4. DAC 输出格式

DAC 转换数据支持左边对齐或右边对齐模式。根据选择配置模式，数据需要按以下方式写到指定寄存器。

（1）12 位左边对齐：用户必须装载数据到 DAC_DAT[15:4] 位。DAC_DAT [31:16] 和 DAC_DAT[3:0] 在 DAC 转换中被忽略。

（2）12 位右边对齐：用户必须装载数据到 DAC_DAT[11:0] 位。DAC_DAT [31:12] 在 DAC 转换中忽略。

对于 10 位模式，用户仍然要装载 12 位数据到 DAC_DAT 寄存器，不过两个最低有效位将被硬件去掉，数据存储格式如图 16.3.1 所示。

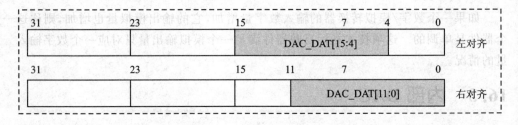

图 16.3.1　数据存储寄存器格式

5. DAC 转换

任何传输到 DAC 通道的数据都通过装载到 DAC_DAT 寄存器来执行。如图 16.3.2 所示，DAC 通过软件写入操作启动转换。当用户写转换数据到数据存储寄存器 DAC_DAT 时，硬件将数据装载到数据输出寄存器 DAC_DATOUT 并在一个 PCLK（APB 时钟）时钟周期后开始数据转换。图 16.3.2 所示为通过硬件触发（外部引脚 STDAC、时钟源触发事件或 PWM 时钟触发事件）启动 DAC 转换。存储在 DAC_DAT 的数据在触发事件发生一个 PCLK 时钟周期后自动传送到输出缓存 DAC_DATOUT。12 位输入代码从最低码（0x000）到最高码（0xFFF）的固定转换时间为 8 μs。连续两个代码的固定转换时间为 1 μs。DAC 控制器为用户提供 10 位的时间计数器来计算转换时间周期。在连续转换操作中，用户需要写适当的值到 SETTLET（DAC_TCTL[9:0]）来定义 DAC 转换时间周期，这个值必须比 DAC 转换固定时间长，在 DAC 电气特性表中有特别说明。例如，若 DAC 控制器的 APB 时钟速度是 72 MHz，并且 DAC 转换的固定时间是 8 μs，那么选择 SETTLET 的值必须大于 0x241。当转换启动时,转换完成标志 FINISH(DAC_STATUS[0])被硬件清零,当时间计数到 SETTLET 时被置 1。

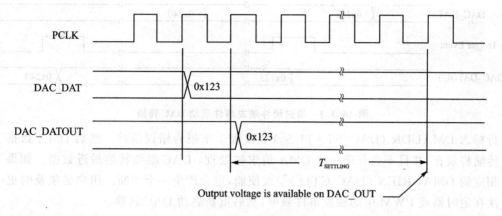

图 16.3.2　通过软件写触发启动 DAC 转换

6. DAC 输出电压

数字输入是在 0 到参考电压 V_{REF} 之间线性转换成输出电压。DAC 引脚输出电压通过以下公式决定:

$$DAC\_OUT = V_{REF} \times DATOUT[11:0]/4\ 096$$

7. DAC 触发选择

DAC 转换可以通过写 DAC_DAT、软件触发或硬件触发启动。当 TRGEN(DAC_CTL[4])=0 时,通过写 DAC_DAT 启动 DAC 转换;当 TRGEN(DAC_CTL[4])=1 时,通过外部引脚 STDAC、定时器事件或 PWM 时钟事件启动 DAC 转换。如果选择软件触发,一旦 SWTRG(DAC_SWTRG[0])被置 1,则启动 DAC 转换。

若 DAC_DATOUT 已经装载 DAC_DAT 内容,则 SWTRG 被硬件清零。TRG-SEL(DAC_CTL[7:5])决定 8 个事件中哪个事件被选作触发 DAC 转换。

当 DAC 检测到选中触发事件的上升沿时,存储在 DAC_DAT 的最后一个数据会被传送到 DAC_DATOUT[11:0],一个 PCLK 时钟周期后开始转换。

图 16.3.3 所示为通过硬件触发事件启动 DAC 转换。

8. DMA 操作

当硬件触发事件发生时,DMAEN(DAC_CTL[2])被设置,DAC DMA 请求产生。在 DAC_DAT 内容传送到 DAC_DATOUT[11:0]后,DAC 将在一个 PCLK 时钟周期后开始转换。通过 PDMA 传送到 DAC_DAT 的新数据将在下个触发事件来时被转换。图 16.3.4 所示为 DAC PDMA 欠载运行条件,当第二个 DMA 请求触发事件在第一个转换完成前到达时,则不会发出新的 PDMA 请求,同时 DMA 欠载运

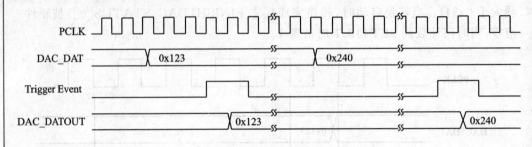

图 16.3.3　通过硬件触发事件启动 DAC 转换

行标志 DMAUDR（DAC_STATUS[1]）被置 1 来报告错误条件。然后 DMA 数据传输将禁止，并且不会有进一步 DMA 请求被处理，DAC 继续转换最近数据。如果相应的 DMAURIEN（DAC_CTL[3]）被使能，也会产生一个中断。用户必须及时更换在定时器或 PWM 中的触发事件频率，然后重新启动 DAC 转换。

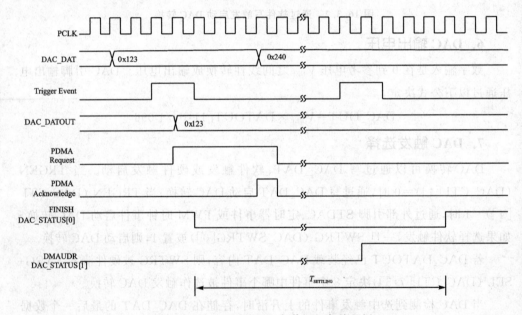

图 16.3.4　DAC PDMA 欠载运行条件示例

DMA 请求也可以通过软件使能产生，用户设 DMAEN（DAC_CTL[2]）=1 和 TRGEN（DAC_CTL[4]）=0，DMA 请求根据 SETTLET（DAC_TCTL[9:0]）值定义的转换时间定期产生。当用户把 DMAEN（DAC_CTL[2]）清零时，DAC 控制器将停止发出下一个新的 PDMA 传输请求，如图 16.3.5 所示。

9. 内部中断源

DAC 控制器有两个中断源：一个是 DAC 数据转换完成中断，另一个是 DMA 欠载运行中断。当 DAC 转换完成后 FINISH（DAC_STATUS[0]）被置 1，如果 DACIEN（DAC_CTL[1]）被使能，则产生一个中断。如果在 DAC 数据转换期间出现一

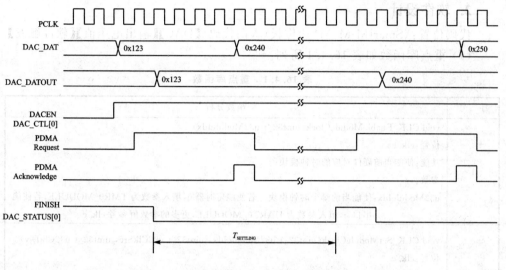

图 16.3.5　带软件 PDMA 模式的 DAC 连续转换

个新的 DMA 触发事件，则 DMA 欠载运行标志 DMAUDR（DAC_STATUS[1]）产生；如果 DMAURIEN（DAC_CTL[3]）被使能，则产生一个中断，如图 16.3.6 所示。

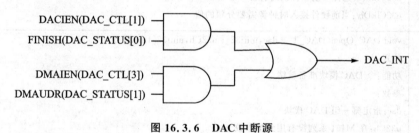

图 16.3.6　DAC 中断源

16.4　实　验

可调电压输出

【实验要求】SmartM-M451 开发板系列：使能内部 DAC 功能，实现可编程电压输出。

1. 硬件设计

（1）PB0 引脚通过杜邦线连接到 PB4 引脚。

（2）PB0 引脚使能为 DAC 功能，PB4 引脚使能为 ADC 功能。

（3）参考"14.2.1　串口收发数据"一节中的硬件设计。

2. 软件设计

代码位置:\SmartM-M451\迷你板\入门代码\【DAC】【输出电压值】【软件触发】

(1) 重点库函数如表 16.4.1 所列。

表 16.4.1　重点库函数

序　号	函数分析
1	void CLK_EnableModuleClock(uint32_t u32ModuleIdx) 位置:clk.c 功能:使能当前硬件对应的时钟模块 参数: u32ModuleIdx:使能当前哪个时钟模块。若使能定时器 0,填入参数为 TMR0_MODULE;若使能 　　　　　　　串口 0,填入参数为 UART0_MODULE,更多的参数值参考 clk.c
2	void CLK_SetModuleClock(uint32_t u32ModuleIdx, uint32_t u32ClkSrc, uint32_t u32ClkDiv) 位置:clk.c 功能:设置当前硬件的时钟频率 参数: u32ModuleIdx:当前时钟模块索引值 u32ClkSrc:选择当前硬件的时钟源 u32ClkDiv:当前硬件接入时钟源需要分频的值
3	void DAC_Open(DAC_T * dac,uint32_t u32Ch,uint32_t u32TrgSrc) 位置:dac.c 功能:令 DAC 模块准备就绪 参数: dac:指定哪一组 DAC 模块 u32Ch:在 M451 系列没有用到该参数 u32TrgSrc:触发源,主要有以下 3 种。DAC_SOFTWARE_TRIGGER(软件触发);DAC_PWM0_ TRIGGER(PWM0 触发);DAC_TIMER0_TRIGGER(定时器 0 触发)。 更多的触发方式请参考 dac.c 中 DAC_Open 函数注释
4	float DAC_SetDelayTime(DAC_T * dac, uint32_t u32Delay) 位置:dac.c 功能:设置 DAC 输出的固定时间 参数: dac:指定哪一组 DAC 模块 u32Delay:DAC 输出的固定时间。若填写 8,即 8 μs;填写 25,即 25 μs
5	DAC_CLR_INT_FLAG(dac, u32Ch) 位置:dac.h 功能:清除 DAC 中断标志 参数: dac:指定哪一组 DAC 模块 u32Ch:当前参数是无效的,默认为 0

序　号	函数分析
6	DAC_ENABLE_INT(dac, u32Ch) 位置:dac. h 功能:使能 DAC 中断 参数: dac:指定哪一组 DAC 模块 u32Ch:当前参数是无效的,默认为 0
7	DAC_START_CONV(dac) 位置:dac. h 功能:启动 DAC 参数: dac:指定哪一组 DAC 模块
8	DAC_GET_INT_FLAG(dac, u32Ch) 位置:dac. h 功能:获取 DAC 中断标志位 参数: dac:指定哪一组 DAC 模块 u32Ch:当前参数是无效的,默认为 0
9	DAC_WRITE_DATA(dac, u32Ch, u32Data) 位置:dac. h 功能:DAC 写数据 参数: dac:指定哪一组 DAC 模块 u32Ch:当前参数是无效的,默认为 0 u32Data:DAC 要写入的值

（2）完整代码如下。

程序清单 16.4.1　完整代码

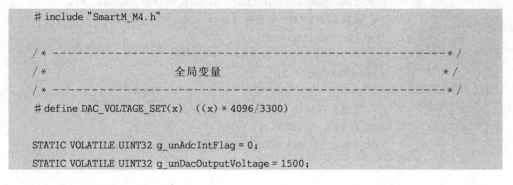

```
#include "SmartM_M4.h"


/* ------------------------------------------------------------ */
/*                    全局变量                              */
/* ------------------------------------------------------------ */
#define DAC_VOLTAGE_SET(x)   ((x) * 4096/3300)

STATIC VOLATILE UINT32 g_unAdcIntFlag = 0;
STATIC VOLATILE UINT32 g_unDacOutputVoltage = 1500;
```

```
/* ------------------------------------------------------------------ */
/*                          函数                                      */
/* ------------------------------------------------------------------ */
/* ****************************************
 * 函数名称:ADC_Init
 * 输    入:无
 * 输    出:无
 * 功    能:获取采样模块 4 的 ADC 数据值
 **************************************** */
VOID ADC_Init(VOID)
{
        PROTECT_REG
        (
                /* 使能 ADC 时钟模块 */
                CLK_EnableModuleClock(EADC_MODULE);

                /* 设置 ADC 时钟源为 PLL,并进行 8 分频,即 ADC 时钟频率 = 72 MHz/8 = 9 MHz */
                CLK_SetModuleClock(EADC_MODULE, 0, CLK_CLKDIV0_EADC(8));

                /* 配置 PB4 引脚为 ADC 模拟信号输入引脚 */
                SYS ->GPB_MFPL &= ~(SYS_GPB_MFPL_PB4MFP_Msk);
                SYS ->GPB_MFPL |= (SYS_GPB_MFPL_PB4MFP_EADC_CH4);

                /* 取消 PB4 引脚的数字信号输入通道以避免泄漏电流 */
                GPIO_DISABLE_DIGITAL_PATH(PB, 1 << 4);

                /* 设置 ADC 内部采样时间,输入模式为单次完成,同时使能 A/D 转换器 */
                EADC_Open(EADC, EADC_CTL_DIFFEN_SINGLE_END);
                EADC_SetInternalSampleTime(EADC, 6);

                /* 配置采样模块 4 作为模拟输入通道 4,同时设置 ADINT0 触发源 */
                EADC_ConfigSampleModule(EADC, 4, EADC_ADINT0_TRIGGER, 4);
                /* 清除 A/D ADINT0 中断标志位 */
                EADC_CLR_INT_FLAG(EADC, 1);

                g_unAdcIntFlag = 0;

                /* 使能采样模块 4 中断 */
                EADC_ENABLE_INT(EADC, 1);
                EADC_ENABLE_SAMPLE_MODULE_INT(EADC, 0, (0x1 << 4));
```

```
                    ·          /* 使能 NVIC ADC0 IRQ 中断 */
                               NVIC_EnableIRQ(ADC00_IRQn);
                    )
}
/*******************************************
* 函数名称:ADC_Read
* 输     入:无
* 输     出:ADC 数据值
* 功     能:获取采样模块 4 的 ADC 数据值
*******************************************/
UINT32 ADC_Read(VOID)
{
        /* 启动采样模块 4 */
        EADC_START_CONV(EADC, (0x1 << 4));

        /* 等待采样模块 4 转换结束 */
        while(g_unAdcIntFlag == 0);

        g_unAdcIntFlag = 0;

        /* 返回采样模块 4 的数据值 */
        return EADC_GET_CONV_DATA(EADC,4);

}
/*******************************************
* 函数名称:main
* 输     入:无
* 输     出:无
* 功     能:函数主体
*******************************************/
int32_t main(void)
{
    UINT32 unVoltage = 0;

    PROTECT_REG
    (
        /* 系统时钟初始化 */
        SYS_Init(PLL_CLOCK);

        /* 使能 DAC 模块时钟 */
        CLK_EnableModuleClock(DAC_MODULE);
```

```
            /* 设置 PB0 引脚为 DAC 电压输出 */
            SYS->GPB_MFPL &= ~SYS_GPB_MFPL_PB0MFP_Msk;
            SYS->GPB_MFPL |= SYS_GPB_MFPL_PB0MFP_DAC;
    }
    /* 设置 DAC 由软件触发,并使能 DAC */
    DAC_Open(DAC, 0, DAC_SOFTWARE_TRIGGER);

    /* 设置 DAC 输出的固定时间为 8 μs */
    DAC_SetDelayTime(DAC, 8);

    /* 清除 DAC 转换完成标志位 */
    DAC_CLR_INT_FLAG(DAC, 0);

    /* 使能 DAC 中断 */
    DAC_ENABLE_INT(DAC, 0);
    NVIC_EnableIRQ(DAC_IRQn);

    /* 手动启动 D/A 转换 */
    DAC_START_CONV(DAC);

    /* ADC 初始化 */
    ADC_Init();
    /* 串口 0 初始化 */
    UART0_Init(115200);

    printf(" + ---------------------------------------------- + \n");
    printf("|            DAC software trigger test            |\n");
    printf(" + ---------------------------------------------- + \n");

    /* 手动启动 D/A 转换 */
    DAC_START_CONV(DAC);

    while(1)
    {
        /* 计算出当前电压值 */
        unVoltage = 3300 * ADC_Read()/4096;

        printf("DAC Voltage = % dmv\r\n",g_unDacOutputVoltage);
        printf("ADC Voltage = % dmv\r\n\r\n",unVoltage);

        /* DAC 输出电压值自加 100 mV */
        g_unDacOutputVoltage + = 100;
```

```
    Delayms(1000);

    /*  DAC  输出电压值若超过 3 000 mV,则恢复初值 1 500 mV    */
    if(g_unDacOutputVoltage > 3000)
    {
        g_unDacOutputVoltage = 1500;
    }

    }
}


/* ------------------------------------------------------ */
/*                    中断服务函数                          */
/* ------------------------------------------------------ */
/**********************************************
* 函数名称:ADC00_IRQHandler
* 输     入:无
* 输     出:无
* 功     能:ADC0 中断服务函数
***********************************************/
VOID ADC00_IRQHandler(VOID)
{
    g_unAdcIntFlag = 1;

    /* 清空 A/D ADINT0  中断标志位 */
    EADC_CLR_INT_FLAG(EADC, 1);
}


/**********************************************
* 函数名称:DAC_IRQHandler
* 输     入:无
* 输     出:无
* 功     能:DAC 中断服务函数
***********************************************/
VOID DAC_IRQHandler(VOID)
{
    if(DAC_GET_INT_FLAG(DAC, 0))
    {
        /* DAC 写入数据值实现可编程电压值输出 */
        DAC_WRITE_DATA(DAC, 0, DAC_VOLTAGE_SET(g_unDacOutputVoltage));
```

```
        /* 手动启动 D/A 转换 */
        DAC_START_CONV(DAC);

        /* 清除 DAC 转换完成标志位 */
        DAC_CLR_INT_FLAG(DAC, 0);
    }
}
```

（3）主函数 main 分析如下。

① 调用 CLK_EnableModuleClock 函数使能 DAC 时钟模块。

② 设置 SYS→GPB_MFPL 寄存器，使能 PB0 引脚的 DAC 功能。

③ 调用 DAC_Open 函数设置当前 DAC 的启动方式为软件触发形式，使能内部 DAC 功能。

④ 为了满足 DAC 转换基于 PCLK 速度的固定时间，必须设置 DAC 输出的固定时间，调用 DAC_SetDelayTime 函数进行设置，因为 DAC 转换时间在 72 MHz 的频率下需要 8 μs，这里设置 8 μs 就行了。

⑤ 调用 DAC_CLR_INT_FLAG 函数清空当前 DAC 中断标志位，确保当前的标志位表示的是当前没有中断发生。

⑥ 调用 DAC_ENABLE_INT、NVIC_EnableIRQ 函数使能 DAC 中断。

⑦ 调用 DAC_START_CONV 函数手动启动 D/A 转换。

⑧ 调用 ADC_Init 函数初始化 ADC。

⑨ 调用 UART0_Init 函数初始化串口 0，波特率为 115 200 bps。

⑩ 在 while(1) 死循环中，每隔 500 ms 手动启动 D/A 转换，并调用 ADC_Read 函数读取当前 A/D 转换后的结果值，利用公式转换为当前电压值，再通过串口 0 打印输出。然后变量 g_unDacOutputVoltage 自加 100，用于调整下一次 DAC 输出的电压值，若该变量值超过 3 000，则恢复初值 1 500。

（4）DAC_IRQHandler 中断服务函数分析如下。

① 调用 DAC_GET_INT_FLAG 函数获取当前是否产生了 DAC 转换完成中断。

② 若产生了 DAC 转换完成中断，则调用 DAC_WRITE_DATA 函数向 DAC 写入输出数据。因为当前输出的是电压值，所以必须调用 DAC_VOLTAGE_SET 函数进行转换。

③ 若产生了 DAC 转换完成中断，则调用 DAC_CLR_INT_FLAG 函数清除 DAC 转换完成标志位。

3. 下载验证

通过 NuLink 仿真下载器将程序下载到 SmartM-M451 迷你板后，进入单片机多功能调试助手中的串口调试界面,每隔 1 s,DAC 输出电压就作出自加 100 mV 的调整,调整后,使能 ADC 功能将对应的电压值读出,检查当前输出电压是否跟设置的一样。详细输出如图 16.4.1 所示。

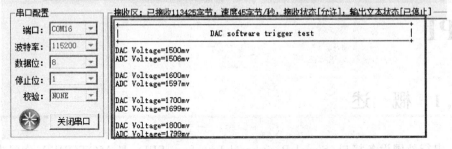

图 16.4.1 DAC 输出电压值检测

第 17 章

SPI

17.1 概　述

　　串行外围设备接口(Serial Peripheral Interface,SPI),是 MOTORLA 公司推出的一种全双工三线同步串行外围接口。因为 SPI 硬件功能很强,所以与其有关的软件就相当简单,使 CPU 有更多的时间处理其他事务。

　　SPI 采用主从模式(Master Slave)架构,支持多 Slave 模式应用,一般仅支持单 Master。时钟由 Master 控制,在时钟移位脉冲下,数据按位传输,高位在前,低位在后(MSB first);SPI 有 2 根单向数据线,为全双工通信,目前应用中的数据速率可达几 Mbps 的水平。

　　SPI 主要应用于 EEPROM、Flash、实时时钟、A/D 转换器,还有数字信号微控制器和数字信号解码器之间。SPI 是一种高速的、全双工、同步的通信总线,并且在芯片的引脚上只占用 4 根线,节约了芯片的引脚,同时为 PCB 的布局节省空间,提供方便。正是出于这种简单易用的特性,现在越来越多的芯片集成了这种通信协议,比如 ATMEGA16、LPC2142、S3C2440 等。图 17.1.1 所示为 Microchip 公司芯片集成 SPI 应用。

图 17.1.1　Microchip 公司芯片集成 SPI 应用

SPI 的通信原理很简单,它以主从方式工作,这种模式通常有一个主设备和一个或多个从设备,需要至少 4 根线,事实上 3 根也可以(单向传输时),能够与其他 SPI 设备共用,它们是 MISO(主机数据输入,从机数据输出)、MOSI(主机数据输出,从机数据输入)、SCK(时钟)、CS(片选)。

NuMirco M451 系列包含 3 组 SPI 控制器,当从一个外围设备接收数据时,SPI 执行串-并的转换,而在数据向外围设备发送时执行并-串的转换。每组 SPI 控制器可以配置为主设备或从设备。SPI 控制器支持全双工 2 位传输模式,也支持双 I/O 和四 I/O 传输模式。SPI1 和 SPI2 控制器也支持 I²S 模式连接到外部音频解码芯片。

SPI 有一个缺点:没有指定的流控制,没有应答机制确认是否接收到数据。

1. 特　性

(1) SPI 模式的特性:

● 多达 3 组 SPI 控制器;

● 支持主机和从机工作模式;

● 支持 2 位传输模式;

● 支持双 I/O 和四 I/O 传输模式;

● 一个事务传输的数据长度可配置为 8～32 位;

● 提供独立的 4 级/8 级深度发送和接收 FIFO 缓存;

● 支持 MSB 或 LSB 优先传输;

● 支持字节重排序功能;

● 支持 PDMA 传输;

● 支持三线,没有从机片选信号的双向接口。

(2) SPI1 和 SPI2 I²S 模式的特性:

● 支持主机或从机模式;

● 可处理 8/16/24/32 位字大小的数据;

● 提供独立的 4 级深度发送和接收 FIFO 缓存;

● 支持单声道和立体声音频数据;

● 支持 PCM A、PCM B、I²S 和最高有效位对齐数据格式;

● 支持 PDMA 传输。

(3) SPI 通信的特点

① 主机控制具有完全的主导地址,它决定通信的速度,也决定何时可以开始和结束一次通信,从机只能被动响应主机发起的传输;

② SPI 通信是一种全双工高速的通信方式,从通信的任意一方来看,读操作和写操作都是同步完成的;

③ SPI 的传输始终是在主机控制下进行双向同步的数据交换。

2. 时 钟

SPI 控制器需要外设时钟驱动 SPI 逻辑单元来执行数据传输。SPI 外设时钟速率取定于时钟分频器(SPI_CLKDIV)和时钟源的设置,时钟源可以设置为 HXT、HIRC、PLL 输出时钟或 PCLK。寄存器 CLK_CLKSEL2 的 SPInSEL ($n=0,1,2$) 位决定 SPI 外设时钟的时钟源。寄存器 DIVIDER(SPI_CLKDIV[7:0])的设定值决定时钟速率计算的分频值,如图 17.1.2 所示。

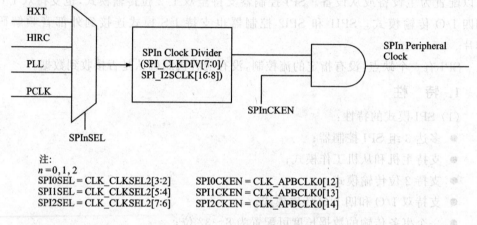

注:
$n=0,1,2$

SPI0SEL = CLK_CLKSEL2[3:2]	SPI0CKEN = CLK_APBCLK0[12]
SPI1SEL = CLK_CLKSEL2[5:4]	SPI1CKEN = CLK_APBCLK0[13]
SPI2SEL = CLK_CLKSEL2[7:6]	SPI2CKEN = CLK_APBCLK0[14]

图 17.1.2 SPI 外设时钟

在主机模式下,SPI 总线的时钟频率等于外设的时钟速率。在通常情况下,SPI 总线时钟表示为 SPI 时钟。在从机模式下,SPI 总线时钟由片外主机设备提供。无论工作于主机模式还是从机模式,SPI 外设的时钟频率都不能快于系统时钟速率。如果外设的时钟源不同于其中的一个系统时钟,则 SPI 外设时钟不管是主机模式还是从机模式都必须不能超过系统时钟频率。

3. 主/从模式

用户可通过设置 SLAVE 位(SPI_CNTRL[18])将 SPI 控制器配置为主机或从机模式,来与片外 SPI 从机或主机设备通信。在主机模式与从机模式下的应用框图分别如图 17.1.3 和图 17.1.4 所示。

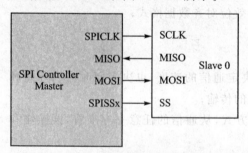

图 17.1.3 SPI 主机模式应用框图

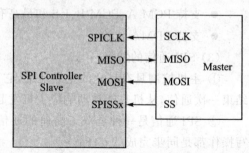

图 17.1.4 SPI 从机模式应用框图

在主机模式下,该 SPI 控制器能通过从机片选输出脚 SPIn_SS 来驱动片外从机设备。在从机模式下,片外主机设备通过 SPIn_SS 输入端口驱动从机片选信号到 SPI 控制器。在从机片选激活边沿到第一个 SPI 时钟输入应多于 3 个 SPI 从机外设时钟周期。

在主机和从机模式下,从机选择信号的有效状态可以通过编程寄存器 SSACT-POL (SPI_SSCTL[2])来设定为低有效或高有效。从机片选条件取决于所连设备的类型。

在从机模式下,为了区别从机片选信号的无效状态,在两次数据传输之间,从机片选信号的无效周期必须大于或等于 3 个外设时钟周期。

4. 传输时序

CLKPOL (SPI_CTL[3])定义了 SPI 时钟线空闲时的状态。如果 CLKPOL＝1,则 SPI 时钟线在空闲时输出高电平;如果 CLKPOL＝0,则 SPI 时钟线在空闲时输出低电平。TXNEG (SPI_CTL[2])定义数据是在 SPI 时钟的下降沿还是上升沿发送。RXNEG (SPI_CTL[1])定义数据在 SPI 时钟的下降沿还是上升沿接收。

注意:TXNEG 和 RXNEG 的设置是相互排斥的,换句话说,就是不要在相同的时钟沿发送和接收数据。

一个传输事件的位长由 DWIDTH (SPI_CTL[12:8])来定义。对于发送和接收,在传输的过程中,位长最多可配置为 32 位。当 SPI 控制器完成一次数据传输时,例如:接收或发送完 DWIDTH (SPI_CTL[12:8])中定义的数据位数时,传输中断标志将被置 1。

传输时会分最高有效位优先传输(MSB)和最低有效位优先传输(LSB),LSB (SPI_CTL[13])定义一个传输过程中位传输顺序。如果设定 LSB (SPI_CTL[13])为 1,则传输顺序为 LSB 优先,位 0 首先被传输;如果清除 LSB (SPI_CTL[13])为 0,则传输顺序是 MSB 优先,详细如图 17.1.5 所示。

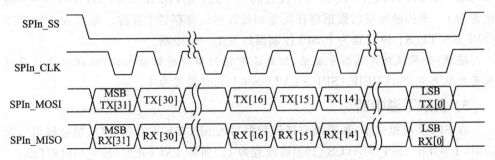

图 17.1.5　一次 32 位数据的传输过程(主机模式)

5. 中　断

1) SPI 单元传输中断

当 SPI 控制器完成一个单元传输时,单元传输中断标志 UNITIF(SPI_STA-TUS[1])将会被设为 1。如果单元传输中断使能位 UNITIEN(SPI_CTL[17])被置位,则单元传输中断事件将给 CPU 产生中断请求,且单元传输中断标志位只能写 1 清零。

2) SPI 从机片选有效/无效中断

在从机模式下,当 SPIEN(SPI_CTL[0])和 SLAVE(SPI_CTL[18])都设置为 1,且从机片选信号进入有效或无效状态时,从机片选有效或无效中断标志 SSACTIF(SPI_STATUS[2])和 SSINAIF(SPI_STATUS[3])将设置为 1。如果 SSINAIEN(SPI_SSCTL[13])或 SSACTIEN(SPI_SSCTL[12])设置为 1,SPI 控制器将发生一个中断。

3) 从机超时中断

在从机模式下,从机超时功能表现为:当有串行时钟输入但超过了 SLVTOCNT(SPI_SSCTL[31:16])中定义的从机外设时钟周期个数时,传输事务还没有完成。当从机片选信号有效且 SLVTOCNT(SPI_SSCTL[31:16])的值不为 0 时,在串行时钟输入后,SPI 控制器的从机超时计数器开始计数。在一次事务完成后或者 SLV-TOCNT(SPI_SSCTL[31:16])设置为 0,该计数器将被清除。如果在一次事务传输完成前,超时计数器的值大于或等于 SLVTOCNT(SPI_SSCTL[31:16])的值,则从机超时事件发生,同时 SLVTOIF(SPI_STATUS[5])将设置为 1。如果 SLVTOI-EN(SPI_SSCTL[5])设置为 1,SPI 控制器将发生一个中断。

4) 从机位计数错误中断

在从机模式下,当从机片选信号线进入无效状态时,如果发送或接收到位数据个数与 DWIDTH(SPI_CTL[12:8])设置的不一致,SLVBEIF(SPI_STATUS[6])将被置为 1。未传输完成的数据将在发送和接收移位寄存器中弃除。如果 SLVBEIEN(SPI_SSCTL[8])位设置为 1,SPI 控制器将发生一个中断。

注意:如果从机片选信号激活,但是没有任何串行时钟输入,当从机片选信号进入无效状态时,SLVBEIF(SPI_STATUS[6])也将设置为 1。

5) 发送下溢中断

在 SPI 从机模式下,如果没有任何数据写入 SPI_TX 寄存器,当从机选择信号激活时,TXUFIF(SPI_STATUS[19])将设置为 1。如果 TXUFIEN(SPI_FIFOCTL[7])设置为 1,SPI 控制器将发生发送下溢中断。

6) 从机发送溢出运行中断

当 SPIn_SS 进入无效状态时,如果有发送下溢事件发生,SLVURIF(SPI_STA-TUS[7])将被置为 1。如果 SLVURIEN(SPI_SSCTL[9])设置为 1,SPI 控制器将

发生发送溢出运行中断。

注意：在从机三线模式下，从机片选信号被认为是一直有效的，用户需要去查看 TXUFIF (SPI_STATUS[19]) 位来确定是否有发生发送下溢事件。

7) 接收溢出中断

在从机模式下，如果接收 FIFO 缓存已有 8 个未读数据，SPI0 中的 RXFULL (SPI_STATUS[9]) 标志将会被设置为 1 (SPI1/2 只需 4 个未读数据)；如果从 SPI 总线上接收到更多串行数据，多余的数据将会丢失。如果 RXOVIEN (SPI_FIFO-CTL[5]) 设置为 1，SPI 控制器将发生接收溢出中断。

8) 接收 FIFO 超时中断

如果在 FIFO 里有一个接收到的数据，在主机模式下用户超过 64 个 SPI 外设时钟周期没有去读取，或者从机模式下超过 576 个 SPI 外设时钟周期没有去读取，并且接收超时中断使能位 RXTOIEN (SPI_FIFOCTL[4]) 设置为 1，则会向系统发出一个接收超时中断。

9) 发送 FIFO 中断

在 FIFO 模式下，如果发送 FIFO 缓存的有效数据计数少于或等于 TXTH (SPI_FIFOCTL[30:28]) 的设定值，则发送 FIFO 中断标志 TXTHIF (SPI_STATUS[18]) 会被置为 1。如果发送 FIFO 中断位 TXTHIEN (SPI_FIFOCTL[3]) 设置为 1，则 SPI 控制器会向系统产生一个发送 FIFO 中断。

10) 接收 FIFO 中断

在 FIFO 模式下，如果接收 FIFO 缓存的有效数据计数大于 RXTH (SPI_FIFOCTL[26:24]) 的设定值，接收 FIFO 中断标志 RXTHIF (SPI_STATUS[10]) 会被设置为 1。如果接收 FIFO 中断位 RXTHIEN (SPI_FIFOCTL[2]) 设置为 1，SPI 控制器将会向系统产生一个接收 FIFO 中断。

17.2　SPI Flash

Flash 芯片是应用非常广泛的存储材料(见图 17.2.1)，与之容易混淆的是 RAM 芯片。我们经常在有关 IT 的文章中看到谈这两种芯片。因为它们的工作条件与方式不一样，所以它们的性能和用途也有所差异。

这里简单介绍一下它们的工作原理。首先介绍计算机的信息是怎样储存的。计算机用的是二进制，也就是 0 与 1。在二进制中，0 与 1 可以组成任何数。而计算机的器件都有两种状态，可以表示 0 与 1。比如：三极管的断电与通电，磁性物质的已被磁化与未被磁化，物质平面的凹与凸，都可以表示成 0 与 1。

图 17.2.1　Flash 芯片

1. 硬盘（Flash 芯片）

硬盘就是采用磁性物质记录信息的,磁盘上的磁性物质被磁化了就表示 1,未被磁化就表示 0,因为磁性在断电后不会丧失,所以磁盘断电后依然能保存数据。而内存的存储形式则不同,内存不是用磁性物质,而是用 RAM 芯片。现在请在一张纸上画一个"田"字,就是画一个正方形再平均分成 4 份,这个"田"字就是一个内存,这样,"田"里面的 4 个空格就是内存的存储空间了,这个存储空间极小,只能存储电子。

2. 内存(RAM 芯片)

内存通电后,如果把"1010"这个信息保存在内存(现在画的"田"字)中,那么电子就会进入内存的储存空间里。"田"字的第一个空格画一点东西表示电子,第二个空格不用画东西,第三个空格又画东西表示电子,第四个空格不画东西。这样,"田"字第一格有电子,表示 1;第二格没有,表示 0;第三格有电子,表示 1;第四格没有,表示 0。内存就是这样把"1010"这个数据保存好的。电子是运动没有规律的物质,必须有一个电源才能使其规则地运动,内存通电时它会在内存的存储空间里,一旦内存断电,电子失去了电源,它就会离开内存的空间,所以,内存断电就不能保存数据了。

3. U 盘、MP3

它们的存储芯片是 Flash 芯片,它与 RAM 芯片的工作原理相似但不同。现在在纸上再画一个"田"字,这次要在 4 个空格中各画一个顶格的圆圈,这个圆圈不是表示电子,而是表示一种物质。Flash 芯片通电了,这次也是保存"1010"这个数据。电子进入"田"字的第一个空格,也就是芯片的存储空间。电子把里面的物质改变了性质,为了表示这个物质改变了性质,可以把"田"字内的第一个圆圈涂上颜色。由于数据"1010"的第二位数是 0,所以 Flash 芯片的第二个空格没有电子,自然里面那个物质就不会改变了。第三位数是 1,所以"田"字的第三个空格通电,第四个不通电。现在"田"字的第一个空格的物质涂上了颜色,表示这个物质改变了性质,表示 1;第二个没有涂颜色,表示 0,以此类推。当 Flash 芯片断电后,物质的性质不会改变,除非通电擦除。当 Flash 芯片通电查看存储的信息时,电子就会进入存储空间再反馈信息,计算机就知道芯片里面的物质有没有改变。就是这样,RAM 芯片断电后数据会丢失,Flash 芯片断电后数据不会丢失。

此外,RAM 的读取数据速度远远快于 Flash 芯片,所以运行游戏、程序速度快慢看的是 RAM,也就是动态内存,而 Flash 的大小并不影响运行速度。

总的来说,所谓 Flash 芯片就是最新型的,可进行快速存储、擦除数据的 ROM。

17.2.1　W25Q16 /W25Q32 /W25Q64

W25Q16、W25Q32 和 W25Q64 系列 Flash 存储控制器可以为用户提供存储解决方案,具有 PCB 板占用空间少、引脚数量少、功耗低等特点,与普通串行 Flash 相比,使用更灵活,性能更出色。它非常适合做代码下载应用,例如存储声音、文本、数据。工作电压在 2.7～3.6 V 之间,正常工作状态下电流消耗 0.5 mA,掉电状态下电流消耗 1 μA。所有的封装都是"节省空间"型的。

W25Q16、W25Q32 和 W25Q64 分别有 8 192、16 384 和 32 768 可编程页,每页 256 字节。用"页编程指令"每次就可以编程 256 个字节,用"扇区擦除指令"每次可以擦除 16 页,用"块擦除指令"每次可以擦除 256 页,用"整片擦除指令"就可以擦除整个芯片。W25Q16、W25Q32 和 W25Q64 分别有 512、1 024 和 2 048 个可擦除"扇区",或 32、64 和 128 个可擦除"块"。

W25Q16、W25Q32 和 W25Q64 支持标准的 SPI 接口,传输速率最大为 75 MHz,并基于 SPI 四线制方式进行连接,引脚名称如下:

- 串行时钟引脚 CLK;
- 芯片选择引脚 CS;
- 串行数据输出引脚 DO;
- 串行输入输出引脚 DIO。

注意:在普通情况下,第 4 引脚"串行输入输出引脚 DIO"是"串行输入引脚 DI",当使用了"快读双输出指令"时,这根引脚就变成了 DO 引脚,这种情况下,芯片就有了两个 DO 引脚了,所以称为双输出,这时与芯片通信的速率就相当于翻了一倍,所以传输速度更快。

另外,芯片还具有保持引脚(HOLD)、写保护引脚(WP)、可编程写保护位(位于状态寄存器 bit1)、顶部和底部块的控制等特性,使得控制芯片更具灵活性,而且芯片支持 JEDEC 工业标准。

17.2.2　特　性

1. 串行 Flash 存储器

- W25Q16:16 Mbit/2 MB。
- W25Q32:32 Mbit/4 MB。
- W25Q64:64 Mbit/8 MB。

每页 256 字节,统一的 4 KB 扇区和 64 KB 块区。

2. 单输出和双输出的 SPI 接口

时钟引脚(Clock)、芯片选择引脚(CS)、数据输入输出引脚(DIO)、数据输出引脚(DO)、HOLD 引脚功能也可以灵活地控制 SPI。

3. 数据传输速率最大 150 Mbps

- 时钟运行频率 75 MHz。
- 快读双输出指令。
- 读指令地址自动增加。

4. 灵活的 4 KB 扇区结构

- 扇区删除(4 KB)。
- 块区扇区(64 KB)。
- 页编程(256 字节)<2 ms。
- 最大 10 万次擦写周期。
- 20 年存储。

5. 低能耗,宽温度范围

- 单电源供电:2.7～3.6 V。
- 正常工作状态下:0.5 mA。掉电状态下:1 μA。
- 工作温度范围:－40～85 ℃。

6. 软件写保护和硬件写保护

- 部分或全部写保护。
- WP 引脚使能和关闭写保护。
- 顶部和底部块保护。

17.2.3　功能描述

1. SPI 模式

W25Q16、W25Q32、W25Q64 通过四线制 SPI 总线方式访问:CLK、CS、DIO、DO。两种 SPI 通信方式都支持:模式 0(0,0)和模式 3(1,1)。模式 0 和模式 3 的主要区别是:当 SPI 主机的 SPI 口处于空闲或者是没有数据传输时,CLK 的电平是高电平还是低电平。对于模式 0,CLK 处于低电平;对于模式 3,CLK 处于高电平。不过,在两种模式下芯片都是在 CLK 的上升沿采集输入数据,下降沿输出数据。

2. 双输出 SPI 模式

W25Q16、W25Q32、W25Q64 支持 SPI 双输出模式,需要使用"快读双输出指令:0x3B",这时,传输速率相当于两倍于标准的 SPI 传输速率。这个命令非常适合于需要一上电就快速下载代码到内存中的情况,或者是需要缓存代码段到内存中运行的情况。在使用"快读双输出指令"后,DIO 引脚变为输出引脚。

3. 保持功能(/HOLD)

芯片处于使能状态下(CS＝0)时,把 HOLD 引脚拉低可以使芯片"暂停"工作,其适用于当芯片和其他器件共享 SPI 主机上的 SPI 接口的情况。例如,当 SPI 主机接收到一个更高优先级的中断抢占了 SPI 主机的 SPI 口,而芯片的"页缓冲区"还有一部分没有写完时,此时,保持功能就可以使芯片当中的"页缓存区"保存好数据,等到那个 SPI 从机释放 SPI 口时再继续完成刚才没有写完的工作。

4. 写保护功能（$\overline{WR}$）

这个功能主要应用在芯片处于存在干扰噪声（这个噪声是指电磁干扰）等恶劣环境下工作的时候。

- 当 VCC 低于阈值电压器件重置。
- 上电之后禁能延迟写入。
- 写使能、写禁能指令。
- 编程或擦除之后自动禁止写入。
- 用"状态寄存器"实现软件写保护。
- 用"状态寄存器"和"$\overline{WP}$"引脚实现写保护。
- 用"掉电指令"实现写保护。

在"上电状态"或"掉电状态"下，如果 VCC 引脚的电平低于阈值电压（VMI），芯片将处于重置状态。此时，所有对芯片的操作都被禁止，指令也无法识别。当上电之后，如果 VCC 电平超过了阈值电压（VMI），则所有和编程或者是擦除相关的指令都会被禁止一段时间。这些指令包括：写使能、页编程、扇区擦除、块擦除、芯片擦除和写状态寄存器指令。注意，在上电过程中，CS 引脚电平必须和 VCC 引脚电平保持一致，直到 VCC 引脚电平达到最小值且时间延迟达到。

芯片上电之后自动进入写保护状态，因为此时状态寄存器当中的写保护状态位（WEL）为 0。在执行"页编程"指令，"扇区擦除"指令、"芯片擦除"指令、"写状态寄存器"指令之前，必须先执行"写使能"指令。在执行完编程、擦除、写指令之后，状态寄存器中的写保护位 WEL 自动变为 0，禁止写操作。

软件控制写保护功能可以"写状态寄存器"指令置位"状态寄存器保护位（SPR）"和"块区保护位（TB、BP2、BP1、BP0）"，这些状态寄存器允许芯片部分或者整个芯片都为只读。结合 $\overline{WP}$ 引脚，就可以实现硬件控制使能或者禁止写保护。

另外，利用"掉电"指令也可以实现一定意义上的写保护，此时，除了"释放掉电"指令外，其他的所有指令无效。

5. 状态寄存器（见表 17.2.1）

表 17.2.1　Flash 状态寄存器

位	S7	S6	S5	S4	S3	S2	S1	S0
状态	SRP	—	TB	BP2	BP1	BP0	WEL	BUSY

通过"读状态寄存器"指令读出的状态数据可以知道芯片存储器阵列是可写还是不可写，或是否处于写保护状态。通过"写状态寄存器"指令可以配置芯片写保护特性。

1) 忙位（BUSY）

BUSY 位是个只读位，位于状态寄存器中的 S0。当器件在执行"页编程"、"扇区擦除"、"块区擦除"、"芯片擦除"、"写状态寄存器"指令时，该位自动置 1。这时，除了"读状

ARM Cortex-M4微控制器原理与实践

态寄存器"指令,其他指令都忽略。当编程、擦除和写状态寄存器指令执行完后,该位自动变为 0,表示芯片可以接收其他指令了。

2) 写保护位(WEL)

WEL 位是个只读位,位于状态寄存器中的 S1。执行完"写使能"指令后,该位置 1。当芯片处于"写保护状态"下时,该位为 0。在下面两种情况下,会进入"写保护状态":

- 掉电后;
- 执行写禁能、页编程、扇区擦除、块区擦除、芯片擦除和写状态寄存器指令后。

3) 块区保护位(BP2、BP1、BP0)

BP2、BP1、BP0 位是可读可写位,分别位于状态寄存器 S4、S3、S2。可以用"写状态寄存器"命令置位这些块区保护位。在默认状态下,这些位都为 0,即块区处于未保护状态下。用户可以将块区设置为没有保护、部分保护或者是全部处于保护状态。当 SPR 位为 1 或$\overline{WP}$引脚为低的时候,这些位不可以被更改。

4) 底部和顶部块区保护位(TB)

TB 位是可读可写位,位于状态寄存器的 S5。该位默认为 0,表明顶部和底部块区处于未被保护状态。用户可以用"写状态寄存器"命令置位该位。当 SPR 位为 1 或$\overline{WP}$引脚电平被拉低的时候,这些位不可以被更改。

5) 保留位

状态寄存器的 S6 为保留位,读出状态寄存器值时,该位为 0。建议读状态寄存器值用于测试时将该位屏蔽。

6) 状态寄存器保护位(SRP)

SRP 位是可读可写位,位于状态寄存器的 S7。该位结合$\overline{WP}$引脚可以实现禁止写状态寄存器功能。该位默认值为 0,当 SRP 位=0 时,$\overline{WP}$引脚不能控制状态寄存器的"写禁能"。当 SRP 位=1、$\overline{WP}$引脚=0 时,"写状态寄存器"命令失效。当 SRP 位=1、$\overline{WP}$引脚=1 时,可以执行"写状态寄存器"命令。

6. 命　令

W25Q16、W25Q32、W25Q64 包括 15 个基本的指令,这 15 个基本的指令可以通过 SPI 总线完全控制芯片。指令在$\overline{CS}$引脚的下降沿开始传送,DIO 引脚上数据的第一个字节就是指令代码。在时钟引脚的上升沿采集 DIO 引脚数据,高位在前。

指令的长度从一个字节到多个字节,有时还会跟随地址字节、数据字节、伪字节,有时候还会是它们的组合。在$\overline{CS}$引脚的上升沿完成指令传输。所有的读指令都可以在任意的时钟位完成,而所有的写、编程和擦除指令在一个字节的边界后才能完成,否则指令将不起作用。这个特性可以保护芯片不被意外写入。当芯片正在被编程、擦除或写状态寄存器的时候,除了"读状态寄存器"指令,其他所有的指令都会被忽略,直到擦写周期结束。

表 17.2.2 所列为 W25Q16、W25Q32 和 W25Q64 命令集。

表 17.2.2　命令集

指令名称	字节 1	字节 2	字节 3	字节 4	字节 5	字节 6	字节 7
写使能	06H	—	—	—	—	—	—
写禁能	04H	—	—	—	—	—	—
读状态寄存器	05H	(S7～S0)	—	—	—	—	—
写状态寄存器	01H	(S7～S0)	—	—	—	—	—
读数据	03H	A23～A16	A15～A8	A7～A0	(D7～D0)	下个字节	继续
快读	0BH	A23～A16	A15～A8	A7～A0	伪字节	(D7～D0)	下个字节
快读双输出	3BH	A23～A16	A15～A8	A7～A0	伪字节	I/O=(D6,D4,D2,D0) O=(D7,D5,D3,D1)	每 4 个时钟 1 个字节
页编程	02H	A23～A16	A15～A8	A7～A0	(D7～D0)	下个字节	直到 256 个字节
块擦除(64 KB)	D8H	A23～A16	A15～A8	A7～A0	—	—	—
扇区擦除(4 KB)	20H	A23～A16	A15～A8	A7～A0	—	—	—
芯片擦除	C7H	—	—	—	—	—	—
掉电	B9H	—	—	—	—	—	—
释放掉电/器件 ID	ABH	伪字节	伪字节	伪字节	(ID7～ID0)	—	—
制造/器件 ID	90H	伪字节	伪字节	00H	(M7～M0)	(ID7～ID0)	—
JEDEC ID	9FH	(M7～M0)	(ID15～ID8)	(ID7～ID0)	—	—	—

17.3　SPI Flash 实验

17.3.1　读 ID

【实验要求】SmartM-M451 系列开发板：读取 W25Q64 芯片 ID，并将其打印到串口。

1. 硬件设计

（1）参考"14.2.1　串口收发数据"一节中的硬件设计。

（2）SPI Flash 硬件设计如图 17.3.1 所示。

（3）SPI Flash 芯片位置如图 17.3.2 所示。

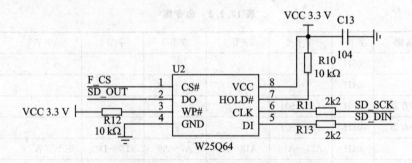

图 17.3.1　SPI Flash 硬件设计

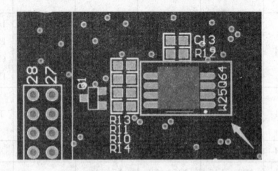

图 17.3.2　SPI Flash 芯片位置

2. 软件设计

代码位置:\SmartM-M451\迷你板\入门代码\【SPI】【W25QXX 读取 ID】

(1) 重点库函数如表 17.3.1 所列。

表 17.3.1　重点库函数

序　号	函数分析
1	void CLK_EnableModuleClock(uint32_t u32ModuleIdx) 位置:clk. c 功能:使能当前硬件对应的时钟模块 参数: u32ModuleIdx:使能当前哪个时钟模块。若使能定时器 0,填入参数为 TMR0_MODULE;若使能 　　　　串口 0,填入参数为 UART0_MODULE,更多的参数值参考 clk. c
2	void CLK_SetModuleClock(uint32_t u32ModuleIdx, uint32_t u32ClkSrc, uint32_t u32ClkDiv) 位置:clk. c 功能:设置当前硬件的时钟频率 参数: u32ModuleIdx:当前时钟模块索引值 u32ClkSrc:选择当前硬件的时钟源 u32ClkDiv:当前硬件接入时钟源需要分频的值

210

序 号	函数分析
3	uint32_t SPI_Open(SPI_T * spi, 　　　　　　　uint32_t u32MasterSlave, 　　　　　　　uint32_t u32SPIMode, 　　　　　　　uint32_t u32DataWidth, 　　　　　　　uint32_t u32BusClock) 位置:spi.c 功能:设置对应 SPI 工作模式、数据宽度及时钟频率 参数: spi:对应的 SPI 模块 u32MasterSlave:当前 SPI 工作角色为主机模式还是从机模式 u32SPIMode:工作模式 0～工作模式 3 u32DataWidth:每次收发数据的宽度 u32BusClock:SPI 时钟线频率
4	void SPI_DisableAutoSS(SPI_T * spi) 位置:spi.c 功能:取消芯片自动片选信号 参数: spi:对应的 SPI 模块
5	SPI_WRITE_TX(spi, u32TxData) 位置:spi.h 功能:SPI 发送数据 参数: spi:对应的 SPI 模块 u32TxData:发送的数据
6	SPI_IS_BUSY(spi) 位置:spi.h 功能:检查当前 SPI 是否是忙状态 参数: spi:对应的 SPI 模块
7	SPI_READ_RX(spi) 位置:spi.h 功能:获取当前 SPI 接收到的数据 参数: spi:对应的 SPI 模块 返回值:返回接收到的数据

（2）代码设计具体如下。

① 为什么将读取 ID 放在实验的第一位呢？读 ID 既可以验证 SPI 通信是否正常，同时也能检验当前芯片是否是有效工作。W25Q64 属于 SPI Flash，因此必须遵循 SPI 通信协议。现在观看发送读 ID 指令流程，如图 17.3.3 所示。

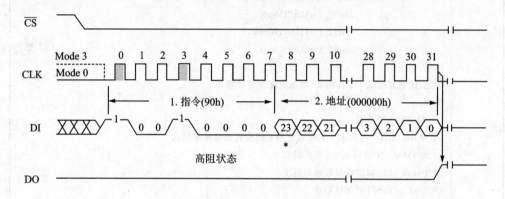

图 17.3.3　发送读 ID 指令流程

由图 17.3.3 可知，在发送指令 0x90 时可以拆分为 8 个位，即 1001 0000，可以发现在 CLK 的第 0 个、第 3 个时钟周期，DI 引脚表现为高电平，其余 6 个位均为低电平。

当发完 8 位的指令时，接着要发送 24 位的地址 0x00 0000h。可以发现发送读 ID 指令流程总共 32 位，即 8 位（指令码）＋24 位（地址）。

当发送完读 ID 指令后，W25Q64 必然会返回它的 ID 给用户，ID 长度为 16 位，流程如图 17.3.4 所示。

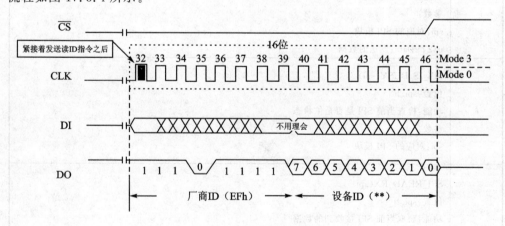

图 17.3.4　接收 ID 指令流程

由图 17.3.4 可知，接收 ID 数据可以紧接在发送读 ID 指令之后，ID 数据总共为 16 位，由厂商 ID（EFh）和设备 ID（＊＊）组成，DI 引脚的数据不用理会，只需关注 DO 引脚数据。程序代码如下。

程序清单 17.3.1　读 ID

```
/************************************************
* 函数名称:SpiFlashReadID
* 输    入:无
* 输    出:
        0XEF13,表示芯片型号为 W25Q80
        0XEF14,表示芯片型号为 W25Q16
        0XEF15,表示芯片型号为 W25Q32
        0XEF16,表示芯片型号为 W25Q64
* 功    能:读取芯片 ID
************************************************/
UINT16 SpiFlashReadID(VOID)
{
    UINT16 Temp = 0;
    SPI_Flash_CS(0);
    Spi0WriteRead(0x90);                //发送读取 ID命令
    Spi0WriteRead(0x00);                //发送 24 位地址
    Spi0WriteRead(0x00);
    Spi0WriteRead(0x00);
    Temp| = Spi0WriteRead(0xFF) << 8;   //获取厂商 ID
    Temp| = Spi0WriteRead(0xFF);        //获取设备 ID
    SPI_Flash_CS(1);
    return Temp;
}
```

② 程序主体代码如下。

程序清单 17.3.2　程序主体

```
# include "SmartM_M4.h"

/************************************************
* 函数名称:main
* 输    入:无
* 输    出:无
* 功    能:函数主体
************************************************/
int32_t main(void)
{
    PROTECT_REG
    (
        /* 系统时钟初始化 */
```

```
    SYS_Init(PLL_CLOCK);
    /* 串口 0 初始化 */
    UART0_Init(115200);
}


    /* SPI FLash 初始化 */
SpiFlashInit();

printf("\r\n ====================================\r\n");
printf("\r\n                    SPI Flash Read ID Test                \r\n");
printf("\r\n ====================================\r\n");
printf("\r\nSPI Flash ID is % X\r\n",SpiFlashReadID());

while(1);
}
```

3. 下载验证

通过 NuLink 仿真下载器将程序下载到 SmartM-M451 迷你板后,进入单片机多功能调试助手中的串口调试界面,当前读取到 SPI Flash 芯片的 ID 为 0xEF16,即当前芯片为 W25Q64,如图 17.3.5 所示;若读取到的 ID 值为 0xEF14,则为 W25Q32;若读取到的 ID 值为 0xEF15,则为 W25Q32。不同的 ID 值对应不同的型号,同时每个芯片的容量也不相同。

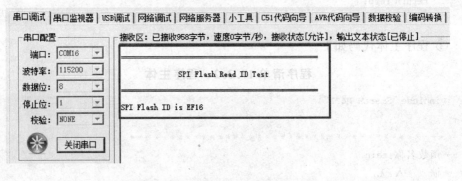

图 17.3.5　读取 SPI Flash 的 ID 值

17.3.2　擦除扇区

【实验要求】SmartM-M451 系列开发板:擦除指定扇区,并验证当前扇区是否擦除成功。

1. 硬件设计

参考"17.3.1　读 ID"一节中的硬件设计。

2. 软件设计

代码位置：\SmartM-M451\迷你板\入门代码\【SPI】【W25QXX 擦除扇区】

（1）对于 Flash 的写入数据，必须是先擦除，后编程（即写入）。每个扇区的大小为 4 KB，因此当进行扇区擦除时，该扇区的 4 KB 内容将会被改写，擦除扇区流程如图 17.3.6 所示。

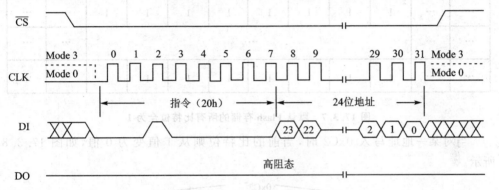

图 17.3.6　擦除扇区

由图 17.3.6 可知，擦除扇区时第一步先发送擦除指令 0x20，接着发送要擦除扇区的起始地址，代码如下。

程序清单 17.3.3　扇区擦除

```
#define SPI_Flash_SECTOR_SIZE   4096

/************************************************
* 函数名称:SpiFlashEraseSector
* 输    入:Dst_Addr   -扇区地址,根据实际容量设置
* 输    出:无
* 功    能:擦除一个扇区最少 150 ms
************************************************/
VOID SpiFlashEraseSector(UINT32 Dst_Addr)
{

    Dst_Addr * = SPI_FLASH_SECTOR_SIZE;
    SpiFlashWriteEnable();//设置写使能
    SpiFlashWaitBusy();
    SPI_FLASH_CS(0);//使能器件
    Spi0WriteRead(W25X_SectorErase);//发送扇区擦除指令
    Spi0WriteRead((UINT8)((Dst_Addr) >> 16));//发送 24 位地址
    Spi0WriteRead((UINT8)((Dst_Addr) >> 8));
    Spi0WriteRead((UINT8)Dst_Addr);
    SPI_FLASH_CS(1);//取消片选
    SpiFlashWaitBusy();//等待擦除完成

}
```

（2）当前 W25Q64 存储介质是 Flash，即具有 Flash 的特性，写入数据时必须先擦除才能正确地写入数据，因为 Flash 存储的比特单元只能由 1 值变为 0 值，不能从 0 值变为 1 值，如图 17.3.7 所示。

...	...	1	1	1	1	1	1	1	1	...	...
...	...	1	1	1	1	1	1	1	1	...	...
...	...				...					...	...
...	...	1	1	1	1	1	1	1	1	...	...

图 17.3.7　默认 Flash 存储的所有比特位全为 1

当对某一地址写入 0xC2 时，当前的比特位则从 1 值变为 0 值，如图 17.3.8 所示。

0xC2

...	...	1	1	0	0	0	0	1	1	...	...
...	...	1	1	1	1	1	1	1	1	...	...
...	...				...					...	...
...	...	1	1	1	1	1	1	1	1	...	...

图 17.3.8　对某一地址写入数据 0xC2

如果再对同一地址写入 0x77，当前的比特位则从 1 值变为 0 值，同时需要注意的是，对应的比特位不能从 0 值变为 1 值，结果将为 0x80，并不是我们所要的数值，如图 17.3.9 所示。

0x80

...	...	1	0	0	0	0	0	0	0	...	...
...	...	1	1	1	1	1	1	1	1	...	...
...	...				...					...	...
...	...	1	1	1	1	1	1	1	1	...	...

图 17.3.9　对某一地址写入数据 0x77，结果却为 0x80

（3）完整代码如下。

程序清单 17.3.4　　完整代码

```c
#include "SmartM_M4.h"

/* ------------------------------------------------------------ */
/*                         全局变量                             */
/* ------------------------------------------------------------ */


STATIC UINT8   buf[4096] = {0};



/* ------------------------------------------------------------ */
/*                          函数                                */
/* ------------------------------------------------------------ */



/**********************************************
 * 函数名称:main
 * 输    入:无
 * 输    出:无
 * 功    能:函数主体
 **********************************************/
int32_t main(void)
{
    UINT32 i;


    PROTECT_REG
    (
        /* 系统时钟初始化 */
        SYS_Init(PLL_CLOCK);

        /* 串口 0 初始化 */
        UART0_Init(115200);
    )

    /* SPI FLash 初始化 */
    SpiFlashInit();

    printf("\r\n==================================\r\n");
    printf("\r\n          SPI FLash Erase Test          \r\n");
```

```
        printf("\r\n====================================\r\n");


        /* 对特定扇区进行擦除 */
        printf("\r\nErase Sector 0\r\n");

        /* 擦除扇区 0 */
        SpiFlashEraseSector(0);

        /* 从 0 地址读取 4 096 字节数据 */
        SpiFlashRead(buf,0,4 096);


        /* 若擦除扇区成功,当前扇区存储的内容都为 0xFF */
        for(i = 0; i<4096; i++)
        {
            /* 擦除扇区失败 */
            if(buf[i]!= 0xFF)
            {
                printf("Erase Sector 0 Fail At Address % d\r\n",i);

                while(1);

            }
        }

        printf("\r\nErase Sector 0 Success\r\n");


        while(1);
}
```

(4) 代码分析如下。

① 调用 SpiFlashEraseSector 函数对扇区 0 进行数据擦除,擦除数据大小为 4 096 字节。

② 调用 SpiFlashRead 函数对扇区 0 进行读取,连续读取 4 096 字节,检查当前是否擦除成功,若擦除成功,所有数据内容必须为 0xFF。

3. 下载验证

通过 NuLink 仿真下载器将程序下载到 SmartM-M451 迷你板后,进入单片机多功能调试助手中的串口调试界面,可以观察到扇区擦除成功,如图 17.3.10 所示,也就是说,当前扇区所有内容都为 0xFF。

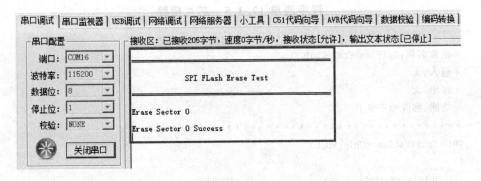

图 17.3.10　SPI Flash 进行扇区擦除

17.3.3　擦除芯片

【实验要求】SmartM-M451 系列开发板：擦除 SPI Flash 芯片内所有内容。

1. 硬件设计

参考"17.3.1　读 ID"一节中的硬件设计。

2. 软件设计

代码位置：\SmartM-M451\迷你板\入门代码\【SPI】【W25QXX 擦除芯片】

对于 Flash 的写入数据，必须是先擦除，后编程（即写入），每个扇区的大小为 4 KB，因此当进行扇区擦除时，该扇区的 4 KB 内容将会被改写。但是要擦除整个芯片时，使用扇区擦除函数会非常烦琐。W25Q64 提供了芯片擦除函数，即将所有内容进行擦除，发送 0xC7 或 0x60 指令即可，如图 17.3.11 所示。

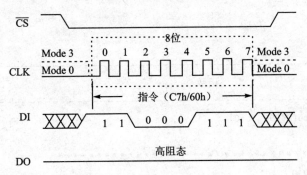

图 17.3.11　SPI Flash 芯片擦除

按照图 17.3.11 所示 SPI Flash 芯片擦除流程，编写芯片擦除函数的代码如下。

程序清单17.3.5　芯片擦除

```
/*************************************
* 函数名称:SpiFlashEraseChip
* 输入:无
* 输出:无
* 功能:擦除整个芯片
**************************************/
VOID SpiFlashEraseChip(VOID)
{
    SpiFlashWriteEnable();              //SET WEL
    SpiFlashWaitBusy();
SPI_FLASH_CS(0);                       //使能器件
    Spi0WriteRead(W25X_ChipErase);     //发送片擦除命令
    SPI_FLASH_CS(1);                   //取消片选
    SpiFlashWaitBusy();//等待芯片擦除结束
}
```

完整代码如下。

程序清单17.3.6　完整代码

```
#include "SmartM_M4.h"

/* -------------------------------------------------------- */
/*                    全局变量                              */
/* -------------------------------------------------------- */




/* -------------------------------------------------------- */
/*                    函数                                  */
/* -------------------------------------------------------- */
STATIC UINT8 buf[4096] = {0};


/*************************************
* 函数名称:main
* 输    入:无
* 输    出:无
* 功    能:函数主体
**************************************/
int32_t main(void)
{
    UINT32 unFlashAddrEnd = 8192 * 1024;
```

```
UINT32 i = 0,addr = 0;

PROTECT_REG
(
    /* 系统时钟初始化 */
    SYS_Init(PLL_CLOCK);

    /* 串口 0 初始化 */
    UART0_Init(115200);
)

/* SPI FLash 初始化 */
SpiFlashInit();

printf("\r\n ================================= \r\n");
printf("\r\n                    SPI Test                    \r\n");
printf("\r\n              SPI Flash Erase Chip              \r\n");
printf("\r\n ================================= \r\n");

/* 整个芯片擦除数据,需要几秒钟时间 */
printf("\r\nErase Chip ......\r\n");

/* 芯片擦除 */
SpiFlashEraseChip();

/* 连续检验当前芯片所有内容 */
while(addr < unFlashAddrEnd)
{
    SpiFlashRead(buf,addr,4096);

    /* 若擦除扇区成功,当前扇区存储的内容都为 0xFF */
    for(i = 0; i<4096; i++)
    {
        /* 擦除扇区失败 */
        if(buf[i]! = 0xFF)
        {
            /* 输出擦除失败信息 */
            printf("[Fail]0x%6x\r\n",addr + i);

            while(1);
```

```
                    }
                }

                /* 输出擦除成功信息 */
                printf("[OK]0x%6x ~ 0x%6x\r\n",addr,addr + 4095);

                addr += 4096;
        }

        printf("\r\nErase Chip Success\r\n");

        while(1);
}
```

3. 下载验证

通过 NuLink 仿真下载器将程序下载到 SmartM-M451 迷你板后,进入单片机多功能调试助手中的串口调试界面,可以观察到芯片擦除时间比较久,约需要花 20 s 的时间,因此读者需要耐心等待,如图 17.3.12 所示。当擦除芯片成功后,立刻对所有地址存储的内容进行检查,是否所有值都为 0xFF,若是,则打印输出当前校验成功的地址信息,如图 17.3.13 所示;若所有地址存储的内容都为 0xFF,则打印输出芯片擦除成功信息,如图 17.3.14 所示。

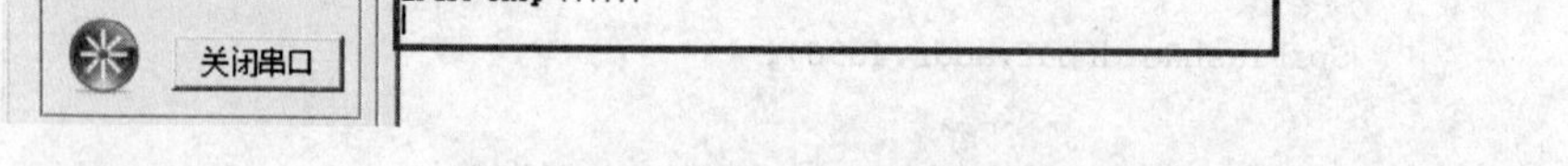

图 17.3.12　SPI Flash 擦除芯片中

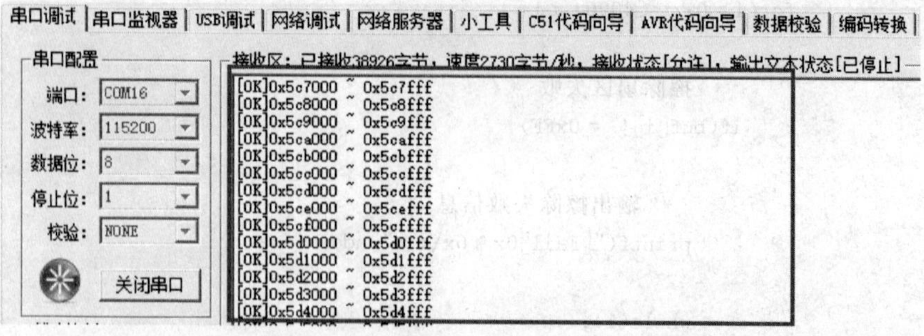

图 17.3.13　SPI Flash 校验擦除后的数据

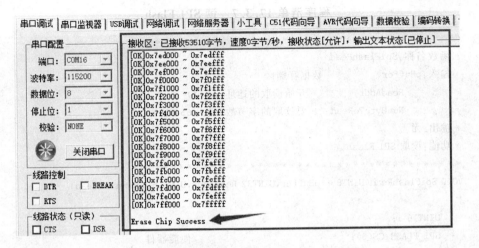

图 17.3.14　擦除芯片成功

17.3.4　读写数据

【实验要求】SmartM-M451 系列开发板：对地址 0x1000 进行读写数据，并将读写数据通过串口进行打印。

1. 硬件设计

参考"17.3.1　读 ID"一节中的硬件设计。

2. 软件设计

代码位置：\SmartM-M451\迷你板\入门代码\【SPI】【W25QXX 读写数据】

（1）读取某地址数据非常简单，首先发送指令 0x03，接着发送 24 位地址，然后连续读取多个数据，如图 17.3.15 所示。

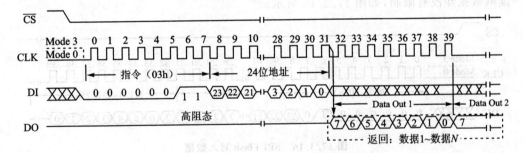

图 17.3.15　SPI Flash 读取数据

按照图 17.3.15 所示 SPI Flash 芯片读取数据流程，编写芯片读取数据函数如下。

程序清单 17.3.7　读 SPI Flash

```
/************************************************
 * 函数名称:SpiFlashRead
 * 输入:pBuffer          -数据存储区
         ReadAddr        -开始读取的地址(24 位)
         NumByteToRead   -要读取的字节数(最大 65 535)
 * 输出:无
 * 功能:读取 SPI Flash
 ************************************************/
VOID SpiFlashRead(UINT8 * pBuffer,UINT32 ReadAddr,UINT16 NumByteToRead)
{
    UINT16 i;
    SPI_FLASH_CS(0);                                //使能器件
SpiOWriteRead(W25X_ReadData);                       //发送读取命令
SpiOWriteRead((UINT8)((ReadAddr) >> 16));           //发送 24 位地址
SpiOWriteRead((UINT8)((ReadAddr) >> 8));
SpiOWriteRead((UINT8)ReadAddr);

for(i = 0;i<NumByteToRead;i ++ )
    {
pBuffer[i] = SpiOWriteRead(0XFF);                   //循环读数
}

    SPI_FLASH_CS(1);
}
```

（2）写数据就有些复杂了，因为 SPI Flash 规定，每次最多写入数据 256 字节，而读取数据却没有限制，如图 17.3.16 所示。

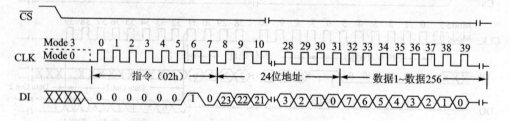

图 17.3.16　SPI Flash 写入数据

按照图 17.3.16 所示 SPI Flash 芯片写入数据流程，编写芯片写入数据函数如下。

程序清单 17.3.8 写 SPI Flash

```
/***************************************************
* 函数名称:SpiFlashWritePage
* 输入:pBuffer        - 数据存储区
        WriteAddr      - 开始写入的地址(24 位)
        NumByteToWrite - 要写入的字节数(最大 256),该数不应该超过该页的剩余字节数
* 输出:无
* 功能:SPI 在一页内写入少于 256 个字节的数据
***************************************************/
VOID SpiFlashWritePage(UINT8 * pBuffer,UINT32 WriteAddr,UINT16 NumByteToWrite)
{
    UINT16 i;

SpiFlashWriteEnable();                        //SET WEL
    SPI_FLASH_CS(0);                          //使能器件

Spi0WriteRead(W25X_PageProgram);              //发送写页命令
Spi0WriteRead((UINT8)((WriteAddr) >> 16));    //发送 24 位地址
Spi0WriteRead((UINT8)((WriteAddr) >> 8));
Spi0WriteRead((UINT8)WriteAddr);

for(i = 0;i<NumByteToWrite;i ++ )Spi0WriteRead(pBuffer[i]);//循环写数

    SPI_FLASH_CS(1);                          //取消片选
    SpiFlashWaitBusy();                       //等待写入结束
}
```

（3）完整代码如下。

程序清单 17.3.9 完整代码

```
# include "SmartM_M4.h"

/***************************************************
* 函数名称:main
* 输  入:无
* 输  出:无
* 功  能:函数主体
***************************************************/
int32_t main(void)
{
UINT32 i = 0,j = 1;
UINT8   buf[10] = {0};
```

ARM Cortex-M4 微控制器原理与实践

```
            PROTECT_REG
            (
                /* 系统时钟初始化 */
                SYS_Init(PLL_CLOCK);

                /* 串口 0 初始化 */
                UART0_Init(115200);
            )

        /* SPI FLash 初始化 */
        SpiFlashInit();

        printf("\r\n ============================== \r\n");
        printf("\r\n                 SPI Test                  \r\n");
printf("\r\n         SPI FLash Write And Read          \r\n");
        printf("\r\n ============================== \r\n");


        while(1)
        {
                for(i = 0;i<9;i++)buf[i] = j+'0';

                buf[9] = '\0';

                /* SPI Flash 写 */
                printf("\r\n 正在写入 9 字节数据包 - %d\r\n",j);
                SpiFlashWrite((UINT8 *)buf,0,sizeof buf);
                Delayms(1000);

                /* SPI Flash 读 */
                for(i = 0;i<sizeof buf;i++)buf[i] = 0;
                SpiFlashRead(buf,0,sizeof buf);

                j++;
                if(j>= 9)
                {
                    j = 1;
                }

                /* 显示读数据 */
                printf("\r\n 读取数据内容如下：%s\r\n",buf);
```

```
        Delayms(1000);


        printf("\r\n-------------------------------\r\n");

    }

}
```

3. 下载验证

通过 NuLink 仿真下载器将程序下载到 SmartM-M451 迷你板后，进入单片机多功能调试助手中的串口调试界面，写入 9 个字节后进行读取，如图 17.3.17～图 17.3.18 所示。

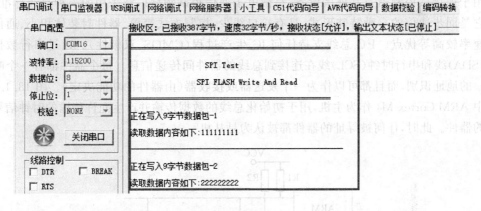

图 17.3.17　SPI Flash 读写数据演示(1)

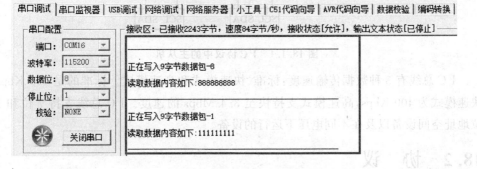

图 17.3.18　SPI Flash 读写数据演示(2)

第 18 章

I²C

18.1 概 述

I²C(Inter-Integrated Circuit)总线是由 PHILIPS 公司开发的两线式串行总线，用于连接微控制器及其外围设备，是微电子通信控制领域广泛采用的一种总线标准。它是同步通信的一种特殊形式，具有接口线少、控制方式简单、器件封装体积小、通信速率较高等优点。I²C 总线支持任何 IC 生产过程(CMOS、双极性)。通过串行数据(SDA)线和串行时钟(SCL)线在连接到总线的器件间传递信息。每个器件都有一个唯一的地址识别，而且都可以作为一个发送器或接收器(由器件的功能决定)。图 18.1.1 中 ARM Cortex-M4 作为主机，用于初始化总线的数据传输并产生允许传输的时钟信号的器件。此时，任何被寻址的器件都被认为是从机。

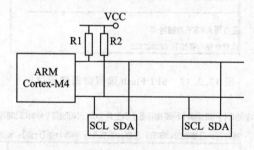

图 18.1.1 I²C 协议中的主从机

I²C 总线有 3 种数据传输速度：标准、快速模式和高速模式。标准的是 100 Kbps，快速模式为 400 Kbps，高速模式支持快至 3.4 Mbps 的速度。I²C 总线支持 7 位和 10 位地址空间设备以及在不同电压下运行的设备。

18.2 协 议

1. 特 性

NuMicro M451 系列 I²C 总线特性如下。

● 支持最多两个 I²C 接口。

- 支持主机/从机模式。
- 主从机之间双向数据传输。
- 总线支持多主机（无中心主机）。
- 多主机间同时传输数据仲裁,避免总线上串行数据损坏。
- 总线采用串行同步时钟,可实现设备之间以不同的速率传输。
- 内建 14 位溢出定时器,当 I²C 总线中止且定时器溢出时,产生 I²C 中断。
- 可配置不同时钟以适用于可变速率控制。
- 支持 7 位从地址模式。
- I²C 总线控制器支持多地址识别（4 组从机地址带 Mask 选项）。
- 支持总线管理(SM/PM 兼容)功能。
- 支持唤醒功能。

2. 传输过程

通常标准 I²C 传输协议包含以下 4 个部分:

- 起始信号或重复起始信号的产生。
- 从机地址和 R/W 位传输。
- 数据传输。
- 停止信号的产生。

I²C 协议传输过程如图 18.2.1 所示。

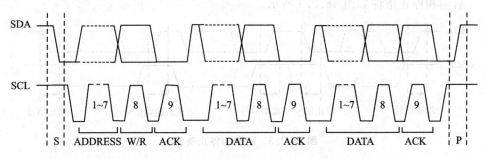

注:S 为起始信号;W/R 为读/写控制位;ACK 为应答;DATA 为数据;P 为停止信号。

图 18.2.1 I²C 协议传输过程

3. 寻址格式

I²C 总线上的通信过程都是由主机发起的,以主机控制总线,发出起始信号作为开始。在发送起始信号后,主机将发送一个用于选择从机设备的地址字节,以寻址总线中的某一个从机设备,通知其参与同主机之间的数据通信,地址格式如图 18.2.2 所示。

MSB							LSB
A6	A5	A4	A3	A2	A1	A0	R/$\overline{W}$
7 位从机地址							读/写

图 18.2.2　地址格式

地址字节的高 7 位数据是主机呼叫的从机地址,第 8 位用于标示紧接下来的数据传输方向:"0"表示主机将要向从机发送数据(主机发送/从机接收);而"1"则表示主机将要向从机读取数据(主机接收/从机发送)。

4. 起始或重复起始信号

当总线处于空闲状态时,即没有任何主机设备占用总线(SCL 和 SDA 线同时为高),主机可以通过发送起始信号发起一次数据传输。起始信号定义为,当 SCL 线为高电平时,SDA 线上产生一个高电平到低电平的跳变。起始信号表示新的数据传输的开始。

重复起始信号是指在两个 START 信号间不存在 STOP 信号。主机用这种方式来和另外一个或同一个从机在不同的传输方向且不释放总线的情形下通信(如从写向一个设备到从该设备读取)。

主机可以通过产生一个停止信号来结束通信。停止信号定义为,当 SCL 线为高电平时,SDA 线上产生一个低电平到高电平的跳变。

启动和停止条件如图 18.2.3 所示。

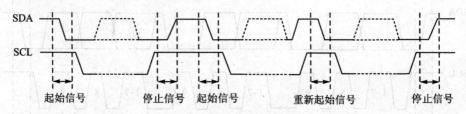

图 18.2.3　启动和停止条件

5. 从机地址传输

起始信号后传输的第一个字节是从机地址,从机地址的头 7 位是呼叫地址,紧跟7 位地址后的是 R/$\overline{W}$ 位,R/$\overline{W}$ 位通知从机数据传输方向。系统中不会有两台从机有相同的地址。只有地址匹配的从机才会在 SCL 的第 9 个时钟周期拉低 SDA 作为应答信号来响应主机。

6. 数据传输

当从机寻址成功完成后,就可以根据主机发送的 R/$\overline{W}$ 位所决定的方向,开始一字节一字节的数据传输,每一个传输的字节会在第 9 个 SCL 时钟周期跟随一个应答位。如果从机上产生无应答信号(NACK),主机可以产生一个停止信号来中止本次数据传输,或者产生重复起始信号开始新一轮的数据传输。如果主机作为接收设备,没有应答(NACK)从机,则从机释放 SDA 线,以便主机产生一个停止或重复起始信号。

详细的 I²C 细节如图 18.2.4~图 18.2.7 所示。

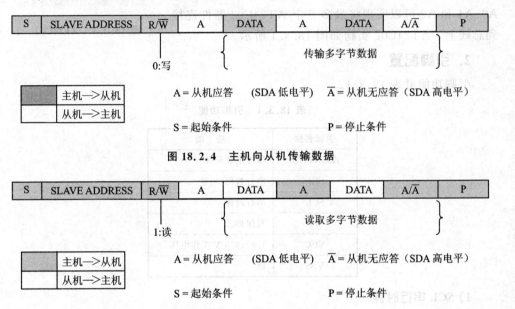

图 18.2.4 主机向从机传输数据

图 18.2.5 主机读取从机的数据

图 18.2.6 I²C 总线上的位传输　　　图 18.2.7 I²C 总线上的应答信号

18.3 AT24C02

1. 概 述

AT24C02 是一个 2 Kbit 串行 CMOS E²PROM,内部含有 256 个 8 位字节,CATALYST 公司的先进 CMOS 技术实质上降低了该器件的功耗。AT24C02 有一个 16 字节页写缓冲器。该器件通过 I²C 总线接口进行操作,有一个专门的写保护功能。I²C 总线协议规定任何将数据传送到总线的器件都作为发送器,任何从总线接收数据的器件都作为接收器。数据传送是由产生串行时钟和所有起始停止信号的主器件控制的。主器件和从器件都可以作为发送器或接收器，但由主器件控制传送数据（发送或接收）的模式。通过器件地址输入端 A0、A1 和 A2 可以实现将最多 8 个 AT24C02 器件连接到总线上。AT24C02 实物如图 18.3.1 所示。

图 18.3.1　AT24C02

2. 引脚配置

引脚功能见表 18.3.1。

表 18.3.1　引脚功能

引脚名称	功　　能
A0、A1、A2	器件地址选择
SDL	串行数据、地址
SCL	串行时钟
WP	写保护
VCC	1.8～6.0 V 工作电压
VSS	地

1) SCL 串行时钟

AT24C02 串行时钟用于产生器件所有数据发送或接收的时钟，这是一个输入引脚。

2) SDA 串行数据/地址

AT24C02 双向串行数据/地址引脚用于器件所有数据的发送或接收。SDA 是一个开漏输出引脚，可与其他开漏输出或集电极开路输出进行线或（Wire-or）。

3) A0、A1、A2 器件地址输入端

这些输入引脚用于多个器件级联时设置器件地址，当这些脚悬空时默认值为 0。当使用 AT24C02 时最大可级联 8 个器件。如果只有一个 AT24C02 被总线寻址，则这 3 个地址输入脚（A0、A1、A2）可悬空或连接到 VSS 端；如果只有一个 AT24C02 被总线寻址，则这 3 个地址输入引脚（A0、A1、A2）必须连接到 VSS 端。

4) WP 写保护

如果 WP 引脚连接到 VCC 端，所有的内容都被写保护，只能读。如果 WP 引脚连接到 VSS 端或该引脚悬空，则允许器件进行正常的读/写操作。

3. 特　性

● 数据线上的看门狗定时器。
● 可编程复位门槛电平。
● 高数据传送速率为 400 kHz 和 One-wire 总线兼容。

- 2.7~7 V 的工作电压。
- 低功耗 CMOS 工艺。
- 16 字节页写缓冲区。
- 片内防误擦除写保护。
- 高低电平复位信号输出。
- 100 万次擦写周期。
- 数据保存可达 100 年。
- 商业级、工业级和汽车温度范围。

18.4　实　验

【实验要求】基于 SmartM-M451 系列开发板：基于 I²C 协议实现对 AT24C02 芯片进行数据读写。

1. 硬件设计

(1) AT24C02 硬件设计如图 18.4.1 所示。

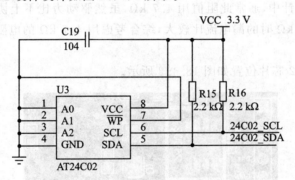

图 18.4.1　AT24C02 硬件设计

① I²C 硬件设计之漏极开路。

I²C 每一根线路(SDA 和 SCL)进入器件后，内部都接有输入/输出两部分。输入部分的输入阻抗很高，可以不理会它对线路的影响，输出部分则必须是漏极开路的结构。

漏极开路输出结构的特点：当拉低它时，它的输出为 0；当抬高它时，输出端相当于与芯片"断开"，输出电平由外部的上拉电阻所连接的高电平决定，而与器件的电源电压无关。

I²C 是个多主总线。大家都挂在总线上需要随时"说话"(输出)，只有这种"线与"的结构才能在硬件层面保证大家的"声音"能随时发出来。至于同时发声可能导致的碰撞，则由冲突检测机制解决。

回头再看看"线与"的逻辑关系：当大家都不"讲话"时，所有芯片内部置输出为

233

高,线路被外部电阻上拉为高;当任何一个器件要"讲话"时,该器件置输出为低,线路也立刻为低。当大家都为高(1)时线路为高(1),任何一个为低(0)时线路就为低(0),这正好是一种"与"关系,所以称为"线与"。

② I²C 硬件设计之上拉电阻。

I²C 接口的输出端是漏极开路或集电极开路,所以必须在接口外接上拉电阻。上拉电阻的范围很宽,但也需要根据功耗、信号上升时间等具体确定。I²C 是漏极开路,若同时驱动的从机个数量较多,又由于经常在 CMOS 集成电路里面源和基底是相连的,而漏和基底存在寄生电容,所以源和漏之间是有寄生电容的(标准模式下,100 kHz 寄生电容总量不能超过 400 pF;快速模式下,400 kHz 寄生电容总量不能超过 200 pF),过大的上拉电阻会引起延时,导致边缘的上升下降速度变慢。上拉电阻的取值与 I²C 总线的频率有关,工作在标准模式时,其典型值为 100 kHz,上拉电阻阻值为 5.1 kΩ。在快速模式 400 kHz 时,为减少时钟上升时间,满足上升时间的要求,一般为 1 kΩ 电阻。

PHILIPS 公司的 I²C 协议中上拉电阻阻值的典型值是,5 V 供电下,该阻值为5.1 kΩ(其实用 5 kΩ 一样,5.1 kΩ 比较好买、便宜);但低功耗设备一般为 3.3 V 供电,所以在参考设计中,通常此阻值用 4.7 kΩ,虽然驱动力比不上协议标准,但考虑到漏电流,用 3.3 kΩ 时的漏电流比较大,综合考虑用 4.7 kΩ 的电阻,况且此阻值也是常规值。

（2）AT24C02 芯片位置如图 18.4.2 所示。

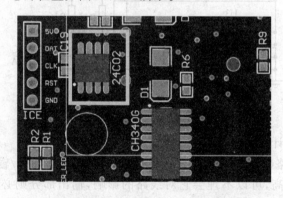

图 18.4.2 AT24C02 芯片位置

2. 软件设计

代码位置:\SmartM-M451\迷你板\入门代码\【I²C】【24C02 读写数据-查询模式】

（1）重点库函数如表 18.4.1 所列。

表 18.4.1　重点库函数

序　号	函数分析
1	void CLK_EnableModuleClock(uint32_t u32ModuleIdx) 位置：clk.c 功能：使能当前硬件对应的时钟模块 参数： u32ModuleIdx：使能当前哪个时钟模块。若使能定时器 0，填入参数为 TMR0_MODULE；若使能 　　　　　　　串口 0，填入参数为 UART0_MODULE，更多的参数值参考 clk.c
2	I2C_START(i2c) 位置：i2c.h 功能：I²C 总线发送启动信号 参数： i2c：选择哪一组 I²C 接口
3	I2C_STOP(i2c) 位置：i2c.h 功能：I²C 总线发送停止信号 参数： i2c：选择哪一组 I²C 接口
4	I2C_SET_CONTROL_REG(i2c, u8Ctrl) 位置：i2c.h 功能：I²C 总线设置条件发送 参数： i2c：选择哪一组 I²C 接口 u8Ctrl：控制方式
5	I2C_SET_DATA(i2c, u8Data) 位置：i2c.h 功能：I²C 总线发送数据 参数： i2c：选择哪一组 I²C 接口 u8Data：发送的数据
6	I2C_WAIT_READY(i2c) 位置：i2c.h 功能：I²C 总线状态是否已经发生变化 参数： i2c：选择哪一组 I²C 接口

续表 18.4.1

序 号	函数分析
7	I2C_GET_DATA(i2c) 位置:i2c. h 功能:I²C 总线获取数据 参数: i2c:选择哪一组 I²C 接口
8	uint32_t I2C_Open(I2C_T * i2c, uint32_t u32BusClock) I2C_GET_DATA(i2c) 位置:i2c. c 功能:使能 I²C 时钟控制器与设置 I²C 时钟频率 参数: i2c:选择哪一组 I²C 接口 u32BusClock:I²C 时钟频率

236

（2）软件设计具体如下。

① 确定 AT24C02 的寻址地址。

由图 18.4.1 可知,AT24C02 的 A0、A1、A2 引脚都连接到地,同时 AT24C02 的寻址地址与 A0、A1、A2 的引脚电平密切相关,如图 18.4.3 所示。

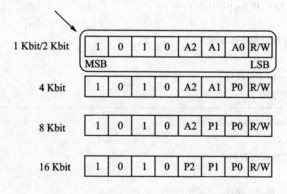

图 18.4.3　AT24C02 寻址地址的设置

● 若对 AT24C02 进行寻址,且执行读操作,则地址为 0xA1。

● 若对 AT24C02 进行寻址,且执行写操作,则地址为 0xA0。

② 向 AT24C02 某地址连续写入数据。

向 AT24C02 某地址连续写入数据时必须按照图 18.4.4 所示的握手协议发送该数据,具本代码见程序清单 18.4.1。

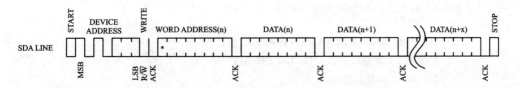

图 18.4.4　向 AT24C02 某地址连续写入数据

程序清单 18.4.1　AT24C02Write 函数

```
/***********************************************
 * 函数名称:AT24C02Write
 * 输    入:ucWriteAddr    要写入的地址
            pszWriteBuf    要写入的数据
            ucNumofBytes   要写入数据的大小
 * 输    出:TRUE/FALSE
 * 功    能:AT24C02 写数据
 ***********************************************/
BOOL AT24C02Write(UINT8 ucWriteAddr,UINT8 * pszWriteBuf,UINT8 ucNumofBytes)
{
    UINT32 i;

    /* 发送启动信号 */
    I2C_START(I2C0);

    /* 等待 I²C 中断标志位 */
    I2C_WAIT_READY(I2C0);

    /* 停止发送启动信号及清零 I²C 中断标志位 */
    I2C0 ->CTL & = ~I2C_CTL_STA_SI;

    /* 发送寻址写信号 0xA0 */
    I2C_SET_DATA(I2C0,EEPROM_SLA|EEPROM_WR);
    I2C_SET_CONTROL_REG(I2C0,I2C_CTL_SI);
    I2C_WAIT_READY(I2C0);

    /* 发送写地址 */
    I2C_SET_DATA(I2C0,ucWriteAddr);
    I2C_SET_CONTROL_REG(I2C0,I2C_CTL_SI);
    I2C_WAIT_READY(I2C0);

    /* 发送要写入的数据 */
```

```
        for( i = 0; i < ucNumofBytes; i++ )
        {
            I2C_SET_DATA(I2C0, *(pszWriteBuf + i));
            I2C_SET_CONTROL_REG(I2C0,I2C_CTL_SI);
            I2C_WAIT_READY(I2C0);

        }
        /* 发送停止信号 */
        I2C_STOP(I2C0);



        return TRUE;
}
```

③ 从 AT24C02 某地址连续读取数据。

从 AT24C02 某地址连续读取数据必须按照图 18.4.5 所示的握手协议读取该数据,具体代码见程序清单 18.4.2。

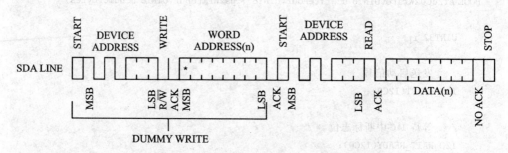

图 18.4.5 从 AT24C02 某地址连续读取数据

程序清单 18.4.2 AT24C02Read

```
/***********************************************
* 函数名称:AT24C02Read
* 输    入:ucReadAddr        读取的地址
           pszReadBuf        要读取的数据
           ucNumofBytes      要读取数据的大小
* 输    出:TRUE/FALSE
* 功    能:AT24C02 读数据
***********************************************/
BOOL AT24C02Read(UINT8 ucReadAddr,UINT8 * pszReadBuf,UINT8 ucNumofBytes)
{
    UINT32 i;
```

```
/* 发送启动信号 */
I2C_START(I2C0);
I2C_WAIT_READY(I2C0);

/* 停止发送启动信号及清零 I²C 中断标志位 */
I2C0 ->CTL & = ~I2C_CTL_STA_SI;

/* 发送寻址写信号 0xA0 */
I2C_SET_DATA(I2C0,EEPROM_SLA|EEPROM_WR);
I2C_SET_CONTROL_REG(I2C0,I2C_CTL_SI);
I2C_WAIT_READY(I2C0);

/* 发送读地址 */
I2C_SET_DATA(I2C0,ucReadAddr);
I2C_SET_CONTROL_REG(I2C0,I2C_CTL_SI);
I2C_WAIT_READY(I2C0);

/* 发送重新启动信号 */
I2C_START(I2C0);
I2C_WAIT_READY(I2C0);
I2C0 ->CTL & = ~I2C_CTL_STA_SI;//清零启动信号和标志位

/* 发送读操作信号 0xA1 */
I2C_SET_DATA(I2C0,EEPROM_SLA|EEPROM_RD);
I2C_SET_CONTROL_REG(I2C0,I2C_CTL_SI);
I2C_WAIT_READY(I2C0);

for(i = 0; i < ucNumofBytes; i ++ )
{
    /* 发送应答(ACK)信号先于地址或数据接收,则在 SCL 线上的应答时钟脉冲期间将
返回一个应答(SDA 上为低电平) */
    I2C_SET_CONTROL_REG(I2C0,I2C_CTL_SI_AA);
    I2C_WAIT_READY(I2C0);

    * (pszReadBuf + i) = I2C_GET_DATA(I2C0);
}
```

/ * 发送无应答(NACK)信号先于地址或数据接收,则在 SCL 线上的应答时钟脉冲期间将
返回一个非应答(SDA 上为高电平) * /

```
    I2C0 ->CTL & = ~I2C_CTL_AA;
    I2C_SET_CONTROL_REG(I2C0,I2C_CTL_SI);
    I2C_WAIT_READY(I2C0);

    / *  发送停止信号 * /
    I2C_STOP(I2C0);

    return TRUE;
}
```

④ 程序主体如下。

程序清单 18.4.3   程序主体

```
INT32 main(VOID)
{
    UINT32 i = 1;
    UINT8    buf[32] = {0};

    PROTECT_REG
    (
        / *  系统时钟初始化 * /
        SYS_Init(PLL_CLOCK);

        / *  串口 0 初始化 * /
        UART0_Init(115200);

        / *  使能 I2C0  模块时钟 * /
        CLK_EnableModuleClock(I2C0_MODULE);

        / *  设置 PE12(I2C0_SCL)和 PE13(I2C0_SDA) * /
        SYS ->GPE_MFPH & = ~(SYS_GPE_MFPH_PE12MFP_Msk | SYS_GPE_MFPH_PE13MFP_Msk);
        SYS ->GPE_MFPH | =   (SYS_GPE_MFPH_PE12MFP_I2C0_SCL | SYS_GPE_MFPH_PE13MFP_
I2C0_SDA);
    )


    printf("\r\n ==============================\r\n");
```

```
printf("\r\n   M451 I2C Driver Sample Code with EEPROM 24C02 \r\n");
printf("\r\n================================\r\n");

/* 初始化 I²C */
I2C0_Init();

while(1)
{
    /* buf 缓冲区前 9 字节置为一样的数据 */
    memset(buf,i+'0',9);

    /* I²C 执行写操作 */
    AT24C02Write(0,buf,9);

    /* 打印当前状态 */
    printf("\r\nAT24C02Write:写入 9 字节数据 - %d\r\n",i);
    Delayms(500);

    // ================================

    /* buf 缓冲区置前 9 字节置为一样的数据 */
    memset(buf,0,sizeof buf);

    /* I²C 执行读操作 */
    AT24C02Read(0,buf,9);

    /* 打印当前读取到的数据 */
    printf("AT24C02Read:读入 9 字节数据:%s\r\n",buf);

    Delayms(500);

    /* i 为当前写入的值 */
    if( ++i > 9)
    {
        i = 1;
    }

}
}
```

⑤ 代码分析如下。

● 调用 I2C0_Init 函数进行初始化,主要初始化当前 I2C0 的时钟,默认频率约在 100 kHz。

- 调用 AT24C02Write 函数对 AT24C02 芯片起始地址 0 连续写入 9 个字节。
- 调用 AT24C02Read 函数对 AT24C02 芯片起始地址 0 连续读入 9 个字节,并将读取到的数据输出打印到串口。
- 当变量 i 自加大于 9 时,则恢复初值为 1。

3. 下载验证

通过 NuLink 仿真下载器将程序下载到 SmartM-M451 迷你板后,进入单片机多功能调试助手中的串口调试界面,可以观察到当前 I2C0 的时钟频率为 99 206 Hz,同时写入数据和读取数据能够吻合,如图 18.4.6 所示。

图 18.4.6 AT24C02 读写数据流程

第**19**章

Flash 存储控制器

19.1　概　述

1. ISP 与 IAP

Flash 存储控制器(Flash Memory Control,FMC)程序以比特信息存储在 Flash 中,如图 19.1.1 所示。相信很多人都了解过在系统编程(ISP)和在应用编程(IAP),那么 ISP 与 IAP 到底是怎么一回事呢?下面将进行详细解释。

ISP 在系统编程是指电路板上的空白器件可以编程写入最终用户代码,而不需要从电路板上取下器件。已经编程的器件也可以用 ISP 方式擦除或再编程。

IAP 在应用编程,是指 MCU 可以在系统中获取新代码并对自己重新编程,即可用程序来改变程序。ISP 和 IAP 技术是未来仪器仪表的发展方向。

ISP 与 IAP 的工作原理如下所述。

图 19.1.1　Flash 中的比特信息

ISP 的实现相对要简单一些,一般通用做法是:内部的存储器可以由上位机的软件通过串口来进行改写。对于单片机来讲,可以通过 SPI 或其他的串行接口接收上位机传来的数据并写入存储器中。所以,即使我们将芯片焊接在电路板上,只要留出和上位机接口的这个串口,就可以实现芯片内部存储器的改写,而无须再取下芯片。

IAP 的实现相对要复杂一些,在实现 IAP 功能时,单片机内部一定要有两块存储区,一般一块被称为 BOOT 区,另外一块被称为存储区。单片机上电运行在 BOOT 区,如果满足外部改写程序的条件,则对存储区的程序进行改写操作;如果不满足外部改写程序的条件,则程序指针跳到存储区,开始执行放在存储区的程序,这样便实现了 IAP 功能。

2. 特　性

NuMicro M451 具有 128 KB/256 KB 的片上 Flash,用于存储应用程序和存储可配置容量大小的数据 Flash。一个用户配置区用于系统初始化,一个 4 KB 的引导存储器(LDROM)用于 ISP 功能,一个 16 KB 的 Boot Loader 用于内建 ISP 功能,一个零等待周期的 4 KB 高速缓存 Cache 用于提高对 Flash 的访问性能。支持 IAP 更新 Flash 程序后,执行引导程序和用户程序之间切换时无须复位。

特性详细如下。

- 支持 128 KB/256 KB 应用程序存储空间(APROM)。
- 支持 4 KB 引导存储器(LDROM)。
- 支持大小可配置的数据 Flash。
- 支持 8 字节可配置区,用于控制系统初始化。
- 对所有片上 Flash 操作,支持 2 KB 页擦除。
- Boot Loader 内建了 ISP 功能。
- 支持 32 位/64 位和多字 Flash 可编程功能。
- 支持快速 Flash 编程校验功能。
- 支持 checksum 计算功能。
- 支持 ISP/IAP 来更新片上 Flash。
- 支持 Cache 存储控制器来提高 Flash 访问效率和降低功耗。

3. 内部结构

Flash 存储控制器(Flash Memory Controller,FMC)包括 AHB 从接口、Cache 存储控制器、Boot Loader、Flash 控制寄存器、Flash 初始化控制器、Flash 操作控制器和片上 Flash 存储器。Flash 存储控制器框图如图 19.1.2 所示。

1) AHB 从接口

在 Flash 存储控制器中有两个 AHB 从接口:一个是来自 Cortex-M4 的 I 总线与 D 总线,用于指令和数据读取;另一个是来自 Cortex-M4 的 S 总线,用于 Flash 控制寄存器的访问,也用于 ISP 寄存器的访问。

2) Cache 存储控制器

一个零等待周期的 4 KB Cache,位于 Cortex-M4 CPU 和片上 Flash 之间。Cache 存储控制器提高了 Flash 的访问效率并降低了功耗。

3) Boot Loader

Boot Loader 的大小是 16 KB,包括内建 ISP 功能来更新片上 Flash。Boot Loader 的内容是只读的,不可编程。

4) Flash 控制寄存器

所有的 ISP 控制和状态寄存器都在 Flash 控制寄存器中。

5) Flash 初始化控制器

当芯片上电或复位时,Flash 初始化控制器将开始自动访问 Flash,并且检测

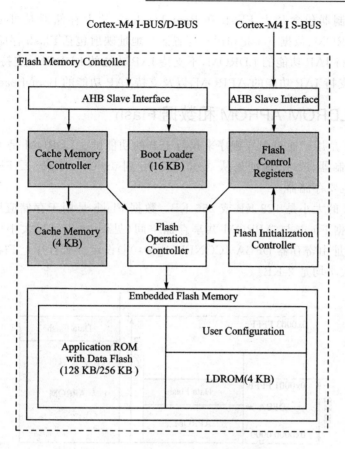

图 19.1.2　Flash 存储控制器框图

Flash 的稳定性。重载用户配置内容到 Flash 控制寄存器用于系统初始化。

6）Flash 操作控制器

对 Flash 操作，例如 Flash 擦除、Flash 编程和读 Flash，有明确的控制时序。Flash 操作控制器在收到 Cache 存储控制器、Flash 控制寄存器和 Flash 初始化控制器的请求后，将产生这些控制时序。

7）片上 Flash 存储器

片上 Flash 存储控制器是用于存储用户应用程序和参数的。它包括用户配置区（4 KB 的 LDROM）以及数据 Flash 的 128 KB/256 KB APROM。页擦除的 Flash 大小是 2 KB，最小可编程位大小是 32 位。

19.2　存储器组织

Flash 存储控制器功能包括存储器组织、启动选择、IAP、ISP、片上 Flash 编程及校验和计算。在存储器组织中介绍了 Flash 存储控制器映射和系统存储器映射。

Flash 存储控制器包含片上 Flash 和 Boot Loader。片上存储器是可编程的,包括 APROM、LDROM、数据 Flash 和用户配置区。地址映射包括 Flash 存储映射和 5 个地址映射:支持 IAP 功能的 LDROM,不支持 IAP 功能的 LDROM,支持 IAP 功能的 APROM,不支持 IAP 功能的 APROM,以及支持 IAP 功能的 Boot Loader。

19.2.1　LDROM APROM 和数据 Flash

LDROM 是用于通过引导程序来执行 ISP 的功能的。LDROM 是 4 KB 的片上 Flash 存储控制器,Flash 地址是从 0x0010 0000 到 0x0010 0FFF。APROM 是用户应用程序的主要存储器。

APROM 的大小是 128 KB 或 256 KB。数据 Flash 是用于存储应用参数的(不是指令)。数据 Flash 与 APROM 共享存储空间(见图 19.2.1),大小可配置,数据 Flash 的基地址由寄存器 DFBA (CONFIG1[19:0])设定。所有片上 Flash 存储控制器页擦除的大小均是 2 KB。

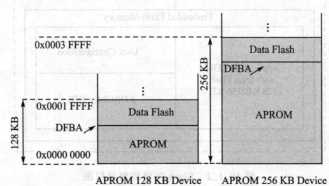

图 19.2.1　数据 Flash 与 APROM 共享存储空间

19.2.2　用户配置区

用户配置区是内部可编程的配置区域,用于启动选项(比如 Flash 安全锁),启动选择,设置欠电压电平和数据 Flash 基地址。用户配置区的作用类似保险丝用于上电时的默认设置。在上电的时候,用户配置区设定会加载到相应的控制寄存器。用户可以通过不同的应用需求来设定寄存器。用户配置区可以通过 ISP 方式更新,位于地址 0x0030 0000,有两个 32 位寄存器(CONFIG0 和 CONFIG1)。用户配置区所有的更改将在系统重启后生效。

19.2.3　存储器映射

NuMicro M451 系列控制 Flash 存储控制器映射有别于系统存储器映射。当 CPU 访问 Flash 存储控制器获取代码或数据时,使用系统存储器映射。当用户用

ISP 命令去读、编程，或者擦除 Flash 存储控制器时，使用 Flash 存储控制器映射。
Flash 存储控制器映射如图 19.2.2 所示。

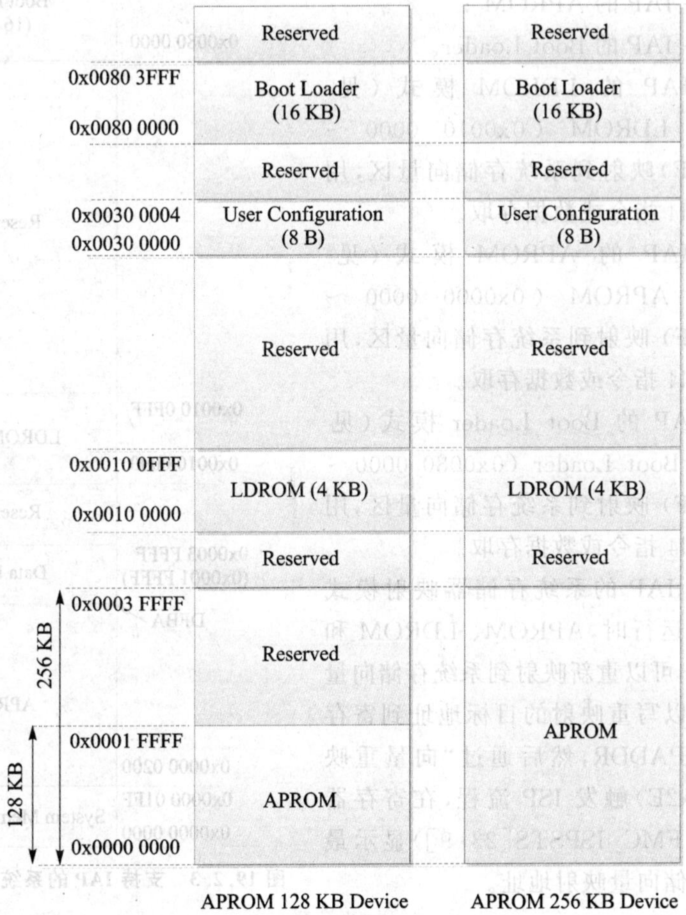

	APROM 128 KB Device	APROM 256 KB Device
	Reserved	Reserved
0x0080 3FFF 0x0080 0000	Boot Loader (16 KB)	Boot Loader (16 KB)
	Reserved	Reserved
0x0030 0004 0x0030 0000	User Configuration (8 B)	User Configuration (8 B)
	Reserved	Reserved
0x0010 0FFF 0x0010 0000	LDROM (4 KB)	LDROM (4 KB)
	Reserved	Reserved
0x0003 FFFF	Reserved	
0x0001 FFFF		APROM
0x0000 0000	APROM	

图 19.2.2　Flash 存储控制器映射

19.2.4　支持 IAP 的系统存储器映射

在 CPU 访问 Flash 存储控制器获取代码或数据的时候，用到系统存储器映射。
Boot Loader（0x0080 0000～0x0080 3FFF）和 LDROM（0x0010 0000～0x0010 0FFF）在
Flash 中的地址映射相同。数据 Flash 与 APROM 共享，数据 Flash 的基地址由
CONFIG1 设定。在 Flash 初始化时，CONFIG1 的内容被加载到 DFBA（数据 Flash
基地址寄存器）。DFBA～（0x0001 FFFF/0x0003 FFFF）是 Cortex-M4 数据存取的
数据 Flash 区，0x0000 0200～（DFBA - 1）是 Cortex-M4 指令存取的 APROM 区。

系统存储向量的地址在 0x0000 0000 到 0x0000 01FF。在 CPU 启动期间，APROM、
LDROM 和 Boot Loader 可以映射到系统存储向量区。当芯片启动的时候，有 3 种支持

IAP 的系统存储器映射模式（见图 19.2.3）：

● 支持 IAP 的 LDROM；

● 支持 IAP 的 APROM；

● 支持 IAP 的 Boot Loader。

支持 IAP 的 LDROM 模式（见图 19.2.4），LDROM（0x0010 0000 ～ 0x0010 01FF）映射到系统存储向量区，用于 Cortex-M4 指令或数据存取。

支持 IAP 的 APROM 模式（见图 19.2.5），APROM（0x0000 0000 ～ 0x0000 01FF）映射到系统存储向量区，用于 Cortex-M4 指令或数据存取。

支持 IAP 的 Boot Loader 模式（见图 19.2.6），Boot Loader（0x0080 0000～ 0x0080 01FF）映射到系统存储向量区，用于 Cortex-M4 指令或数据存取。

在支持 IAP 的系统存储器映射模式中，当 CPU 运行时，APROM、LDROM 和 Boot Loader 可以重新映射到系统存储向量区。用户可以写重映射的目标地址到寄存器 FMC_ISPADDR，然后通过"向量重映射"指令（0x2E）触发 ISP 流程，在寄存器 VECMAP（FMC_ISPSTS[23:9]）显示最终的系统存储向量映射地址。

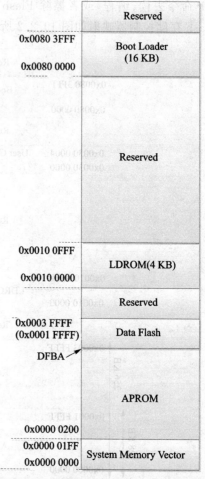

图 19.2.3　支持 IAP 的系统存储器映射

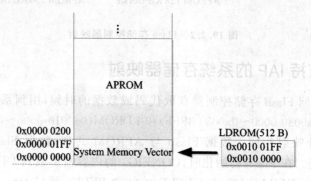

图 19.2.4　支持 IAP 的 LDROM 模式

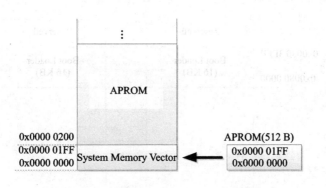

图 19.2.5　支持 IAP 的 APROM 模式

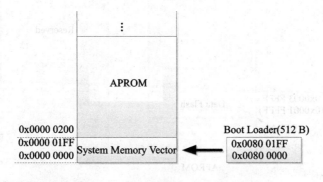

图 19.2.6　支持 IAP 的 Boot Loader 模式

19.2.5　不支持 IAP 功能的系统内存映射

不支持 IAP 功能的系统内存映射,CPU 仍然可以访问 Boot Loader (0x0080 0000~0x0080 3FFF),但不支持系统内存映射。在芯片启动时,有两种不支持 IAP 的系统内存映射:

● 不支持 IAP 功能的 LDROM;

● 不支持 IAP 功能的 APROM。

在不支持 IAP 功能的 LDROM 模式中,LDROM 基地址映射到 0x0000 0000, CPU 编程不能访问 APROM。在不支持 IAP 功能的 APROM 中,APROM 的基地址映射到 0x0000 0000,CPU 编程不能访问 LDROM。数据 Flash 与 APROM 共享,数据 Flash 的基地址由 CONFIG1 设定。在 Flash 初始化期间,CONFIG1 的内容被加载到 DFBA(数据 Flash 基地址)。DFBA~(0x0001 FFFF/0x0003 FFFF) 是 Cortex-M4 的数据 Flash 区,0x0000 0200~(DFBA − 1)是 Cortex-M4 的 APROM 区。

图 19.2.7 所示为不支持 IAP 功能的系统内存映射。

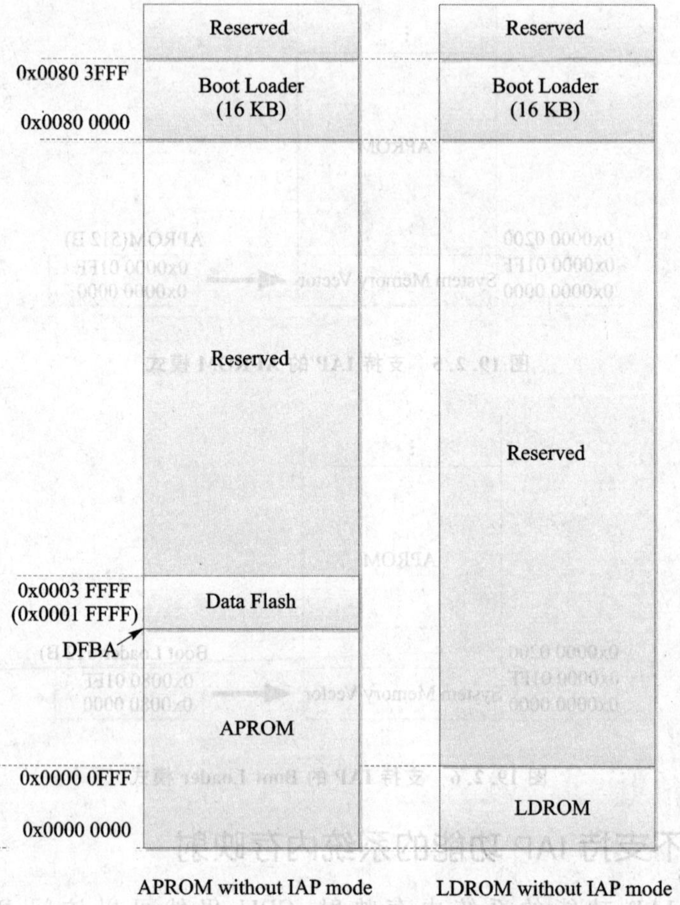

图 19.2.7　不支持 IAP 功能的系统内存映射

19.3　启动选择

NuMicro M451 提供了 5 种启动方式供用户选择（见图 19.3.1），用户可以随时使用 PF.6 引脚和复位引脚（PF.6 在复位引脚电压爬升期间是低电平）来让 CPU 从 Boot Loader 中取指令。如果 PF.6 不连接，则 PF.6 是有内部上拉的，启动源和系统内存映射由 CBS（CONFIG0[7:6]）和 MBS（CONFIG0[5]）设置。图 19.3.1 和表 19.3.1 表示了启动选择。

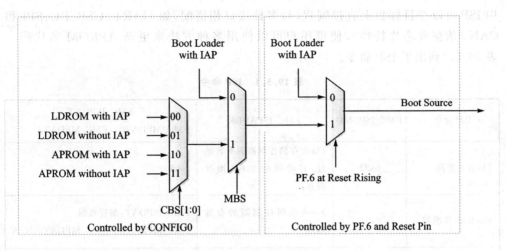

图 19.3.1　启动源选择

表 19.3.1　启动选择

MBS	CBS[1:0]	启动选择/系统内存映射	向量映射支持
1	00	LDROM 支持 IAP	是
1	01	LDROM 不支持 IAP	否
1	10	APROM 支持 IAP	是
1	11	APROM 不支持 IAP	否
0	xx	Boot Loader 支持 IAP	是

19.4　在应用编程(IAP)

NuMicro M451 系列提供了 IAP 功能,用户可以切换 APROM、LDROM 和 Boot Loader 之间的代码。用户可以通过设定芯片的启动位寄存器 CBS (CONFIG0 [7:6]) 等于 10 或 00,或者 MBS (CONFIG0[5]) 等于 0,使能 IAP 功能。

注意: 如果 MSB(CONFIG0[5])＝0,CBS (FMC ISPSTS[2:1])将显示为 10,并且忽略 CONFIG0[7:6]的设定。

当支持 IAP 功能的芯片启动模式使能时,任何可以执行的代码(512 字节对齐)允许随时映射到系统内存向量。用户可以改变重映射地址到 FMC_ISPADDR,然后用“向量重映射”命令触发 ISP 流程。

19.5　在系统编程(ISP)

NuMicro M451 系列支持 ISP 模式,可以通过软件控制重新烧写片上 Flash。使用 ISP 可以在目标板上直接编程，与多种接口相搭配，如 UART、USB、I²C、SPI 和 CAN（依据各芯片特性），使得用户可以使用多种方法来更新 APROM 的代码。表 19.5.1 列出了 ISP 命令。

表 19.5.1　ISP 命令

ISP 命令	FMC_ISPCMD	FMC_ISPADDR	FMC_ISPDAT FMC_MPDAT0~FMC_MPDAT3
Flash 页擦除	0x22	Flash 存储控制器的有效地址，它必须由 2 KB 地址对齐	N/A
Flash 32 位编程	0x21	Flash 存储控制器的有效地址	FMC_ISPDAT：编程数据 FMC_MPDAT0~FMC_MPDAT3：N/A
Flash 64 位编程	0x61	Flash 存储控制器的有效地址	FMC_ISPDAT：N/A FMC_MPDAT0：LSB 编程数据 FMC_MPDAT1：MSB 编程数据 FMC_MPDAT2~FMC_MPDAT3：N/A
Flash 多字（Word）编程	0x27	Flash 存储控制器的有效地址	FMC_ISPDAT：N/A FMC_MPDAT0：第一次编程数据 FMC_MPDAT1：第二次编程数据 FMC_MPDAT2：第三次编程数据 FMC_MPDAT3：第四次编程数据
Flash 读	0x00	Flash 存储控制器的有效地址	FMC_ISPDAT：返回数据 FMC_MPDAT0~FMC_MPDAT3：N/A
读公司 ID	0x0B	0x0000 0000	FMC_ISPDAT：0x0000 00DA FMC_MPDAT0~FMC_MPDAT3：N/A
读设备 ID	0x0C	0x0000 0000	FMC_ISPDAT：返回设备 ID FMC_MPDAT0~FMC_MPDAT3：N/A
读 Checksum	0x0D	保持"运行 Checksum 计算"地址	FMC_ISPDAT：返回 Checksum FMC_MPDAT0~FMC_MPDAT3：N/A
执行 Checksum 计算	0x2D	内存组织有效起始地址，它必须由每页 2 KB 排列	FMC_ISPDAT：大小它必须由 2 KB 排列 FMC_MPDAT0~FMC_MPDAT3：N/A

ISP 命令	FMC_ISPCMD	FMC_ISPADDR	FMC_ISPDAT FMC_MPDAT0~FMC_MPDAT3
读 UID	0x04	0x0000 0000	FMC_ISPDAT：UID 字 0 FMC_MPDAT0~FMC_MPDAT3：N/A
		0x0000 0004	FMC_ISPDAT：UID 字 1 FMC_MPDAT0~FMC_MPDAT3：N/A
		0x0000 0008	FMC_ISPDAT：UID 字 2 FMC_MPDAT0~FMC_MPDAT3：N/A
向量重映射	0x2E	APROM、LDROM 或 Boot Loader 有效地址，它必须由 512 字节地址对齐	N/A

1. ISP 支持的功能

NuMicro M451 ISP 对片上 Flash 操作提供如下功能：

- 支持 Flash 页擦除功能；
- 支持数据 Flash 编程；
- 支持读数据 Flash 功能；
- 支持读公司 ID 功能；
- 支持读设备 ID 功能；
- 支持读 UID 功能；
- 支持内存校验和计算功能；
- 支持系统内存向量重映射功能。

2. ISP 流程

Flash 存储控制器提供了片上 Flash 内存的读、擦除和编程操作。一些 Flash 存储控制器的寄存器是写保护的，所以在设定之前要解锁。在解锁保护寄存器之后，用户需要设定 FMC_ISPCTL 控制寄存器来决定更新 LDROM、APROM 或配置区，然后设定 ISPEN（FMC_ISPCTL[0]）来使能 ISP 功能。

一旦 FMC_ISPCTL 寄存器被设置成功，用户就可以设定 FMC_ISPCMD（参考表 19.5.1）来完成相应的操作。设置 FMC_ISPADDR 作为 Flash 内存的目标地址。FMC_ISPDAT 可以作为设定数据来编程或作为读寄存器命令 FMC_ISPCMD 的返回数据。

最终，设定 ISPGO（FMC_ISPTRG[0]）寄存器来执行 ISP 功能。当 ISP 功能完成以后，ISPGO（FMC_ISPTRG[0]）位自动清除。当 ISPGO（FMC_ISPTRG[0]）位被置 1 后，使用 ISB（指令同步隔离）命令，CPU 将一直等待 ISP 功能完成。ISP 流程

见图 19.5.1。

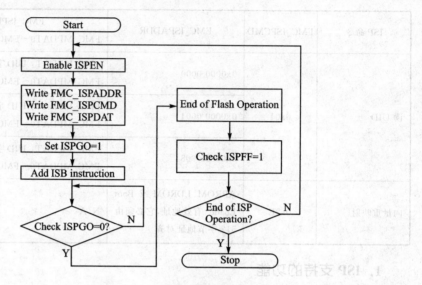

图 19.5.1　ISP 流程举例

ISP 完成后,几个错误条件需要检查。如果出现错误,ISP 操作就不会开始,并且 ISP 失败标志被置位。ISPFF(FMC_ISPSTS[6])标志只由软件清除。但是,ISPFF(FMC_ISPSTS[6])保持 1 会开启下一个 ISP 流程。因此,建议在 ISP 操作完成后检查 ISPFF(FMC_ISPSTS[6])位,如果被置 1 则要清 0。当 ISPGO(FMC_ISPTRG[0])置位后,CPU 将一直等到 ISP 操作完成。这个时期内外围设备跟通常一样保持运行。任何中断请求都不会响应,直到 CPU 完成 ISP 操作。当 ISP 操作完成后 ISPGO 位将被硬件自动清 0。用户可以通过 ISPGO(FMC_ISPTRG[0])位来检查 ISP 操作是否完成。用户应该在 ISPGO(FMC_ISPTRG[0])置 1 之后加 ISB(指令同步隔离)指令,确保 ISP 操作之后的指令正确执行。

19.6　实　验

19.6.1　读写 Data Flash

【实验要求】SmartM-M451 开发板系列:对 Data Flash 进行数据读写。

1. 硬件设计

参考"14.2.1　串口收发数据"一节中的硬件设计。

2. 软件设计

代码位置:\SmartM-M451\迷你板\入门代码\【FMC】【读写 Data Flash】

(1)重点库函数如表 19.6.1 所列。

表 19.6.1　重点库函数

序　号	函数分析
1	void FMC_Open(void) 位置:fmc.c 功能:使能存储控制器的 ISP 功能 参数:无
2	static __INLINE int32_t FMC_Erase(uint32_t u32Addr) 位置:fmc.h 功能:存储控制器对某一地址进行扇区擦除 参数: u32Addr:要擦除扇区的起始地址
3	static __INLINE void FMC_Write(uint32_t u32Addr, uint32_t u32Data) 位置:fmc.h 功能:存储控制器对某一地址写入数据 参数: u32Addr:写入数据的地址 u32Data:要写入的数据
4	static __INLINE uint32_t FMC_Read(uint32_t u32Addr) 位置:fmc.h 功能:存储控制器对某一地址读入数据 参数: u32Addr:要读入数据的地址
5	void FMC_Close(void) 位置:fmc.c 功能:取消存储控制器的 ISP 功能 参数:无

(2) 完整代码如下。

程序清单 19.6.1　完整代码

```
# include "SmartM_M4.h"


# define DATAFLASH_START_ADDRESS          0x3F800


/***********************************************
 * 函数名称:main
 * 输    入:无
```

```
* 输      出:无
* 功      能:函数主体
*********************************************/
INT32 main(VOID)
{
    UINT32   i = 0;
    UINT32   buf[10] = {'0','1','2','3','4','5','6','7','8','9'};

    /* 所有被保护的寄存器解锁 */
    SYS_UnlockReg();

    /* 系统时钟初始化 */
    SYS_Init(PLL_CLOCK);

    /* 串口 0 初始化 */
    UART0_Init(115200);

    printf("\n\n");
    printf(" + ----------------------------- + \n");
    printf("|          SmartM - M451 FMC Data Flash          |\n");
    printf(" + ----------------------------- + \n");


    printf("\r\nData Flash Write: 0~9\r\n");

    /* 使能 FMC */
    FMC_Open();

    /* FMC 对当前起始地址扇区进行擦除 */
    FMC_Erase(DATAFLASH_START_ADDRESS);

    for(i = 0;i < 10;i ++)
    {
        /* 向 Data Flash 写入数据,每次写入 1 个字,即 4 个字节 */
        FMC_Write(DATAFLASH_START_ADDRESS + i * 4,buf[i]);
    }

    /* 清零 buf 缓冲区 */
    memset(buf,0,sizeof buf);

    printf("\r\nData Flash Read:");
```

```
for(i = 0;i < 10;i++)
{
    /* 向 Data Flash 读取数据,每次读取 1 个字,即 4 个字节 */
    buf[i] = FMC_Read(DATAFLASH_START_ADDRESS + i * 4);
    printf("%c",buf[i]);
}

/* 取消 FMC */
FMC_Close();

while(1);
}
```

（3）代码分析如下。

① 调用 SYS_UnlockReg 函数对所有受保护寄存器进行解锁,否则使用存储控制器功能将失效。

② 调用 FMC_Open 函数使能存储控制器功能。

③ 调用 FMC_Erase 函数对 Flash 中 0x3F800 起始地址进行扇区擦除,页擦除的大小是 2 KB。当擦除成功后,才能向对应的 Flash 地址写入数据。

④ 调用 FMC_Write 函数时,每次写入的数据以字为单位,即 4 个字节,因此,写入每一次数据后,每次的写入地址都要偏移 4 个字节。

⑤ 为了验证写入的数据是否正确,可以调用 FMC_Read 函数,每次读入的数据以字为单位,即 4 个字节,因此,读入每一次数据后,每次的读入地址都要偏移 4 个字节。

⑥ 当不再需要使用存储控制器功能的时候,调用 FMC_Close 函数关闭存储控制器功能。

3. 下载验证

通过 NuLink 仿真下载器将程序下载到 SmartM-M451 迷你板后,进入单片机多功能调试助手中的串口调试界面,观察到对 Data Flash 写入"0～9",接着对写入的数据进行读取,并通过串口进行输出打印,如图 19.6.1 所示。

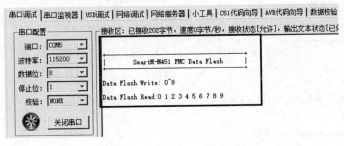

图 19.6.1　读写 Data Flash

19.6.2　读写 LDROM

【实验要求】SmartM-M451 开发板系列：对 LDROM 进行数据读写。

1. 硬件设计

参考"14.2.1　串口收发数据"一节中的硬件设计。

2. 软件设计

代码位置：\SmartM-M451\迷你板\入门代码\【FMC】【读写 LDROM】

（1）重点库函数如表 19.6.2 所列。

表 19.6.2　重点库函数

序　号	函数分析
1	void FMC_EnableLDUpdate(void) 位置：fmc.c 功能：使能 LDROM 更新功能 参数：无
2	void FMC_DisableLDUpdate(void) 位置：fmc.c 功能：禁止 LDROM 更新功能 参数：无

（2）完整代码如下。

程序清单 19.6.2　完整代码

```
#include "SmartM_M4.h"


/*********************************************
* 函数名称:main
* 输      入:无
* 输      出:无
* 功      能:函数主体
*********************************************/
INT32 main(VOID)
{
    UINT32   i;
    UINT32   buf[10] = {'0','1','2','3','4','5','6','7','8','9'};

    SYS_UnlockReg();
```

```c
/* 系统时钟初始化 */
SYS_Init(PLL_CLOCK);

/* 串口 0 初始化 */
UART0_Init(115200);

printf("\n\n");
printf(" + --------------------------------- + \n");
printf("|           SmartM - M451 FMC LDROM              |\n");
printf(" + --------------------------------- + \n");


printf("\r\nLDROM Write: 0~9\r\n");

/* 使能 FMC */
FMC_Open();

/* 允许 LDROM 执行更新操作 */
FMC_EnableLDUpdate();

/* FMC 对 LDROM 某一起始地址进行擦除操作,擦除大小为 2 KB */
FMC_Erase(FMC_LDROM_BASE);

for(i = 0;i < 10;i ++)
{
    /* 向 LDROM 写入数据,每次写入 1 个字,即 4 个字节 */
    FMC_Write(FMC_LDROM_BASE + i * 4,buf[i]);
}

/* 清零 buf 缓冲区 */
memset(buf,0,sizeof buf);

printf("\r\nLDROM Read:");

for(i = 0;i<10;i ++)
{
    /* 从 LDROM 读入数据,每次读入 1 个字,即 4 个字节 */
    buf[i] = FMC_Read(FMC_LDROM_BASE + i * 4);
    printf("%c ",buf[i]);
}
```

```
/* 取消 LDROM 执行更新操作 */
FMC_DisableLDUpdate();

/* 取消 FMC */
FMC_Close();
while(1);
}
```

（3）代码分析如下。

① 调用 SYS_UnlockReg 函数对所有受保护寄存器进行解锁，否则使用存储控制器功能将失效。

② 调用 FMC_Open 函数使能存储控制器功能。

③ 由于 LDROM 区域默认不允许对其更新，需要调用 FMC_EnableLDUpdate 函数允许用户可以对 LDROM 执行更新操作。

④ 调用 FMC_Erase 函数对 Flash 中 FMC_LDROM_BASE(0x10 0000)起始地址进行扇区擦除，页擦除的大小是 2 KB，擦除成功后，才能向对应的 Flash 地址写入数据。

⑤ 调用 FMC_Write 函数时，每次写入的数据以字为单位，即 4 个字节，因此，写入每一次数据后，每次的写入地址都要偏移 4 个字节。

⑥ 为了验证写入的数据是否正确，可以调用 FMC_Read 函数，每次读入的数据以字为单位，即 4 个字节，因此，读入每一次数据后，每次的读入地址都要偏移 4 个字节。

⑦ 当不再需要使用存储控制器功能时，调用 FMC_Close 函数关闭存储控制器功能，同时调用 FMC_DisableLDUpdate 函数禁止 LDROM 更新功能。

3. 下载验证

通过 NuLink 仿真下载器将程序下载到 SmartM-M451 迷你板后，进入单片机多功能调试助手中的串口调试界面，观察到对 LDROM 写入 0～9，接着对写入的数据进行读取，并通过串口进行输出打印，如图 19.6.2 所示。

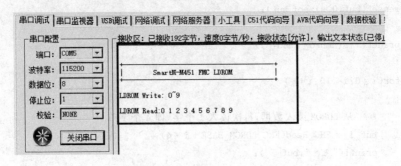

图 19.6.2 读写 LDROM

19.6.3　读写 APROM

【实验要求】SmartM-M451 开发板系列：对 APROM 进行数据读写。

1. 硬件设计

参考"14.2.1　串口收发数据"一节中的硬件设计。

2. 软件设计

代码位置：\SmartM-M451\迷你板\入门代码\【FMC】【读写 APDROM】

（1）重点库函数如表 19.6.3 所列。

表 19.6.3　重点库函数

序　号	函数分析
1	void FMC_EnableAPUpdate(void) 位置：fmc.c 功能：使能 APROM 更新功能 参数：无
2	void FMC_DisableAPUpdate(void) 位置：fmc.c 功能：禁止 APROM 更新功能 参数：无

（2）完整代码如下。

程序清单 19.6.3　完整代码

```
# include "SmartM_M4.h"

# define APROM_TEST_ADDRESS          64 * 1024


/*******************************************
* 函数名称：main
* 输    入：无
* 输    出：无
* 功    能：函数主体
*******************************************/
INT32 main(VOID)
{
        UINT32   i;
        UINT32   buf[10] = {'0','1','2','3','4','5','6','7','8','9'};
```

```
SYS_UnlockReg();

/* 系统时钟初始化 */
SYS_Init(PLL_CLOCK);

/* 串口 0 初始化 */
UART0_Init(115200);

printf("\n\n");
printf(" + ----------------------------- + \n");
printf("|          SmartM - M451 FMC APROM              |\n");
printf(" + ----------------------------- + \n");


printf("\r\nAPROM Write: 0~9\r\n");

/* 使能 FMC */
FMC_Open();

/* 允许 APROM 执行更新操作      */
FMC_EnableAPUpdate();

/* FMC 对 APROM 某一起始地址进行擦除操作,擦除大小为 2 KB */
FMC_Erase(APROM_TEST_ADDRESS);

for(i = 0; i < 10; i++)
{
    /* 向 APROM 写入数据,每次写入 1 个字,即 4 个字节 */
    FMC_Write(APROM_TEST_ADDRESS + i * 4, buf[i]);
}

/* 清零 buf 缓冲区 */
memset(buf, 0, sizeof buf);

printf("\r\nAPROM Read:");

for(i = 0; i < 10; i++)
{
    /* 从 APROM 读入数据,每次读入 1 个字,即 4 个字节 */
    buf[i] = FMC_Read(APROM_TEST_ADDRESS + i * 4);
    printf(" %c ", buf[i]);
}

/* 取消 APROM 执行更新操作      */
FMC_DisableAPUpdate();
```

```
    /* 取消 FMC */
    FMC_Close();

    while(1);
}
```

（3）代码分析如下。

① 调用 SYS_UnlockReg 函数对所有受保护寄存器进行解锁，否则使用存储控制器功能将失效。

② 调用 FMC_Open 函数使能存储控制器功能。

③ 由于 APROM 区域默认不允许对其更新，需要调用 FMC_EnableAPUpdate 函数允许用户对 APROM 执行更新操作。

④ 调用 FMC_Erase 函数对 Flash 中 APROM_TEST_ADDRESS(64 * 1024)起始地址进行扇区擦除，页擦除的大小是 2 KB，擦除成功后才能向对应的 Flash 地址进行写入数据。

⑤ 调用 FMC_Write 函数时，每次写入的数据以字为单位，即 4 个字节，因此，写入每一次数据后，每次的写入地址都要偏移 4 个字节。

⑥ 为了验证写入的数据是否正确，可以调用 FMC_Read 函数，每次读入的数据以字为单位，即 4 个字节，因此，读入每一次数据后，每次的读入地址都要偏移 4 个字节。

⑦ 当不再需要使用存储控制器功能时，调用 FMC_Close 函数关闭存储控制器功能，同时调用 FMC_DisableAPUpdate 函数禁止 APROM 更新功能。

3. 下载验证

通过 NuLink 仿真下载器将程序下载到 SmartM-M451 迷你板后，进入单片机多功能调试助手中的串口调试界面，观察到对 APROM 写入 0～9，接着对写入的数据进行读取，并通过串口进行输出打印，如图 19.6.3 所示。

图 19.6.3　读写 APROM

第 **20** 章

EBI

20.1　概　述

　　为了配合特殊产品的需要，NuMicro M451 系列配备了一个外部总线接口 (EBI)，以供外部设备使用，而最经常用到 EBI 的是 SRAM，如同我们常用 PC 的 CPU 需要外扩内存条一样，原因在于 NuMicro M451 系列微控制器的内部 RAM 只有 32 KB。为节省外部设备与芯片的连接引脚数，EBI 支持地址总线与数据总线复用模式，并且地址锁存使能 (ALE)信号能区分地址与数据周期。同时经由两组片选，EBI 可连接两个各自有不同时序设定的外部设备。内存条如图 20.1.1 所示。

图 20.1.1　内存条

　　EBI 的特性：

- 支持地址总线和数据总线多路复用，以节省地址引脚；
- 支持带极性控制的两种片选方式；
- 每个片选信号控制的设备提供最高 1 MB 的地址空间；
- 支持基于 HCLK 所产生的可设定不同频率的外部总线基本时钟（MCLK）；
- 支持 8 位或 16 位数据宽度；
- 支持可变的地址锁存使能时间（tALE）；
- 支持可变的数据访问时间（tACC）和地址保持时间（tAHD）；
- 支持可配置的空闲周期以用于不同访问条件：空闲写命令完成（W2X），空闲连续读（R2R）。

20.2　功能描述

1. EBI 区域和片选地址

　　EBI 映射地址分布在 0x6000 0000～0x601F FFFF，内存空间总共为 2 MB。当系统请求地址在 EBI 的内存空间时，相应的 EBI 芯片选择信号有效，EBI 状态机工作，不同的片选对应的地址映射如表 20.2.1 所列。

表 20.2.1　片选对应的地址映射

片选信号	地址映射
EBI_nCS0	0x6000 0000～0x600F FFFF
EBI_nCS1	0x6010 0000～0x601F FFFF

为了映射整个 EBI 内存空间,8 位数据宽度设备需 20 位地址宽度,16 位数据宽度设备需 19 位地址宽度。对于输出小于 20 位地址的设备,EBI 将映射设备到镜像空间。

例如,一个 18 位 EBI 地址设备,EBI 将同时映射外设(Bank0/EBI_nCS0)到 0x6000 0000～ 0x6003 FFFF、0x6004 0000～0x6007 FFFF、0x6008 0000～0x600B FFFF 和 0x600C 0000～0x600F FFFF。

2. EBI 数据宽度连接——多路地址与数据总线模式

EBI 支持具有多路地址总线和数据总线的设备。对于地址总线和数据总线分开的外部设备,与设备的连接需要额外的逻辑单元锁存地址。这样,引脚 EBI_ALE 需要连接到锁存器上锁存地址值。引脚 EBI_AD 为锁存器的输入,锁存器的输出连接到外部设备的地址总线上。对于 16 位设备,EBI_AD [15:0]由地址与 16 位数据公用,EBI_ADR [18:16]作为地址,直接与 16 位设备连接。当 EBI 数据宽度设置为 16 位时,EBI_ADR[19]无作用。对于 8 位设备,只有 EBI_AD [7:0]是地址与数据共用的,EBI_AD[15:8] 和 EBI_ADR[19:16]作为地址,直接与 8 位设备连接。

图 20.2.1 所示为 16 位 EBI 数据宽度与 16 位设备的连接,图 20.2.2 所示为 8 位 EBI 数据宽度与 8 位设备的连接。

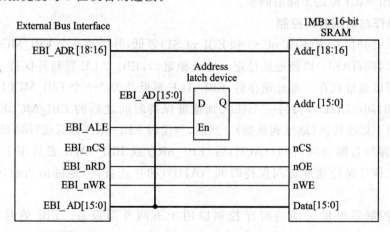

图 20.2.1　16 位 EBI 数据宽度与 16 位设备的连接

当系统访问数据宽度大于 EBI 的数据宽度时,EBI 控制器将访问一次以上已完成操作。例如,如果系统通过 EBI 设备请求 32 位数据,当 EBI 为 8 位数据宽度时,

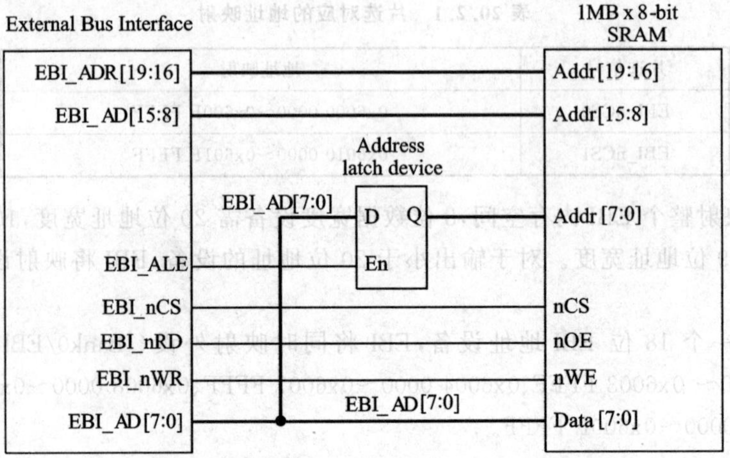

图 20.2.2　8 位 EBI 数据宽度与 8 位设备的连接

EBI 控制器将访问 4 次数据完成操作。

3. EBI 操作控制

1) MCLK 控制

当 EBI 工作时,芯片内所有 EBI 信号通过 EBI_MCLK 进行同步。当芯片以较低工作频率连接到外部设备时,EBI_MCLK 可以通过设定寄存器 MCLKDIV(EBI_CTLx[10:8])最多分频到 HCLK/32。因此,芯片可以适用于宽频率范围的 EBI 设备。如果 EBI_MCLK 设置为 HCLK/1,则 EBI 信号与 EBI_MCLK 的上升沿同步,否则与 EBI_MCLK 的下降沿同步。

2) 操作与访问时间控制

开始访问时,片选(EBI_nCS0 和 EBI_nCS1)置低,并等待一个 EBI_MCLK 时间用于地址时间(tASU)以使地址稳定。地址稳定后,EBI_ALE 置高并保持一段时间(tALE)用以地址锁存。地址锁存后,EBI_ALE 置低并等待一个 EBI_MCLK 的时间锁存保持时间(tLHD),和另一个插入到地址保持时间之后的 EBI_MCLK 的时间(tA2D)用于总线转换(地址到数据)。然后,当读时 EBI_nRD 置低或写时 EBI_nWR 置低。在保持数据访问时间(tACC)后,EBI_nRD 或 EBI_nWR 置高用于读或写。之后,EBI 信号保持地址访问保持时间(tAHD)和片选置高,地址由当前访问控制释放。

EBI 控制器提供灵活的时序控制以用于不同外部设备。EBI 的时序控制、tASU、tLHD 和 tA2D 固定为 1 个 EBI_MCLK 时间。tAHD 可以在 1～8 个 EBI_MCLK 周期调节,通过寄存器设定 TAHD(EBI_TCTLx[10:8]);tACC 可以在 1～32 个 EBI_MCLK 周期调节,通过寄存器设定 TACC(EBI_TCTLx[7:3]);tALE 可以在 1～8 个 EBI_MCLK 周期调节,通过寄存器设定 TALE(EBI_CTL0[18:16])。

一些外设可以支持数据访问零保持时间，EBI 控制器可以略过 tAHD，通过寄存器设定 WAHDOFF（EBI_TCTLx[23]）和 RAHDOFF（EBI_TCTLx[22]）来提高访问速度。

对每个芯片的片选，除了 tALE 可以由 EBI_CTL0 控制外，对于其他的寄存器设定，EBI 会提供单独的寄存器用于时序控制。其余详细时序参数如表 20.2.2 所列。

表 20.2.2　时序参数详细描述

参数名称	数　值	单　位	描　　述
tASU	1	MCLK	英：Address Latch Setup Time 汉：地址锁存建立时间
tALE	1～8	MCLK	英：ALE High Period，Controlled by TALE（EBI_CTL0[18:16]） 汉：地址访问保持时间，可由（EBI_CTL0[18:16]）对其进行设置
tLHD	1	MCLK	英：Address Latch Hold Time 汉：地址锁存保持时间
tA2D	1	MCLK	英：Address To Data Delay（Bus Turn-Around Time） 汉：地址到数据的延迟时间（总线转换时间）
tACC	1～32	MCLK	英：Data Access Time，Controlled by TACC（EBI_TCTLx[7:3]） 汉：数据访问时间，由 TACC（EBI_TCTLx[7:3]）控制
tAHD	1～8	MCLK	英：Access Hold Time，Controlled by TAHD（EBI_TCTLx[10:8]） 汉：地址访问保持时间，由 TAHD（EBI_TCTLx[10:8]）控制
IDLE	0～15	MCLK	英：Idle Cycle，Controlled by R2R（EBI_TCTLx[27:24]）and W2X（EBI_TCTLx[15:12]） 汉：空闲周期，由 R2R（EBI_TCTLx[27:24]）和 W2X（EBI_TCTLx[15:12]）控制

图 20.2.3 所示是一个设置 16 位数据宽度的例子。在该例中，EBI_AD 总线用作地址[15:0]和数据[15:0]。当 EBI_ALE 置高时，EBI_AD 为地址输出。在地址锁存后，EBI_ALE 置低并在读取访问操作时，EBI_AD 总线转换成高阻以等待设备输出数据，或用于写数据输出。

图 20.2.4 所示是一个设置 8 位数据宽度的例子。8 位和 16 位数据宽度的不同之处在于 EBI_AD[15:8]。在 8 位数据宽度的设置中，EBI_AD[15:8]总为地址[15:8]输出，因此外部锁存只需要 8 位宽度。

3）插入空闲周期

当 EBI 连续访问时，如果器件访问时间较长，可能会有总线冲突。EBI 控制器支持额外空闲周期以解决该问题。在空闲周期，所有 EBI 的控制信号无效。图 20.2.5 所示为空闲周期图。

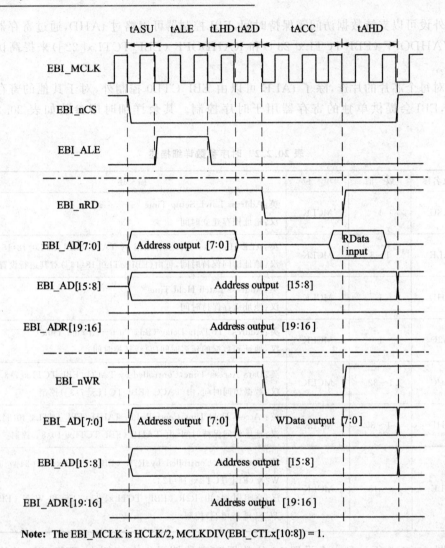

Note: The EBI_MCLK is HCLK/2, MCLKDIV(EBI_CTLx[10:8]) = 1.

图 20.2.3　16 位数据宽度的时序控制波形

满足以下两个条件时,EBI 可通过时序控制插入空闲周期:

(1) 写访问之后;

(2) 读访问之后与下一个读访问之前(R2R IDLE Cycle)。

通过设定寄存器 W2X (EBI_TCTLx[15:12]) 和 R2R (EBI_TCTLx[27:24]),空闲周期可设定在 0~15 的 EBI_MCLK。

4) 写缓冲

当用户通过 EBI 总线写一个数据到外设时,EBI 控制器将立刻开始写动作,CPU 是保持状态,直到 EBI 写动作结束。用户可以使能写缓存功能来提高 CPU 和 EBI 的访问效率。当 EBI 写缓存功能使能后,在 EBI 向外设写数据期间,CPU 还可

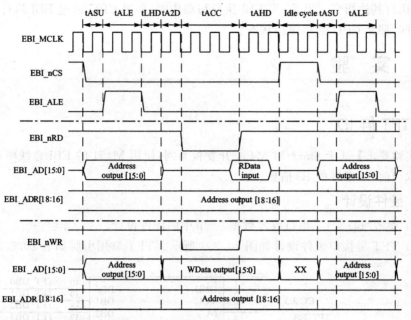

Note:The EBI_MCLK is HCLK/2, MCLKDIV(EBI_CTLx[10:8]) = 1.

图 20.2.4　8 位数据宽度的时序控制波形

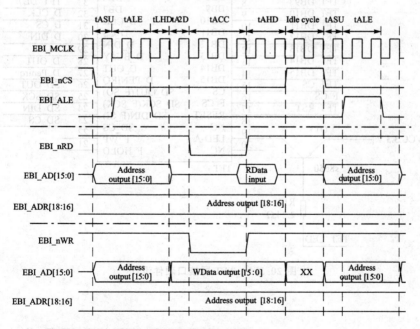

Note:The EBI_MCLK is HCLK/2, MCLKDIV(EBI_CTLx[10:8]) = 1.

图 20.2.5　插入空闲周期的时序控制

以持续执行其他指令。但是,当 EBI 执行写动作时,如果 CPU 通过 EBI 执行另一个数据访问,那么 CPU 会是保持状态。

20.3　实　验

读取 TFT 屏 ID

【实验要求】基于 SmartM-M451 开发板系列:使用 M451 的 EBI 总线驱动 TFT 屏,读取当前 TFT 屏的 ID 信息。

1. 硬件设计

(1) 参考"14.2.1　串口收发数据"一节中的硬件设计。

(2) TFT 屏接口硬件设计如图 20.3.1 所示。TFT 常用引脚如表 20.3.1 所列。

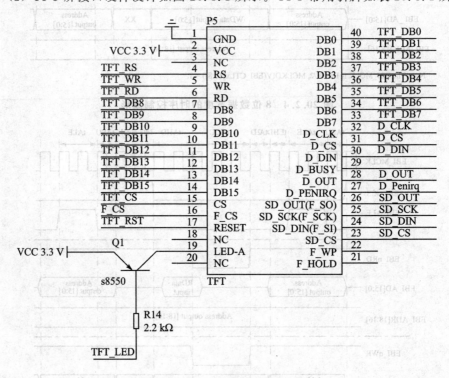

图 20.3.1　TFT 屏接口硬件设计

表 20.3.1　TFT 常用引脚

引　脚	描　述
TFT_RS	TFT 命令或数据选择
TFT_WR	TFT 写数据使能
TFT_RD	TFT 读数据使能
TFT_DB[0:15]	TFT 数据引脚[0:15]
TFT_CS	TFT 片选引脚
TFT_LED	TFT 背光控制
TFT_RST	TFT 复位引脚

（3）TFT 屏接口位置如图 20.3.2 所示。

图 20.3.2　TFT 屏接口位置

2. 软件设计

代码位置：\SmartM-M451\迷你板\入门代码\【EBI】【读取 TFT_ID】

（1）重点库函数如表 20.3.2 所列。

表 20.3.2　重点库函数

序　号	函数分析
1	void CLK_EnableModuleClock(uint32_t u32ModuleIdx) 位置：clk. c 功能：使能当前硬件对应的时钟模块 参数： u32ModuleIdx：使能当前哪个时钟模块。若使能定时器 0，填入参数为 TMR0_MODULE；若使能 串口 0，填入参数为 UART0_MODULE,更多的参数值参考 clk. c

续表 20.3.2

序　号	函数分析
2	void EBI_Open(uint32_t u32Bank, uint32_t u32DataWidth, uint32_t u32TimingClass, 　　　　　uint32_t u32BusMode, uint32_t u32CSActiveLevel) 位置：ebi. c 功能：初始化指定的 Bank 参数： u32Bank：指定 Bank0 还是 Bank1 u32DataWidth：设置总线宽度是 8 位还是 16 位 u32TimingClass：EBI 总线速度设置 u32BusMode：暂时没有使用 u32CSActiveLevel：设置 EBI 总线的片选引脚有效电平(高/低电平)
3	EBI0_WRITE_DATA16(u32Addr, u32Data) 位置：ebi. h 功能：向 EBI 的 Bank0 映射的某一地址值写入 16 位数据 参数： u32Addr：映射的内存地址 u32Data：要写入的数据值
4	EBI0_READ_DATA16(u32Addr) 位置：ebi. h 功能：从 EBI 的 Bank0 映射的某一地址读取 16 位数据 参数： u32Addr：映射的内存地址

（2）驱动 TFT 流程具体如下所述。

驱动 TFT 屏，首先了解当前驱动 TFT 的芯片是哪家厂家生产的。其驱动芯片有很多种类型，比如 RM68021、ILI9320、ILI9328、LGDP4531、LGDP4535、SPFD5408、SSD1289、1505、B505、C505、NT35310、NT35510 等。当前实验使用的开发板为 SmartM-M451 迷你板，连接的是 ILI9325 驱动的 2.4 英寸 TFT 屏，若要正确驱动 TFT 屏，则必须熟悉 ILI9325 驱动芯片，其详细配置如下。

① 引脚定义如下所述。

由图 20.3.1 可知，TFT 屏提供的接口采用 16 位的并口方式与外部连接。不采用 8 位的方式是因为 TFT 屏的数据量比较大，尤其在显示图片时，如果用 8 位数据线，就会比 16 位方式不止慢一倍，我们当然希望速度越快越好，所以选择 16 位的接口。图 20.3.1 还列出了 TFT 屏芯片的接口，该 TFT 屏采用的是 Intel 8080 接口，有如下一些信号线：

● TFT_CS：TFT 片选信号。

● TFT_WR：向 TFT 写入数据。

- TFT_RD:从 TFT 读取数据。
- TFT_DB[15:0]:16 位双向数据线。
- TFT_RST:硬复位 TFTLCD。
- TFT_RS:命令/数据标志(0,读写命令;1,读写数据)。

除了有上述的信号线外,TFT_LED 还可以对背光进行控制。若输入电压为 0~3.3 V,则能够调整 TFT 屏背光亮度,实现的方式可以用 PWM 的方式控制背光的亮度。

② 命令与数据格式分析如下。

写寄存器

对 TFT 屏写入数据,必须遵循时序图 20.3.3。

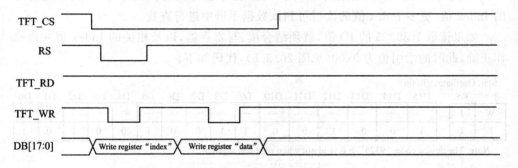

图 20.3.3　I80 接口写数据时序

由图 20.3.3 可知,I80 接口写数据操作步骤如下:

第一步,片选 TFT 屏,即将 TFT 屏 TFT_CS 引脚电平拉低;

第二步,写命令(或称作 Index 值)时,将 TFT 屏 RS 引脚电平拉低;写数据时,将 TFT 屏 RS 引脚电平拉高;

第三步,由于当前为写数据时序,因此 TFT_RD 引脚置高电平,同时无论当前是写命令还是写数据期间,TFT_WR 引脚电平被拉低,过后电平被拉高,表示当前写命令或写数据已经完成;

第四步,写命令或数据时,必须从 DB[17:0]引脚进行传输。

读寄存器

对 TFT 屏读数据,必须遵循时序图 20.3.4。由图 20.3.4 可知,I80 接口读数据操作步骤如下:

第一步,片选 TFT 屏,即将 TFT 屏的 TFT_CS 引脚电平拉低;

第二步,写命令(或称作 Index 值)时,将 TFT 屏的 RS 引脚电平拉低;读数据时,将 TFT 屏的 RS 引脚电平拉高;

第三步,由于当前为读数据时序,因此 TFT_RD 引脚置低电平,过后电平拉高,表示当前读数据已经完成;

第四步,读数据时,必须从 DB[17:0]引脚进行传输。

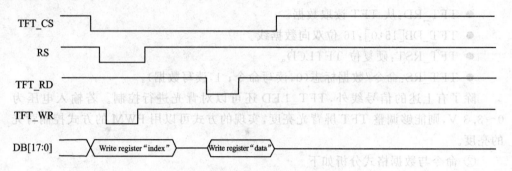

图 20.3.4 I80 接口读数据时序

Index 值在《ILI9325 数据手册》的 54 页有详细的说明。图 20.3.5 所示是部分的 Index 值,更多 Index 值的读写可到该数据手册中进行查找。

如果读取 ILI9325 的 ID 值,就须结合读、写寄存器,以及相关的 Index 值才能操作正确,此时的索引值为 0x00(见图 20.3.5),代码如下。

Start Oscillation(R00h)

R/W	RS	D15	D14	D13	D12	D11	D10	D9	D8	D7	D6	D5	D4	D3	D2	D1	D0
W	1	—	—	—	—	—	—	—	—	—	—	—	—	—	—	—	1
R	1	1	0	0	1	0	0	1	1	0	0	1	0	0	1	0	1

Note: The device code "9325" h is read out when read this register.

图 20.3.5 TFT 屏索引值为 0x00 的寄存器

程序清单 20.3.1 模拟 I80 时序一系列函数

```
/***********************************************
* 函数名称:LcdWriteBus
* 输    入:usData - 写数据
* 输    出:无
* 功    能:LCD 并行数据传输
***********************************************/
VOID LcdWriteBus(UINT16 usData)
{
    GPIO_SET_OUT_DATA(PA, usData&0xFF);
    GPIO_SET_OUT_DATA(PC, (usData >> 8)&0xFF);
    LCD_WR(0);
    NOP();NOP();NOP();NOP();
    NOP();NOP();NOP();NOP();
    LCD_WR(1);
}
/***********************************************
* 函数名称:LcdWriteCmd
* 输    入:usLcdCmd - 寄存器值
```

```
*  输    出:无
*  功    能:LCD 写寄存器
**********************************************/
VOID LcdWriteCmd(UINT16 usLcdCmd)
{
    LCD_RS(0);
    NOP();NOP();NOP();NOP();
    NOP();NOP();NOP();NOP();
    LcdWriteBus(usLcdCmd);
}


/**********************************************
*  函数名称:LcdGetID
*  输    入:无
*  输    出:无
*  功    能:LCD 获取 ID
**********************************************/
UINT16 LcdGetID(VOID)
{
    UINT16 r;
    LcdWriteCmd(0x00,0x00);

    /* 设置 16 位 PA[0:7]和 PC[0:7]为输出模式 */
    GPIO_SetMode(PA, BYTE0_Msk, GPIO_MODE_INPUT);
    GPIO_SetMode(PC, BYTE0_Msk, GPIO_MODE_INPUT);
    LCD_WR(1);
    LCD_RS(1);
    LCD_RD(0);
    Delayus(10);
    LCD_RD(1);
    Delayus(10);
    r = (_GET_BYTE0(GPIO_GET_IN_DATA(PC)) << 8)|(_GET_BYTE0(GPIO_GET_IN_DATA(PA)));
    Delayus(10);
    /* 设置 16 位 PA[0:7]和 PC[0:7]为输出模式 */
    GPIO_SetMode(PA, BYTE0_Msk, GPIO_MODE_OUTPUT);
    GPIO_SetMode(PC, BYTE0_Msk, GPIO_MODE_OUTPUT);
}
```

　　上述代码采用软件模拟的形式实现读、写寄存器的操作,此前我们已在“读取 TFT 屏 ID”实验中使用 EBI 的方式获取 ILI9325 的 ID 值,使用 EBI 的读写速度比软件模拟方式的速度快,因此下述的代码统一采用 M451 的 EBI 外部总线接口来驱动 TFT 屏。

（3）完整代码如下。

程序清单 20.3.2　完整代码

```c
# include "SmartM_M4.h"


# define LCD_RST(x)    PB2 = (x)
# define LCD_CS(x)     PE9 = (x)
# define LCD_RS(x)     PB3 = (x)
# define LCD_WR(x)     PD2 = (x)
# define LCD_RD(x)     PD7 = (x)
# define LCD_BL(x)     PE0 = (x)
/* ------------------------------------------------------------- */
/*                        全局变量                                 */
/* ------------------------------------------------------------- */



/* ------------------------------------------------------------- */
/*                         函数                                    */
/* ------------------------------------------------------------- */



/**********************************************
* 函数名称:Configure_EBI_16BIT_Pins
* 输    入:无
* 输    出:无
* 功    能:配置 EBI 的 16 位引脚
*********************************************** */
void Configure_EBI_16BIT_Pins(void)
{
    /* EBI AD0~7 pins on PA.0~7 */
    SYS ->GPA_MFPL & = ~(SYS_GPA_MFPL_PA0MFP_Msk|SYS_GPA_MFPL_PA1MFP_Msk|SYS_GPA_MF-
                        PL_PA2MFP_Msk|
                        SYS_GPA_MFPL_PA3MFP_Msk|SYS_GPA_MFPL_PA4MFP_Msk|SYS_GPA_MFPL
                        _PA5MFP_Msk|
                        SYS_GPA_MFPL_PA6MFP_Msk|SYS_GPA_MFPL_PA7MFP_Msk);

    SYS ->GPA_MFPL | = SYS_GPA_MFPL_PA0MFP_EBI_AD0 | SYS_GPA_MFPL_PA1MFP_EBI_AD1 |
                       SYS_GPA_MFPL_PA2MFP_EBI_AD2 | SYS_GPA_MFPL_PA3MFP_EBI_AD3 |
                       SYS_GPA_MFPL_PA4MFP_EBI_AD4 | SYS_GPA_MFPL_PA5MFP_EBI_AD5 |
                       SYS_GPA_MFPL_PA6MFP_EBI_AD6 | SYS_GPA_MFPL_PA7MFP_EBI_AD7;

    /* EBI AD8~15 pins on PC.0~7 */
    SYS ->GPC_MFPL & = ~(SYS_GPC_MFPL_PC0MFP_Msk|SYS_GPC_MFPL_PC1MFP_Msk|SYS_GPC_MF-
                        PL_PC2MFP_Msk|
                        SYS_GPC_MFPL_PC3MFP_Msk|SYS_GPC_MFPL_PC4MFP_Msk|SYS_GPC_MFPL
                        _PC5MFP_Msk|
```

```
                        SYS_GPC_MFPL_PC6MFP_Msk|SYS_GPC_MFPL_PC7MFP_Msk);

    SYS->GPC_MFPL | = SYS_GPC_MFPL_PC0MFP_EBI_AD8 | SYS_GPC_MFPL_PC1MFP_EBI_AD9 |
                      SYS_GPC_MFPL_PC2MFP_EBI_AD10 | SYS_GPC_MFPL_PC3MFP_EBI_AD11 |
                      SYS_GPC_MFPL_PC4MFP_EBI_AD12 | SYS_GPC_MFPL_PC5MFP_EBI_AD13 |
                      SYS_GPC_MFPL_PC6MFP_EBI_AD14 | SYS_GPC_MFPL_PC7MFP_EBI_AD15;


    /* EBI nWR and nRD pins on PD.2 and PD.7 */
    SYS->GPD_MFPL& = ~(SYS_GPD_MFPL_PD2MFP_Msk|SYS_GPD_MFPL_PD7MFP_Msk);
    SYS->GPD_MFPL | = SYS_GPD_MFPL_PD2MFP_EBI_nWR | SYS_GPD_MFPL_PD7MFP_EBI_nRD;

    /* PB2(LCD_RST)、PB3(LCD_RS) 输出模式 */
    GPIO_SetMode(PB, BIT2|BIT3, GPIO_MODE_OUTPUT);

    /* PE0(LCD_CS)、PE9(LCD_BL) 输出模式 */
    GPIO_SetMode(PE, BIT0|BIT9, GPIO_MODE_OUTPUT);

    /* 复位 LCD 屏 */
    LCD_RST(0);
    Delayms(100);
    LCD_RST(1);
    Delayms(100);

    /* 片选使能 LCD 屏 */
    LCD_CS(0);
    LCD_RS(1);

    /* 关闭背光灯 */
    LCD_BL(1);
}
/**********************************************
* 函数名称:LcdWriteCmd
* 输    入:usLcdCmd - 寄存器值
* 输    出:无
* 功    能:LCD 写寄存器
********************************************** */
VOID LcdWriteCmd(UINT16 usLcdCmd)
{
    LCD_RS(0);
    NOP();NOP();NOP();NOP();
    NOP();NOP();NOP();NOP();
    EBI0_WRITE_DATA16(0,usLcdCmd);
}
/**********************************************
* 函数名称:LCDGetID
* 输    入:无
```

```
* 输    出:TFT 屏 ID
* 功    能:LCD 获取 ID
*********************************************** */
UINT16 LcdGetID(VOID)
{
    UINT16 r;
    LcdWriteCmd(0x00);

    LCD_RS(1);
    NOP();NOP();NOP();NOP();
    r = EBI0_READ_DATA16(0);

    return r;
}


/***********************************************
* 函数名称:main
* 输    入:无
* 输    出:无
* 功    能:函数主体
*********************************************** */
INT32 main(void)
{

    PROTECT_REG
    (
        /* 系统时钟初始化 */
        SYS_Init(PLL_CLOCK);

        /* 使能 EBI 时钟模块 */
        CLK_EnableModuleClock(EBI_MODULE);
    )

    /* 串口 0 初始化波特为 115 200 bps */
    UART0_Init(115200);

    /* 配置 EBI 多功能引脚为 16 位模式 */
    Configure_EBI_16BIT_Pins();

    /* 初始化 EBI 使用 Bank0、16 位数据宽度等 */
    EBI_Open(EBI_BANK0, EBI_BUSWIDTH_16BIT, EBI_TIMING_NORMAL, 0, EBI_CS_ACTIVE_LOW);

    printf("\r\n ===================================\r\n");
    printf("\r\n                 EBI Test                    \r\n");
    printf("\r\nNeed To Insert TFT                           \r\n");
    printf("\r\n ===================================\r\n");
```

```
    /* 打印 TFT 屏 ID 信息 */
    printf("TFT ID = % X \r\n",LcdGetID());

    while(1);
}
```

（4）Configure_EBI_16BIT_Pins 函数分析如下。

① 设置 PA0～PA7 为 EBI 的低位地址数据引脚。

② 设置 PC0～PC7 为 EBI 的高位地址数据引脚。

③ 设置 PD2 为 EBI 的写使能引脚。

④ 设置 PD7 为 EBI 的读使能引脚。

⑤ 设置 PB2 为 LCD 屏的复位引脚，PB3 为 LCD 屏的命令与数据切换引脚，PE0 为 LCD 屏的片选使能引脚，PE9 为 LCD 屏背光控制引脚。

⑥ 复位 LCD 屏。

（5）EBI_Open 函数分析如下。

当调用 Configure_EBI_16BIT_Pins 函数后，调用 EBI_Open 对 EBI 的 Bank0 进行初始化，数据宽度为 16 位，时间参数为 EBI_TIMING_NORMAL，那么它的速度是如何计算的呢？通过深入 EBI_Open 函数可以知道，EBI_TIMING_NORMAL 传入的参数对应设置外部总线接口控制寄存器（EBI_CTLx）中的外部输出时钟分频器（MCLKDIV）的值，当前系统使用的 HCLK 为 PLL 时钟的 2 分频，即是 36 MHz，而 EBI 的时钟源来自 HCLK，然后经过 HCLK 再进行分频，当前 EBI_TIMING_NOR-MAL 对应的为 HCLK 的 2 分频，EBI 输出的时钟为 18 MHz。设置好时钟源后就得设置 EBI 的 CS 引脚的电平极性，默认设置低电平有效，因为片选 TFT 屏或外置的 RAM 都是低电平有效。

（6）LcdWriteCmd 函数分析如下。

① 对 LCD 屏写命令的时候，RS 引脚必需拉低，并通过 EBI 写入数据。

② 由于 M451 工作的速度高达 72 MHz，必须在 RS 引脚拉低时加上短暂的延时，保持一段时间，让 LCD 屏能够正确检测当前是命令输入。

③ 接着调用 EBI0_WRITE_DATA16 写入 16 位数据即可。

（7）LcdGetID 函数分析如下。

① 读取 LCD 屏驱动芯片的 ID，必需发送读取 ID 命令，若读取的数据为 0x9325，则为当前 LCD 屏的 ID，那么调用 LcdWriteCmd 函数向 LCD 屏发送命令 0x00。

② 接着获取数据时，必须将 LCD 屏的 RS 引脚拉高。

③ 调用 EBI0_READ_DATA16 函数读取 LCD 屏返回的数据，该数据就是 LCD 屏的 ID，如图 20.3.6 所示。

3. 下载验证

通过 NuLink 仿真下载器将程序下载到 SmartM-M451 迷你板后，进入单片机多

Start Oscillation (R00h)

D15	D14	D13	D12	D11	D10	D9	D8	D7	D6	D5	D4	D3	D2	D1	D0
—	—	—	—	—	—	—	—	—	—	—	—	—	—	—	1
1	0	0	1	0	0	1	1	0	0	1	0	0	1	0	1
9				3				2				5			

图 20.3.6　ID 为 0x9325

功能调试助手中的串口调试界面,观察到当前读取到的 TFT 的 ID 值为 0x9325,即当前的驱动芯片为 ILI9325,如图 20.3.7 所示;有些读者有可能读取到的 TFT 屏的 ID 值为 0x9328,即当前的驱动芯片为 ILI9328,如图 20.3.8 所示。其余实验操作起来也是一样的。

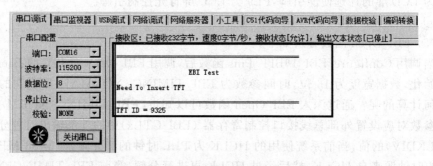

图 20.3.7　读取 TFT 屏的 ID 值为 0x9325

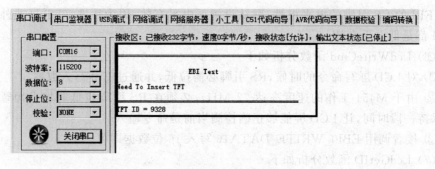

图 20.3.8　读取 TFT 屏的 ID 值为 0x9328

第 **21** 章

模拟比较器

21.1 概 述

常见的运放芯片有 LM324、LM358、uA741、TL081\2\3\4、OP07、OP27,这些都可以做成电压比较器(不加负反馈)。LM339、LM393 是专业的电压比较器,切换速度快,延迟时间小,可用在专门的电压比较场合。但是,电路板集成更多的芯片会导致整体生产成本增加,所以现在很多微控制器都内置了模拟比较器,新唐公司推出的 M451 系列芯片同样内置了模拟比较器。

那么模拟比较器的原理又是怎样实现的呢? 以下进行详细的描述。

对两个或多个数据项进行比较,以确定它们是否相等,或确定它们之间的大小关系及排列顺序称为比较,能够实现这种比较功能的电路或装置称为比较器。比较器是将一个模拟电压信号与一个基准电压相比较的电路。比较器的两路输入为模拟信号,输出则为二进制信号,当输入电压的差值增大或减小时,其输出保持恒定。因此,也可以将其当作一个 1 位模/数转换器。

运算放大器在不加负反馈时从原理上讲可以用作比较器,但由于运算放大器的开环增益非常高,它只能处理输入差分电压非常小的信号。另外,一般情况下,运算放大器的延迟时间较长,无法满足实际需求。比较器经过调节可以提供极小的时间延迟,但其频响特性会受到一定限制。为避免输出振荡,许多比较器还带有内部滞回电路。比较器的阈值是固定的,有的只有一个阈值,有的具有两个阈值。

21.2 功能描述

M451 包含两个比较器,当正极输入大于负极输入时,比较器输出逻辑 1,否则输出 0;当比较器输出值有变化时,两个比较器都可以配置产生中断。

1. 特 性

- 模拟输入电压范围:0~V_{DD}(AVDD 引脚电压)。
- 支持滞后功能。

- 支持唤醒功能。
- 可选的正极和负极输入源。
- ACMP0 支持：
  - ◆ 4 个正极输入源，分别为：ACMP0_P0、ACMP0_P1、ACMP0_P2 和 AC-MP0_P3；
  - ◆ 4 个负极输入源，分别为：ACMP0_N、比较器参考电压（CRV）、内部带隙电压（VBG）和 DAC 输出（DAC_OUT）。
- ACMP1 支持：
  - ◆ 4 个正极输入源，分别为：ACMP1_P0、ACMP1_P1、ACMP1_P2 和 AC-MP1_P3；
  - ◆ 4 个负极输入源，分别为：ACMP1_N、比较器参考电压（CRV）、内部带隙电压（VBG）和 DAC 输出（DAC_OUT）。
- 所有比较器共享一个 ACMP 中断向量。

2. 内部框图

模拟比较器框图如图 21.2.1 所示。

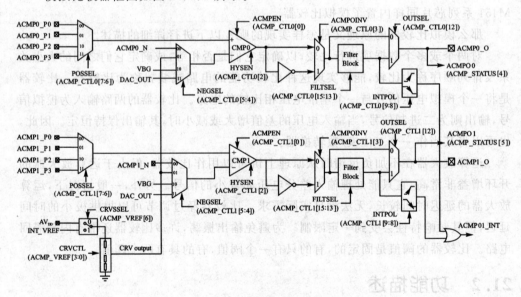

图 21.2.1　模拟比较器框图

注意：ACMP 时钟源为 PCLK 并可以通过 ACMP01CKEN（CLK_APBCLK0[7]）使能。通过寄存器 SYS_GPB_MFPL、SYS_GPB_MFPH、SYS_GPC_MFPL、SYS_GPD_MFPL 和 SYS_GPD_MFPH 配置 ACMP 引脚功能。建议关闭模拟输入引脚的数字输入通路，以避免漏电。数字输入通路可以通过寄存器 PB_DINOFF 和 PD_DINOFF 关闭。

3．中断源

比较器的输出反映在 ACMPO0（ACMP_STATUS[4]）和 ACMPO1（ACMP_STATUS[5]）上。如果寄存器 ACMP_CTLn（n：0～1）中的 ACMPIE 置 1，则比较器中断使能。如果比较器输出状态随条件设置的改变而改变，比较器将发出中断，并且相应标志 ACMPIF0（ACMP_STATUS[0]）和 ACMPIF1（ACMP_STATUS[1]）被置 1。通过设置 INTPOL（ACMP_CTL0[9：8]，ACMP_CTL1[9：8]）可以选择比较器输出改变条件用于中断标志。如果 FILTSEL（ACMP_CTL0[15：13]、ACMP_CTL1[15：13]）没有置 0，则根据滤波器的输出产生中断。中断标志可以通过写1 清零。比较器控制中断源如图 21.2.2 所示。

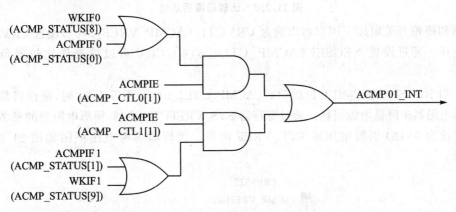

图 21.2.2　比较器控制中断源

4．滞后功能

模拟比较器提供滞后功能，是让比较器有一个稳定输出。如果比较器输出 0，则正极输入没有超过负极输入的高门限电压之前不会变 1。同样，如果比较器输出 1，则正极输入电压没有低于负极输入的低门限电压前不会变 0。比较器滞后功能如图 21.2.3 所示。

若加上滞后功能，那么可称作迟滞比较器，其加的正反馈可以加快比较器的响应速度，这是它的一个优点。除此之外，由于迟滞比较器加的正反馈很强，远比电路中的寄生耦合强得多，故迟滞比较器还可免除由于电路寄生耦合而产生的自激振荡。

5．滤波器功能

模拟比较器提供滤波器功能来避免比较器状态输出不稳定。通过设置 FILTSEL（ACMP_CTL0[15：13]和 ACMP_CTL1[15：13]，比较器输出被连续 PCLKs 时间采样，随着采样时钟的加长，比较器输出会更加稳定，但比较器输出灵敏度将下降。

6．比较器参考电压

比较器参考电压（CRV）模块负责产生比较器用来参考的电压。CRV 由梯形电

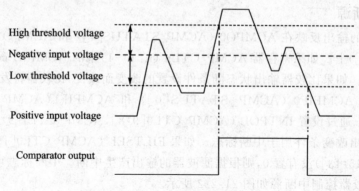

图 21.2.3 比较器滞后功能

阻器和模拟开关组成。用户可以通过 CRVCTL（ACMP_VREF[3:0]）设置 CRV 输出电压。通过设置 NEGSEL（ACMP_CTL0[5:4]，CRV 可以被选作比较器负极输入。

　　当 NEGSEL（ACMP_CTL0[5:4]、ACMP_CTL1[5:4]）不等于 01 时，硬件将禁止梯形电阻器来降低电源损耗。通过寄存器 SYS_VREFCTL 控制，梯形电阻器的参考电压可设为 AVDD 引脚电压或 INT_VREF 电压。比较器参考电压框图如图 21.2.4 所示。

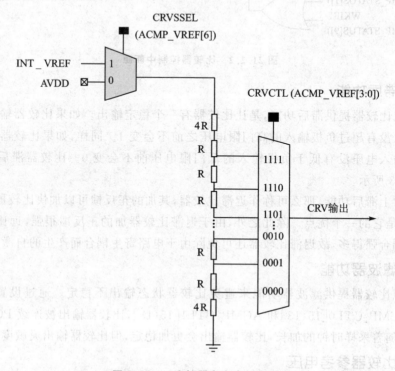

图 21.2.4 比较器参考电压框图

21.3 实　验

【实验要求】基于 SmartM-M451 系列开发板：对 M451 的某一模拟比较器引脚输入不同的电压，输出打印当前比较结果。同时不同的比较结果能够控制 LED 的亮灭，即通知或警报功能。

1. 硬件设计

（1）参考"6.2.1　驱动 LED"一节中的硬件设计。

（2）参考"14.2.1　串口收发数据"一节中的硬件设计。

2. 软件设计

代码位置：\SmartM-M451\迷你板\入门代码\【ACMP】模拟比较器】

（1）重点库函数如表 21.3.1 所列。

表 21.3.1　重点库函数

序　号	函数分析
1	void CLK_EnableModuleClock(uint32_t u32ModuleIdx) 位置：clk.c 功能：使能当前硬件对应的时钟模块 参数： u32ModuleIdx：使能当前哪个时钟模块。若使能定时器0，填入参数为 TMR0_MODULE；若使能串口0，填入参数为 UART0_MODULE，更多的参数值参考 clk.c
2	GPIO_DISABLE_DIGITAL_PATH(port, u32PinMask) 位置：gpio.h 功能：指定某一个引脚取消数字通道 参数： port：GPIO 端口 u32PinMask：引脚掩码值
3	void ACMP_Open(ACMP_T * Acmp, uint32_t u32ChNum, uint32_t u32NegSrc, uint32_t u32HysteresisEn) 位置：acmp.c 功能：配置模拟比较器 参数： Acmp：模拟比较器模块 u32ChNum：通道号 u32NegSrc：选择负极输入源 u32HysteresisEn：是否允许滞后功能

序　号	函数分析
4	ACMP_ENABLE_INT(acmp，u32ChNum) 位置：acmp. h 功能：是否使能 ACMP 中断 参数： acmp：模拟比较器模块 u32ChNum：通道号
5	ACMP_CLR_INT_FLAG(acmp，u32ChNum) 位置：acmp. h 功能：清除模拟比较器某一通道中断 参数： acmp：模拟比较器模块 u32ChNum：通道号
6	ACMP_GET_OUTPUT(acmp，u32ChNum) 位置：acmp. h 功能：获取模拟比较器结果值 参数： acmp：模拟比较器模块 u32ChNum：通道号

（2）完整代码如下。

程序清单 21.3.1　完整代码

```
# include "SmartM_M4.h"


/ * * * * * * * * * * * * * * * * * * * * * * * * * * * * * * * * * * *
* 函数名称:main
* 输　　入:无
* 输　　出:无
* 功　　能:函数主体
* * * * * * * * * * * * * * * * * * * * * * * * * * * * * * * * * * */
INT32 main(VOID)
{
    PROTECT_REG
    (
            /ｘ 系统时钟初始化 ｘ/
            SYS_Init(PLL_CLOCK);
```

```
                    /* 使能 ACMP01 时钟模块 */
                    CLK_EnableModuleClock(ACMP01_MODULE);

                    /* 设置 PB7 引脚作为 ACMP0 输入引脚 */
                    SYS->GPB_MFPL = SYS_GPB_MFPL_PB7MFP_ACMP0_P0;

                    /* 设置 PD7 引脚作为 ACMP0 输出引脚 */
                    SYS->GPD_MFPL = SYS_GPD_MFPL_PD7MFP_ACMP0_O;

                    /* 取消 PB7 数字信号输入引脚避免电流泄漏 */
                    GPIO_DISABLE_DIGITAL_PATH(PB, (1ul << 7));
    }

    /* 串口 0 初始化 */
    UART0_Init(115200);

    printf("\n\n");
    printf(" + ---------------------------+ \n");
    printf("|        SmartM - M451 ACMP Sample Code     |\n");
    printf(" + ---------------------------+ \n");

    /* 配置 ACMP01,并使能 ACMP01,选择内部带隙电压作为负极输入源 */
    ACMP_Open(ACMP01, 0, ACMP_CTL_NEGSEL_VBG, ACMP_CTL_HYSTERESIS_DISABLE);

    /* 使能 ACMP01 中断 */
    ACMP_ENABLE_INT(ACMP01, 0);

    /* 使能 NVIC ACMP01 IRQ 中断 */
    NVIC_EnableIRQ(ACMP01_IRQn);

    while(1);

}

/*********************************************
* 函数名称:ACMP01_IRQHandler
* 输    入:无
* 输    出:无
* 功    能:模拟比较器 0/1 中断服务函数
*********************************************/
```

287

```
VOID ACMP01_IRQHandler(VOID)
{
        /* 清除 ACMP01 中断标志位 */
        ACMP_CLR_INT_FLAG(ACMP01, 0);

        /* 检查比较器 0 输出状态 */
        if(ACMP_GET_OUTPUT(ACMP01, 0))
        {
                /* 模拟比较器输入引脚电平高于内部带隙电压 */
                printf("ACMP0_P voltage > Band-gap voltage\n");
        }
        else
        {
                /* 模拟比较器输入引脚电平低于或等于内部带隙电压 */
                printf("ACMP0_P voltage <= Band-gap voltage\n");
        }

}
```

（3）main 函数分析如下。

① 当初始化设置 PB7 引脚作为 ACMP0 输入引脚和设置 PD7 引脚作为 AC-MP0 输出引脚后，调用 GPIO_DISABLE_DIGITAL_PATH 函数取消 PB7 数字信号输入引脚，避免电流泄漏。

② 调用 ACMP_Open 函数配置 ACMP01，并使能 ACMP01，选择内部带隙电压作为负极输入源。

③ 调用 ACMP_ENABLE_INT 函数使能 ACMP01 中断。

④ 调用 NVIC_EnableIRQ 函数使能 ACMP01 嵌套向量中断。

（4）ACMP01_IRQHandler 中断服务函数分析如下。

① 一旦比较器结果发生变化，则进入 ACMP01_IRQHandler 中断服务函数。进入该函数后，必须调用 ACMP_CLR_INT_FLAG 函数对模拟比较器产生的标志位执行清零操作。

② 为了得到当前比较的结果，调用 ACMP_GET_OUTPUT 函数。若结果非 0，则当前输入电压值高于内部带隙电压值；若结果为 0，则当前输入电压值低于或等于内部带隙电压值。

3. 下载验证

下载代码前，首先准备两根杜邦线，一根是 PD7（ACMP0_O）引脚连接到 PB8（LED1）引脚，用于模拟比较器输出结果控制 LED 灯的亮灭，即通知或警报功能；另外一根是 PB7（ACMP0_P0）引脚连接到 3.3 V 或 GND 引脚。不断地将 PB7 引脚输入电平进行切换，输出打印信息如图 21.3.1 所示。当 PB7 引脚接入 3.3 V 电平时，则输出"ACMP0_P voltage > Band-gap voltage"信息,即输入电压大于内部带隙电压(1.8 V),同时 PD7 引脚输出高电平,LED1 灭,如图 21.3.2 所示。当 PB7 引脚接入 3.3 V 电平时,则输出"ACMP0_P voltage <= Band-gap voltage"信息,即输入电压小于内部带隙电压(1.8 V),同时 PD7 引脚输出低电平,LED1 亮,如图 21.3.3 所示。

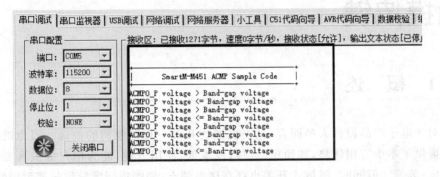

图 21.3.1　模拟比较器输出信息

图 21.3.2　LED1 灭

图 21.3.3　LED1 亮

注:带隙电压值为 1.8 V,在"M451 规格书.pdf"电气特性中可以找到。

第22章

触摸按键

22.1 概述

对于电子产品设计人员而言,过去机械式开关一直是他们的首选。因为机械式开关提供了不少应用优势,如简单,直接,成本低,使用方便,能为用户提供真实的物理反应,等等。但同时,机械式开关也存在诸多缺点,如磨损问题导致长期耐用性差,设计灵活性不高,容易受潮湿、水、油污或灰尘的影响,存在系统噪声,反应速度仅适合低速工作等。鉴于此,设计人员也在探寻其他的设计选择,如触摸传感技术。

实际上,触摸传感器已经被广泛使用很多年了,但直到近些年,随着触摸技术在便携设备显示屏应用的爆发性增长,才越来越受关注,由此展开的技术开发及创新也就越来越多。设计人员不仅争相利用触摸传感技术为手机、平板电脑乃至笔记本电脑用户提供更加先进、智能的用户接口(见图 22.1.1),而且现在越来越多的触摸传感技术用于数码相框、数码相机、游戏机、安防、汽车仪表盘及白家电等。

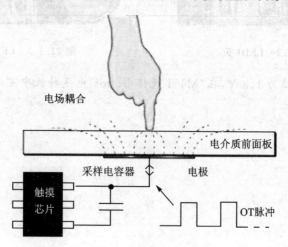

22.1.1 常见的电容触摸屏

相较于机械式按键和电阻式触摸按键,电容式触摸按键不仅耐用、造价低廉、机构简单易于安装、防水、防污,而且还能提供如滚轮、滑动条的功能。但是,电容式触摸按键也存在很多的问题,因为没有机械构造,所有的检测都是电量的微小变化,所以对各种干扰特别敏感。新唐公司针对家电应用特别是电磁炉应用,推出了一个基于 M451 系列 32 位通用微控制器平台的电容式触摸感应方案,无需增加专用触摸芯片,仅用简单的外围电路即可实现电容式触摸感应功能,方便客户二次开发。

　　电容式触摸感应按键的基本原理是当人体(手指)接触金属感应片时,由于人体相当于一个接大地的电容,因此会在感应片和大地之间形成一个电容,感应电容量通常有几皮法到几十皮法。利用这个最基本的原理,在外部搭建相关电路,就可以根据这个电容量的变化检测是否有人体接触金属感应片。

1. 常见的硬件解决方案

　　常见的硬件解决方案如图 22.1.2~图 22.1.5 所示。

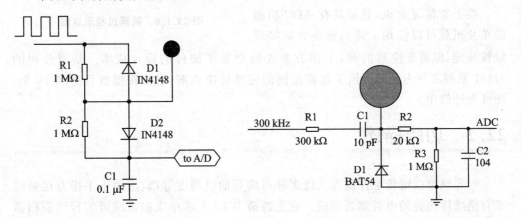

图 22.1.2　方案(1)　　　　　　　　图 22.1.3　方案(2)

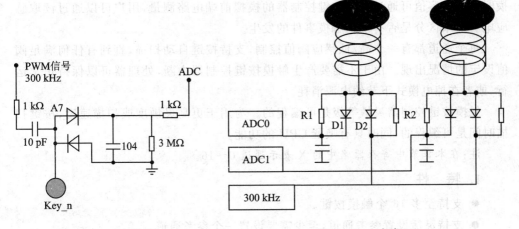

图 22.1.4　方案(3)　　　　　　　　图 22.1.5　方案(4)

ARM Cortex-M4 微控制器原理与实践

2. 原　理

一般情况下,都是用图 22.1.5 所示的感应弹簧来加大手指按下的面积的。感应弹簧等效一块对地的金属板,对地有一个电容 C_P,手指按下后,再并联一个对地的电容 C_F,如图 22.1.6 所示。

现在以图 22.1.3 为例进行说明,CP 为金属板和分布电容,CF 为手指电容,并联在一起与 C1 对输入的 300 kHz 方波进行分压,经过 D1 整流,R2、C2 滤波后送给 ADC,当手指压上去后,送给 ADC 的电压降低,程序就可以检测出按键动作。

按正常情况来说,只要具有 ADC 功能的单片机就可以使用上述的解决方案实现

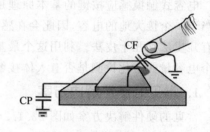

图 22.1.6　触摸过程示意图

触摸按键,但需要注意的是,上述方案无疑增加了硬件的设计成本。新唐公司的 M451 系列芯片为我们提供了触摸按键的完整解决方案,触摸按键数目达到 16 个,硬件设计简单。

22.2　功能描述

电容触摸按键传感控制器支持多种可编程的灵敏度等级,应用于手指直接触摸或有绝缘体包裹的电极靠近感应。它支持最多 16 个带单次扫描或可编程周期扫描的触摸按键,并且任何一个按键都可以唤醒系统以适应低功耗应用。

当一个手指触摸到键盘时,通过触摸按键控制器感应到键盘的电容值会比不触摸时大。电容值可通过触摸按键控制器的模拟前端电路测量,用户可以通过读取感应电容值来区分是否有手指触摸事件的发生。

每个通道都有一个高/低感应阈值控制,支持按键自动扫描,直到有任何满足阈值设定的情况出现。由于不需要产生触摸按键控制器中断,处理器可以保持正常运行,或者在掉电模式下节约电源消耗。

触摸按键控制器灵敏等级是可编程的。为用于更高灵敏度或扫描速度,按键扫描时间是可编程的,同时具有唤醒 CPU 的功能。

注:在本章节中寄存器名中的 X 表示通道 0~16。

1. 特　性

- 支持至多 16 个触摸按键。
- 支持灵活设置参考通道,至少需要设置一个参考通道。
- 每个通道灵敏等级可编程。
- 可编程扫描速度用于不同应用。

● 支持任意触摸按键唤醒以用于低功耗应用。
● 支持单次按键扫描和可编程周期按键扫描。
● 可编程按键中断选择用于按键扫描结束,按键扫描可以带也可以不带阈值控制。

2. 内部框图

触摸按键方块图如图 22.2.1 所示。

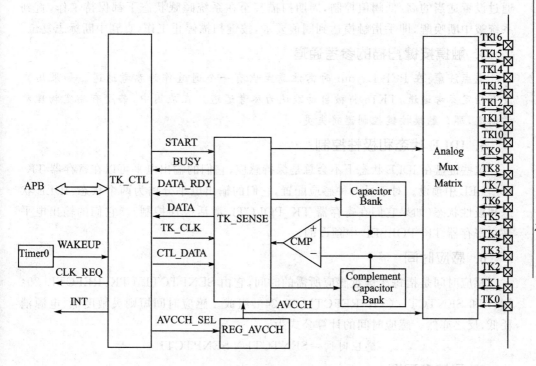

图 22.2.1 触摸按键方块图

3. 按键扫描方式

1)单次扫描模式

在这个模式中,用户需要将 TKEN(TK_CTL[31])和 SCAN(TK_CTL[24])置 1,并且根据灵敏度的应用要求来设置 TK_CTL 的其他位、TK_REFCTL、TK_CCBDAT0、TK_CCBDAT 1、TK_CCBDAT 2、TK_CCBDAT 3、TK_CCBDAT 4、TK_IDLESEL 和 TK_POLCTL。通过寄存器 TKSENx(TK_CTL[16:0])的相应位使能后的那些通道,将在扫描初始化完成后,依次被成功扫描。一旦通道开始扫描,BUSY(TK_STATUS[0])将被置 1,直到扫描完成。扫描完成后寄存器 SCIF(TK_STATUS[1])将被置 1,并且感应的数据存放在 TK_CTL 中使能的那些通道的数据寄存器 TK_DATn 中,TK_DATn 读有效,n 表示数字 0 到 4。通过设置寄存器 SCINTEN(TK_INTEN[1])为高,SCIF(TK_STATUS[1])可产生中断。

2）周期扫描模式

这个模式可以支持自动周期扫描。用户可以设置 TKEN（TK_CTL[31]）和 TMRTRGEN（TK_CTL[25]）为高。此外，根据应用要求设置 TK_CTL 其他位、TK_REFCTL、TK_CCBDAT0、TK_CCBDAT1、TK_CCBDAT2、TK_CCBDAT3、TK_CCBDAT4、TK_IDLESEL 和 TK_POLCTL，用户必须设定适当的 Timer0 来决定扫描间的间隔时间周期。另外，用户可以在低功耗系统中用按键扫描唤醒功能。通过设置适当的高/低阈值控制，周期扫描甚至在系统睡眠状态下都保持工作，直到系统被中断唤醒，即手指触摸达到阈值要求，按键扫描停止工作，直到中断标志复位。

4. 触摸按键扫描的参考通道

重点注意：在 PCB Layout 时需注意至少有一个通道作为参考通道。如果用户没有指定参考通道，TK16 将被自动默认为参考通道。在应用中，若没有指定物理参考通道，那么触摸按键控制器将失灵。

5. IDLE 状态和极性控制

这些键盘在 IDLE 状态下不会总是保持感应，它们的输出电平可以在寄存器 TK_IDLESEL 中预设。对于另一种感应配置，它们的输出电平分离为两个状态：IDLE 状态和极性状态（如果它们在寄存器 TK_POLCTL 激活极性控制）。它们的输出电平是在寄存器 TK_POLSEL 中预设的。

6. 感应时间

感应时间是指每次键盘感应所需的时间，它由 SENPTCTL（TK_REFCTL[29：28]）和 SENTCTL（TK_REFCTL[25：24]）组成。感应时间短则灵敏度低、电源消耗低，反之亦然。感应时间的计算公式为

$$感应时间 = SENTCTL \times SENPTCTL$$

7. 灵敏度配置

灵敏度可以通过设置适当的感应时间来调整。另外，通过预设 CBPOLSEL（TK_POLCTL[5：4]）来适当选择电容器组极性源也会影响灵敏度。用户可以选择 AVCCH 作为电容器组极性源，为得到多种灵敏度选择，还可调整 AVCCH 到适当电平。AVCCH 电平由 AVCCHSEL（TK_CTL[22：20]）预设。

8. 扫描中断类型

1）无阈值控制扫描完成中断

当按键扫描完成后，SCIF（TK_STATUS[1]）就会被置位，如果 SCINTEN（TK_INTEN[1]）被置 1，则一个中断产生。

2）带阈值控制扫描完成中断

与 SCIF（TK_STATUS[1]）不同，当且仅当相应的扫描结果达到它控制要求的阈值时，TKIFx（TK_STATUS[24：8]）才会被置位。另外，当按键触摸/释放电势被

检测到时,设置 SCTHIEN (TK_INTEN[0])而不是 SCINTEN (TK_INTEN[1])来产生中断。边缘触发模式或电平触发模式都可以通过 THIMOD (TK_INTEN[31])选择。每个通道的高/低阈值控制可以通过寄存器 TK_THm_n 预设,m、n 表示两个相邻通道号,如 TK_TH0_1。

3) 边沿触发模式

在这个模式中,当且仅当任何一个相应的 TKDATx 自从大于 LTHx 后第一次大于 HTHx,或者自从小于 HTHx 后第一次小于 LTHx,TKIFx 才被置 1,其中,HTHx 表示按键触摸产生电势,LTHx 表示按键电势发生释放。如图 22.2.2 所示,这个模式仅当按键触摸/释放电势时才非常利于产生中断,并且减少系统电源消耗。

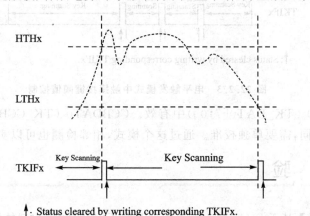

↑: Status cleared by writing corresponding TKIFx.

图 22.2.2　边沿触发模式中触摸按键阈值控制

4) 电平触发模式

在这个模式中,如果 TKDATx 大于 HTHx,则 TKIFx 被置 1。TKDATx 大于 HTHx 表示按键触摸产生电势。电平触发模式中触摸按键阈值控制如图 22.2.3 所示。

9. 低功耗方案

触摸按键可以很容易实现在低功耗系统中不停的扫描。用户可以用 Timer0 唤醒触摸按键控制器来做周期扫描。触摸按键控制器只在唤醒时需要 HIRC 用于按键扫描,然后保持系统在掉电状态。若扫描到按键触摸事件发生,则产生中断,否则触摸按键控制器将结束按键扫描不产生中断,并且让自己进入掉电模式。

1) 通过按键触摸/释放唤醒

使能阈值控制器来产生中断,系统保持掉电状态,直到任意按键触摸/释放电势被检测到。

2) 通过任意按键触摸唤醒

为了节省系统电源消耗,用户可以通过设置 SCANALL (TK_REFCTL[23])来设置任意键唤醒功能。所有通道被使能并扫描(但不指定为参考通道),并且扫描数

ARM Cortex-M4 微控制器原理与实践

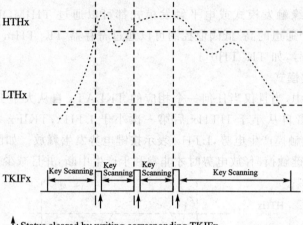

: Status cleared by writing corresponding TKIFx.

图 22.2.3 电平触发模式中触摸按键阈值控制

据在 TKDAT0（TK_DAT0[7:0]）中有效。CCBDAT0（TK_CCBDAT0[7:0]）可能与正常值不同，需要单独校准。通过这个模式，相邻检测也可以实现。

22.3 实 验

【实验要求】基于 SmartM-M451 系列开发板：检测触摸按键的按下与释放，并能够控制 LED 灯亮灭。

1. 硬件设计

如图 22.1.3 所示，在 PCB 上构建的电容器，电容式触摸感应按键实际上只是 PCB 上的一小块"覆铜焊盘"，触摸按键与周围的"地信号"构成一个感应电容，当手指靠近电容上方区域时，它会干扰电场，从而引起电容相应变化。根据这个电容量的变化，可以检测是否有人体接近或接触该触摸按键。接地板通常放置在按键板的下方，用于屏蔽其他电子产品产生的干扰。此类设计受 PCB 上的寄生电容、温度和湿度等环境因素的影响，检测系统需持续监控和跟踪此变化并做出基准值调整。基准电容值由特定结构的 PCB 产生，介质变化时，电容大小亦发生变化。

要点 1：

焊盘面积不能过大，过大的焊盘会增加噪声，建议焊盘面积在 10 mm×10 mm 以上，如图 22.3.1 所示。

要点 2：

走线长度不能大于 30 cm，宽度不小于 0.15 mm(6 mil)，如图 22.3.2 所示。

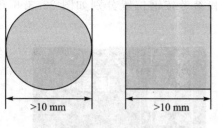

图 22.3.1 默认焊盘大小

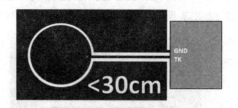

图 22.3.2 走线要求

要点 3：

选择参考触摸按键时推荐通道 7、通道 8 或通道 16，以达到更高的灵敏度，如果选择其他通道作为参考，也不影响实际效果。焊盘面积默认为 2 mm×2 mm，太大的焊盘会增加噪声，降低灵敏度。参考触摸按键 PCB 设计如图 22.3.3 所示。

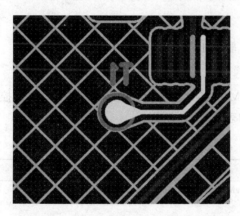

图 22.3.3 参考触摸按键 PCB 设计

要点 4：

触摸按键的焊盘若有过孔，那么该过孔必须贴近焊盘边沿或在焊盘的中心位置，如图 22.3.4 所示。同时过孔不能太多，太多的过孔会增加分布电容，影响触摸按键的灵敏度。

（1）触摸按键硬件设计。触摸按键与参考按键如图 22.3.5 所示。

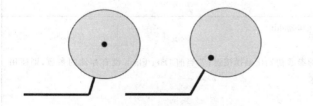

图 22.3.4 焊盘存在过孔的摆放位置

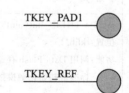

TKEY_PAD1

TKEY_REF

图 22.3.5 触摸按键与参考按键

（2）触摸按键位置。触摸按键焊盘位置和参考按键位置分别如图 22.3.6 和图 22.3.7 所示。

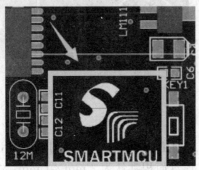

图 22.3.6　触摸按键焊盘位置　　　　　　图 22.3.7　参考按键位置

（3）参考"14.2.1　串口收发数据"一节中的硬件设计。

（4）参考"6.2.1　驱动 LED"一节中的硬件设计。

2. 软件设计

代码位置：\SmartM-M451\迷你板\入门代码\【TKEY】【控制 LED】

（1）重点库函数如表 22.3.1 所列。

表 22.3.1　重点库函数

序号	函数分析
1	void CLK_EnableModuleClock(uint32_t u32ModuleIdx) 位置：clk.c 功能：使能当前硬件对应的时钟模块 参数： u32ModuleIdx：使能当前哪个时钟模块。若使能定时器 0，填入参数为 TMR0_MODULE；若使能串口 0，填入参数为 UART0_MODULE，更多的参数值参考 clk.c
2	void TK_Open(void) 位置：tk.c 功能：使能触摸按键功能 参数：无
3	int32_t TKLIB_Init(uint32_t u32addr) 位置：tklib.h 功能：调用 Data Flash 存储的参数初始化触摸按键；若当前 Data Flash 没有存储的参数，则使用标准值初始化触摸按键 参数： u32addr：触摸按键参数在 Data Flash 中的地址 返回值：若等于 -1，则初始化失败；若大于 0，则初始化成功

序 号	函数分析
4	void TKLIB_SetGlobal(const TKLIB_GLOBAL_SETTING * tkGlobalSetting) 位置:tklib. h 功能:设置触摸按键控制寄存器 参数: tkGlobalSetting:触摸按键全局设置参数值
5	void TKLIB_SetKeyConfig(const TKLIB_KEY_CONFIG * tkKeyConfig,int32_t u8keyNum) 位置:tklib. h 功能:为指定的触摸按键设置配置值 参数: tkKeyConfig:触摸按键配置值 u8keyNum:指定的触摸按键
6	void TKLIB_SetParam(const TKLIB_PARAM * tkParam) 位置:tklib. h 功能:为触摸按键的流控制设置参数 参数: tkParam:触摸按键参数
7	TK_ENABLE_SCAN_KEY(u32Mask) 位置:tk. h 功能:扫描指定的触摸按键 参数: u32Mask:触摸按键掩码
8	void TKLIB_AutoCalibration(void) 位置:tilib. h 功能:自动计算每个触摸按键电容补偿值 参数:无
9	uint32_t TKLIB_DetectKey(uint32_t * pu32NTouchMsk) 位置:tklib. h 功能:检查哪个触摸按键被触发 参数: pu32NtouchMsk:保存当前按键的状态,按压还是释放状态 返回值:当前哪个触摸按键被触发

ARM Cortex-M4 微控制器原理与实践

（2）完整代码如下。

程序清单 22.3.1　完整代码

```
# include "SmartM_M4.h"


# define TKLIB_CHANCONFIG_OFFSET        5
# define TKLIB_LTH                      3
# define TKLIB_HTH                      6
# define TKLIB_DEFAULT_CCB              90


/* ------------------------------------------------------------- */
/*                        全局变量                               */
/* ------------------------------------------------------------- */


VOLATILE UINT8 g_ucTimerTrigFlag = 0;


/* ------------------------------------------------------------- */
/*                        函数                                   */
/* ------------------------------------------------------------- */
//默认值
CONST TKLIB_GLOBAL_SETTING defaultTKLib_GlobalSetting = {
    TKLIB_AVCCH_3_16,            //3/16VDD
    TKLIB_PULSET_1,              //1 μs pulset
    TKLIB_SENSET_128,            //128 senset
    TKLIB_POLCAP_VDD,
    0x40,                        //REF_CB
};


CONST TKLIB_KEY_CONFIG defaultTKLib_KeyConfig[TKLIB_TOL_NUM_KEY + 1] =
{
    //请查阅代码
}

CONST TKLIB_PARAM defaultTKLib_Param = {
    50, //TargetValue
    0,  //RawDataIIRFactor
    3,  //BaseLineCpThr
    6,  //Reserved
    2,  //DebouncePress
```

```
        2,  //DebounceRelease
        80, //RunTimeTuneCnt
        0   //ForceTuneCnt
};


#define TK_ADDR_PARAM_DFLASH    0x3F800



/ ****************************************
* 函数名称:main
* 输入:无
* 输出:无
* 功能:函数主体
**************************************** /
INT32 main(VOID)
{
    UINT32 i;

    UINT32 unTouchedKeyMask,unTouchedKeyStatusMask;

    PROTECT_REG
    (
        /ￜ* 系统时钟初始化  */
        SYS_Init(PLL_CLOCK);

        /* 使能 TouchKey 时钟模块  */
        CLK_EnableModuleClock(TK_MODULE);

        /* 使能 PD8 引脚为 TK8  */
        SYS ->GPD_MFPH & =  ～(SYS_GPD_MFPH_PD8MFP_Msk );
        SYS ->GPD_MFPH | =   (SYS_GPD_MFPH_PD8MFP_TK8 );

        /* 使能 PD9 引脚为 TK9  */
        SYS ->GPD_MFPH & =  ～(SYS_GPD_MFPH_PD9MFP_Msk );
        SYS ->GPD_MFPH | =   (SYS_GPD_MFPH_PD9MFP_TK9 );

        /* 使能 PB8 引脚为输出模式  */
        GPIO_SetMode(PB,BIT8,GPIO_MODE_OUTPUT);

        UART0_Init(115200);
    )
```

```
/* 初始化 TouchKey */
TK_Open();

printf(" + --------------------------------- + \n");
printf("|    SmartM - M451 Touch Key Sample Code            |\n");
printf(" + --------------------------------- + \n\n");


if(TKLIB_Init(TK_ADDR_PARAM_DFLASH) < 0)
{
    /* 全局变量设置值 */
    TKLIB_SetGlobal((TKLIB_GLOBAL_SETTING * )&defaultTKLib_GlobalSetting);

    /* 通道配置值 */
    for(i = 0; i < TKLIB_TOL_NUM_KEY; i ++ )
    {
        TKLIB_SetKeyConfig((TKLIB_KEY_CONFIG * )&defaultTKLib_KeyConfig[i],i);
    }

    /* 全局参数配置值 */
    TKLIB_SetParam((TKLIB_PARAM * )&defaultTKLib_Param);
}


/* 使能 TK8 用于扫描 */
TK_ENABLE_SCAN_KEY(1 << 8);

/* 设置为自动计算结果 */
TKLIB_AutoCalibration();

while(1)
{

    Delayms(10);

    /* 获取当前按键状态 */
    unTouchedKeyStatusMask = TKLIB_DetectKey(&unTouchedKeyMask);

    /* 检查 TK8 是否释放或被触发 */
    if(unTouchedKeyStatusMask & 1 << 8)
    {
        if(unTouchedKeyMask&(1ul << 8))
        {
```

```
                    PB8 = 0;
                    printf("TK8 is touched\n");
                }
        else
        {
                    PB8 = 1;
                    printf("TK8 is released\n");
                }
            }
        }
    }
```

（3）代码分析如下。

① 设置 SYS→GPD_MFPH 寄存器，使能 PD8 引脚用于触摸按键 8，使能 PD9 引脚用于触摸按键 9。

② 调用 TK_Open 函数使能触摸键功能。

③ 从这里开始重点注意调用的是新唐公司写好的触摸按键的静态库文件，虽然该库文件没有开源，但是通过 tklib.h 可以知道这些函数的使用方法。TKLIB_Init 用于初始化触摸按键的所有参数，而这些参数需要从 Data Flash 中 0x3F800 地址处进行读取。若有正确的触摸按键参数存储在 Data Flash 中，则调用里面的参数初始化触摸按键，并且返回值大于 0；如果没有正确的参数存储在 Data Flash 中，则需要在代码中进行相关的初始化。

④ TKLIB_SetGlobal 设置全局变量值，每个触摸按键的 AVCCH 电压选择为 $3/16V_{DD}$，触摸按键感应脉冲宽度时间控制为 $1\ \mu s$，触摸按键感应时间控制为 $128\ \mu s$；设置参考全局的触摸按键的电容补偿值为 0x40，寄存器为 TK_CCBDAT4。

⑤ TKLIB_SetKeyConfig 用于设置触摸按键的属性。重点注意的是，若有触摸按键作为参考对象时，则必须加上宏定义为 TKLIB_SENMODE_REF，否则加上 TKLIB_SENMODE_POL 宏定义，作为正常触发的触摸按键。

⑥ TKLIB_SetParam 用于设置触摸按键的流控制功能。

⑦ 一切设置准备就绪后，就调用 TK_ENABLE_SCAN_KEY 函数使能对 TK8 触摸按键进行扫描。

⑧ 调用 TKLIB_AutoCalibration 函数自动计算每个触摸按键电容补偿值。

⑨ 调用 TKLIB_DetectKey 函数获取检查哪个触摸按键被触发。

3. 下载验证

通过 NuLink 仿真下载器将程序下载到 SmartM-M451 迷你板后，进入单片机多功能调试助手中的串口调试界面，串口打印输出信息结果，如图 22.3.8 所示。当用手指按压触摸按键时，输出打印"TK8 is touched"，LED1 亮，如图 22.3.9 所示；当手指离开触摸按键时，输出打印"TK8 is released"，LED1 灭，如图 22.3.10 所示。

图 22.3.8　触摸按键的操作信息

304

图 22.3.9　LED1 亮　　　　　　　　图 22.3.10　LED1 灭

第 23 章

循环冗余校验

23.1 概 述

循环冗余校验(Cyclic Redundancy Check,CRC)算法出现时间较长,应用也十分广泛,尤其是通信领域。现在应用最多的就是 CRC32 算法,它产生一个 4 字节(32位)的校验值,一般是以 8 位十六进制数表示,如 FA、12、CD、45 等。CRC 算法的优点在于简便、速度快,严格地来说,CRC 更应该被称为数据校验算法,但其功能与数据摘要算法类似,因此也作为测试的可选算法。

在 WinRAR、WinZIP 等软件中,也是以 CRC32 算法作为文件校验算法的。一般常见的简单文件校验(Simple File Verify,SFV)也是以 CRC32 算法为基础的,它通过该算法生成一个后缀名为 .SFV 的文本文件,这样在任何时候都可以将文件内容 CRC32 运算的结果与 .SFV 文件中的值对比来确定此文件的完整性。与 SFV 相关的工具软件有很多,如 MagicSFV、MooSFV 等。

CRC 最重要的特点:检错能力极强,开销小,易于用编码器及检测电路实现。从其检错能力来看,它所不能发现的错误的几率在 0.004 7% 以下。从性能和开销上考虑,均远远优于奇偶校验及算术和校验等方式。因而,在数据存储和数据通信领域,CRC 无处不在:著名的通信协议 X.25 的 FCS(帧检错序列)采用的是 CRC-CCITT,ARJ、LHA 等压缩工具软件采用的是 CRC32,磁盘驱动器的读写采用了 CRC16,通用的图像存储格式 GIF、TIFF 等也都用 CRC 作为检错手段。

1. 基本原理

CRC 校验的基本思想是利用线性编码理论,在发送端根据要传送的 k 位二进制码序列,以一定的规则产生一个校验用的监督码 r 位,并附在信息后边,构成一个新的二进制码序列数,共 $(k+r)$ 位,最后发送出去。在接收端,根据信息码和 CRC 码之间所遵循的规则进行检验,以确定传送中是否出错。

16 位的 CRC 码产生的规则是:先将要发送的二进制序列数左移 16 位,再除以一个多项式,最后所得到的余数即是 CRC 码。

假设数据传输过程中需要发送 15 位的二进制信息 $g=101\ 0011\ 1010\ 0001$,这串二进制码可表示为代数多项式 $g(x)=x^{14}+x^{12}+x^9+x^8+x^7+x^5+1$,其中 g 中第 k 位的值对应 $g(x)$ 中 x^k 的系数。将 $g(x)$ 乘以 x^m,即将 g 后加 m 个 0,然后除以 m 阶多项式 $h(x)$,得到的 $(m-1)$ 阶余项 $r(x)$ 对应的二进制码 r 就是 CRC 编码。

$h(x)$ 可以自由选择或者使用国际通行标准,一般按照 $h(x)$ 的阶数 m 将 CRC 算法称为 CRC-m,比如 CRC-32、CRC-64 等。国际通行标准可以参看 http://en.wiki-pedia.org/wiki/Cyclic_redundancy_check。

$g(x)$ 和 $h(x)$ 的除运算可以通过 g 和 h 做异或(xor)运算。比如将 1 1001 与 1 0101 做 xor 运算,如表 23.1.1 所列。

表 23.1.1　$g(x)$ 与 $h(x)$ 异或运算结果

g	1	1	0	0	1
h	1	0	1	0	1
结果	0	1	1	0	0

明白了 xor 运算法则后,举一个例子:使用 CRC-8 算法求 101 0011 1010 0001 的校验码,如下所列。CRC-8 标准的 $h(x)=x^8+x^7+x^6+x^4+x^2+1$,即 h 是 9 位的二进制串 1 1101 0101。

CRC-8 校验码的迭代运算过程

g_0	10100111010000100000000
h	111010101
g_1	0100110111000010000000000
h	111010101
g_2	0111000100001000100000000
h	111010101
g_3	0000100010001000100000000
h	111010101
g_4	0110001000000000000
h	111010101
g_5	00101110100000000
h	111010101
g_6	01010000100000
h	111010101
g_7	0100101110000
h	111010101
g_8	011111011000
h	111010101
r	00010001100

经过迭代运算后,最终得到的 r 是 1000 1100,这就是 CRC 校验码。

2. 标 准

在国际标准中,根据生成多项式 $G(x)$ 的不同,CRC 又可分为以下几种标准:

- CRC-8 码:$G(x)=x^{12}+x^{11}+x^3+x^2+x+1$
- CRC-16 码:$G(x)=x^{16}+x^{15}+x^2+1$
- CRC-CCITT 码:$G(x)=x^{16}+x^{12}+x^5+1$
- CRC-32 码:$G(x)=x^{32}+x^{26}+x^{23}+x^{22}+x^{16}+x^{12}+x^{11}+x^{10}+x^8+x^7+x^5+x^4+x^2+x+1$

CRC-8 码通常用来传送 6 位字符串。CRC-16 及 CRC-CCITT 码用来传送 8 位字符串,其中 CRC-16 为美国所采用,而 CRC-CCITT 为欧洲国家所采用。CRC-32 码大都被用在一种称为 Point-to-Point 的同步传输中。下面以最常用的 CRC-16 为例来说明其生成过程。

CRC-16 码由两个字节构成,在开始时 CRC 寄存器的每一位都预置为 1,然后把 CRC 寄存器与 8 位的数据进行异或,之后对 CRC 寄存器从高到低进行移位,在最高位(MSB)的位置补零,而最低位(LSB,移位后已经被移出 CRC 寄存器)如果为 1,则把寄存器与预定义的多项式码进行异或,如果 LSB 为零,则无需进行异或。重复上述的由高至低的移位 8 次,第一个 8 位数据处理完后,用此时 CRC 寄存器的值与下一个 8 位数据异或并进行如前一个数据相同的 8 次移位。所有的字符处理完成后,CRC 寄存器内的值即为最终的 CRC 值。

3. 计算过程

(1) 设置 CRC 寄存器,并给其赋值 FFFFh。

(2) 将数据的第一个 8 位字符与 16 位 CRC 寄存器的低 8 位进行异或,并把结果存入 CRC 寄存器。

(3) CRC 寄存器向右移一位,MSB 补零,移出并检查 LSB。

(4) 如果 LSB 为 0,重复(3);若 LSB 为 1,CRC 寄存器与多项式码相异或。

(5) 重复(3)与(4),直到 8 次移位全部完成。此时一个 8 位数据处理完毕。

(6) 重复(2)至(5),直到所有数据全部处理完成。

(7) 最终 CRC 寄存器的内容即为 CRC 值。

4. 生成步骤

(1) 将 x 的最高幂次为 R 的生成多项式 $G(x)$ 转换成对应的 $R+1$ 位二进制数。

(2) 将信息码左移 R 位,相当于对应的信息多项式 $C(x) \times 2R$。

(3) 用生成多项式(二进制数)对信息码做模 2 除法,得到 R 位的余数。

(4) 将余数拼到信息码左移后空出的位置,得到完整的 CRC 码。

23.2 功能描述

1. 特 点

- 支持 4 个常用的多项式:CRC-CCITT、CRC-8、CRC-16 和 CRC-32。
- 可编程种子值。
- 支持对输入数据和 CRC 校验值的可编程的反序设定。
- 支持对输入数据和 CRC 校验值的可编程的反码设定。
- 支持 8/16/32 位数据宽度:
  - ◆ 8 位写模式:1AHB 时钟周期操作。
  - ◆ 16 位写模式:2AHB 时钟周期操作。
  - ◆ 32 位写模式:4AHB 时钟周期操作。
- 支持使用 PDMA 写数据并执行 CRC 操作。

2. 框 图

CRC 发生器模块图如图 23.2.1 所示。

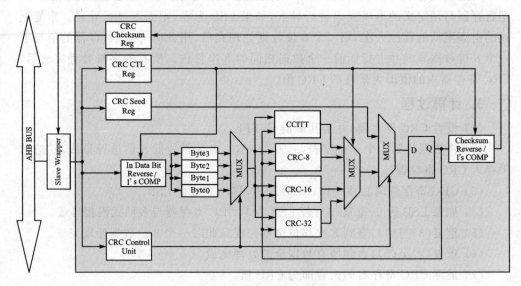

图 23.2.1 CRC 发生器模块图

3. 基本配置

CRC 外围时钟在 CRCCKEN (CLK_AHBCLK[7])中使能。设置 CRC 后,用户可以通过 CRC 控制寄存器开始执行 CRC 运算。

CRC 发生器可以执行带可编程多项式设定的 CRC 运算。多项式操作包括 CRC-CCITT、CRC-8、CRC-16 和 CRC-32;用户可以通过设置 CRCMODE[1:0]

（CRC_CTL[31:30] CRC 多项式模式）选择 CRC 多项式操作模式。

CRC 发生器只支持 CPU 模式，下面是一个编程顺序例子。

（1）通过设置 CRCEN（CRC_CTL[0] CRC 通道使能控制）来使能 CRC 发生器。

（2）CRC 运算初始化设置：

- 通过设置 CHKSFMT（CRC_CTL[27] 校验值反码）来配置 CRC 校验值反码；
- 通过设置 CHKSREV（CRC_CTL[25] 校验值位反序）来配置 CRC 校验值位反序；
- 通过设置 DATFMT（CRC_CTL[26] 写入数据反码）来配置 CRC 写入数据反码；
- 通过设置 DATREV（CRC_CTL[24] 写入数据位反序）来配置 CRC 写入数据位反序。

（3）通过设置 CRCRST（CRC_CTL[1]CRC 引擎复位）来执行 CRC 复位，CRC 复位将装载初始种子值到 CRC 电路。

（4）写数据到 CRC_DAT 寄存器来计算 CRC 校验值。

（5）通过读 CRC_CHECKSUM 寄存器来获得 CRC 校验结果。

23.3　实　验

CRC-CCITT

【实验要求】基于 SmartM-M451 开发板系列：使用 CRC-CCITT 标准校验一组数据。

1. 硬件设计

参考"14.2.1　串口收发数据"一节中的硬件设计。

2. 软件设计

代码位置：\SmartM-M451\迷你板\入门代码\【CRC】【CRC-CCITT 循环冗余校验】

（1）重点库函数如表 23.3.1 所列。

表 23.3.1　重点库函数

序　号	函数分析
1	void CLK_EnableModuleClock(uint32_t u32ModuleIdx) 位置：clk.c 功能：使能当前硬件对应的时钟模块 参数： u32ModuleIdx：使能当前哪个时钟模块。若使能定时器0,填入参数为 TMR0_MODULE;若使能 　　　　　　　串口 0,填入参数为 UART0_MODULE,更多的参数值参考 clk.c
2	void CRC_Open(uint32_t u32Mode, uint32_t u32Attribute, uint32_t u32Seed, uint32_t 　　　　u32DataLen) 位置：crc.c 功能：使能 CRC 功能并指定当前 CRC 是哪一种校验模式 参数： u32Mode：CRC 模式 u32Attribute：校验数据的属性。设置校验值反码、写数据反码、校验值位反序等 u32Seed：CRC 种子值 u32DataLen：每次写入数据的宽度
3	CRC_WRITE_DATA(u32Data) 位置：crc.h 功能：向 CRC 数据寄存器写入要校验的数据 参数： u32Data：要校验的数据
4	uint32_t CRC_GetChecksum(void) 位置：crc.c 功能：获取 CRC 校验值 参数：无 返回值：返回 CRC 校验值

（2）完整代码如下。

程序清单 23.3.1　完整代码

```
# include "SmartM_M4.h"


/* ------------------------------------------------------------ */
/*                        变量区                                  */
/* ------------------------------------------------------------ */
```

```
/* -------------------------------------------------- */
/*                    函数区                           */
/* -------------------------------------------------- */
/* *****************************************
* 函数名称:main
* 输    入:无
* 输    出:无
* 功    能:函数主体
****************a*****************************/
INT32 main(VOID)
{
CONST UINT8     szCRCSrcPattern[8] = {0x31,0x32,0x33,0x34,0x35,0x36,0x37,0x38};
    UINT32      i, unTargetChecksum = 0xA12B, unCalChecksum = 0;
    UINT16      * pusSrcAddr;

    PROTECT_REG
    (
        /* 系统时钟初始化 */
        SYS_Init(PLL_CLOCK);

        /* 串口 0 初始化 */
        UART0_Init(115200);

    )

    printf(" + -------------------------------- + \n");
    printf("|    CRC - CCITT Polynomial Mode Sample Code    |\n");
    printf(" + -------------------------------- + \n\n");

    printf("# Calculate [0x31, 0x32, 0x33, 0x34, 0x35, 0x36, 0x37, 0x38] CRC - CCITT
        checksum value.\n");
    printf("      - Seed value is 0xFFFF                    \n");
    printf("      - CPU write data length is 16 - bit \n");
    printf("      - Checksum complement disable     \n");
    printf("      - Checksum reverse disable        \n");
    printf("      - Write data complement disable   \n");
    printf("      - Write data reverse disable      \n");
    printf("      - Checksum should be 0x % X       \n\n", unTargetChecksum);

    /* 配置 CRC 控制器为 CRC-CCITT 标准 */
    CRC_Open(CRC_CCITT, 0. 0xFFFF, CRC_CPU_WDATA_16);
```

```
    /* 获取待校验的 16 位数据源 */
    pusSrcAddr = (UINT16 *)szCRCSrcPattern;

    /* 基于 CRC-CCITT 标准对每个数据进行校验 */
    for(i = 0; i < sizeof(szCRCSrcPattern) / 2; i++)
    {
        CRC_WRITE_DATA((pusSrcAddr[i] & 0xFFFF));
    }

    /* 获取校验值 */
    unCalChecksum = CRC_GetChecksum();
    printf("CRC checksum is 0x%X ... %s.\n",
            unCalChecksum,
            (unCalChecksum == unTargetChecksum) ? "PASS" : "FAIL");

    /* 取消 CRC 功能 */
    CRC->CTL &= ~CRC_CTL_CRCEN_Msk;

    while(1);

}
```

（3）代码分析如下。

① 调用 CRC_Open 函数配置 CRC 控制器为 CRC-CCITT 标准，设置校验值无反码、写数据无反码、校验值位无反序、种子值为 0xFFFF，写入数据宽度为 16 位。

② 调用 CRC_WRITE_DATA 函数对每个数据进行校验。

③ 调用 CRC_GetChecksum 函数获取结果，即最后的校验值。

有一点要注意的是，当前 M451 是内置了 CRC 控制器的，能够计算出 CRC-CCITT 校验值，但并不是所有单片机都内置 CRC 控制器。既然硬件不具备，就必须从软件方面进行解决，从当前章节了解到 CRC 校验原理，同时知道 CRC-CCITT 标准的种子数值为 0xFFFF、多项式值为 0x1021。基于 CRC-CCITT 标准的校验函数如下。

程序清单 23.3.2　CRC-CCITT 函数

```
UINT16 CRC16CCITT(UCHAR * pszBuf, UINT unLength)
{
    UINT32 i, j;
    UINT16 CrcReg = 0xFFFF;
    UINT16 CurVal;
```

```
    for ( i = 0; i < unLength; i ++ )
    {
        CurVal = pszBuf[i] << 8;

        for ( j = 0; j < 8; j ++ )
        {
            if ((short)(CrcReg ^ CurVal) < 0)
                CrcReg = (CrcReg << 1) ^ 0x1021;
            else
                CrcReg << = 1;
            CurVal << = 1;
        }
    }

    return CrcReg;
}
```

想要验证 CRC-CCITT 函数的读者可以自行编写相关代码进行验证,或使用单片机多功能调试助手中的数据校验功能进行验证,因为该助手正是使用 CRC-CCITT 函数生成校验值的。

(4) 利用单片机多功能调试助手计算校验值,具体如下。

① 打开单片机多功能调试助手,并切换到【数据校验】选项卡,如图 22.3.1 所示。

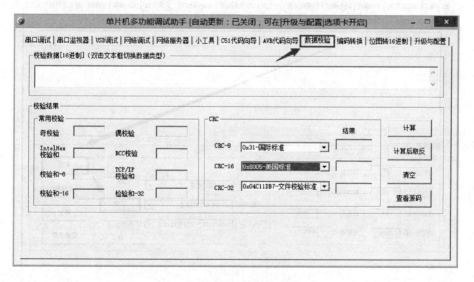

图 23.3.1 【数据校验】选项卡

② 单击【CRC-16】下拉列表框右侧的下三角按钮,选择当前校验标准为【0x1021-

CCITT 标准】,如图 23.3.2 所示。

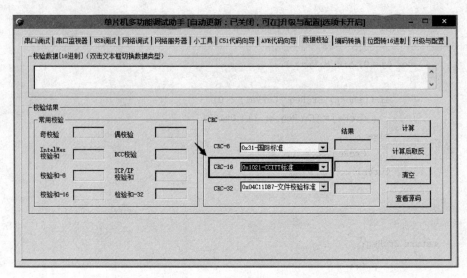

图 23.3.2　设置当前校验标准为 CCITT 标准

③ 在【校验数据】文本框中,输入校验数据"31 32 33 34 35 36 37 38",并单击【计算】按钮得出当前的校验值,最后在【检验结果】中检查 CRC-16 的结果值是否为 0xA12B,如图 23.3.3 所示。

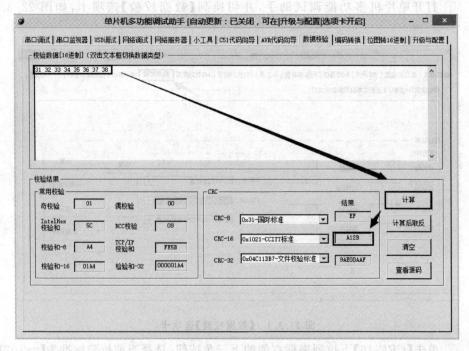

图 23.3.3　输入数据并计算出当前校验值

3. 下载验证

通过 NuLink 仿真下载器将程序下载到 SmartM-M451 迷你板后,进入单片机多功能调试助手中的串口调试界面,串口打印输出信息结果,如图 23.3.4 所示。

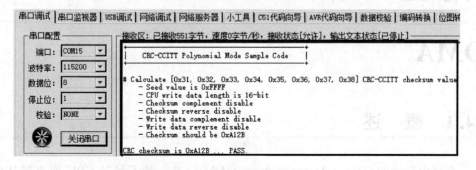

图 23.3.4 CRC-CCITT 校验结果

第 24 章

DMA

24.1 概述

直接内存访问（Direct Memory Access，DMA）是一种不经过 CPU 而直接从内存存取数据的数据交换模式。在 DMA 模式下，常见的 CPU（见图 24.1.1）仅向 DMA 控制器下达指令，让 DMA 控制器来处理数据的传送，数据传送完毕再把信息反馈给 CPU，这样就很大程度上减小了 CPU 资源占有率，可以大大节省系统资源。

DMA 控制器是一种在系统内部转移数据的独特外设，可以将其视为一种能够通过一组专用总线，将内部和外部存储器与每个具有 DMA 能力的外设连接起来的控制器。DMA 控制器之所以属于外设，是因为它是在处理器的编程控制下来执行传输的。DMA 既可以指内存和外设直接存取数据这种内存访问的计算机技术，又可以指实现该技术的硬件模块（对于通用 PC 而言，DMA 控制逻辑由 CPU 和 DMA 控制接口逻辑芯片共同组成，嵌入式系

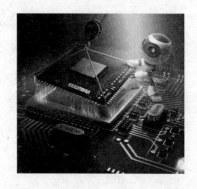

图 24.1.1　常见的 CPU

统的 DMA 控制器内建在处理器芯片内部，一般称为 DMA 控制器（DMAC））。

值得注意的是，通常只有数据流量较大（千字节每秒或者更高）的外设才需要支持 DMA 功能，典型的例子有视频、音频和网络接口。

1. 基本原理

DMA 是一种完全由硬件执行 I/O 交换的工作方式。在这种方式中，DMA 控制器从 CPU 完全接管对总线的控制，数据交换不经过 CPU，而直接在内存和 I/O 设备之间进行。DMA 方式一般用于高速传送成组数据。DMA 控制器将向内存发出地址和控制信号，修改地址，对传送字的个数计数，并且以中断方式向 CPU 报告传送操作的结束。

DMA 方式的主要优点是速度快。由于 CPU 根本不参加传送操作，因此就省去了 CPU 取指令、取数、送数等操作。在数据传送过程中，没有保存现场、恢复现场之

类的工作。内存地址修改、传送字个数的计数等也不是由软件实现的,而是用硬件线路直接实现的。所以,DMA 方式能满足高速 I/O 设备的要求,也有利于 CPU 效率的发挥。

多种 DMA 至少能执行以下一些基本操作:

(1) 从外围设备发出 DMA 请求;

(2) CPU 响应请求,把 CPU 工作改成 DMA 操作方式,DMA 控制器从 CPU 接管总线的控制;

(3) 由 DMA 控制器对内存寻址,即决定数据传送的内存单元地址及数据传送个数的计数,并执行数据传送的操作;

(4) 向 CPU 报告 DMA 操作的结束。

注意:在 DMA 方式中,一批数据传送前的准备工作以及传送结束后的处理工作均由管理程序承担,而 DMA 控制器仅负责数据传送的工作。

2. 传送方式

DMA 技术的出现使得外围设备可以通过 DMA 控制器直接访问内存,与此同时,CPU 可以继续执行程序。DMA 控制器与 CPU 分时使用内存通常采用以下 3 种方法。

1) 停止 CPU 访问内存

当外围设备要求传送一批数据时,由 DMA 控制器发一个停止信号给 CPU,要求 CPU 放弃对地址总线、数据总线和有关控制总线的使用权。DMA 控制器获得总线控制权以后,开始进行数据传送。在一批数据传送完毕后,DMA 控制器通知 CPU可以使用内存,并把总线控制权交还给 CPU。在这种 DMA 传送过程中,CPU 基本处于不工作状态或者说保持状态。这种传送方式的时间图如图 24.1.2 所示。

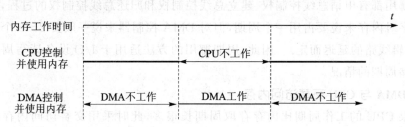

图 24.1.2　停止 CPU 访问内存

优点:控制简单,它适用于数据传输率很高的设备进行成组传送。

缺点:在 DMA 控制器访问内存阶段,内存的效能没有充分发挥,相当一部分内存工作周期是空闲的。这是因为,外围设备传送两个数据之间的间隔一般情况下总是大于内存存储周期,即使高速 I/O 设备也是如此。

2) 周期挪用

当 I/O 设备没有 DMA 请求时,CPU 按程序要求访问内存;一旦 I/O 设备有

DMA 请求,则由 I/O 设备挪用一个或几个内存周期。I/O 设备要求 DMA 传送时可能遇到两种情况具体如下。

① CPU 不需要访问内存,如 CPU 正在执行乘法指令。由于乘法指令执行时间较长,此时 I/O 访问内存与 CPU 访问内存没有冲突,即 I/O 设备挪用 1~2 个内存周期对 CPU 执行程序没有任何影响。

② I/O 设备要求访问内存时 CPU 也要求访问内存,这就产生了访问内存冲突,在这种情况下 I/O 设备访问内存优先,因为 I/O 访问内存有时间要求,前一个 I/O 数据必须在下一个访问内存请求到来之前存取完毕。显然,在这种情况下 I/O 设备挪用 1~2 个内存周期,意味着 CPU 延缓了对指令的执行,或者更明确地说,在 CPU 执行访问内存指令的过程中插入 DMA 请求,挪用了 1~2 个内存周期。

这种传送方式的时间图如图 24.1.3 所示。

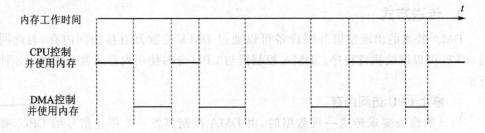

图 24.1.3 周期挪用访问内存

与停止 CPU 访问内存的 DMA 方法相比,周期挪用的方法既实现了 I/O 传送,又较好地发挥了内存和 CPU 的效率,是一种广泛采用的方法。但是,I/O 设备每一次周期挪用都有申请总线控制权、建立总线控制权和归还总线控制权的过程,所以传送一个字对内存来说要占用一个周期,但对 DMA 控制器来说一般要 2~5 个内存周期(视逻辑线路的延迟而定)。因此,周期挪用的方法适用于 I/O 设备读写周期大于内存存储周期的情况。

3) DMA 与 CPU 交替访问内存

如果 CPU 的工作周期比内存存取周期长很多,此时采用交替访问内存的方法可以使 DMA 传送和 CPU 同时发挥最高的效率。假设 CPU 工作周期为 $1.2~\mu s$,内存存取周期小于 $0.6~\mu s$,那么一个 CPU 周期可分为 C1 和 C2 两个分周期,其中 C1 供 DMA 控制器访问内存,C2 专供 CPU 访问内存。这种传送方式的时间图如图 24.1.4 所示。

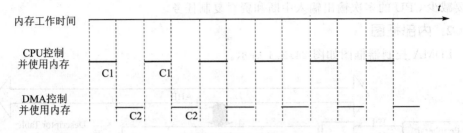

图 24.1.4 DMA 与 CPU 交替访问内存

24.2 功能描述

在阅读下面内容的时候，"PDMA"的含义根相当于"DMA"，前者摘自新唐公司的 M451 官方手册，表达意思为外设直接访问内存。

直接存储器存取(PDMA)用于高速数据传输。PDMA 控制器可以从一个地址到另一个地址传输数据，无须 CPU 介入。这样做的好处是减轻 CPU 的工作量，把节省下的 CPU 资源做其他应用。PDMA 控制器包含 12 个通道，每个通道支持内存和外设之间的数据传输和内存与内存之间的数据传输。

319

1. 特 性

- 支持 12 个可独立配置的通道。
- 支持 2 种优先级选择（固定优先级（Fixed Priority）或轮循调度优先级（Round-robin Priority））。
- 传输数据宽度支持 8 位、16 位、32 位。
- 支持源地址与目的地址方向递增或固定，数据宽度支持字节、半字、字。
- 支持软件、SPI、UART、DAC、ADC 和 PWM 请求。
- 支持 Scatter-Gather 模式，通过描述符链表执行灵活的数据传输。
- 支持单一和批量传输类型。

Scatter-Gather 方式是与 Block DMA 方式相对应的一种 DMA 方式。

在 DMA 传输数据的过程中，要求源物理地址和目标物理地址必须是连续的。但在有的计算机体系中，如 IA，连续的存储器地址在物理上不一定是连续的，则 DMA 传输要分成多次完成。如果传输完一块物理连续的数据后发起一次中断，同时主机进行下一块物理连续的传输，则这种方式即为 Block DMA 方式。

Scatter-Gather 方式则不同，它是用一个链表描述物理不连续的存储器，然后把链表首地址告诉 DMAMaster。DMAMaster 传输完一块物理连续的数据后，就不用再发中断了，而是根据链表传输下一块物理连续的数据，最后发起一次中断。

很显然 Scatter-Gather 方式比 Block DMA 方式效率高。

总而言之，Scatter-Gather 模式为"分散-收集"，DMA 允许在一次单一的 DMA 处理中传输资料到多个内存区域。相当于把多个简单的 DMA 要求串在一起，目的是要减少 CPU 的多次输出输入中断和资料复制任务。

2. 内部框图

PDMA 控制器框图如图 24.2.1 所示。

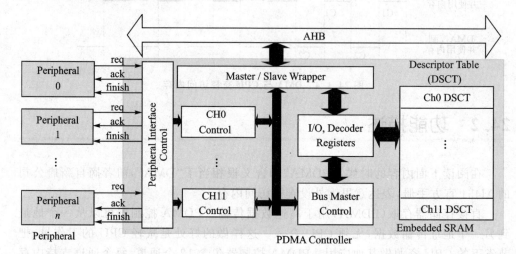

图 24.2.1　PDMA 控制器框图

PDMA 控制器接口时钟可以通过寄存器 PDMACKEN（CLK_AHBCLK[1]）使能。

3. 实现方式

PDMA 控制器可以从一个地址到另一个地址传输数据,无须 CPU 介入。PDMA 有 12 个独立通道,因为每次只有一个通道工作,因此,PDMA 控制器支持两种通道优先级:固定优先级和轮循调度优先级,PDMA 控制器通道执行的优先级是从高到低。PDMA 控制器支持两种运行模式:基本模式和 Scatter-Gather 模式。基本模式用于按照一个传输描述符链表(DSCT)格传输数据的情况。Scatter-Gather 模式对于每个 PDMA 都有多个传输描述符链表格,所以 PDMA 控制器通过这些表格实现灵活的数据传输。传输描述符链表数据结构包含传送信息,例如:传输源地址、传输定义地址、传输计数、批量传输数据大小、传输类型和操作模式。图 24.2.2 所示是描述符链表入口结构。

PDMA 控制器也支持单一和成组数据的传输类型,请求源可以是软件请求、接口请求,内存之间的数据传输使用软件请求。单一传输的意思是软件或接口传输一个数据(每个数据需要一次请求),批量传输的意思是软件或接口将传输多个数据(多个数据仅需一次请求)。

4. 通道优先级

PDMA 控制器支持两级通道优先等级,包括固定优先级和轮循调度优先级。固定优先级比轮循调度优先级的优先级别高。如果多路通道设定为固定优先级或轮循调度优先级,高通道的优先级别也高。优先级原则如表 24.2.1 所列。

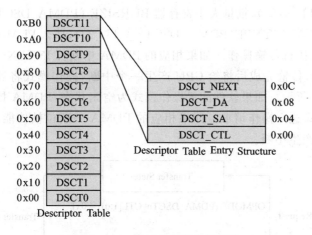

图 24.2.2　描述符链表入口结构

表 24.2.1　PDMA 通道的优先级

PDMA_PRISET	通道数	优先级设定	优先级递减顺序
1	11	Channel11,固定优先级	最高（Highest）
1	10	Channel10,固定优先级	—
⋮	⋮	⋮	—
1	0	Channel0,固定优先级	—
0	11	Channel11,轮循调度优先级	—
0	10	Channel10,轮循调度优先级	—
⋮	⋮	⋮	—
0	11	Channel11,轮循调度优先级	—

5．PDMA 操作模式

PDMA 支持两种操作模式：基本模式和 Scatter-Gather 模式。

1）基本模式

基本模式用于执行一个描述符链表的传输模式。该模式用于内存与内存之间的数据传输或接口与内存之间的数据传输。PDMA 控制器操作模式可以通过寄存器 OPMODE（PDMA_DSCTn_CTL[1:0]，n 代表 PDMA 通道数）设定，默认设置是在空闲状态（OPMODE（PDMA_DSCTn_CTL[1:0]）=0x0），推荐用户设定描述符链表为空闲状态。如果操作模式不是空闲状态，那么用户重新配置通道设定可能会引起操作错误。

用户必须填写传输计数寄存器 TXCNT（PDMA_DSCTn_CTL[29:16]）、传输宽度选择寄存器 TXWIDTH（PDMA_DSCTn_CTL[13:12]）、目的地址递增大小寄存器 DAINC（PDMA_DSCTn_CTL[11:10]）、源地址递增大小寄存器 SAINC（PD-

MA_DSCTn_CTL[9:8])、批量大小寄存器 BURSIZE(PDMA_DSCTn_CTL[6:4])和传输类型寄存器 TXTYPE(PDMA_DSCTn_CTL[2]),那么 PDMA 控制器将在接收到请求信号后执行传输操作。如果相应的 PDMA 中断位 INTENn(PDMA_INTEN[11:0])使能,传输完成后将给 CPU 产生一个中断,操作模式将被更新为空闲模式,如图 24.2.3 所示。如果软件配置操作模式为空闲状态,PDMA 控制器不会执行任何传输,并清除这个操作请求。如果相应的 PDMA 中断位被使能,完成这个任务后也会给 CPU 产生中断。

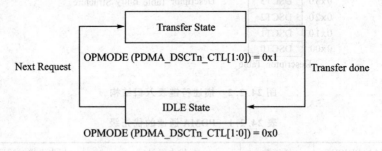

图 24.2.3　基本模式的有限状态机

2) Scatter-Gather 模式

Scatter-Gather 模式是一个综合模式,通过如图 24.2.4 所示的描述符链表设定,可以实现灵活的数据传输。通过该模式,用户可以实现外设的回环访问。该模式用于多路 PDMA 任务或用于系统内存的不同位置(非相邻位置)的数据搬移。

在 Scatter-Gather 模式中,这个表用于跳转到下一个表的入口。第一个任务不会做数据传输操作。如果相应的 PDMA 中断位使能,寄存器 TBINTDIS(PDMA_DSCTn_CTL[7])=0,完成每个任务后,将给 CPU 产生一个中断(任务完成,TBINTDIS 位为"0",会插入相应的寄存器 TDIFn(PDMA_TDSTS[11:0])标志;TBINTDIS 位为"1",禁用 TDIFn)。

如果触发了通道 11,在 Scatter-Gather(OPMODE(PDMA_DSCTn_CTL[1:0])=0x10x2)模式中,硬件将把寄存器 PDMA_DSCTn_NEXT(link address)和 PDMA_SCATBA(基地址)相加来获取真正的 PDMA 任务信息。例如,基地址是 0x2000 0000(PDMA_SCATBA 寄存器中仅 MSB 16 位有效),目前链接地址是 0x0000 0100(在寄存器 PDMA_DSCTn_NEXT 中,仅 LSB 16 位有效(不包括[1:0])有效),那么,下一个 DSCT 的起始地址是 0x2000 0100。

上述链接列表操作是 Scatter-Gather 模式的 DSCT 状态。当加载信息结束后,将自动进入传输数据状态。然而,如果下一个 PDMA 信息也是 Scatter-Gather 模式,那么当前任务结束后,硬件将抓下一个 PDMA 块信息。Scatter-Gather 模式只有在 PDMA 控制器操作模式切换到基本模式并完成最后一次传输,或者直接切换到空闲状态后才会结束。

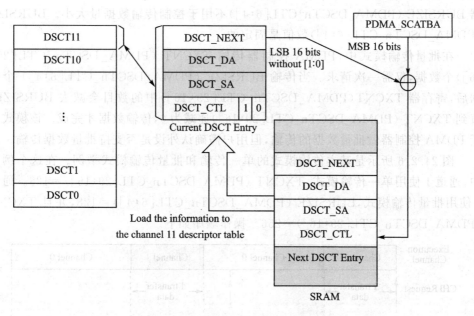

图 24.2.4　描述符链表链接单结构

Scatter-Gather 模式的有限状态机如图 24.2.5 所示。

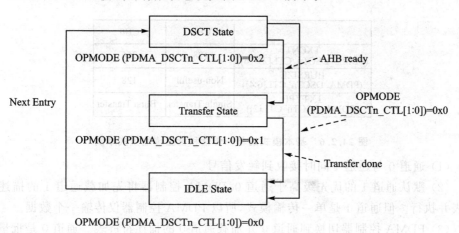

图 24.2.5　Scatter-Gather 模式的有限状态机

6. 传输模式

PDMA 控制器支持两种传输模式：单一传输和批量传输模式，通过寄存器 TX-TYPE（PDMA_DSCTn_CTL[2]）设定。

当 PDMA 控制器运行在单一传输模式时，每传输一个数据就需要一次请求，每传输一次数据，寄存器 TXCNT（PDMA_DSCTn_CTL[29:16]）就会减 1，直到寄存器 TXCNT（PDMA_DSCTn_CTL[29:16]）为 0，传输才会完成。在该模式中，寄存

器 BURSIZE（PDMA_DSCTn_CTL[6:4]）不用于控制传输数据量大小。BURSIZE
（PDMA_DSCTn_CTL[6:4]）数值是固定的。

在批量传输模式中，PDMA 控制器传输 TXCNT（PDMA_DSCTn_CTL[29:
16]）个数据，仅需一次请求。当传输 BURSIZE（PDMA_DSCTn_CTL[6:4]）个数
据后，寄存器 TXCNT（PDMA_DSCTn_CTL[29:16]）中的数目会减去 BURSIZE。
直到 TXCNT（PDMA_DSCTn_CTL[29:16]）递减为 0，传输数据才完成。该模式用
于 PDMA 控制器做批量数据的传输，但用户需确认外设是否支持批量数据传输。

图 24.2.6 所示是基本传输模式的单一传输和批量传输模式举例。在这个例子
中，通道 1 使用单一传输模式，TXCNT（PDMA_DSCTn_CTL[29:16]）=128。通道
0 使用批量传输模式，BURSIZE（PDMA_DSCTn_CTL[6:4]）=128，并且 TXCNT
（PDMA_DSCTn_CTL[29:16]）=256。操作顺序如下。

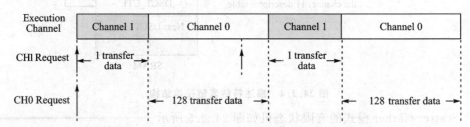

	CH1	CH0
TXCNT (PDMA_DSCTn_CTL[29:16])	128	256
BURSIZE (PDMA_DSCTn_CTL[6:4])	Non-useful	128
TXTYPE (PDMA_DSCTn_CTL[2])	Single Transfer	Burst Transfer

图 24.2.6　基本模式的单一传输和批量传输模式举例

（1）通道 0 与通道 1 同时接收到触发信号。

（2）默认通道 1 的优先级高于通道 0；PDMA 控制器将先加载通道 1 的描述符
链表并执行。但通道 1 是单一传输模式，所以 PDMA 控制器仅传输一个数据。

（3）PDMA 控制器切换到通道 0 并加载通道 0 的描述符链表。通道 0 是批量传
输模式，大小是 128 个。所以，PDMA 控制器将传输 128 个数据。

（4）当通道 0 传输 128 个数据时，通道 1 得到另一个请求信号，所以当通道 0 传
输完 128 个数据后，PDMA 控制器将切回通道 1 来传输通道 1 的下一个数据。

（5）当通道 1 传输完数据后，PDMA 控制器切换到低优先级的通道 0 来继续传
输下一组 128 个数据。

（6）当通道 0 完成 256 次数据传输时，通道 1 完成 128 次数据传输，PDMA 将完
成数据传输。

24.3　实　验

24.3.1　基本模式

【实验要求】基于 SmartM-M451 开发板系列：使能通道 2 的 PDMA 基本模式，实现内存数据传输。

1. 硬件设计

参考"14.2.1　串口收发数据"一节中的硬件设计。

2. 软件设计

代码位置：\SmartM-M451\迷你板\入门代码\【PDMA】【基本模式】

（1）重点库函数如表 24.3.1 所列。

表 24.3.1　重点库函数

序　号	函数分析
1	void CLK_EnableModuleClock(uint32_t u32ModuleIdx) 位置：clk. c 功能：使能当前硬件对应的时钟模块 参数： u32ModuleIdx：使能当前哪个时钟模块。若使能定时器 0，填入参数为 TMR0_MODULE；若使能串口 0，填入参数为 UART0_MODULE，更多的参数值参考 clk. c
2	void PDMA_Open(uint32_t u32Mask) 位置：pdma. c 功能：使能某一通道的 PDMA 功能 参数： u32Mask：通道掩码
3	void PDMA_SetTransferCnt(uint32_t u32Ch, uint32_t u32Width, uint32_t u32TransCount) 位置：pdma. c 功能：设置 PDMA 某一通道的要传输数据的总数与每次传输数据的宽度 参数： u32Ch：通道号 u32Width：传输数据的宽度 u32TransCount：要传输数据的总数

续表 24.3.1

序　号	函数分析
4	void PDMA_SetTransferAddr（uint32_t u32Ch，uint32_t u32SrcAddr，uint32_t u32SrcCtrl，uint32_t u32DstAddr，uint32_t u32DstCtrl） 位置:pdma.c 功能:设置 PDMA 某一通道的传输地址的相关属性 参数: u32Ch:通道号 u32SrcAddr:内存的起始地址 u32SrcCtrl:设定源地址增量的大小 u32DstAddr:内存的目的地址 u32DstCtrl:设定目的地址的增量大小
5	void PDMA_SetTransferMode（uint32_t u32Ch，uint32_t u32Peripheral，uint32_t u32ScatterEn，uint32_t u32DescAddr） 位置:pdma.c 功能:设置 PDMA 某一通道的传输模式 参数: u32Ch:通道号 u32Peripheral:选择的外设,如串口、SPI、DAC、ADC、PWM、内存等 u32ScatterEn:是否使能"分散-收集"模式 u32DescAddr:"分散-收集"描述表格地址
6	void PDMA_SetBurstType(uint32_t u32Ch，uint32_t u32BurstType，uint32_t u32BurstSize) 位置:pdma.c 功能:设置 PDMA 某一个通道批量传输数据的大小 参数: u32Ch:通道号 u32BurstType:选择批量传输还是单一传输 u32BurstSize:批量传输的数据大小

（2）完整代码如下。

程序清单 24.3.1　完整代码

```
# include "SmartM_M4.h"



/* ------------------------------------------------ */
/*                   变量区                          */
/* ------------------------------------------------ */
UINT32 PDMA_TEST_LENGTH = 64;
UINT8  g_szSrcArray[260];
```

```
UINT8    g_szDestArray[260];
UINT32 VOLATILE g_bIsTestOver = 0;



/* ------------------------------------------------------------- */
/*                          函数区                               */
/* ------------------------------------------------------------- */



/* *******************************************
 * 函数名称:main
 * 输      入:无
 * 输      出:无
 * 功      能:函数主体
 *******************************************/
INT32 main(VOID)
{

    PROTECT_REG
    (
        /* 系统时钟初始化 */
        SYS_Init(PLL_CLOCK);

        /* 串口 0 初始化 */
        UART0_Init(115200);

        /* 使能 PDMA 时钟源 */
        CLK_EnableModuleClock(PDMA_MODULE);

    )

    /* 源数组内容全部初始化为字母 Q */
    memset(g_szSrcArray,'Q',sizeof g_szSrcArray);

    /* 使能通道 2 的 PDMA 功能 */
    PDMA_Open(0x4);

    /* 设置通道 2 每次传输数据的宽度为 32 位,总字节数为 64×4 = 256 字节 */
    PDMA_SetTransferCnt(2, PDMA_WIDTH_32, PDMA_TEST_LENGTH);

    /* 设置通道 2 的源地址与目的地址,源地址与目的地址增量的大小 */
    PDMA_SetTransferAddr (2,
```

```
                              (UINT32)g_szSrcArray,
                              PDMA_SAR_INC,
                              (UINT32)g_szDestArray,
                              PDMA_DAR_INC);

    /* 设置通道 2 用于内存外设的 PDMA 传输,不使用"分散-收集"模式 */
    PDMA_SetTransferMode(2, PDMA_MEM, FALSE, 0);

    /* 设置通道 2 为批量传输,每次传输 4 个数据 */
    PDMA_SetBurstType(2, PDMA_REQ_BURST, PDMA_BURST_4);

    /* 设置通道 2 触发的中断是 PDMA 传输完成中断 */
    PDMA_EnableInt(2, PDMA_INT_TRANS_DONE);

    /* 使能 PDMA NVIC 中断 */
    NVIC_EnableIRQ(PDMA_IRQn);

    g_bIsTestOver = 0;

    /* 触发通道 2 PDMA 数据传输 */
    PDMA_Trigger(2);

    /* 等待 PDMA 传输数据完成 */
    while(g_bIsTestOver == 0);

    /* 检测传输的结果 */
    if(g_bIsTestOver == 1)
            printf("test done...\n");
    else if(g_bIsTestOver == 2)
            printf("target abort...\n");
    printf("Dest Array:\r\n");
    printf(g_szDestArray);
    /* 关闭 PDMA 模块 */
    PDMA_Close();

    while(1);

}

/* -------------------------------------------------------*/
```

```
/* ********************* 中断服务函数 ******************** */
/* ------------------------------------------------------- */
/* ****************************************************
* 函数名称:PDMA_IRQHandler
* 输    入:无
* 输    出:无
* 功    能:PDMA 中断服务函数
***************************************************/
VOID PDMA_IRQHandler(VOID)
{
    /* 获取 PDMA 的中断状态 */
    UINT32 status = PDMA_GET_INT_STATUS();

    /* 检测到 PDMA 读/写目标终止中断标志 */
    if(status & 0x1)
    {
        /* 检测是否通道 2 收到 AHB 总线错误响应 */
        if(PDMA_GET_ABORT_STS() & 0x4)
                g_bIsTestOver = 2;

        /* 清除所有通道 AHB 总线错误响应标志位 */
        PDMA_CLR_ABORT_FLAG(PDMA_ABTSTS_ABTIFn_Msk);
    }
    /* 检测到 PDMA 传输完成中断标志 */
    else if(status & 0x2)
    {
        /* 检测是否通道 2 传输数据完成 */
        if(PDMA_GET_TD_STS() & 0x4)
                g_bIsTestOver = 1;

        /* 清除所有通道传输完成标志位 */
        PDMA_CLR_TD_FLAG(PDMA_TDSTS_TDIFn_Msk);
    }
    else
        printf("unknown interrupt !! \n");
}
```

(3) 主函数 main 分析如下。

① 调用 CLK_EnableModuleClock 函数使能 PDMA 内部时钟模块。

② 调用 PDMA_Open 函数使能通道 2 的 PDMA 功能。

③ 调用 PDMA_SetTransferCnt 函数设置通道 2 每次传输数据的宽度为 32 位,总字节数为 256 字节,即 4×64=256 字节。

④ 调用 PDMA_SetTransferAddr 函数设置通道 2 的源地址为 g_szSrcArray 数组的起始地址,目的地址为 g_szDestArray 数组的起始地址。由于此前设置传输的数据宽度为 32 位,因此源地址增量的大小每次为 4 字节,目的地址增量的大小同样每次为 4 字节。

⑤ 调用 PDMA_SetBurstType 函数设置通道 2 为批量传输,每次传输 4 个数据。

⑥ 调用 PDMA_EnableInt 函数使能通道 2 传输完成中断。

⑦ 调用 NVIC_EnableIRQ 函数使能 PDMA NVIC 中断。

⑧ 一切就绪后,调用 PDMA_Trigger 函数触发通道 2 PDMA 数据传输。

⑨ 检测 g_bIsTestOver 变量是否已被置位,若 g_bIsTestOver 被置为 1,则传输数据完成;若 g_bIsTestOver 被置为 2,则传输数据中止。

⑩ 若不再使用 PDMA 功能,则调用 PDMA_Close 函数关闭 PDMA 功能。

(4) 中断服务函数 PDMA_IRQHandler 分析如下。

① 当进入中断服务函数 PDMA_IRQHandler 时,调用 PDMA_GET_INT_STATUS 函数获取当前的中断状态。

② 若当前状态返回值为 1 时,则为检测到 PDMA 读/写目标终止中断,然后调用 PDMA_GET_ABORT_STS 函数检测是否通道 2 收到 AHB 总线错误响应,若是,则设置变量 g_bIsTestOver 为 2,并调用 PDMA_CLR_ABORT_FLAG 函数清除所有通道 AHB 总线错误响应标志位。

③ 若当前状态范围值为 2,则为检测到 PDMA 传输完成,然后调用 PDMA_GET_TD_STS 函数检测是否通道 2 传输数据完成,若是,则设置变量 g_bIsTestOver 为 1,并调用 PDMA_CLR_TD_FLAG 函数清除所有通道传输完成标志位。

3. 下载验证

通过 NuLink 仿真下载器将程序下载到 SmartM-M451 迷你板后,进入单片机多功能调试助手中的串口调试界面,观察到目标数组已经全部赋值为字母 Q,即内存数据的复制通过 PDMA 操作成功,如图 24.3.1 所示。

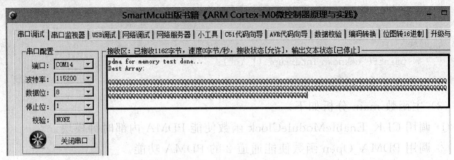

图 24.3.1　内存数据的复制通过 PDMA 操作成功

24.3.2　Scatter-Gather 模式

【实验要求】基于 SmartM-M451 开发板系列：使能通道 5 的 PDMA 的 Scatter-Gather 模式，实现内存数据传输。

1. 硬件设计

参考"14.2.1　串口收发数据"一节中的硬件设计。

2. 软件设计

代码位置：\SmartM-M451\迷你板\入门代码\【PDMA】【Scatter-Gather 模式】

（1）完整代码如下。

程序清单 24.3.2　完整代码

```
#include "SmartM_M4.h"

/* ------------------------------------------------------ */
/*                        变量区                          */
/* ------------------------------------------------------ */
#define  PDMA_TEST_LENGTH   32

UINT8 g_szSrcArray[256];
UINT8 g_szDestArray0[256];
UINT8 g_szDestArray1[256];

typedef struct dma_desc_t
{
    UINT32 ctl;
    UINT32 src;
    UINT32 dest;
    UINT32 offset;
} DMA_DESC_T;

DMA_DESC_T DMA_DESC[2];


/* ------------------------------------------------------ */
/*                        函数区                          */
/* ------------------------------------------------------ */



/*****************************************************/
* 函数名称:main
```

```
 * 输      入:无
 * 输      出:无
 * 功      能:函数主体
 **********************************************/
INT32 main(VOID)
{
    UINT32 unSrc, unDst0, unDst1;

    PROTECT_REG
    (
        /* 系统时钟初始化 */
        SYS_Init(PLL_CLOCK);

        /* 串口 0 初始化 */
        UART0_Init(115200);

        /* 使能 PDMA 时钟模块 */
        CLK_EnableModuleClock(PDMA_MODULE);

    )

    printf(" + --------------------------------------------------- + \n");
    printf("| M451 PDMA Memory to Memory Driver Sample Code (Scatter - gather) | \n");
    printf(" + --------------------------------------------------- + \n");

    /* 通过强制转换获取数组的起始地址 */
    unSrc  = (UINT32)g_szSrcArray;
    unDst0 = (UINT32)g_szDestArray0;
    unDst1 = (UINT32)g_szDestArray1;

    /* 设置 Scatter-Gather 描述符链表格 */
    DMA_DESC[0].ctl =  (PDMA_TEST_LENGTH << PDMA_DSCT_CTL_TXCNT_Pos) |
                        PDMA_WIDTH_32   |
                        PDMA_SAR_INC    |
                        PDMA_DAR_INC    |
                        PDMA_REQ_BURST  |
                        PDMA_OP_SCATTER;

    DMA_DESC[0].src = unSrc;
    DMA_DESC[0].dest = unDst0;
    DMA_DESC[0].offset = (UINT32)&DMA_DESC[1] - (PDMA ->SCATBA);
```

```
                DMA_DESC[1].ctl =   (PDMA_TEST_LENGTH << PDMA_DSCT_CTL_TXCNT_Pos) |
                                    PDMA_WIDTH_32   |
                                    PDMA_SAR_INC    |
                                    PDMA_DAR_INC    |
                                    PDMA_REQ_BURST  |
                                    PDMA_OP_BASIC   ;
        DMA_DESC[1].src = unDst0;
        DMA_DESC[1].dest = unDst1;
        DMA_DESC[1].offset = 0;

        /* 使能通道 5 的 PDMA 功能 */
        PDMA_Open(1 << 5);

        /* 设置通道 5 用于内存外设的 PDMA 传输,使用"分散-收集"模式,描述符链表格地址为
DMA_DESC */
        PDMA_SetTransferMode(5, PDMA_MEM, 1, (UINT32)&DMA_DESC[0]);

        /* 触发通道 5 PDMA 数据传输 */
        PDMA_Trigger(5);

        /* 等待 PDMA 通道请求状态为无请求,即完成传输 */
        while(PDMA_IS_CH_BUSY(5));

        printf("test done...\n");

        /* 关闭 PDMA 功能 */
        PDMA_Close();

        while(1);
}


/* ---------------------------------------------------------- */
/*                     中断服务函数                          */
/* ---------------------------------------------------------- */
/* ***********************************************
* 函数名称:PDMA_IRQHandler
* 输    入:无
* 输    出:无
* 功    能:PDMA 中断服务函数
* *********************************************/
VOID PDMA_IRQHandler(VOID)
```

```
{
}
```

（2）函数 main 分析如下。

① 调用 CLK_EnableModuleClock 函数使能 PDMA 时钟模块。

② 初始化描述符链表格 DMA_DESC[0].ctl 的设置为每次传输数据的宽度为 32 位，总字节数为 64 字。源地址增量的大小每次为 4 字节，目的地址增量的大小同样每次为 4 字节，设置为 Scatter-Gather 模式。

③ 设置 DMA_DESC[0].src、DMA_DESC[0].dest、DMA_DESC[0].offset，即设置描述符链表格 0 的源地址、目的地址，以及设置结束传输后的内存偏移值指向描述符链表格 1。

④ 初始化描述符链表格 DMA_DESC[1].ctl 的设置为每次传输数据的宽度为 32 位，总字节数为 64 字。源地址增量的大小每次为 4 字节，目的地址增量的大小同样每次为 4 字节，设置为基本模式。

⑤ 设置 DMA_DESC[1].src、DMA_DESC[1].dest、DMA_DESC[1].offset，即设置描述符链表格 1 的源地址、目的地址，以及设置结束传输后的内存偏移值为 0，表示不再进行下一次的 PDMA 数据传输。

⑥ 调用 PDMA_Open 函数使能通道 5 的 PDMA 功能。

⑦ 调用 PDMA_SetTransferMode 函数并传入描述符链表格 0，初始化内存数据传输。

⑧ 调用 PDMA_Trigger 函数触发通道 5 的 PDMA 数据传输。

⑨ 调用 PDMA_IS_CH_BUSY 函数等待 PDMA 通道请求状态为无请求，即完成传输。

⑩ 若不再使用 PDMA 功能，则调用 PDMA_Close 函数关闭 PDMA 功能。

3. 下载验证

通过 NuLink 仿真下载器将程序下载到 SmartM-M451 迷你板后，进入单片机多功能调试助手中的串口调试界面，观察到目标数组 0、目标数组 1 已经全部赋值为字母 P，即内存数据的复制通过 PDMA 操作成功，如图 24.3.2 所示。

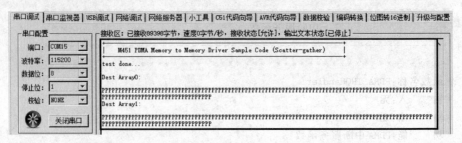

图 24.3.2　内存数据的复制通过 PDMA 操作成功

24.3.3 串口接收数据

【实验要求】基于 SmartM-M451 开发板系列:使能通道 2 的 PDMA 基本模式,实现串口数据批量接收。

1. 硬件设计

参考"14.2.1 串口收发数据"一节中的硬件设计。

2. 软件设计

代码位置:\SmartM-M451\迷你板\入门代码\【PDMA】【基本模式】【串口数据接收】

(1) 问题分析如下。

平时使用串口接收数据时,往往都是采用中断的形式进行接收,1 s 内接收 100 个数据,产生中断次数为 100 次。不过,这个中断次数还不算多,如果当前串口在 1 s 内产生的中断次数愈千次或万次,将会严重影响到系统的效率,要知道 CPU 当前产生的中断不只串口接收中断,还有定时器、SPI、I²C、PWM 等中断,解决办法就是使用 PDMA 用于串口数据的接收。

(2) 完整代码如下。

程序清单 24.3.3 完整代码

```
# include "SmartM_M4.h"


/* ------------------------------------------------------- */
/*                    变量区                                 */
/* ------------------------------------------------------- */
#define  PDMA_TEST_LENGTH   256

UINT8    g_szDestArray[260] = {0};
UINT32 VOLATILE g_bIsTestOver  = 0;


/* ------------------------------------------------------- */
/*                    函数区                                 */
/* ------------------------------------------------------- */

/*******************************************************
* 函数名称:main
* 输    入:无
* 输    出:无
* 功    能:函数主体
*******************************************************/
```

```
INT32 main(VOID)
{

    PROTECT_REG
    (
        /* 系统时钟初始化 */
        SYS_Init(PLL_CLOCK);

        /* 串口 0 初始化 */
        UART0_Init(115200);

        /* 使能 UART 接收数据 DMA 功能 */
        UART_EnableInt(UART0, UART_INTEN_RXPDMAEN_Msk);

        /* 使能 PDMA 时钟模块 */
        CLK_EnableModuleClock(PDMA_MODULE);
    )


    /* 使能通道 2 的 PDMA 功能 */
    PDMA_Open(0x4);

    /* 设置通道 2 每次传输数据的宽度为 32 位,传输 256 次 */
    PDMA_SetTransferCnt(2, PDMA_WIDTH_8, 256);

    /* 设置通道 2 的源地址与目的地址,源地址为串口 0 接收寄存器地址,目的地址为数
       组且是自增量 */
    PDMA_SetTransferAddr(2,
                    (UINT32)&UART_READ(UART0),
                    PDMA_SAR_FIX,
                    (UINT32)g_szDestArray,
                    PDMA_DAR_INC);

    /* 设置通道 2 用于串口接收外设的 PDMA 传输,不使用"分散-收集"模式 */
    PDMA_SetTransferMode(2, PDMA_UART0_RX, FALSE, 0);

    /* 设置通道 2 为单一传输,每次传输 1 个数据 */
    PDMA_SetBurstType(2, PDMA_REQ_SINGLE, PDMA_BURST_1);

    /* 设置通道 2 触发的中断是 PDMA 传输完成中断 */
    PDMA_EnableInt(2, PDMA_INT_TRANS_DONE);
```

```
    /* 使能 PDMA NVIC 中断 */
    NVIC_EnableIRQ(PDMA_IRQn);

    g_bIsTestOver = 0;

    /* 触发通道 2 PDMA 数据传输 */
    PDMA_Trigger(2);

    /* 等待 PDMA 传输数据完成 */
    while(g_bIsTestOver == 0);

    /* 检测传输的结果 */
    if(g_bIsTestOver == 1)
        printf("test done...\n");
    else if(g_bIsTestOver == 2)
        printf("target abort...\n");

    /* 打印串口 0 接收到数据 */
    printf("UART0 PDMA RX DATA:\r\n");
    printf(g_szDestArray);

    /* 关闭 PDMA 模块 */
    PDMA_Close();

    while(1);


}


/* ---------------------------------------------------- */
/*                  中断服务函数                           */
/* ---------------------------------------------------- */
/* * * * * * * * * * * * * * * * * * * * * * * * * * * * *
* 函数名称:PDMA_IRQHandler
* 输    入:无
* 输    出:无
* 功    能:PDMA 中断服务函数
* * * * * * * * * * * * * * * * * * * * * * * * * * * * */
VOID PDMA_IRQHandler(VOID)
{
    /* 获取 PDMA 的中断状态 */
    UINT32 status = PDMA_GET_INT_STATUS();
```

```
/*  检测到 PDMA  读/写目标终止中断标志  */
if(status & 0x1)
{
    /*  检测是否通道 2 收到 AHB 总线错误响应  */
    if(PDMA_GET_ABORT_STS() & 0x4)
    g_bIsTestOver = 2;

    /*  清除所有通道 AHB 总线错误响应标志位  */
    PDMA_CLR_ABORT_FLAG(PDMA_ABTSTS_ABTIFn_Msk);
}
/*  检测到 PDMA 传输完成中断标志  */
else if(status & 0x2)
{
    /*  检测是否通道 2 传输数据完成  */
    if(PDMA_GET_TD_STS() & 0x4)
    g_bIsTestOver = 1;

    /*  清除所有通道传输完成标志位  */
    PDMA_CLR_TD_FLAG(PDMA_TDSTS_TDIFn_Msk);
}
else
    printf("unknown interrupt !! \n");
}
```

（3）代码分析：当前代码与 PDMA 基本模式实验代码差不多，以下着重说明修改的部分。

① 调用 PDMA_SetTransferCnt 函数设置通道 2 每次传输数据的宽度为 8 位，总字节数为 256 个数据，即 $1 \times 256 = 256$ 字节。

② 调用 PDMA_SetTransferAddr 函数设置通道 2 的源地址为 UART_READ（UART0），目的地址为 g_szDestArray 数组的起始地址。

③ 调用 PDMA_SetBurstType 函数设置通道 2 为单一传输，每次传输 1 个数据，原因在于串口每次接收的数据都是字节模式，跟 UART_READ（UART0）相关。

④ 当串口 0 接收 256 字节完毕时，则将接收到的所有数据打印出来。

⑤ 其他代码与 PDMA 基本模式实验代码一样。

3. 下载验证

通过 NuLink 仿真下载器将程序下载到 SmartM-M451 迷你板后，进入单片机多功能调试助手中的串口调试界面，在发送区输入 256 个以上的数据，单击【发送】按钮，在接收区立刻可以看到当前数据接收成功，即串口数据的接收通过 PDMA 操作成功，如图 24.3.3 所示。

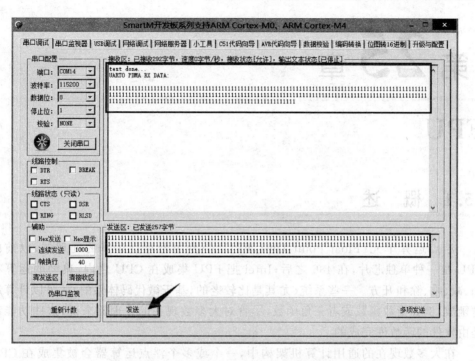

图 24.3.3　串口数据的接收通过 PDMA 操作成功

ARM Cortex-M4 微控制器原理与实践

第 25 章

FPU

25.1 概 述

浮点运算单元(Float Point Unit,FPU)是专用于浮点运算的处理器,以前的FPU是一种单独芯片,在 486 之后,Intel 把 FPU 集成在 CPU 之内,典型的运算有加、减、乘、除和开方。一些系统(尤其是比较老的,基于微代码体系的)还可以计算超越函数,例如指数函数或者三角函数,尽管对大多数现在的处理器来说,这些功能都是由软件的函数库完成的。

在大多数现在的通用计算机架构中,一个或多个浮点运算器会被集成在 CPU中,但许多嵌入式处理器(特别是比较老的)却没有在硬件上支持浮点数运算。

在过去,一些系统通过协同处理器不在同一个处理器中来处理浮点数。在微型计算机时代,这一般只用一个芯片;而在以前,可能要用一整个电路板甚至一台机箱。

不是所有的计算机架构中都有硬件的浮点运算器。在没有硬件浮点运算器的情况下,许多浮点数的运算也可以像有硬件那样做到,这样可以节省浮点运算器的硬件成本,但这样会使计算变得慢得多。仿硬件浮点运算可以通过多种层次的方法实现,比如:在 CPU 中用微代码处理,用操作系统的函数处理,用用户自己的代码处理。

在大多数现代计算机的架构中,一些浮点数运算跟整数运算是分开的,这些分别在不同的架构上差别很大。有一些架构,例如 Intel 的 x86 处理器设计了浮点数寄存器,另一些架构中处理浮点数甚至有独立的时频时域。

当 CPU 执行一个需要浮点数运算的程序时,有 3 种方式可以执行:软件仿真器(浮点运算函数库)、附加浮点运算器和集成浮点运算器。多数现在的计算机有集成的浮点运算器硬件。

浮点运算一直是定点 CPU 的难题,比如一个简单的 1.1+1.1,定点 CPU 必须要按照 IEEE-754 标准的算法来完成运算,对于 8 位单片机来说已经完全是噩梦,对 32 位单片机来说也不会有多大改善。虽然将浮点数进行 Q 化处理能充分发挥32 位单片机的运算性能,但是精度受到限制而不会太高。对于有 FPU 的单片机或者 CPU 来说,浮点加法只是几条指令的事情。

现在拥有硬件浮点运算能力的主要有高端 DSP(比如 TI F28335/C6000/

DM6XX/OMAP 等)、通用 CPU(X87 数学处理器)和高级的 ARM＋DSP 处理器等。

25.2　功能描述

M451 系列 MCU 属于 ARM Cortex-M4 架构,这和 M0、M3 的最大不同就是多了一个 F-float,即支持浮点指令集,并兼容支持 IEEE－754 标准,因此在处理数学运算时比 M0/M3 多出数十倍甚至上百倍的性能。硬件上要开启 FPU 是很简单的,通过一个叫协处理器控制寄存器(CPACR)的设置即可开启 M451 的硬件 FPU,该寄存器各位描述如图 25.2.1 所示。

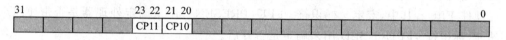

图 25.2.1　CP11 与 CP10

CP10 与 CP11 的设置如表 25.2.1 所列。

表 25.2.1　CP10 与 CP11 的设置

位	CP10 与 CP11 的设置
00	拒绝访问,任何试图访问都生成使用错误(错误类型为没有协处理器)
01	特权访问,未经授权的访问都生成使用故障
10	保留,不可预知的结果
11	完全访问

由表 25.2.1 可知,默认情况下,CP10 和 CP11 重置后为零。这个设置禁用 FPU 和允许更低的能耗,此时禁止访问协处理器(禁止了硬件 FPU),我们将这 4 个位都设置为 1,即可完全访问协处理器(开启硬件 FPU)。CPACR 这 4 个位的设置在 system_M451Series.c 文件里面开启,代码如下。

程序清单 25.2.1　SystemInit 函数

```
void SystemInit(void)
{

#ifdef EBI_INIT
    extern void SYS_Init();
    extern void EBI_Init();

    SYS_Init();
    EBI_Init();
#endif
```

```
    /* FPU settings ---------------------------------------------- */
#if (__FPU_PRESENT == 1) && (__FPU_USED == 1)
    SCB->CPACR |= ((3UL << 10*2) |                      /* set CP10 Full Access */
                   (3UL << 11*2));                      /* set CP11 Full Access */
#endif

}
```

此部分代码是系统初始化函数的部分内容,功能就是设置 CPACR 的 20～23 位为 1,以开启 ARM Cortex-M4 硬件 FPU 功能。从上述程序可以看出,只要我们定义了全局宏定义标识符 __FPU_PRESENT 以及 __FPU_USED 为 1,那么就可以开启硬件 FPU。其中,宏定义标识符 __FPU_PRESENT 用来确定处理器是否带 FPU 功能,标识符 __FPU_USED 用来确定是否开启。

若在 M451Series.h 头文件里面,则可以看到默认定义 __FPU_PRESENT 为 1,即 M451 默认带 FPU,代码如下。

程序清单 25.2.2　__FPU_PRESENT 宏定义

```
#define __FPU_PRESENT                1
```

但是,上述仅仅说明处理器有 FPU 是不够的,我们还需要开启 FPU 功能。开启 FPU 有两种方法:第一种是直接在头文件 core_cm4.h 中定义宏定义标识符 __FPU_USED 的值为 1;第二种是直接在 MDK 编译器上面设置。在 MDK4.5 编译器里面单击 图标进入项目设置选项,如图 25.2.2 所示。

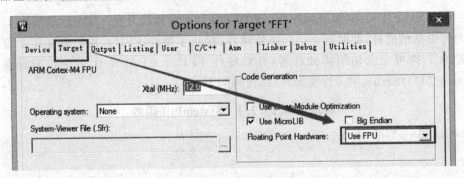

图 25.2.2　项目设置选项

经过这个设置,编译器会自动设置标识符 __FPU_USED 为 1。这样遇到浮点运算就会使用硬件 FPU 的相关指令执行浮点运算,从而大大减少计算时间。

25.3　实　验

计算浮点数数组

【实验要求】基于 SmartM-M451 开发板系列:观察使能 FPU 或关闭 FPU 功能,计算浮点数数组所花费的时间。

1. 硬件设计

参考"14.2.1　串口收发数据"一节中的硬件设计。

2. 软件设计

代码位置:\SmartM-M451\迷你板\入门代码\【FPU】【计算浮点数】

(1) 完整代码如下。

程序清单 25.3.1　完整代码

```
# include "SmartM_M4.h"



# define TEST_LENGTH_SAMPLES 2048


/* ------------------------------------------------------ */
/*                    变量区                           */
/* ------------------------------------------------------ */
VOLATILE UINT32 g_unTimer0EventCount = 0;



EXTERN_C float32_t testInput_f32_10khz[TEST_LENGTH_SAMPLES];
/* ------------------------------------------------------ */
/*                    函数区                           */
/* ------------------------------------------------------ */



/********************************************
* 函数名称:main
* 输    入:无
* 输    出:无
* 功    能:函数主体
*********************************************/
INT32 main(VOID)
```

```
{
    FP32    fsum = 0;
    UINT32 i,j;

    PROTECT_REG
    (
            /* 系统时钟初始化 */
            SYS_Init(PLL_CLOCK);

            /* 串口 0 初始化 */
            UART0_Init(115200);

            /* 设置定时器 0 时钟源输入为外部晶振 */
            CLK_SetModuleClock(TMR0_MODULE, CLK_CLKSEL1_TMR0SEL_HXT, 0);

            /* 使能定时器 0 时钟模块 */
            CLK_EnableModuleClock(TMR0_MODULE);

    )

    /* 设置定时器 0 为定时计数模式且 1 s 内产生 1 000 次中断 */
    TIMER_Open(TIMER0, TIMER_PERIODIC_MODE, 1000);

    /* 使能定时器 0 中断 */
    TIMER_EnableInt(TIMER0);

    /* 使能定时器 0 嵌套向量中断 */
    NVIC_EnableIRQ(TMR0_IRQn);

    /* 启动定时器 0 开始计数 */
    TIMER_Start(TIMER0);

    printf("\n\n");
    printf(" + ------------------------------- + \n");
    printf("|            M451 FPU Sample Code            |\n");
#if __FPU_USED == 1
    printf("|                                 USE FPU|\r\n");
#else
    printf("|                               NOT USE FPU|\r\n");
#endif
    printf(" + ------------------------------- + \n");
```

```
      for(i = 0; i < 1000; i ++ )
      {
              for(j = 0; j < TEST_LENGTH_SAMPLES; j ++ )
              {
                      fsum + = testInput_f32_10khz[j];
              }
      }

      printf("fsum = % f\r\n",fsum);
      printf("time = % dms\r\n",g_unTimer0EventCount);

      while(1);
}



/* ------------------------------------------------- */
/*                    中断服务函数                      */
/* ------------------------------------------------- */
VOID TMR0_IRQHandler(VOID)
{
        /* 检查定时器 0 中断标志位是否置位 */
        if(TIMER_GetIntFlag(TIMER0) == 1)
        {
                /* 清除定时器 0 中断标志位 */
                TIMER_ClearIntFlag(TIMER0);

                g_unTimer0EventCount ++ ;
        }
}
```

(2) main 函数分析如下。

① 调用一系列函数用于初始化定时器 0,主要用于计算浮点数数组花费的时间。

② 通过对__FPU_USED 宏定义进行判断当前 M451 是否使用内部 FPU,并通过 printf 函数进行串口输出打印。

③ 对 testInput_f32_10khz 浮点数数组进行不断地累加求和。

④ 将计算结果 fsum 与所花费的时间 g_unTimer0EventCount 进行输出打印。

(3) TMR0_IRQHandler 中断函数分析如下。

① 调用 TIMER_GetIntFlag 函数检测定时器 0 是否产生超时中断。

② 若当前中断为定时器 0 超时中断,则调用 TIMER_ClearIntFlag 函数清除定时器 0 中断标志位。

③ 变量 g_unTimer0EventCount 进行自加 1,每次自加代表每次所花费的时间

为 1 ms。

3. 下载验证

通过 NuLink 仿真下载器将程序下载到 SmartM-M451 迷你板后，进入单片机多功能调试助手中的串口调试界面，当不使用浮点运算单元时，计算出结果值所花的时间为 3 461 ms，如图 25.3.1 所示；当使用浮点运算单元时，计算出结果值所花的时间为 671 ms，如图 25.3.2 所示。因此可以得出结果，开启浮点运算单元时计算浮点运算速度要快好几倍。

图 25.3.1 不使用浮点运算单元

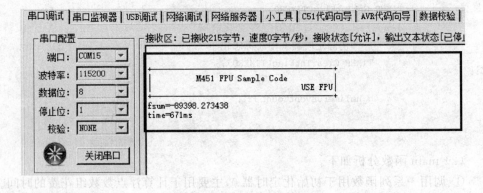

图 25.3.2 使用浮点运算单元

第 **26** 章

DSP

26.1 概　述

数字信号处理(Digital Signal Processing,DSP)就是用数值计算的方式对信号进行加工的理论和技术。数字信号处理的目的是对真实世界的连续模拟信号进行测量或滤波。因此,在进行数字信号处理之前需要将信号从模拟域转换到数字域,这通常通过模/数转换器实现。而数字信号处理的输出经常也要变换到模拟域,这是通过数/模转换器实现的。

26.2 功能描述

M451 采用 ARM Cortex-M4 内核,相比 ARM Cortex-M0/M3 系列,除了内置硬件 FPU 单元外,在数字信号处理方面还增加了 DSP 指令集,支持诸如单周期乘加指令(MAC)、优化的单指令多数据指令(SIMD)、饱和算数等多种数字信号处理指令集。相比 ARM Cortex-M0/M3,ARM Cortex-M4 在数字信号处理能力方面得到了大大的提升。ARM Cortex-M4 在执行所有的 DSP 指令集时都可以在单周期内完成,而 ARM Cortex-M0/M3 需要多个指令和多个周期才能完成同样的功能。

接下来看看 ARM Cortex-M4 的两个 DSP 指令:MAC 指令(单周期乘加)和 SIMD 指令。单周期乘加(MAC)单元包括新的指令集,能够在单周期内完成一个 $32 \times 32 + 64 \rightarrow 64$ 的操作(32 位数后乘以 32 位数加上 64 位数值,结果为 64 位数值)或两个 16×16 (两个 16 位数值的乘法)的操作,其计算能力如表 26.2.1 所列。

表 26.2.1　乘法与乘加指令

计　算	指　令	周　期
$16 \times 16 = 32$	SMULBB,SMULBT,SMULTB,SMULTT	1
$16 \times 16 + 32 = 32$	SMLABB,SMLABT,SMLATB,SMLATT	1
$16 \times 16 + 64 = 64$	SMLALBB,SMLALBT,SMLALTB,SMLALTT	1
$16 \times 32 = 32$	SMULWB,SMULWT	1

续表 26.2.1

计　算	指　令	周　期
$(16\times32) + 32=32$	SMLAWB,SMLAWT	1
$(16\times16)\pm(16\times16)=32$	SMUAD,SMUADX,SMUSD,SMUSDX	1
$(16\times16)\pm(16\times16) + 32=32$	SMLAD,SMLADX,SMLSD,SMLSDX	1
$(16\times16)\pm(16\times16) + 64=64$	SMALALD,SMLALDX,SMLSLD,SMLSLDX	1
$32\times32=32$	MUL	1
$32\pm(32\times32)=32$	MLA,MLS	1
$32\times32=64$	SMULL,UMULL	1
$(32\times32) + 64=64$	SMLAL,UMLAL	1
$(32\times32) + 32 + 32=64$	UMAAL	1

　　ARM Cortex-M4 支持 SIMD 指令集,这在 ARM Cortex-M3/M0 系列是不可用的。表 26.2.1 中的指令有的属于 SIMD 指令。与硬件乘法器(MAC)一起工作,使所有这些指令都能在单个周期内执行。受益于 SIMD 指令的支持,ARM Cortex-M4 处理器能在单周期内完成高达 $32\times32+64\rightarrow64$(32 位数乘以 32 位数后加上 64 位数值,结果为 64 位数值)的运算,为其他任务释放处理器的带宽,而不是被乘法和加法消耗运算资源。

　　比如一个比较复杂的运算,两个 16 位数的乘法加上一个 32 位数,如图 26.2.1 所示,即:SUM=SUM+(A×C)+(B×D),在 M451 上面可以被编译成由一条单周期指令完成。

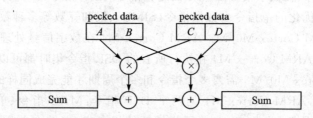

图 26.2.1　两个 16 位数的乘法加上一个 32 位数

　　上面简单介绍了 ARM Cortex-M4 的 DSP 指令,接下来介绍 M451 的 DSP 库,安装在 C:\Program Files \Keil\ARM\CMSIS\DSP_Lib 目录中,如图 26.2.2 所示。DSP_Lib 源码包的 Source 文件夹是所有 DSP 库的源码,Examples 文件夹是相对应的一些测试实例,这些测试实例都是带 main 函数的,也就是拿到工程中可以直接使用。下面将逐一讲解 Source 源码文件夹下面的子文件夹包含的 DSP 库的功能。

　　(1) BasicMathFunctions:基本数学函数,提供浮点数的各种基本运算函数,如向量加、减、乘、除等运算。

　　(2) CommonTables:arm_common_tables.c 文件提供位翻转或相关参数表。

（3）ComplexMathFunctions：复杂数学功能，如向量处理、求模运算。

（4）ControllerFunctions：控制功能函数，包括正弦余弦、PID 电机控制、矢量 Clarke 变换、矢量 Clarke 逆变换等。

（5）FastMathFunctions：快速数学功能函数，提供了一种快速的近似正弦、余弦和平方根等相比 CMSIS 计算库要快的数学函数。

（6）FilteringFunctions：滤波函数功能，主要为 FIR 和 LMS（最小均方根）等滤波函数。

（7）MatrixFunctions：矩阵处理函数，包括矩阵加法、矩阵初始化、矩阵反、矩阵乘法、矩阵规模、矩阵减法、矩阵转置等函数。

（8）StatisticsFunctions：统计功能函数，例如：求平均值、最大值、最小值，计算均方根 RMS、计算方差/标准差，等等。

（9）SupportFunctions：支持功能函数，如数据复制，Q 格式和浮点格式相互转换，Q 任意格式相互转换。

（10）TransformFunctions：变换功能，包括复数 FFT(CFFT)/复数 FFT 逆运算(CIFFT)、实数 FFT(RFFT)/实数 FFT 逆运算(RIFFT)、DCT（离散余弦变换）和配套的初始化函数。

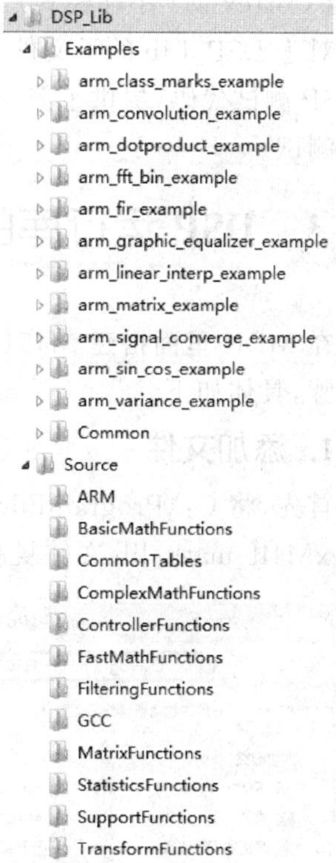

图 26.2.2　DSP_Lib 目录结构

所有这些 DSP 库代码合在一起是比较多的，因此，ARM 公司为用户提供了 .lib 格式的文件，以方便使用。这些 .lib 文件就是由 Source 文件夹下的源码编译生成的，如果用户想看某个函数的源码，可以在 Source 文件夹下面查找。.lib 格式的文件有：

- arm_cortexM0b_math. lib　（Cortex-M0 大端模式）
- arm_cortexM0l_math. lib　（Cortex-M0 小端模式）
- arm_cortexM3b_math. lib　（Cortex-M3 大端模式）
- arm_cortexM3l_math. lib　（Cortex-M3 小端模式）
- arm_cortexM4b_math. lib　（Cortex-M4 大端模式）
- arm_cortexM4bf_math. lib　（Cortex-M4 小端模式）
- arm_cortexM4l_math. lib　（浮点 Cortex-M4 大端模式）
- arm_cortexM4lf_math. lib　（浮点 Cortex-M4 小端模式）

我们得根据所用 MCU 内核类型以及端模式来选择符合要求的 .lib 文件，本章所用的 M451 属于 Cortex-M4F 内核，小端模式，应选择 arm_cortexM4lf_math. lib

（浮点 Cortex-M4 小端模式）。

对于 DSP_Lib 的子文件夹 Examples 下面存放的文件，是新唐官方提供了的一些 DSP 测试代码，提供了简短的测试程序，以方便上手，有兴趣的读者可以根据需要自行测试。

26.3　DSP 运行库的搭建

在 MDK 里面搭建 M451 的 DSP 运行环境（使用.lib 方式）是很简单的，分为 2 个步骤，具体如下。

1. 添加文件

首先，将 C:\ProgramFiles(x86)\Keil\ARM\CMSIS\Lib\ARM 路径下的 arm_cortexM4lf_math.lib 文件复制到工程目录下，如图 26.3.1 和图 26.3.2 所示。

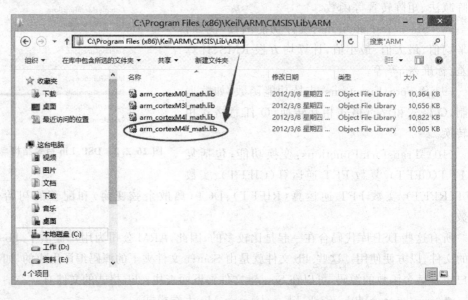

图 26.3.1　arm_cortexM4lf_math.lib 文件的系统目录

然后，打开工程，将 arm_cortexM4lf_math.lib 文件添加到工程里面，如图 26.3.3 所示。

2. 设置宏定义

为了使用 DSP 库的所有功能，我们还需要添加几个全局宏定义：

- __FPU_USED
- __FPU_PRESENT
- ARM_MATH_CM4
- __CC_ARM

名称	修改日期	类型	大小
lst	2015/6/16 星期...	文件夹	
output	2015/6/16 星期...	文件夹	
arm_cortexM4lf_math.lib	2014/12/26 星期...	Object File Library	10,908 KB
arm_fft_bin_data.c	2014/12/26 星期...	C 文件	42 KB
main.c	2015/6/17 星期...	C 文件	4 KB
Nu_Link_Driver.ini	2015/2/17 星期...	配置设置	6 KB
SmartM_M4.h	2014/12/7 星期...	C/C++ Header	1 KB
SmartMPorject.uvgui.Administrator	2015/6/17 星期...	ADMINISTRATO...	67 KB
SmartMPorject.uvgui.Stephen.Wen	2015/2/17 星期...	WEN 文件	67 KB
SmartMPorject.uvgui_Administrator.b...	2015/6/16 星期...	BAK 文件	69 KB
SmartMPorject.uvopt	2015/6/17 星期...	UVOPT 文件	10 KB
SmartMPorject.uvproj	2015/2/17 星期...	μVision4 Project	17 KB
SmartMPorject_FFT.dep	2015/6/17 星期...	DEP 文件	17 KB
SmartMPorject_uvopt.bak	2015/6/16 星期...	BAK 文件	10 KB

图 26.3.2　arm_cortexM4lf_math.lib 文件的工程目录

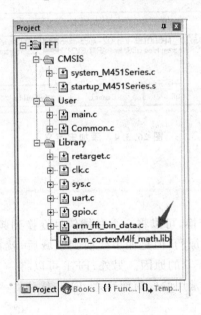

图 26.3.3　添加 arm_cortexM4lf_math.lib 文件到工程

● ARM_MATH_MATRIX_CHECK
● ARM_MATH_ROUNDING

添加方法:单击 ≪图标,然后切换到【C/C++】选项卡,在 Define 文本框中添加上述宏定义,添加宏定义的时候要注意不同宏定义之间要添加“,”(英文的逗号),将不同的宏定义隔开,详细添加的宏定义如下:

ARM_MATH_CM4＝1，__FPU_PRESENT＝1，__FPU_USED，__CC_ARM，
ARM_MATH_MATRIX_CHECK，ARM_MATH_ROUNDING

详细如图 26.3.4 所示。

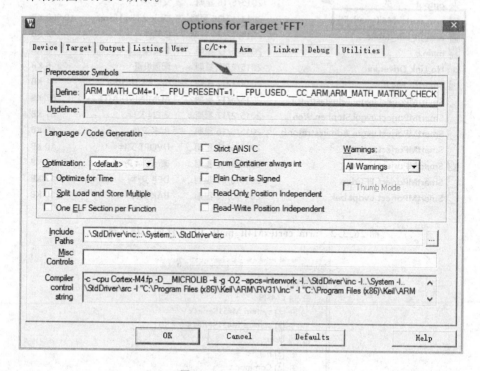

图 26.3.4 添加宏定义

26.4 FFT 介绍

FFT 即快速傅里叶变换，可以将一个时域信号变换到频域。因为有些信号在时域上是很难看出有什么特征的，但是如果变换到频域后，就很容易看出其特征了，这就是很多信号分析采用 FFT 的原因。另外，FFT 可以将一个信号的频谱提取出来，这在频谱分析方面也是经常用的。简而言之，FFT 就是将一个信号从时域变换到频域以方便我们分析处理。

在实际应用中，一般的处理过程是先对一个信号在时域进行采集，比如我们通过 ADC，按照一定大小采样频率 F 去采集信号，采集 N 个点，那么通过对这 N 个点进行 FFT 运算，就可以得到这个信号的频谱特性。这里还涉及一个采样定理的概念：在进行模拟/数字信号的转换过程中，当采样频率 F 大于信号中最高频率 f_{max} 的 2 倍时（$F > 2 \times f_{max}$），采样之后的数字信号完整地保留了原始信号中的信息，采样定理又称奈奎斯特定理。举个简单的例子：比如正常人发声，频率范围一般在 8 kHz 以内，如果要通过采样之后的数据来恢复声音，那么采样频率必须为 8 kHz 的 2 倍以上，也

就是必须大于 16 kHz 才行。

　　模拟信号经过 ADC 采样之后,就变成了数字信号采样得到的数字信号,就可以做 FFT 了。N 个采样点数据在经过 FFT 之后,就可以得到 N 个点的 FFT 结果。为了方便进行 FFT 运算,通常 N 取 2 的整数次方。

　　假设采样频率为 F,对一个信号采样,采样点数为 N,那么 FFT 之后的结果就是一个 N 点的复数,每一个点就对应着一个频率点(以基波频率为单位递增),这个点的模值(sqrt(实部 2＋虚部 2))就是该频点频率值下的幅度特性。具体跟原始信号的幅度有什么关系呢? 假设原始信号的峰值为 A,那么 FFT 结果的每个点(除了第一个点直流分量之外)的模值就是 A 的 $N/2$ 倍,而第一个点就是直流分量,它的模值就是直流分量的 N 倍。

　　这里还有个基波频率,也称为频率分辨率,就是如果按照 F 的采样频率去采集一个信号,一共采集 N 个点,那么基波频率(频率分辨率)就是 $f_k = F/N$。这样,第 n 个点对应信号的频率为:$F \times (n-1)/N$;其中,$n \geq 1$,当 $n=1$ 时为直流分量。

　　如果我们要自己实现 FFT 算法,对于不懂数字信号处理的朋友来说,是比较难的。不过,新唐公司提供的 DSP 库里面就有 FFT 函数可以调用,因此我们只需要知道如何使用这些函数,就可以迅速地完成 FFT 计算,而不需要自己学习数字信号处理去编写代码了,大大方便了我们的开发。

　　M451 的 DSP 库里提供了定点和浮点 FFT 实现方式,并且有基 4 的也有基 2 的,大家可以根据需要自由选择实现方式。注意:对于基 4 的 FFT 输入点数必须是 4^n,而基 2 的 FFT 输入点数则必须是 2^n,并且基 4 的 FFT 算法要比基 2 的快。

　　本章我们将采用 DSP 库里面的基 4 浮点 FFT 算法来实现 FFT 变换,并计算每个点的模值。

26.5　实　验

傅里叶变换

　　【实验要求】基于 SmartM-M451 系列开发板:使用 M451 的 DSP 库中的基 4 浮点 FFT 算法实现 FFT 变换。

1. 硬件设计

　　参考"14.2.1　串口收发数据"一节中的硬件设计。

2. 软件设计

　　代码位置:\SmartM-M451\迷你板\入门代码\【FPU】【DSP_FFT(快速傅里叶变换)】

　　(1)重点库函数如表 26.5.1 所列。

表 26.5.1　重点库函数

序 号	函数分析
1	void CLK_EnableModuleClock(uint32_t u32ModuleIdx) 位置：clk.c 功能：使能当前硬件对应的时钟模块 参数： u32ModuleIdx：使能当前哪个时钟模块。若使能定时器 0，填入参数为 TMR0_MODULE；若使能 　　　　串口 0，填入参数为 UART0_MODULE，更多的参数值参考 clk.c
2	arm_status arm_cfft_radix4_init_f32(arm_cfft_radix4_instance_f32 * S,uint16_t fftLen, uint8_t ifftFlag,uint8_t bitReverseFlag) 位置：arm_math.h 功能：用于初始化 FFT 运算相关参数 参数： S：指向 arm_cfft_radix4_instance_f32 结构体 fftLen：用于指定 FFT 长度(16/64/256/1 024/4 096) fftFlag：用于指定是傅里叶变换(0)还是反傅里叶变换(1) bitReverseFlag：用于设置是否按位取反
3	void arm_cfft_radix4_f32(const arm_cfft_radix4_instance_f32 * S,float32_t * pSrc) 位置：arm_math.h 功能：执行基 4 浮点 FFT 运算 参数： S：指向 arm_cfft_radix4_instance_f32 结构体 pSrc：传入采集到的输入信号数据(实部＋虚部形式)，同时 FFT 变换后的数据也按顺序存放在 pSrc 里面，pSrc 必须大于等于 2 倍的 fftLen 长度。另外，S 结构体指针参数是先由 arm_cfft_ra- dix4_init_f32 函数设置好，然后传入该函数的
4	void arm_cmplx_mag_f32(float32_t * pSrc,float32_t * pDst,uint32_t numSamples) 位置：arm_math.h 功能：用于计算复数模值，可以对 FFT 变换后的结果数据执行取模操作 参数： pSrc：为复数输入数组(大小为 2×numSamples)指针，指向 FFT 变换后的结果 pDst：为输出数组(大小为 numSamples)指针，存储取模后的值 numSamples：总共有多少个数据需要取模

续表 26.5.1

序　号	函数分析
5	void arm_max_f32(float32_t * pSrc,uint32_t blockSize,float32_t * pResult,uint32_t * pIndex) 位置:arm_math. h 功能:求最大值的浮点矢量 参数: pSrc:传入采集到的输入信号数据 blockSize:输入信号数据的长度 pResult:保存最大值 pIndex:保存最大值的索引

（2）完整代码如下。

程序清单 26.5.1　完整代码

```
# include "SmartM_M4.h"

# define TEST_LENGTH_SAMPLES 2048

extern float32_t testInput_f32_10khz[TEST_LENGTH_SAMPLES];
static float32_t testOutput[TEST_LENGTH_SAMPLES / 2];

uint32_t fftSize = 1024;
uint32_t ifftFlag = 0;
uint32_t doBitReverse = 1;

uint32_t refIndex = 213, testIndex = 0;
/* ------------------------------------------------------------ */
/*                      变量区                              */
/* ------------------------------------------------------------ */




/* ------------------------------------------------------------ */
/*                      函数区                              */
/* ------------------------------------------------------------ */



/* ***************************************** */
* 函数名称:main
* 输　　入:无
```

```
*  输      出:无
*  功      能:函数主体
****************************************/
INT32 main(VOID)
{
    arm_cfft_radix4_instance_f32 S;

    float32_t maxValue;

    PROTECT_REG
    (
        /*  系统时钟初始化  */
        SYS_Init(PLL_CLOCK);

        /*  串口 0 初始化  */
        UART0_Init(115200);

    )

    printf("\n\n");
    printf(" + ---------------------------------------------- + \n");
    printf("|            M451 DSP FFT Sample Code              |\n");
    printf(" + ---------------------------------------------- + \n");

    /*  初始化 FFT 运算相关参数  */
    arm_cfft_radix4_init_f32(&S, fftSize, ifftFlag, doBitReverse);

    /*  执行基 4 浮点 FFT 运算  */
    arm_cfft_radix4_f32(&S, testInput_f32_10khz);

    /*  用于计算复数模值,可以对 FFT 变换后的结果数据执行取模操作  */
    arm_cmplx_mag_f32(testInput_f32_10khz, testOutput, fftSize);

    /*  求最大值的浮点矢量  */
    arm_max_f32(testOutput, fftSize, &maxValue, &testIndex);

    if(testIndex ! =   refIndex)
    {
        printf("ERROR: FFT calculation result fail! \n");
    }
    else
    {
        printf("FFT calculation test ok! \n");
    }

    while(1);
}
```

3. 下载验证

通过 NuLink 仿真下载器将程序下载到 SmartM-M451 迷你板后，进入单片机多功能调试助手中的串口调试界面，执行 FFT 计算的结果与 refIndex 的值一样，即计算 FFT 正确，如图 26.5.1 所示。

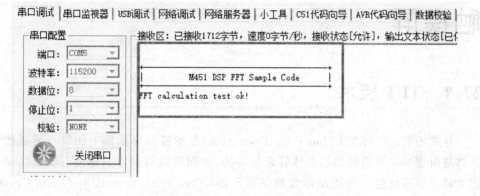

图 26.5.1　FFT 计算完成

第 **27** 章

触摸屏

27.1 TFT 技术

薄膜场效应晶体管（Thin Film Transistor）是指液晶显示器上的每一液晶像素点都是由集成在其后的薄膜晶体管来驱动的，从而可以做到以高速度、高亮度、高对比度显示屏幕信息。薄膜晶体管液晶显示器（Thin Film Transistor Liquid Crystal Display，TFT-LCD）是有源矩阵类型液晶显示器（AM-LCD）中的一种。和 TN 技术不同的是，TFT 的显示采用"背透式"照射方式——假想的光源路径不是像 TN 液晶那样从上至下，而是从下向上。这样的做法是在液晶的背部设置特殊光管，光源照射时通过下偏光板向上透出。由于上下夹层的电极改成 FET 电极和共通电极，故在 FET 电极导通时，液晶分子的表现也会发生改变，可以通过遮光和透光来达到显示的目的，响应时间大大提高到 80 ms 左右。因其具有比 TN-LCD 更高的对比度和更丰富的色彩，荧屏更新频率也更快，故 TFT 俗称"真彩"。

相对于 DSTN 而言，TFT-LCD 的主要特点是为每个像素配置一个半导体开关器件。因为每个像素都可以通过点脉冲直接控制，所以每个节点都相对独立，并可以进行连续控制。这样的设计方法不仅提高了显示屏的反应速度，同时也可以精确控制显示灰度，这就是 TFT 色彩较 DSTN 更为逼真的原因。

目前绝大部分笔记本电脑厂商的产品都采用 TFT-LCD。早期的 TFT-LCD 主要用于笔记本电脑的制造。尽管当时 TFT 相对于 DSTN 具有极大的优势，但是由于技术原因，TFT-LCD 在响应时间、亮度及可视角度上与传统的 CRT 显示器还有很大的差距，加上极低的成品率导致其高昂的价格，使得桌面型的 TFT-LCD 成为遥不可及之物。

不过，随着技术的不断发展，良品率不断提高，加上一些新技术的出现，使得TFT-LCD 在响应时间、对比度、亮度、可视角度方面有了很大的进步，减小了与传统CRT 显示器的差距。

如今，大多数主流 LCD 显示器的响应时间都减小到 50 ms 以下，这些都为 LCD走向主流铺平了道路，LCD 的应用市场应该说是潜力巨大。但就液晶面板生产能力而言，全世界的 LCD 生产主要集中在中国台湾、韩国和日本。

TFT 是如何工作的

TFT 工作的基本原理很简单:显示屏由许多可以发出任意颜色的光线的像素组成,只要控制各个像素显示相应的颜色就能达到目的。在 TFT-LCD 中一般采用背光技术,为了能精确地控制每一个像素的颜色和亮度,就需要在每一个像素之后安装一个类似百叶窗的开关,当"百叶窗"打开时光线可以透过来,而"百叶窗"关上后光线就无法透过来。当然,实际上实现起来就不像刚才说的那么简单了。一般液晶有 3 种形态:类似黏土的层列(Smectic)液晶、类似细火柴棒的丝状(Nematic)液晶、类似胆固醇状的(Cholestic)液晶。

液晶显示器使用的是丝状的液晶,当外界环境变化时,它的分子结构也会变化,从而具有不同的物理特性,就能够达到让光线通过或者阻挡光线的目的,也就是刚才比方的百叶窗。大家知道三原色,所以构成显示屏上的每个像素都需要上面介绍的 3 个类似的基本组件来构成,分别控制红、绿、蓝 3 种颜色。

TFT 像素架构如图 27.1.1 所示,彩色滤光镜依据颜色分为红、绿、蓝 3 种,依次排列在玻璃基板上组成一组点距(Dot Pitch)对应一个像素,每一个单色滤光镜称为子像素(Sub-pixel)。也就是说,如果一个 TFT 显示器最大支持 1 280×1 024 分辨率,那么至少需要 1 280×3×1 024 个子像素和晶体管。对于一个 15 英寸的 TFT 显示器(1 024×768)来说,一个像素大约是 0.48 mm;对于 18.1 英寸的 TFT 显示器而言(1 280×1 024),大约为 0.28 mm。

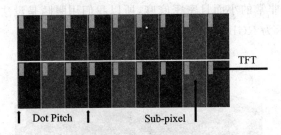

图 27.1.1 TFT 像素架构

大家知道,像素对于显示器来说是有决定意义的,每个像素越小,显示器可能达到的最大分辨率就会越大。不过,由于晶体管物理特性的限制,目前 TFT 每个像素的大小基本就是 0.297 mm,所以对于 15 英寸的显示器来说,分辨率最大只有 1 280×1 024。

27.2 TFT 中的 RGB

RGB 色彩模式是工业界的一种颜色标准,通过对红(Red)、绿(Green)、蓝(Blue) 3 个颜色通道的变化以及它们相互之间的叠加来得到各式各样的颜色。RGB 即是代表红、绿、蓝 3 个通道的颜色,这个标准几乎包括了人类视力所能感知的所有颜色,是目前运用最广的颜色系统之一。

目前的显示器大都采用了 RGB 颜色标准,在显示器上,是通过电子枪打在屏幕的红、绿、蓝三色发光极上来产生色彩的。目前的计算机一般都能显示 32 位颜色,有一百万种以上的颜色。

计算机屏幕上的所有颜色,都由红、绿、蓝 3 种色光按照不同的比例混合而成,一组红色、绿色、蓝色就是一个最小的显示单位。屏幕上的任何一个颜色都可以由这样一组值来记录和表达,因此红色、绿色、蓝色又称为三原色光。在计算机中,RGB 的所谓"多少"就是指亮度,并且使用整数来表示。通常情况下,R、G、B 各有 256 级亮度,用数字表示为 0,1,2,…,255。按照计算,256 级的 RGB 色彩总共能组合出约 1 678 万种色彩,即 $256 \times 256 \times 256 = 16\ 777\ 216$,通常也被简称为 1 600 万色或千万色,也称为 24 位色(2^{24})。

在 LED 领域利用三合一点阵全彩技术,即在一个发光单元里由 RGB 三色晶片组成全彩像素。随着这一技术的不断成熟,LED 显示技术会给人们带来更加丰富真实的色彩感受。

印刷技术中的 RGB 色彩空间主要是指加色法中的三度色彩空间,通过使用不同强度的三原色——红、绿、蓝色的光线组合成不同的色彩。比如说,平时我们利用扫描仪从印刷品上扫描图像,原理就是扫描仪阅读了图像上面的红、绿、蓝三色的光亮度,然后把这些量度转换成数据,当显示器收到这些数据的时候就可以按照程序设定转换成指定的红、绿、蓝三原色,其实它们当中是有很多不同颜色的小色块的,由于这些色块的像素非常非常的小而且密密麻麻,所以我们用眼睛是没法分辨出来的。

图 27.2.1 所示为 RGB 模型。

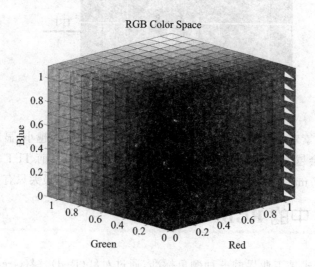

图 27.2.1　RGB 模型

27.2.1 RGB 原理

RGB 是由颜色发光的原理来设计的。通俗地说,它的颜色混合方式就好像有红、绿、蓝 3 盏灯,当它们的光相互叠合的时候,色彩相混,而亮度等于两者亮度的总和,越混合亮度越高,即加法混合。加法混合的特点是越叠加越明亮。有色光可被无色光冲淡并变亮。如蓝色光与白光相遇,结果是产生更加明亮的浅蓝色光。知道它的混合原理后,在软件中设定颜色就容易理解了。

红、绿、蓝 3 个颜色通道每种色各分为 255 阶亮度,在 0 时"灯"最弱,是关掉的,而在 255 时"灯"最亮。当三色数值相同时为无色彩的灰度色,而三色都为 255 时为最亮的白色,三色都为 0 时为黑色。

红、绿、蓝颜色又称为加成色,因为将红色、绿色和蓝色添加在一起(即所有光线反射回眼睛)可产生白色。加成色用于照明光、电视和计算机显示器。例如,显示器通过红色、绿色和蓝色荧光粉发射光线产生颜色。绝大多数可视光谱都可表示为红、绿、蓝三色光在不同比例和强度上的混合。这些颜色若发生重叠,则产生青、洋红和黄。

27.2.2 RGB 格式

对一种颜色进行编码的方法统称为"颜色空间"或"色域"。用最简单的话说,世界上任何一种颜色的"颜色空间"都可定义成一个固定的数字或变量。RGB 只是众多颜色空间的一种。采用这种编码方法,每种颜色都可用 3 个变量来表示——红色、绿色以及蓝色的强度。记录及显示彩色图像时,RGB 是最常见的一种方案,但是,它缺乏与早期黑白显示系统的良好兼容性。因此,许多电子电器厂商普遍采用的做法是,将 RGB 转换成 YUV 颜色空间,以维持兼容,再根据需要转换回 RGB 格式,以便在计算机显示器上显示彩色图形。

RGB1、RGB4、RGB8 都是调色板类型的 RGB 格式,在描述这些媒体类型的格式细节时,通常会在 BITMAPINFOHEADER 数据结构后面跟着一个调色板(定义一系列颜色)。它们的图像数据并不是真正的颜色值,而是当前像素颜色值在调色板中的索引。以 RGB1(2 色位图)为例,它的调色板中定义的两种颜色值依次为 0x00 0000(黑色)和 0xFF FFFF(白色),且每个像素用 1 位表示。

1. RGB555

RGB555 是一种 16 位的 RGB 格式,RGB 分量都用 5 位表示(剩下的 1 位不用)。使用一个字读出一个像素后,这个字各位的意义如下。

(1) 高字节→低字节:

X R R R R R G G G G G B B B B B(X 表示不用,可以忽略)

(2) 可以组合使用屏蔽字和移位操作来得到 RGB 各分量的值:

```
#define RGB555_MASK_RED 0x7C00
#define RGB555_MASK_GREEN 0x03E0
#define RGB555_MASK_BLUE 0x001F
R = (wPixel & RGB555_MASK_RED) >> 10;        //取值范围 0～31
G = (wPixel & RGB555_MASK_GREEN) >> 5;       //取值范围 0～31
B = wPixel & RGB555_MASK_BLUE;               //取值范围 0～31
```

2. RGB565

RGB565 使用 16 位表示一个像素，这 16 位中的 5 位用于 R，6 位用于 G，5 位用于 B。程序中通常使用一个字（WORD，一个字等于两个字节）来操作一个像素。当读出一个像素后，这个字各位的意义如下。

（1）高字节→低字节：

```
R R R R R G G G G G G B B B B B
```

（2）可以组合使用屏蔽字和移位操作来得到 RGB 各分量的值：

```
#define RGB565_MASK_RED 0xF800
#define RGB565_MASK_GREEN 0x07E0
#define RGB565_MASK_BLUE 0x001F
R = (wPixel & RGB565_MASK_RED) >> 11; //取值范围 0～31
G = (wPixel & RGB565_MASK_GREEN) >> 5; //取值范围 0～63
B = wPixel & RGB565_MASK_BLUE; //取值范围 0～31
#define RGB(r,g,b) (unsigned int)( (r|0x08 << 11) | (g|0x08 << 6) | b|0x08 )
#define RGB(r,g,b) (unsigned int)( (r|0x08 << 10) | (g|0x08 << 5) | b|0x08 )
```

该代码可以解决 24 位与 16 位相互转换的问题。

3. RGB24(RGB888)

RGB24 使用 24 位表示一个像素，RGB 分量都用 8 位表示，取值范围为 0～255。注意：在内存中 RGB 各分量的排列顺序为 BGR、BGR、BGR。通常可以使用 RGB-TRIPLE 数据结构来操作一个像素，它的定义为：

```
typedef struct tagRGBTRIPLE {
BYTE rgbtBlue;           //蓝色分量
BYTE rgbtGreen;          //绿色分量
BYTE rgbtRed;            //红色分量
} RGBTRIPLE;
```

4. RGB32(RGB8888)

RGB32 使用 32 位表示一个像素，RGB 分量各用去 8 位，剩下的 8 位用作 Alpha 通道或者不用（ARGB32 就是带 Alpha 通道的 RGB24）。注意，在内存中 RGB 各分量的排列顺序为 BGRA、BGRA、BGRA……通常可以使用 RGBQUAD 数据结构来

操作一个像素,它的定义为:

```
typedef struct tagRGBQUAD {
BYTE rgbBlue;        //蓝色分量
BYTE rgbGreen;       //绿色分量
BYTE rgbRed;         //红色分量
BYTE rgbReserved;    //保留字节(用作 Alpha 通道或忽略)
} RGBQUAD;
```

5. 常用颜色

常用颜色如表 27.2.1 所列。

表 27.2.1　常用颜色

常用颜色	R	G	B
黑　色	0	0	0
蓝　色	0	0	255
绿　色	0	255	0
青　色	0	255	255
红　色	255	0	0
洋红色	255	0	255
黄　色	255	255	0
白　色	255	255	255

363

27.3　触摸屏

触摸屏是一种定位设备,通过热感应传递信息,用户可以直接用手向计算机输入坐标信息,它和鼠标、键盘一样,是一种输入设备。

1. 基本概念

所谓触摸屏,从市场概念来讲,就是一种人人都会使用的计算机输入设备,或者说是人人都会使用的与计算机沟通的设备。不用学习,人人都会使用,是触摸屏最大的魔力,这一点无论是键盘还是鼠标,都无法与其相比。人人都会使用,也就标志着计算机应用普及时代的真正到来。从技术原理角度来讲,触摸屏是一套透明的绝对定位系统,首先,它必须保证是透明的,因此它必须通过材料科技来解决透明问题,像数字化仪、写字板、电梯开关,它们都不是触摸屏;其次,它是绝对坐标,手指摸哪就是哪,不需要第二个动作,不像鼠标,是相对定位的一套系统,我们可以注意到,触摸屏软件都不需要光标,有光标反倒影响用户的注意力,因为光标是给相对定位的设备用的,相对定位的设备要移动到一个地方首先要知道现在在何处,往哪个方向去,每时每刻还需要不停地给用户反馈当前的位置才不至于出现偏差,这些对采取绝对坐标定位的触摸屏来说都不需要;最后,就是能检测手指的触摸动作并判断手指位置,各类触摸屏技术就是围绕"检测手指触摸"而八仙过海各显神通的。

图 27.3.1 所示为 iPhone 手机触摸屏。

2. 发展历程

随着多媒体信息查询设备的与日俱增,人们越来越多地应用到触摸屏,因为触摸屏具有坚固耐用、反应速度快、节省空间、易于交流等许多优点。利用这种技术,用户只要用手指轻轻地碰计算机显示屏上的图符或文字就能实现对主机的操作,从而使人机交互更为便捷,这种技术大大方便了那些不懂计算机操作的用户。

图 27.3.1　iPhone 手机
触摸屏

触摸屏在我国的应用范围非常广,主要是公共信息的查询,例如:电信局、税务局、银行、电力等部门的业务查询,城市街头的信息查询。此外,触摸屏还应用于领导办公、工业控制、军事指挥、电子游戏、点歌点菜、多媒体教学、房地产预售等方面。将来,触摸屏还要走入家庭。随着计算机作为信息来源的与日俱增,触摸屏凭借其诸多优点使得系统设计师们越来越多地感到其具有相当大的优越性。触摸屏出现在中国市场上至今只有短短的几年时间,这个新的多媒体设备还没有为许多人接触和了解,包括一些正打算使用触摸屏的系统设计师,还都把触摸屏当作可有可无的设备,从发达国家触摸屏的普及历程和我国多媒体信息业正处在的阶段来看,这种观念还具有一定的普遍性。事实上,触摸屏是一个使多媒体信息或控制改头换面的设备,它赋予多媒体系统以崭新的面貌,是极富吸引力的全新多媒体交互设备。发达国家的系统设计师们和我国率先使用触摸屏的系统设计师们已经清楚地知道,触摸屏对于各种应用领域的计算机已经不再是可有可无的东西,而是必不可少的设备。它极大地简化了计算机的使用,即使是对计算机一无所知的人,也照样能够信手拈来,展现出计算机巨大的魅力,解决了公共信息市场上曾经无法解决的问题。

3. 主要特性

1) 触摸屏的第一个特性

透明,它直接影响到触摸屏的视觉效果。透明有透明的程度问题,红外线技术触摸屏和表面声波触摸屏只隔了一层纯玻璃,透明可算佼佼者,对于其他触摸屏来说,这点就要好好推敲一番了。"透明",在触摸屏行业里,只是个非常泛泛的概念,很多触摸屏是多层复合薄膜,仅用透明一点来概括它的视觉效果是不够的,它应该至少包括 4 个特性:透明度、色彩失真度、反光性和清晰度。在此基础上还能再分,比如反光程度包括镜面反光程度和衍射反光程度,只不过触摸屏表面衍射反光还没达到像 CD 光盘的程度,对用户而言,这 4 个度量基本够用了。

由于透光性与波长曲线图的存在,通过触摸屏看到的图像不可避免地与原图像会产生色彩失真,静态的图像感觉还只是色彩的失真,动态的多媒体图像感觉就不是很舒服了,色彩失真度也就是图中的最大色彩失真度,自然是越小越好。平常所说的透明度也只能是图中的平均透明度,当然是越高越好。

反光性,主要是指由于镜面反射造成图像上重叠的光影,如人影、窗户、灯光等。反光是触摸屏带来的负面效果,越小越好,它影响用户的浏览速度,严重时甚至无法辨认图像字符。反光性强的触摸屏使用的环境受到限制,现场的灯光布置也被迫需要调整。大多数存在反光问题的触摸屏都提供另外一种经过表面处理的型号:磨砂面触摸屏,也叫防眩型,价格略高一些。防眩型反光性明显下降,适用于采光非常充足的大厅或展览场所,不过,防眩型的透光性和清晰度也随之有较大幅度的下降。清晰度,有些触摸屏加装之后,字迹模糊,图像细节模糊,整个屏幕显得模模糊糊,看不太清楚,这就是清晰度太差。清晰度的问题主要存在于多层薄膜结构的触摸屏,是由于薄膜层之间的光反复地反射、折射而造成的,此外防眩型触摸屏由于表面磨砂也造成清晰度下降。清晰度不好,眼睛容易疲劳,对眼睛也有一定伤害,选购触摸屏时要注意判别。

2）触摸屏的第二个特性

触摸屏是绝对坐标系统,要选哪就直接点哪,与鼠标这类相对定位系统的本质区别是一次到位的直观性。绝对坐标系的特点是:每一次定位坐标与上一次定位坐标没有关系,触摸屏在物理上是一套独立的坐标定位系统,每次触摸的数据通过校准数据转为屏幕上的坐标,这样,就要求触摸屏这套坐标不管在什么情况下,同一点的输出数据都是稳定的,如果不稳定,那么这触摸屏就不能保证绝对坐标定位,点不准,这就是触摸屏最怕的问题——漂移。从技术原理上来说,凡是不能保证同一点触摸每一次采样数据相同的触摸屏都避免不了漂移问题,目前有漂移现象的只有电容触摸屏。

3）触摸屏的第三个特性

关于检测触摸并定位,各种触摸屏技术都是依靠各自的传感器来工作的,甚至有的触摸屏本身就是一套传感器。各自的定位原理和各自所用的传感器决定了触摸屏的反应速度、可靠性、稳定性和寿命。

4. 主要类型

从技术原理来区别触摸屏可分为 5 个基本种类:矢量压力传感技术触摸屏、红外线技术触摸屏、电容技术触摸屏、电阻技术触摸屏、表面声波技术触摸屏。其中:矢量压力传感技术触摸屏已退出历史舞台;红外线技术触摸屏价格低廉,但其外框易碎,容易产生光干扰,曲面情况下失真;电容技术触摸屏设计构思合理,但其图像失真问题很难得到根本解决;电阻技术触摸屏的定位准确,但其价格颇高,且怕刮易损;表面声波触摸屏弥补了以往触摸屏的各种缺陷,清晰且不易被损坏,适于各种场合,缺点是屏幕表面如果有水滴和尘土会使触摸屏变得迟钝,甚至不工作。

按照触摸屏的工作原理和传输信息的介质可把触摸屏分为 4 种,分别为电阻式、电容感应式、红外线式以及表面声波式。每一类触摸屏都有其各自的优缺点,要了解哪种触摸屏适用于哪种场合,关键就在于要懂得每一类触摸屏技术的工作原理和特点。

27.3.1　电阻式触摸屏

电阻式触摸屏利用压力感应进行控制。电阻式触摸屏的主要部分是一块与显示器表面非常配合的电阻薄膜屏,这是一种多层的复合薄膜,它以一层玻璃或硬塑料平板作为基层,表面涂有一层透明氧化金属(透明的导电电阻)导电层,上面再盖有一层外表面硬化处理、光滑防擦的塑料层,它的内表面也涂有一层涂层,在它们之间有许多细小的(小于 0.025 4 mm)透明隔离点把两层导电层隔开绝缘。当手指触摸屏幕时,两层导电层在触摸点位置就有了接触,电阻发生变化,在 x 和 y 两个方向上产生信号,然后送触摸屏控制器;控制器侦测到这一接触并计算出 (x,y) 的位置,再根据模拟鼠标的方式运作,这就是电阻技术触摸屏的最基本的原理。所以,电阻触摸屏可用较硬物体操作。电阻类触摸屏的关键在于材料科技,常用的透明导电涂层材料有:ITO、氧化铟、弱导电体,特性是当厚度降到 1 800 Å($Å=10^{-10}$ m)以下时会突然变得透明,透光率为 80%,再薄下去透光率反而下降,厚度到 300Å 时又上升到 80%。ITO 是所有电阻技术触摸屏及电容技术触摸屏都用到的主要材料,实际上电阻和电容技术触摸屏的工作面就是 ITO 涂层。

五线电阻触摸屏的外层导电层使用的是延展性好的镍金涂层材料,因为外导电层会被频繁触摸,所以使用延展性好的镍金材料目的是为了延长使用寿命,但是工艺成本较为高昂。镍金导电层虽然延展性好,但是只能作透明导体,不适合作为电阻触摸屏的工作面,因为它导电率高,而且金属不易做到厚度非常均匀,所以不宜作电压分布层,只能作为探层。

1. 四线电阻触摸屏

四线电阻模拟量技术的两层透明金属层工作时每层均增加 5 V 恒定电压:一个竖直方向,一个水平方向。其总共需 4 根电缆,特点为:高解析度,高速传输反应;表面硬度处理以减少擦伤、刮伤,防化学处理;具有光面及雾面处理;一次校正,稳定性高,永不漂移。

2. 五线电阻触摸屏

五线电阻触摸屏的基层把两个方向的电压场通过精密电阻网络都加在玻璃的导电工作面上,我们可以简单地理解为两个方向的电压场分时工作加在同一工作面上,而外层镍金导电层仅用来当作纯导体。有触摸后,利用分时检测内层 ITO 接触点 x 轴和 y 轴电压值的方法测得触摸点的位置。五线电阻触摸屏内层 ITO 需 4 条引线,外层只作导体仅一条引线,触摸屏的引出线共有 5 条。五线电阻触摸屏实物如图 27.3.2 所示。

优点:解析度高,高速传输反应;表面硬度高以减少擦伤、刮伤,防化学处理;同点接触3 000万次尚可使用;导电玻璃为基材的介质;一次校正,稳定性高,永不漂移。

缺点:价位高,对环境要求高。

图 27.3.2　五线电阻触摸屏

3. 电阻触摸屏的局限性

不管是四线电阻触摸屏还是五线电阻触摸屏,它们都是一种对外界完全隔离的工作环境,不怕灰尘和水汽,它可以用任何物体来触摸,可以用来写字、画画,比较适合工业控制领域及办公室内有限人的使用。电阻触摸屏共同的缺点是:因为复合薄膜的外层采用塑胶材料,不知道的人太用力或使用锐器触摸可能划伤整个触摸屏而导致其报废。不过,在限度之内,划伤只会伤及外导电层,外导电层的划伤对于五线电阻触摸屏来说没有关系,而对四线电阻触摸屏来说却是致命的。

4. 性能特点

- 都是一种对外界完全隔离的工作环境,不怕灰尘、水汽和油污。
- 可以用任何物体来触摸,可以用来写字、画画,这是它们比较大的优势。
- 电阻触摸屏的精度只取决于 A/D 转换的精度,因此都能轻松达到 4 096×4 096。相比较而言,五线电阻比四线电阻在保证分辨率精度上还要优越,但是成本代价大,因此售价非常高。

27.3.2　触摸控制 XPT2046

XPT2046 是一款 4 导线制触摸屏控制器,内含 12 位分辨率、125 kHz 转换速率逐步逼近型 A/D 转换器。XPT2046 支持从 1.5 V 到 5.25 V 的低电压 I/O 接口。XPT2046 能通过执行两次 A/D 转换查出被按的屏幕位置,除此之外,还可以测量加在触摸屏上的压力。内部自带 2.5 V 参考电压,可以作为辅助输入、温度测量和电池监测模式之用,电池监测的电压范围为 0~6 V。XPT2046 片内集成有一个温度传感器。在 2.7 V 的典型工作状态下,关闭参考电压,功耗可小于 0.75 mW。XPT2046 采用微小的封装形式:TSSOP-16、QFN-16(厚度 0.75 mm)和 VFBGA-48。工作温度范围为 -40~+85 ℃。XPT2046 芯片实物图如图 27.3.3 所示。

1. 主要特性

- 具有 4 线制触摸屏接口。
- 具有触摸压力测量功能。
- 能直接测量电源电压(0~6 V)。
- 低功耗(260 mW)。

图 27.3.3 XPT2046 芯片

- 可单电源工作,工作电压范围为 2.2～5.25 V。
- 支持 1.5～5.25 V 电平的数字 I/O 口。
- 内部自带 2.5 V 参考电压。
- 具有 125 kHz 的转换速率。
- 采用 QSPI 和 SPI 三线制通信接口。
- 具有可编程的 8 位或 12 位的分辨率。
- 具有 1 路辅助模拟量输入。
- 能够自动掉电。
- 封装小,节约电路面积:TSSOP-16、QFN-16(厚度 0.75 mm)和 VFBGA-48 。
- 全兼容 TSC2046、ADS7843/7846 和 AK4182。

2. 基本应用

- 个人数字助理(PDA)、笔记本电脑等。
- 便携式仪器。
- 收款终端设备。
- 寻呼机。
- 触摸屏显示器。
- 便携式电话。
- 移动电话(手机等)。

3. 原理框图

芯片的原理框图如图 27.3.4 所示。

4. 封装与引脚

芯片引脚说明如表 27.3.1 所列,芯片的引脚与封装如图 27.3.5 所示。

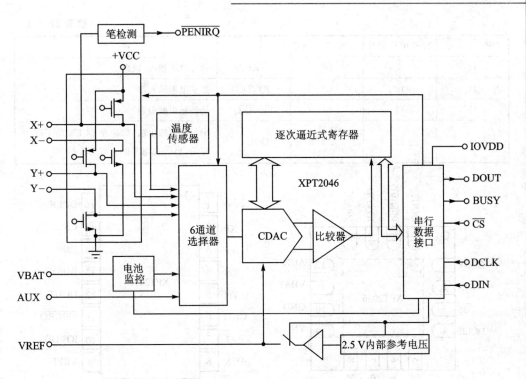

图 27.3.4　芯片的原理框图

表 27.3.1　芯片引脚说明

QFN 引脚号	TSSOP 引脚号	VFBGA 引脚号	名　称	说　明
1	13	A5	BUSY	忙时信号线，当 CS 为高电平时为高阻状态
2	14	A4	DIN	串行数据输入端；当 CS 为低电平时，数据在 DCLK 上升沿锁存进来
3	15	A3	CS	片选信号，控制转换时序和使能串行输入/输出寄存器，高电平时 ADC 掉电
4	16	A2	DCLK	外部时钟信号输入
5	1	B1 和 C1	VCC	电源输入端
6	2	D1	XP	XP 位置输入端
7	3	E1	YP	YP 位置输入端
8	4	G2	XN	XN 位置输入端
9	5	G3	YN	YN 位置输入端
10	6	G4 和 G5	GND	接地
11	7	G6	VBAT	电池监视输入端
12	8	E7	AUX	ADC 辅助输入端

续表 27.3.1

QFN 引脚号	TSSOP 引脚号	VFBGA 引脚号	名　称	说　明
13	9	D7	VREF	参考电压输入/输出
14	10	C7	IOVDD	数字电源输入端
15	11	B7	$\overline{\text{PENIRQ}}$	笔接触中断引脚
16	12	A6	DOUT	串行数据输出端，数据在 DCLK 的下降沿移出，当$\overline{\text{CS}}$高电平时为高阻状态

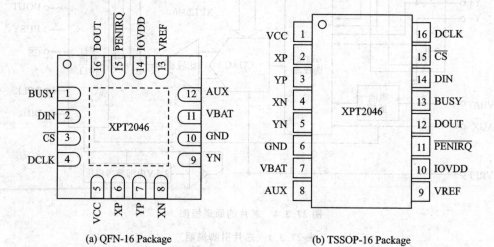

(a) QFN-16 Package　　　　(b) TSSOP-16 Package

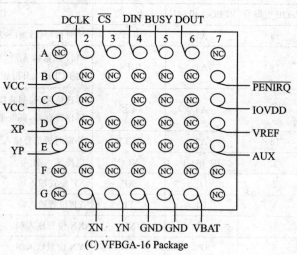

(C) VFBGA-16 Package

图 27.3.5　芯片引脚与封装

5. 操作时序

获取坐标值时序如图 27.3.6 所示。

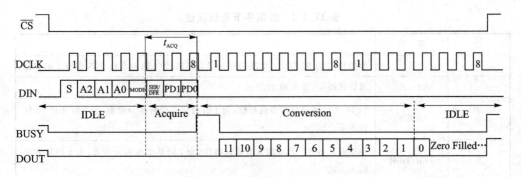

图 27.3.6 获取坐标值时序

前 8 个时钟用来通过 DIN 引脚输入控制字节。当转换器获取有关下一次转换的足够信息后,接着根据获得的信息设置输入多路选择器和参考源输入,并进入采样模式,如果需要,将启动触摸面板驱动器。3 个时钟周期后,控制字节设置完成,转换器进入转换状态。这时,输入采样保持器进入保持状态,触摸面板驱动器停止工作(单端工作模式)。接着的 12 个时钟周期将完成真正的模/数转换。如果是度量比率转换方式(SER/DFR=0),驱动器在转换过程中将一直工作。第 13 个时钟将输出转换结果的最后一位。剩下的 3 个时钟周期将用来完成被转换器忽略的最后字节(DOUT 置低)。

控制字节由 DIN 引脚输入的控制字决定(见表 27.3.2),它用来启动转换、寻址、设置 ADC 分辨率、配置以及对 XPT2046 进行掉电控制。

起始位:第一位,即 S 位。控制字的首位必须是 1,即 S=1。在 XPT2046 的 DIN 引脚检测到起始位前,所有的输入将被忽略。

地址:3 位(A2、A1 和 A0)选择多路选择器的现行通道,触摸屏驱动和参考源输入。

MODE:模式选择位,用于设置 ADC 的分辨率。MODE=0 时,下一次的转换将是 12 位模式;MODE=1 时,下一次的转换将是 8 位模式。

SER/DFR:位控制参考源模式,选择单端模式(SER/DFR=1)或者差分模式(SER/DFR=0)。在 x 坐标、y 坐标和触摸压力测量中,为达到最佳性能,首选差分工作模式。参考电压来自开关驱动器的电压。在单端模式下,转换器的参考电压固定为 V_{REF},相对于 GND 引脚的电压。

PD0 和 PD1:表 27.3.3 给出了掉电和内部参考电压配置的关系。ADC 的内部参考电压可以单独关闭或者打开,但是在转换前,需要额外的时间让内部参考电压稳定到最终稳定值;如果内部参考源处于掉电状态,还要确保有足够的唤醒时间。ADC 要求是即时使用,无唤醒时间。另外还得注意,当 BUSY 是高电平的时候,内部参考源禁止进入掉电模式。XPT2046 的通道改变后,如果要关闭参考源,则要重新对 XPT2046 写入命令。

表 27.3.2　控制字节各位描述

位	名　称	功能描述
7	S	起始位,为1时表示一个新的控制字节到来,为0时则忽略 PIN 引脚上的数据
6~4	A2~A0	通道选择位,参见表 27.3.4
3	MODE	12 位/8 位转换分辨率选择位,为 1 时选择 8 位转换分辨率,为 0 时选择 12 位分辨率
2	SER/DFR	单端输入方式/差分输入方式选择位,为 1 时是单端输入方式,为 0 时是差分输入方式
1~0	PD1~PD0	低功率模式选择位,若为 11,器件总处于供电状态;若为 00,器件在变换之间处于低功率模式

表 27.3.3　掉电和内部参考电压选择

PD1	PD0	PENIRQ	功能说明
0	0	使能	在两次 A/D 转换之间掉电,下次转换一开始,芯片立即进入完全上电状态,而无须额外的延时。在这种模式下,y 一直处于 ON 状态
0	1	禁止	参考电压关闭,ADC 打开
1	0	使能	参考电压打开,ADC 关闭
1	1	禁止	芯片处于上电状态,参考电压和 ADC 总是打开的

表 27.3.4　差分模式输入配置

A2	A1	A0	+REF	−REF	YN	XP	YP	y 位置	x 位置	Z1 位置	Z2 位置	驱　动
0	0	1	YP	YN	—	+IN	—	测量	—	—	—	YP,YN
0	1	1	YP	XN	—	+IN	—	—	测量	—	—	YP,XN
1	0	0	YP	XN	+IN	—	—	—	—	测量	—	YP,XN
1	0	1	XP	XN	—	—	+IN	—	测量	—	—	XP,XN

　　结合表 27.3.2~表 27.3.4,测量 y 坐标的命令为 0x90,即使用差分模式进行测量 y 坐标,测量状态为低功率状态;测量 x 坐标的命令为 0xD0,即使用差分模式进行测量 x 坐标,测量状态为低功率状态。因此,编写代码的时候必须注意发送命令的细节。

27.4　实　验

27.4.1　颜色显示

　　【实验要求】基于 SmartM-M451 系列开发板:TFT 屏每隔一段时间刷新不同的

颜色。

1. 硬件设计

参考"20.3 实验"中"读取 TFT 屏 ID"内容的硬件设计。

2. 软件设计

代码位置：\SmartM-M451\迷你板\入门代码\【TFT】【颜色显示】

（1）设置 TFT 的颜色深度，具体如下。

详细的 EBI 驱动 TFT 屏已经在"第 20 章　EBI"中详细介绍，读者可调到该章节进行阅读。

对 TFT 屏输入数据时是对 TFT_DB[15:0]输入的 16 位数据，最低 5 位代表蓝色，中间 6 位为绿色，最高 5 位为红色。数值越大，表示该颜色越深。有一点需要注意的是，设置 TRI 与 DFM 的值可用于设置显示颜色的深度，如 65 536 色与 262 144 色，但是实际上我们使用 65 536 色就够了，就如同我们以前用的 Windows XP 系统，桌面色深可以选择 16 位色或者 32 位色，16 位色深已经能够表现出我们看到的色彩，若使用 262 144 色，反而让 TFT 显示速度变慢，而且需要传输两次颜色数据，比 65 536 色费时。

观察图 27.4.1 可以发现，B0 与 B5 共用相同的蓝色值，R5 与 R0 共用相同的红色值。

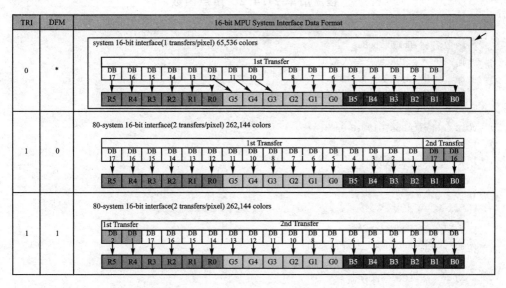

注：TRI 为 0 时，DFM 为任意值。

图 27.4.1　RGB565 对应引脚的数据

（2）24 色转 16 色，具体分析如下。

高彩色位图像即我们常说的 16 位图像，每个像素占用两个字节，相比于 24 位真彩色来说，在保持一定图像质量的前提下可以节省 1/3 的内存空间，在游戏编程中以及一些移动设备上常使用这种格式,一般 PC 上似乎很少涉及,因此这方面的资料也不是特别多。真彩色转换为高彩色是一个信息量降低的过程,如果使得整个信息量的损失降低到最少(特别是对人的眼睛来说),基本上不会有明显的差异。

RGB 常用颜色的格式为 RGB888,每一个字节对应独立的红色、绿色、蓝色(完整的三原色)。但是对于 TFT 屏来说,为了达到显示颜色与显示速度最好的体验,TFT 屏往往采用的是发送一次 16 位颜色的数据,那么平时常用到 RGB888 颜色就转换为 RGB565 颜色,转换函数如下。

程序清单 27.4.1　颜色转换函数

```
#define RGB888toRGB565(r,g,b)\
    ((UINT16)(((UINT16(r) << 8)&0xF800)|((UINT16(g) << 3)&0x7E0)|((UINT16(b) >> 3))))
```

$$红色 = RGB888toRGB565(0xFF,0x00,0x00) = 0xF800$$
$$绿色 = RGB888toRGB565(0x00,0xFF,0x00) = 0x07E0$$
$$蓝色 = RGB888toRGB565(0x00,0x00,0xFF) = 0x001F$$

显示颜色实验时将用到上述的值进行显示,以验证当前转换颜色的正确性。

(3) 重点函数代码如下。

程序清单 27.4.2　重点函数

```
/********************************************
* 函数名称:LcdWriteBus
* 输    入:usData - 写入数据
* 输    出:无
* 功    能:LCD 并行数据传输
********************************************/
VOID LcdWriteBus(UINT16 usData)
{
    /* 写并行数据 */
    EBIO_WRITE_DATA16(0,usData);
}
/********************************************
* 函数名称:LcdWriteCmd
* 输    入:usLcdCmd - 寄存器值
* 输    出:无
* 功    能:LCD 写寄存器
********************************************/
VOID LcdWriteCmd(UINT16 usLcdCmd)
{
    /* 当前为写寄存器值 */
    LCD_RS(0);
```

```
        /* 延时一会,让 RS 引脚低电平保持一段时间 */
        NOP();NOP();NOP();NOP();
        NOP();NOP();NOP();NOP();

        /* 写寄存器值 */
        LcdWriteBus(usLcdCmd);
}
/***********************************************
* 函数名称:LcdWriteData
* 输      入:usLcdData - 数据值
* 输      出:无
* 功      能:LCD 写数据
***********************************************/
VOID LcdWriteData(UINT16 usLcdData)
{
        /* 当前为写数据 */
        LCD_RS(1);

        /* 延时一会,让 RS 引脚高电平保持一段时间 */
        NOP();NOP();NOP();NOP();

        /* 写数据 */
        LcdWriteBus(usLcdData);
}
/***********************************************
* 函数名称:LcdWriteCmdData
* 输      入:usLcdCmd      -寄存器值
            usLcdData      -数据值
* 输      出:无
* 功      能:LCD 写命令与数据
***********************************************/
VOID LcdWriteCmdData(UINT16 usLcdCmd,UINT16 usLcdData)
{
        /* 写寄存器值 */
        LcdWriteCmd(usLcdCmd);

        /* 写数据 */
        LcdWriteData(usLcdData);
}
/***********************************************
* 函数名称:LcdAddressSet
* 输      入:x1 - 横坐标 1
            y1 - 纵坐标 1
            x2 - 横坐标 2
            y2 - 纵坐标 2
```

```
 * 输    出:无
 * 功    能:LCD 显示地址
 ********************************************/
VOID LcdAddressSet(UINT16 x1,UINT16 y1,UINT16 x2,UINT16 y2)
{
    UINT16 Lcd_x1 = x1,Lcd_y1 = y1,Lcd_x2 = x2,Lcd_y2 = y2;

    /*   检测屏幕是否翻转 180° */
    if(g_unLcdDirection == LCD_DIRECTION_180)
    {
          Lcd_x1 = LCD_WIDTH - x2 - 1;
          Lcd_x2 = LCD_WIDTH - x1 - 1;
          Lcd_y1 = LCD_HEIGHT - y2 - 1;
          Lcd_y2 = LCD_HEIGHT - y1 - 1;
    }

    /* 设置 X 坐标位置      */
    LcdWriteCmd(0x20);LcdWriteData(Lcd_x1);

    /* 设置 Y 坐标位置 */
    LcdWriteCmd(0x21);LcdWriteData(Lcd_y1);

    /* 起始 X 坐标 */
    LcdWriteCmd(0x50);LcdWriteData(Lcd_x1);

    /* 起始 Y 坐标     */
    LcdWriteCmd(0x52);LcdWriteData(Lcd_y1);

    /* 结束 X 坐标 */
    LcdWriteCmd(0x51);LcdWriteData(Lcd_x2);

    /* 结束 Y 坐标 */
    LcdWriteCmd(0x53);LcdWriteData(Lcd_y2);

    /* 即将更新数据到 GRAM 中 */
    LcdWriteCmd(0x22);
}
/******************************************
 * 函数名称:LcdCleanScreen
 * 输    入:usColor - 颜色
 * 输    出:无
 * 功    能:LCD 清屏
 ********************************************/
VOID LcdCleanScreen(UINT16 usColor)
{
```

```
    UINT32 i,j;

    /* 设置显示区域 */
    LcdAddressSet(0,0,LCD_WIDTH - 1,LCD_HEIGHT - 1);

    /* 连续地写入数据 */
    for(i = 0;i<LCD_HEIGHT;i ++ )
    {
        for (j = 0;j<LCD_WIDTH;j ++ )
        {
                LcdWriteData(usColor);
        }
    }
}


/************************************************
* 函数名称:LcdInit
* 输      入:unFontPos          - 字符存储位置
             unLcdDirection    - 显示方向
* 输      出:无
* 功      能:LCD 初始化
************************************************/
VOID LcdInit(UINT32 unFontPos,UINT32 unLcdDirection)
{
    g_unFontPos = unFontPos;

    g_unLcdDirection = unLcdDirection;

    PROTECT_REG
    (
        CLK_EnableModuleClock(EBI_MODULE);
    )


    /* 设置 PA0~PA7 引脚功能为 EBI 中的 AD0~AD7 */
    SYS ->GPA_MFPL & = ~(SYS_GPA_MFPL_PA0MFP_Msk|SYS_GPA_MFPL_PA1MFP_Msk|SYS_GPA_MF-
PL_PA2MFP_Msk|
                        SYS_GPA_MFPL_PA3MFP_Msk|SYS_GPA_MFPL_PA4MFP_Msk|SYS_GPA_MFPL
                        _PA5MFP_Msk|
                                SYS_GPA_MFPL_PA6MFP_Msk|SYS_GPA_MFPL_PA7MFP_Msk);

    SYS ->GPA_MFPL | =      SYS_GPA_MFPL_PA0MFP_EBI_AD0 | SYS_GPA_MFPL_PA1MFP_EBI_
AD1 |
                        SYS_GPA_MFPL_PA2MFP_EBI_AD2 | SYS_GPA_MFPL_PA3MFP_EBI_AD3 |
                        SYS_GPA_MFPL_PA4MFP_EBI_AD4 | SYS_GPA_MFPL_PA5MFP_EBI_AD5 |
                        SYS_GPA_MFPL_PA6MFP_EBI_AD6 | SYS_GPA_MFPL_PA7MFP_EBI_AD7;
```

ARM Cortex-M4 微控制器原理与实践

```
/* 设置 PC0～PC7 引脚功能为 EBI 中的 AD8～AD15 */
SYS ->GPC_MFPL & = ~(SYS_GPC_MFPL_PC0MFP_Msk|SYS_GPC_MFPL_PC1MFP_Msk|SYS_GPC_MF-
PL_PC2MFP_Msk|
                    SYS_GPC_MFPL_PC3MFP_Msk|SYS_GPC_MFPL_PC4MFP_Msk|SYS_GPC_MFPL
                    _PC5MFP_Msk|
                        SYS_GPC_MFPL_PC6MFP_Msk|SYS_GPC_MFPL_PC7MFP_Msk);

SYS ->GPC_MFPL | =      SYS_GPC_MFPL_PC0MFP_EBI_AD8 | SYS_GPC_MFPL_PC1MFP_EBI_
AD9 |
                    SYS_GPC_MFPL_PC2MFP_EBI_AD10 | SYS_GPC_MFPL_PC3MFP_EBI_AD11 |
                    SYS_GPC_MFPL_PC4MFP_EBI_AD12 | SYS_GPC_MFPL_PC5MFP_EBI_AD13 |
                    SYS_GPC_MFPL_PC6MFP_EBI_AD14 | SYS_GPC_MFPL_PC7MFP_EBI_AD15;


/* 设置 PD2 引脚为 EBI 的 nWR,设置 PD7 引脚为 EBI 的 nRD  */
SYS ->GPD_MFPL& = ~(SYS_GPD_MFPL_PD2MFP_Msk|SYS_GPD_MFPL_PD7MFP_Msk);
SYS ->GPD_MFPL | = SYS_GPD_MFPL_PD2MFP_EBI_nWR | SYS_GPD_MFPL_PD7MFP_EBI_nRD;

/* PB2(LCD_RST)、PB3(LCD_RS) 输出模式 */
GPIO_SetMode(PB, BIT2|BIT3, GPIO_MODE_OUTPUT);

/* PE0(LCD_CS)、PE9(LCD_BL) 输出模式 */
GPIO_SetMode(PE, BIT0|BIT9, GPIO_MODE_OUTPUT);

/*  复位 LCD 屏 */
LCD_RST(0);
Delayms(100);
LCD_RST(1);
Delayms(100);


/*  片选使能 LCD 屏 */
LCD_CS(0);

/* 关闭背光灯 */
LCD_BL(1);

LCD_CS(0);
LCD_RS(1);
LCD_RST(0);
Delayms(100);
LCD_RST(1);
Delayms(100);

/* TFT屏初始化,由于篇幅限制,详细的寄存器配置请参考《ILI9325 数据手册》*/
```

```
LcdWriteCmdData(0x0001,0x0100); Delayms(1);
LcdWriteCmdData(0x0002,0x0700); Delayms(1);
LcdWriteCmdData(0x0003,0x1030); Delayms(1);
LcdWriteCmdData(0x0004,0x0000); Delayms(1);
LcdWriteCmdData(0x0008,0x0207); Delayms(1);
LcdWriteCmdData(0x0009,0x0000); Delayms(1);
LcdWriteCmdData(0x000A,0x0000); Delayms(1);
LcdWriteCmdData(0x000C,0x0000); Delayms(1);
LcdWriteCmdData(0x000D,0x0000); Delayms(1);
LcdWriteCmdData(0x000F,0x0000); Delayms(1);
LcdWriteCmdData(0x0010,0x0000); Delayms(1);
LcdWriteCmdData(0x0011,0x0007); Delayms(1);
LcdWriteCmdData(0x0012,0x0000); Delayms(1);
LcdWriteCmdData(0x0013,0x0000); Delayms(1);
LcdWriteCmdData(0x0010,0x1290); Delayms(1);
LcdWriteCmdData(0x0011,0x0227); Delayms(1);
LcdWriteCmdData(0x0012,0x001d); Delayms(1);
LcdWriteCmdData(0x0013,0x1500); Delayms(1);
LcdWriteCmdData(0x0029,0x0018); Delayms(1);
LcdWriteCmdData(0x002B,0x000D); Delayms(1);
LcdWriteCmdData(0x0030,0x0004); Delayms(1);
LcdWriteCmdData(0x0031,0x0307); Delayms(1);
LcdWriteCmdData(0x0032,0x0002); Delayms(1);
LcdWriteCmdData(0x0035,0x0206); Delayms(1);
LcdWriteCmdData(0x0036,0x0408); Delayms(1);
LcdWriteCmdData(0x0037,0x0507); Delayms(1);
LcdWriteCmdData(0x0038,0x0204); Delayms(1);
LcdWriteCmdData(0x0039,0x0707); Delayms(1);
LcdWriteCmdData(0x003C,0x0405); Delayms(1);
LcdWriteCmdData(0x003D,0x0F02); Delayms(1);
LcdWriteCmdData(0x0050,0x0000); Delayms(1);
LcdWriteCmdData(0x0051,0x00EF); Delayms(1);
LcdWriteCmdData(0x0052,0x0000); Delayms(1);
LcdWriteCmdData(0x0053,0x013F); Delayms(1);
LcdWriteCmdData(0x0060,0xA700); Delayms(1);
LcdWriteCmdData(0x0061,0x0001); Delayms(1);
LcdWriteCmdData(0x006A,0x0000); Delayms(1);
LcdWriteCmdData(0x0080,0x0000); Delayms(1);
LcdWriteCmdData(0x0081,0x0000); Delayms(1);
LcdWriteCmdData(0x0082,0x0000); Delayms(1);
LcdWriteCmdData(0x0083,0x0000); Delayms(1);
LcdWriteCmdData(0x0084,0x0000); Delayms(1);
LcdWriteCmdData(0x0085,0x0000); Delayms(1);
LcdWriteCmdData(0x0090,0x0010); Delayms(1);
LcdWriteCmdData(0x0092,0x0600); Delayms(1);
```

```
    LcdWriteCmdData(0x0093,0x0003); Delayms(1);
    LcdWriteCmdData(0x0095,0x0110); Delayms(1);
    LcdWriteCmdData(0x0097,0x0000); Delayms(1);
    LcdWriteCmdData(0x0098,0x0000); Delayms(1);
    LcdWriteCmdData(0x0007,0x0133); Delayms(1);
}
```

（4）完整代码如下。

程序清单 27.4.3　完整代码

```
#include "SmartM_M4.h"


/*********************************************
* 函数名称:main
* 输    入:无
* 输    出:无
* 功    能:函数主体
*********************************************/
int32_t main(void)
{
    PROTECT_REG
    (
        /* 系统时钟初始化 */
        SYS_Init(PLL_CLOCK);
    )

    /* LCD初始化 */
    LcdInit(LCD_FONT_IN_FLASH,LCD_DIRECTION_180);

    /* 打开LCD背光灯 */
    LCD_BL(0);

    while(1)
    {
        /* 刷屏为红色 */
        LcdCleanScreen(RED);
        Delayms(1000);

        /* 刷屏为绿色 */
        LcdCleanScreen(GREEN);
        Delayms(1000);
```

```
        /* 刷屏为蓝色 */
        LcdCleanScreen(BLUE);
        Delayms(1000);
    }
}
```

（5）代码分析如下。

① 调用 LcdCleanScreen 函数对屏幕进行清屏，每隔 1 s 设置屏幕颜色为红色、绿色、蓝色。

② 宏定义 RED 的值为 0xF800，GREEN 的值为 0x07E0，BLUE 的值为 0x01F。

3. 下载验证

通过 NuLink 仿真下载器将程序下载到 SmartM-M451 迷你板后，观察到 TFT 屏每隔 1 s 切换屏幕颜色，如图 27.4.2～图 27.4.4 所示。

图 27.4.2　屏幕为红色　　　　图 27.4.3　屏幕为绿色　　　　图 27.4.4　屏幕为蓝色

27.4.2　绘制图形

【实验要求】基于 SmartM-M451 系列开发板：在 TFT 屏绘制图形。

1. 硬件设计

参考"20.3 实验"中"读取 TFT 屏 ID"内容的硬件设计。

2. 软件设计

代码位置：\SmartM-M451\迷你板\入门代码\【TFT】【绘制图形】

（1）重点函数代码如下。

ARM Cortex-M4 微控制器原理与实践

程序清单 27.4.4　重点函数

```
/***********************************************
 * 函数名称:LcdDrawHLine
 * 输     入:x            -横坐标
             y            -纵坐标
             usLength     -长度
             usColor      -颜色
 * 输     出:无
 * 功     能:LCD 绘制水平线
 ***********************************************/
VOID LcdDrawHLine(UINT16 x,UINT16 y,UINT16 usLength,UINT16 usColor)
{
    UINT16 x_e = x + usLength;

    /* 判断 x 结束坐标是否越界 */
    if(x + usLength > = LCD_WIDTH - 1)
    {
        x_e = LCD_WIDTH - 1;
    }

    /* 设置显示区域 */
    LcdAddressSet(x,y,x_e,y);

    for(;x < = x_e;x ++ )
    {
        /* 显示颜色 */
        LcdWriteData(usColor);
    }
}
/***********************************************
 * 函数名称:LcdDrawVLine
 * 输     入:x            -横坐标
             y            -纵坐标
             usLength     -长度
             usColor      -颜色
 * 输     出:无
 * 功     能:LCD 绘制垂直线
 ***********************************************/
VOID LcdDrawVLine(UINT16 x,UINT16 y,UINT16 usLength,UINT16 usColor)
{
    UINT16 y_e = y + usLength;
```

```
    /* 判断 x 结束坐标是否越界 */
    if(x + usLength > = LCD_HEIGHT - 1)
    {
            y_e = LCD_HEIGHT - 1;
    }

    /* 设置显示区域 */
    LcdAddressSet(x,y,x,y_e);

    for(;y < = y_e;y++)
    {
        /* 显示颜色 */
        LcdWriteData(usColor);
    }
}
/*********************************************
* 函数名称:LcdFill
* 输    入:x_s    - 横坐标起始地址
           y_s    - 纵坐标起始地址
           x_e    - 横坐标结束地址
           y_e    - 纵坐标结束地址
           usColor - 颜色
* 输    出:无
* 功    能:LCD 颜色填充
*********************************************/
VOID LcdFill(UINT16 x_s,UINT16 y_s,UINT16 x_e,UINT16 y_e,UINT16 usColor)
{
    UINT32 i,j;

    /* 设置显示区域 */
    LcdAddressSet(x_s,y_s,x_e,y_e);

    for(i = y_s;i < = y_e;i++)
    {
        for(j = x_s;j < = x_e;j++)
        {
            /* 显示颜色 */
            LcdWriteData(usColor);
        }
    }
}
```

```
/********************************************
* 函数名称:LcdDrawRectangle
* 输    入:x1              - 横坐标 1
          y1              - 纵坐标 1
          x2              - 横坐标 2
          y2              - 纵坐标 2
          usColor         - 描点颜色
* 输    出:无
* 功    能:LCD 绘制矩形
********************************************/
VOID LcdDrawRectangle(UINT16 x1, UINT16 y1, UINT16 x2, UINT16 y2,UINT16 usColor)
{

    LcdDrawHLine(x1,y1,x2 - x1,usColor);
    LcdDrawHLine(x1,y2,x2 - x1,usColor);

    LcdDrawVLine(x1,y1,y2 - y1,usColor);
    LcdDrawVLine(x2,y1,y2 - y1,usColor);

}
```

　　重点函数编写都有一定的规律,先调用 LcdAddressSet 函数设置显示的区域,接着调用 LcdWriteData 函数写入显示的颜色。

　　(2) 完整代码如下。

程序清单 27.4.5　完整代码

```
# include "SmartM_M4.h"


/********************************************
* 函数名称:main
* 输    入:无
* 输    出:无
* 功    能:函数主体
********************************************/
int32_t main(void)
{

    PROTECT_REG
    (
        /* 系统时钟初始化 */
        SYS_Init(PLL_CLOCK);
    )


    /* LCD 初始化 */
```

```
LcdInit(LCD_FONT_IN_FLASH,LCD_DIRECTION_180);

/* 打开 LCD 背光灯 */
LCD_BL(0);

while(1)
{
    /* 刷屏为黑色 */
    LcdCleanScreen(BLACK);

    /* 显示矩形 */
    LcdDrawRectangle(10,10,100,100,RED);

    /* 延时 1 s */
    Delayms(1000);

    /* 刷屏为黑色 */
    LcdCleanScreen(BLACK);

    /* 显示水平线 */
    LcdDrawHLine(10,200,100,GBLUE);

    /* 延时 1 秒 */
    Delayms(1000);

    /* 刷屏为黑色 */
    LcdCleanScreen(BLACK);

    /* 显示绘制垂直线 */
    LcdDrawVLine(200,80,100,GBLUE);

    /* 延时 1 s */
    Delayms(1000);

    /* 填充矩形 */
    LcdFill(100,150,220,300,YELLOW);

    /* 延时 1 s */
    Delayms(1000);
}
}
```

（3）代码分析如下。

① 调用 LcdDrawRectangle 函数在起始坐标（10，10）绘制长度为 100、宽度为 100 的矩形。

② 调用 LcdDrawHLine 函数在起始坐标（10，200）绘制长度为 100 的水平线。

③ 调用 LcdDrawVLine 函数在起始坐标（200，80）绘制长度为 100 的垂直线。

④ 调用 LcdFill 函数在起始坐标（100，150）、结束坐标（220，300）填充矩形。

3. 下载验证

通过 NuLink 仿真下载器将程序下载到 SmartM-M451 迷你板后，观察到 TFT 屏每隔 1 s 循环显示不同的图形，如图 27.4.5～图 27.4.8。

图 27.4.5　显示红色矩形

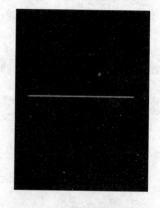

图 27.4.6　显示青色水平线

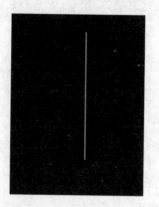

图 27.4.7　显示青色垂直线

图 27.4.8　显示黄色填充矩形

27.4.3　坐标校准

【实验要求】SmartM-M451 系列开发板：通过 4 次单击触摸屏不同位置以获取校准参数。

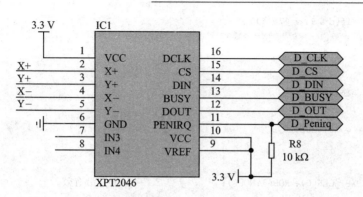

图 27.4.9　XPT2046

1. 硬件设计

（1）参考"17.3.1　读 ID"一节中的硬件设计。

（2）参考"27.4.1　颜色显示"一节中的硬件设计。

2. 软件设计

代码位置:\SmartM-M451\迷你板\进阶代码\【TFT】【TOUCH】【坐标校准】

1）XPT2046 底层数据读写

XPT2046 是一款 4 导线制触摸屏控制器,内含 12 位分辨率、125 kHz 转换速率的逐步逼近型 A/D 转换器,涉及控制引脚为 $\overline{CS}$、DCLK、DOUT、DIN。通过数据手册可以知道,发送控制命令时只需要发送 8 位,但接收数据时为 12 位,因为 A/D 转换器的分辨率为 12 位,所以输出的 AD 值为 12 位,发送和接收函数大有不同,详见代码如下。

程序清单 27.4.6　XPT2046 发送单字节数据

```
/*****************************************
* 函数名称:XPTSpiSend
* 输    入:d     -数据
* 输    出:无
* 功    能:XPT2046 发送单字节数据
*****************************************/
VOID XPTSpiSend(UINT8 d)
{
    UINT8 i;

    XPT_CLK(0);

    for(i = 0; i < 8; i++)
    {
```

ARM Cortex-M4 微控制器原理与实践

388

```
    if(d & 1 << (7 - i))
    {
        XPT MOSI(1);
    }
    else
    {
        XPT_MOSI(0);
    }

    XPT_CLK(0); NOP();NOP();                    //上升沿有效
    XPT_CLK(1); NOP();NOP();
    }

}
```

程序清单 27.4.7　XPT2046 返回 12 位数据

```
/************************************************
* 函数名称:XPTSpiRead
* 输    入:无
* 输    出:12 位数据
* 功    能:XPT2046 返回 12 位数据
************************************************/
UINT32 XPTSpiRead(VOID)
{
    UINT8 i;

    UINT32 d = 0;

    for(i = 0; i < 12; i ++)
    {
        XPT_CLK(1); NOP();NOP();                //下降沿有效
        XPT_CLK(0); NOP();NOP();

        if(XPT_MISO())
        {
            d| = 1 << (11 - i);
        }
    }

    return(d);
}
```

2) 如何获取精确的物理坐标值

首先这里要着重介绍 Read_ADS2 函数,该函数专用于读取触摸 IC 输出的物理坐标值(范围:0～4 095),代码如下。

程序清单 27.4.8 Read_ADS2 函数

```
/********************************************
* 函数名称:Read_ADS2
* 输   入:x  -横坐标数据缓冲区
          y  -纵坐标数据缓冲区
* 输   出:0  -失败
          1  -成功
* 功    能:两次读取 XPT2046,连续读取 2 次有效的 AD 值,且这两次的偏差不能超过 50,满
           足条件,则认为读数正确,否则读数错误。该函数能大大提高准确度
********************************************/
#define ERROR_RANGE 50 //误差范围
UINT8 Read_ADS2(UINT32 * x,UINT32 * y)
{
    UINT32 x1,y1;
    UINT32 x2,y2;
    UINT8 flag;

    flag = Read_ADS(&x1,&y1);
    if(flag = = 0)return 0;

    flag = Read_ADS(&x2,&y2);
    if(flag = = 0)return 0;

    if(((x2 < = x1&&x1 < x2 + ERROR_RANGE)||(x1 < = x2&&x2 < x1 + ERROR_RANGE))
          &&((y2 < = y1&&y1 < y2 + ERROR_RANGE)||(y1 < = y2&&y2 < y1 + ERROR_RANGE)))
    {
        * x = (x1 + x2) >> 1;
        * y = (y1 + y2) >> 1;

        return 1;
    }

    return 0;
}
```

　　Read_ADS2 函数采用了一个非常好的办法来读取屏幕坐标值,就是连续读两次,两次读取的值的差不能超过一个特定的值(ERR_RANGE),通过这种方式,这样可以大大地提高触摸屏的精确度。另外,该函数调用的 Read_ADS 函数用于单次读取坐标值。Read_ADS 也采用了一些软件滤波算法,该函数源码如下。

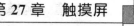

ARM Cortex-M4 微控制器原理与实践

程序清单 27.4.9　Read_ADS 函数

```
/*********************************
* 函数名称:Read_ADS
* 输    入:x  - 横坐标数据缓冲区
           y  - 纵坐标数据缓冲区
* 输    出:0  - 失败
           1  - 成功
* 功    能:带滤波的坐标读取,最小值不能小于100
*********************************/
UINT8 Read_ADS(UINT32 * x,UINT32 * y)
{
    UINT32 xtemp,ytemp;
    xtemp = ADS_Read_XY(CMD_RDX);
    ytemp = ADS_Read_XY(CMD_RDY);

    if(xtemp < 100||ytemp < 100)
    {
        return 0;                //读数失败
    }

    * x = xtemp;
    * y = ytemp;

    return 1;                    //读数成功
}
```

3) 执行校准操作

XPTTouchAdjust 函数是此部分最核心的代码,不过由于技术原理的原因,并不能保证同一点触摸时每一次采样数据都相同,不能保证绝对坐标定位,点不准,这就是触摸屏最怕出现的问题——漂移。对于性能质量好的触摸屏来说,出现漂移的情况并不是很严重。所以很多应用触摸屏的系统启动后,进入应用程序前,先要执行校准程序。

通常应用程序中使用的 LCD 坐标是以像素为单位的。比如说:左上角的坐标是一组非 0 的数值,比如(20,20),而右下角的坐标为(220,300)。这些点的坐标都是以像素为单位的,而从触摸屏中读出的是点的物理坐标,其坐标轴的方向、XY 值的比例因子、偏移量都与 LCD 坐标不同,所以,需要在程序中把物理坐标首先转换为像素坐标,以达到坐标转换的目的。

校正思路:在了解了校正原理之后,我们可以得出下面的一个从物理坐标到像素坐标的转换关系式:

```
LCDx = |Px - chx| * 1000/vx;
LCDy = |Py - chy| * 1000/vy;
```

其中：(LCDx,LCDy)是在 LCD 上的像素坐标；(Px,Py)是从触摸屏读到的物理坐标；vx,vy 分别是 X 轴方向和 Y 轴方向的比例因子，而 chx 和 chy 则是这两个方向的偏移量。这样只要事先在屏幕上面显示 4 个点(这 4 个点的坐标是已知的)，分别按这 4 个点就可以从触摸屏读到 4 个物理坐标，这样就可以通过待定系数法求出 vx、vy、chx、chy 这 4 个参数。保存好这 4 个参数，在以后的使用中把所有得到的物理坐标都按照这个关系式来计算，得到的就是准确的屏幕坐标，这样就达到了触摸屏校准的目的。具体代码如下。

程序清单 27.4.10　　XPTTouchAdjust 函数

```
/*******************************************
* 函数名称:XPTTouchAdjust
* 输    入:无
* 输    出:无
* 功    能:触摸校准函数
*******************************************/
#define tp_pianyi 50                        //校准坐标偏移量
#define tp_xiaozhun 1000                    //校准精度
VOID XPTTouchAdjust(VOID)
{
    FP32    vx1,vx2,vy1,vy2;                //比例因子,此值除以 1 000 之后表示
                                            //多少个 AD 值代表一个像素点
    UINT32 chx1,chx2,chy1,chy2;            //默认像素点坐标为 0 时的 AD 起始值
    PIX    StPixTbl[4];
    UINT32 unLcdDirectionBak;
    UINT32 unCount = 0;
    UINT8   buf[64] = {0};
    unCount = 0;

    unLcdDirectionBak = LcdGetDirection();

    LcdSetDirection(LCD_DIRECTION_180);

    LcdCleanScreen(WHITE);                  //清屏

    LcdDrawBigPoint(tp_pianyi,tp_pianyi,BLUE);//画点 1

    while(1)
    {
        if(XPT_IRQ_PIN() == 0)              //按键按下了
        {
            if(Read_TP_Once())             //得到单次单击值
```

```
    {
        StPixTbl[unCount].x = g_StTouchPix.x;
        StPixTbl[unCount].y = g_StTouchPix.y;
        unCount ++ ;
    }

    switch(unCount)
    {
    case 1:
        LcdCleanScreen(WHITE);          //清屏
        while(! XPT_IRQ_PIN());          //等待松手

        LcdDrawBigPoint(LCD_WIDTH - tp_pianyi - 1,tp_pianyi,BLUE);//画点 2
        break;
    case 2:
        LcdCleanScreen(WHITE);          //清屏
        while(! XPT_IRQ_PIN());          //等待松手

        LcdDrawBigPoint(tp_pianyi,LCD_HEIGHT - tp_pianyi - 1,BLUE);//画点 3
        break;
    case 3:
        LcdCleanScreen(WHITE);          //清屏
        while(! XPT_IRQ_PIN());          //等待松手


        LcdDrawBigPoint(LCD_WIDTH - tp_pianyi - 1,LCD_HEIGHT - tp_pianyi - 1,BLUE);
                                                          //画点 4
        break;
    case 4:
        LcdCleanScreen(WHITE);          //清屏
        while(! XPT_IRQ_PIN());          //等待松手

        /*  4 个点已全部得到  */
        if(StPixTbl[1].x > StPixTbl[0].x)
        {
            vx1 = (StPixTbl[1].x - StPixTbl[0].x + 1) * 1000/(LCD_WIDTH - tp_
            pianyi - tp_pianyi);
            chx1 = StPixTbl[0].x - (vx1 * tp_pianyi)/1000;
        }
        else
        {
            vx1 = (StPixTbl[0].x - StPixTbl[1].x - 1) * 1000/(LCD_WIDTH - tp_
```

```
          pianyi - tp_pianyi);
          chx1 = StPixTbl[0].x + (vx1 * tp_pianyi)/1000;
}


if(StPixTbl[2].y > StPixTbl[0].y)
{
    vy1 = (StPixTbl[2].y - StPixTbl[0].y - 1) * 1000/(LCD_HEIGHT - tp_
    pianyi - tp_pianyi);
    chy1 = StPixTbl[0].y - (vy1 * tp_pianyi)/1000;
}
else
{
    vy1 = (StPixTbl[0].y - StPixTbl[2].y - 1) * 1000/(LCD_HEIGHT - tp_
    pianyi - tp_pianyi);
    chy1 = StPixTbl[0].y + (vy1 * tp_pianyi)/1000;
}


if(StPixTbl[3].x > StPixTbl[2].x)
{
    vx2 = (StPixTbl[3].x - StPixTbl[2].x + 1) * 1000/(LCD_WIDTH - tp_
    pianyi - tp_pianyi);
    chx2 = StPixTbl[2].x - (vx2 * tp_pianyi)/1000;
}
else
{
    vx2 = (StPixTbl[2].x - StPixTbl[3].x - 1) * 1000/(LCD_HEIGHT - tp
    _pianyi - tp_pianyi);
    chx2 = StPixTbl[2].x + (vx2 * tp_pianyi)/1000;
}


if(StPixTbl[3].y > StPixTbl[1].y)
{
    vy2 = (StPixTbl[3].y - StPixTbl[1].y - 1) * 1000/(LCD_HEIGHT - tp_
    pianyi - tp_pianyi);
    chy2 = StPixTbl[1].y - (vy2 * tp_pianyi)/1000;
}
else
{
    vy2 = (StPixTbl[1].y - StPixTbl[3].y - 1) * 1000/(LCD_HEIGHT - tp_
    pianyi - tp_pianyi);
```

ARM Cortex-M4微控制器原理与实践

```
                    chy2 = StPixTbl[1].y + (vy2 * tp_pianyi)/1000;
    }



    if((vx1 > vx2&&vx1 > vx2 + tp_xiaozhun)||(vx1 < vx2&&vx1 < vx2 - tp_
    xiaozhun)||
            (vy1 > vy2&&vy1 > vy2 + tp_xiaozhun)||(vy1 < vy2&&vy1 <
            vy2 - tp_xiaozhun))
    {
        unCount = 0;
        LcdCleanScreen(WHITE);                         //清屏
        LcdDrawBigPoint(tp_pianyi,tp_pianyi,BLUE);//画点 1

        continue;
    }

    /*  获取精确的比例因子和偏移量  */
    vx = (vx1 + vx2)/2;
    vy = (vy1 + vy2)/2;
    chx = (chx1 + chx2)/2;
    chy = (chy1 + chy2)/2;


    LcdSetDirection(unLcdDirectionBak);

    LcdShowString(80,20,"【校准完成】",BLUE,WHITE);
    LcdShowString(20,60,"比例因子和偏移量值",BLUE,WHITE);

    sprintf(buf,"vx = % d",vx);
    LcdShowString(40,100,buf,RED,WHITE);

    sprintf(buf,"vy = % d",vy);
    LcdShowString(40,120,buf,RED,WHITE);

    sprintf(buf,"chx = % d",chx);
    LcdShowString(40,140,buf,RED,WHITE);

    sprintf(buf,"chy = % d",chy);
    LcdShowString(40,160,buf,RED,WHITE);


    Delayms(1000);Delayms(1000);
```

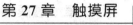
```
            return;                        //校正完成
        }
    }
}
}
```

4）程序主体

在 main 函数中完成触摸初始化后,在 while(1)循环中检测触摸响应,一旦检测到触摸响应,立即调用 XPTTouchAdjust 校准函数进行校准,代码如下。

程序清单 27.4.11 程序主体

```c
# include "SmartM_M4.h"

/* ------------------------------------------------------ */
/*                     全局变量                            */
/* ------------------------------------------------------ */
STATIC FATFS g_fs;

/* ------------------------------------------------------ */
/*                       函数                              */
/* ------------------------------------------------------ */

/***************************************************
* 函数名称:main
* 输    入:无
* 输    出:无
* 功    能:函数主体
****************************************************/
int32_t main(void)
{
    UINT32 rt = 0;
    UINT32 bw,br;

    PROTECT_REG
    (
        /* 系统时钟初始化 */
        SYS_Init(PLL_CLOCK);

        /* 串口 0 初始化 */
        UART0_Init(115200);
    )
```

ARM Cortex-M4 微控制器原理与实践

396

```c
/* LCD 初始化 */
LcdInit(LCD_FONT_IN_FLASH.LCD_DIRECTION_180);

/* 打开 LCD 背光灯 */
LCD_BL(0);


/*  SPI Flash 初始化 */
while(disk_initialize(FATFS_IN_FLASH))
{
    printf("SPI FLASH Init Fail\r\n");
    Delayms(500);
}

/*  挂载 SPI Flash      */
f_mount(FATFS_IN_FLASH    ,&g_fs);

/*   XPT2046 初始化 */
XPTSpiInit();

LcdCleanScreen(WHITE);
LcdFill(0,0,LCD_WIDTH,20,RED);
LcdShowString(60,3,"TFT 屏触摸描点测试",YELLOW,RED);
LcdShowString(40,160,"【单击屏幕开始校准】",RED,WHITE);


Delayms(1000);

while(1)
{
    /*  触摸屏校准 */
    if (XPT_IRQ_PIN() == 0)
    {
        XPTTouchAdjust();
    }
}
}
```

5) 代码分析

(1) 调用 LcdInit 函数对 TFT 屏进行初始化,TFT 屏显示的文字字库来源于 SPI Flash,显示时屏幕旋转 180°。

(2) 调用 LCD_BL 函数,使能 TFT 屏背光灯。

（3）调用 disk_initialize 函数初始化 SPI Flash。

（4）调用 f_mount 函数使当前的 FAT 文件系统挂载的存储器为 SPI Flash。

（5）调用 XPTSpiInit 函数初始化连接到 XPT2046 引脚相关配置。

（6）在 while(1)循环当中，一旦有单击操作，XPT2046 的 $\overline{\text{PENIRQ}}$ 引脚将输出低电平，此时要立即处理该单击事件，而当前事件为坐标校准操作。若当前引脚为高电平，则当前无单击操作。

3. 下载验证

通过 NuLink 仿真下载器将程序下载到 SmartM-M451 迷你板后，TFT 屏显示如图 27.4.10 所示，提示若进入坐标校准，先单击屏幕任意位置。

图 27.4.10　坐标校准主界面

接着，按照提示 4 个点的位置进行单击操作，如图 27.4.11～图 27.4.14 所示。

图 27.4.11　位置 1

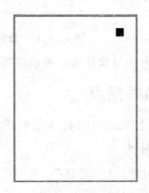

图 27.4.12　位置 2

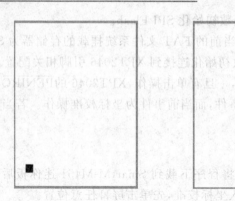

图 27.4.13　位置 3 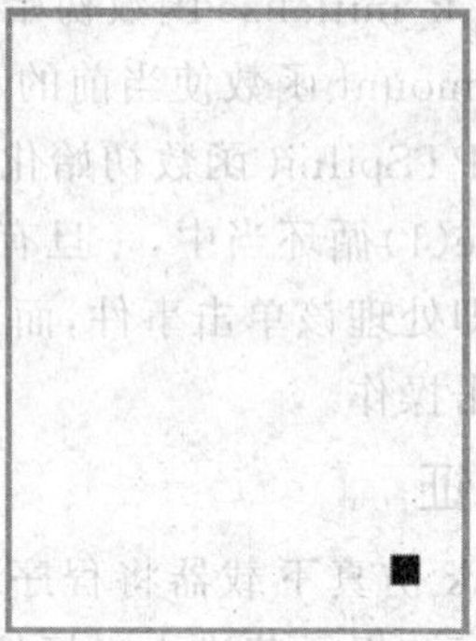　　　　图 27.4.14　位置 4

若按照这 4 个点的位置进行单击,则输出对应坐标校准的比例因子与偏移量结果值,如图 27.4.15 所示。

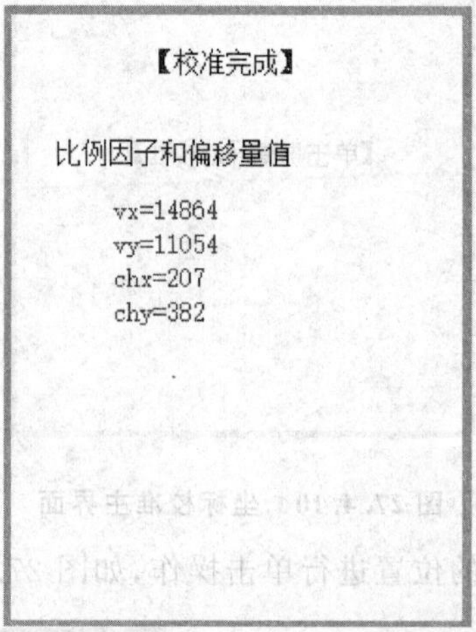

【校准完成】

比例因子和偏移量值

vx=14864
vy=11054
chx=207
chy=382

图 27.4.15　比例因子与偏移量结果值

对于比例因子与偏移量结果值将用于"27.4.4 触摸描点"一节的实验。

27.4.4　触摸描点

【实验要求】SmartM-M451 系列开发板:手指划过触摸屏,绘制对应的轨迹。

1. 硬件设计

(1) 参考"17.3.1　读 ID"一节中的硬件设计。

(2) 参考"27.4.1　颜色显示"一节中的硬件设计。

(3) 参考"27.4.3　坐标校准"一节中的硬件设计。

2. 软件设计

代码位置:\SmartM-M451\迷你板\进阶代码\【TFT】【TOUCH】【触摸描点】

1) 物理坐标转换为 TFT 屏显示坐标

在"27.4.3 坐标校准"一节中已经进行坐标校准,主要获取的是比例因子与偏移量结果值,而这些值就是从物理坐标转换为 TFT 屏显示坐标值最重要的参数。按照"27.4.3 坐标校准"一节中的从物理坐标到像素坐标的转换关系式,可编写以下转换函数,具体代码如下。

程序清单 27.4.12　物理坐标转换为显示坐标函数

```
/ * * * * * * * * * * * * * * * * * * * * * * * * * * * * * * *
* 函数名称:XPTPixConvertToLcdPix
* 输    入:pPix  获取取样值
* 输    出:显示坐标值
* 功    能:物理坐标值转换为像素坐标值
* * * * * * * * * * * * * * * * * * * * * * * * * * * * * * */
PIX XPTPixConvertToLcdPix(PIX pix)
{
    PIX p;
    p.x = pix.x>chx? (pix.x - chx) * 1000/vx:(chx - pix.x) * 1000/vx;
    p.y = pix.y>chy? (pix.y - chy) * 1000/vy:(chy - pix.y) * 1000/vy;

    return p;
}
```

2) 完整代码

完整代码如下。

程序清单 27.4.13　完整代码

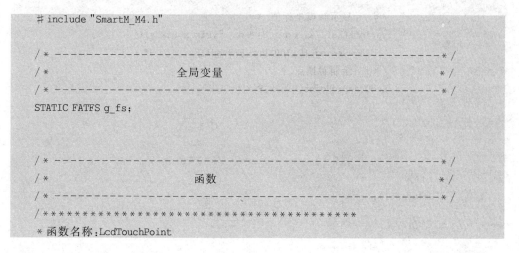

```
# include "SmartM_M4.h"


/ * ----------------------------------------------------- * /
/ *                    全局变量                           * /
/ * ----------------------------------------------------- * /
STATIC FATFS g_fs;



/ * ----------------------------------------------------- * /
/ *                    函数                               * /
/ * ----------------------------------------------------- * /
/ * * * * * * * * * * * * * * * * * * * * * * * * * * * * * * *
* 函数名称:LcdTouchPoint
```

399

```
 *  输    入:无
 *  输    出:无
 *  功    能:获取屏幕触摸
 **************************************/
VOID LcdTouchPoint(VOID)
{
    UINT8   buf[32];

    UINT32 i;

    PIX Pix;      //当前触控坐标的取样值

    i = 0;

    while(i < 3000)
    {
        if(XPT_IRQ_PIN() == 0)
        {
            i = 0;

            if(XPTPixGet(&Pix) == TRUE)
            {
                Pix = XPTPixConvertToLcdPix(Pix);

                if(LcdGetDirection() == LCD_DIRECTION_180)
                {
                    Pix.x = 240 - Pix.x;
                    Pix.y = 320 - Pix.y;
                }
                /*   显示触摸坐标值  */
                sprintf(buf,"X:%d   Y:%d   ",Pix.x,Pix.y);
                LcdShowString(10,300,buf,RED,WHITE);
                /*   绘制触摸点  */
                LcdDrawBigPoint(Pix.x,Pix.y,BLUE);
            }

        }

        i ++ ;
        Delayms(1);
    }
```

```
    LcdCleanScreen(WHITE);
    LcdFill(0,0,LCD_WIDTH - 1,20,RED);
    LcdShowString(60,3,"TFT 屏触摸描点测试",YELLOW,RED);
}


/ * * * * * * * * * * * * * * * * * * * * * * * * * * * * * * * * *
 * 函数名称:main
 * 输    入:无
 * 输    出:无
 * 功    能:函数主体
 * * * * * * * * * * * * * * * * * * * * * * * * * * * * * * * * */
int32_t main(void)
{
    PROTECT_REG
    (
        /* 系统时钟初始化 */
        SYS_Init(PLL_CLOCK);

        /* 串口 0 初始化 */
        UART0_Init(115200);
    )

    /* LCD 初始化 */
    LcdInit(LCD_FONT_IN_SD,LCD_DIRECTION_180);

    /* 打开 LCD 背光灯 */
    LCD_BL(0);



    /*  SD  初始化 */
    while(disk_initialize(FATFS_IN_SD))
    {
        printf("SD init fail\r\n");
        Delayms(500);
    }

    /*   挂载 SD */
    f_mount(FATFS_IN_SD    ,&g_fs);

    /*    XPT2046 初始化 */
    XPTSpiInit();
```

```
LcdCleanScreen(WHITE);
LcdFill(0,0,LCD_WIDTH-1,20,RED);
LcdShowString(60,3,"TFT 屏触摸描点测试",YELLOW,RED);

while(1)
{
    /*    检测触摸操作 */
    if(XPT_IRQ_PIN()==0)
    {
        LcdTouchPoint();
    }
}
}
```

3) 代码分析

当前代码初始化部分与坐标校准初始化部分基本保持一致,在此不再赘述,只着重讲解触摸描点的过程,即 LcdTouchPoint 函数。

(1) 检测当前 XPT2046 的 $\overline{PENIRQ}$ 引脚是否输出低电平,若输出低电平,则执行调用 XPTPixGet 函数获取当前单击的物理坐标值。

(2) 调用 XPTPixConvertToLcdPix 函数将物理坐标值转换到像素坐标值。

(3) 调用 LcdShowString 函数输出显示当前的像素坐标值。

(4) 调用 LcdDrawBigPoint 函数按照输入的像素坐标值进行绘制粗点。

3. 下载验证

通过 NuLink 仿真下载器将程序下载到 SmartM-M451 迷你板后,使用手指在触摸屏进行滑动,能够实时绘制当前的点与显示当前坐标值,例如当前绘制的是"M451"文字,显示结果如图 27.4.16 所示。

图 27.4.16 描点轨迹与实时坐标值

第 28 章

SD 卡

28.1　简　介

安全数码卡(Secure Digital Memory Card)简称 SD 卡,是一种基于半导体快闪记忆器的新一代记忆设备,它被广泛地用于便携式装置,例如数码相机、个人数码助理(PDA)和多媒体播放器等。SD 卡由日本松下、东芝及美国 SanDisk 公司于 1999 年 8 月共同开发研制。大小犹如一张邮票的 SD 卡,重量只有 2 g,但却拥有高记忆容量、快速数据传输率、极大的移动灵活性以及很好的安全性。

SD 卡在 24 mm×32 mm×2.1 mm 的体积内结合了快闪记忆卡控制器与 MLC(Multilevel Cell)技术和东芝 NAND 芯片技术,通过 9 针的接口界面与专门的驱动器相连接,不需要额外的电源来保持其上记忆的信息。另外,它是一体化固体介质,没有任何移动部分,所以不用担心机械运动所致的损坏。东芝 SD 超极速存储卡如图 28.1.1 所示。

图 28.1.1　东芝 SD 超极速存储卡

1. 内部单元

SD 卡上的所有单元(见图 28.1.2)都由内部时钟发生器提供时钟。接口驱动单元同步外部时钟的 DAT 和 CMD 信号到内部所用时钟。SD 卡有自己的电源开通检测单元,无须附加的主复位信号在电源开启后安装卡。它防短路,在带电插入或移出卡时,无须外部编程电压,编程电压在卡内生成。

SD 卡接口控制包括 CMD、CLK、DAT0~DAT3 等引脚。SD 卡支持 SD 模式与 SPI 模式,不同模式下,各引脚的作用不尽相同,如表 28.1.1 所列。在多张 SD 卡连接的设备中,为了标识单独的 SD 卡,其内部的卡标识寄存器(CID)和相应的地址寄存器(RCA)预先准备好。一个附加的寄存器包括不同类型的操作参数,这个寄存器叫作 CSD,使用 SD 卡线访问存储器还是寄存器的通信由 SD 卡标准定义,如表 28.1.2 所列。

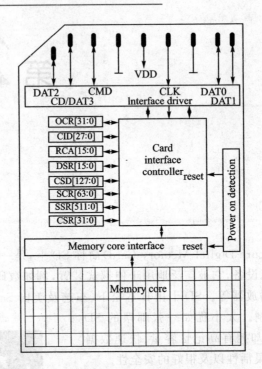

图 28.1.2　SD 卡内部单元

表 28.1.1　SD 模式与 SPI 模式的引脚功能

引　脚	SD 模式		SPI 模式	
	名　称	描　述	名　称	描　述
1	CD/DAT3	检测/数据线 3	CS	片选（低有效）
2	CMD	命令/相应	DI	数据输入
3	VSS1	接地电源	VSS	接地电源
4	VDD	电源	VDD	电源
5	CLK	时钟	SCLK	时钟
6	VSS2	接地电源	VSS2	接地电源
7	DAT0	数据线 0	DO	数据输出
8	DAT1	数据线 1	保留	—
9	DAT2	数据线 2	保留	—

2. SD 卡的命令格式

SD 卡的命令格式如表 28.1.3 所列。

表 28.1.2　SD 卡寄存器

名　称	宽　度	描　述
CID	128	卡标识别寄存器
RCA	16	相对卡地址寄存器,本地系统中卡的地址动态变化,在主机初始化的时候确定;SPI 模式中没有
CSD	128	卡描述数据,卡操作条件相关的信息数据
SCR	64	SD 配置寄存器,SD 卡特定信息数据
OCR	32	操作条件寄存器

表 28.1.3　SD 卡的命令格式

字节 1			字节 2～5	字节 6	
7	6	5～0	31～0	7～1	0
0	1	命令	命令参数	CRC	1

SD 卡的指令由 6 个字节组成,字节 1 的最高 2 位固定为 01,低 6 位为命令号(比如 CMD16 为 1 0000,即十六进制数的 0x10;完整的 CMD16,第一个字节为 0101 0000,即 0x10+0x40)。

字节 2～5 为命令参数,有些命令没有参数。

字节 6 的高 7 位为 CRC 值,最低位恒定为 1。

SD 卡的命令总共有 12 类,分为 Class0～Class11,此处我们仅介绍几个重要的命令,如表 28.1.4 所列。

405

表 28.1.4　SD 卡的重要命令

命　令	参　数	回　应	描　述
CMD0(0x00)	无	R1	复位 SD 卡
CMD8(0x08)	VHS+Check Pattern	R7	发送接口状态命令
CMD9(0x09)	无	R1	读取卡特定数据寄存器
CMD10(0x0A)	无	R1	读取卡标志数据寄存器
CMD16(0x10)	块大小	R1	设置块大小(字节数)
CMD17(0x11)	地址	R1	读取一个块的数据
CMD24(0x18)	地址	R1	写入一个块的数据
CMD41(0x29)	无	R3	发送给主机容量支持信息和激活卡初始化过程
CMD55(0x37)	无	R1	告诉 SD 卡,下一个是特定应用命令
CMD58(0x3A)	无	R3	读取 OCR 寄存器

表 28.1.4 中大部分的命令是初始化的时候用到的,表中的 R1、R3、R7 是 SD 卡的回应。SD 卡和单片机的通信采用发送应答机制,如图 28.1.3 所示。

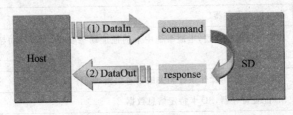

图 28.1.3　单片机与 SD 卡应答机制

每发送一个命令,SD 卡都会发出一个应答,以告知主机该命令的执行情况,或是主机需要获取的数据。SPI 模式下,SD 卡针对不同的命令,应答可以是 R1～R7,R1 应答的各位描述如表 28.1.5 所列。

表 28.1.5　R1 响应各位描述

R1 响应格式							
位	7	6	5	4	3	2	1	0
含义	开始位始终为 0	参数错误	地址错误	擦除序列错误	CRC 错误	非法命令	擦除复位	闲置状态

R2～R7 的响应我们就不介绍了,大家可以参考 SD 卡 2.0 的协议。接下来,我们看看 SD 卡的初始化过程。因为我们使用的是 SPI 模式,所以先得让 SD 卡进入 SPI 模式。方法如下:在 SD 卡收到复位命令(CMD0)时,CS 为有效电平(低电平)则 SPI 模式被启用。不过在发送 CMD0 之前,要发送至少 74 个时钟信号,这是因为 SD 卡内部有个供电电压上升时间,大概为 64 个时钟,剩下的 10 个时钟用于 SD 卡同步,之后才能开始 CMD0 的操作。在 SD 卡初始化的时候,时钟最大不能超过 400 kHz!

SD 卡的典型初始化过程如下:

(1) 初始化与 SD 卡连接的硬件条件(MCU 的 SPI 配置、IO 口配置);

(2) 上电延时(>74 个时钟);

(3) 复位卡(CMD0),进入 IDLE 状态,设置为 SPI 模式,无须 CRC 校验;

(4) 发送 CMD8,检查是否支持 2.0 协议;

(5) 根据不同协议检查 SD 卡(命令包括 CMD55、CMD41、CMD58 和 CMD1 等);

(6) 取消片选,发 8 个时钟,结束初始化。

这样就完成了对 SD 卡的初始化,注意末尾发送的 8 个时钟是提供 SD 卡额外的时钟,以完成某些操作。通过 SD 卡初始化,我们可以知道 SD 卡的类型(V1、V2、V2HC 或者 MMC),在完成了初始化之后,就可以开始读写数据了。

3. SD 卡读取数据

SD 卡读取数据通过 CMD17 来实现,具体过程如下:

（1）发送 CMD17；

（2）接收卡响应 R1；

（3）接收数据起始令牌 0xFE；

（4）接收数据；

（5）接收 2 个字节的 CRC，如果不使用 CRC，这 2 个字节在读取后可以丢掉；

（6）禁止片选之后，额外发 8 个时钟。

4. SD 卡写入数据

SD 卡写入数据通过 CMD24 来实现，具体过程如下：

（1）发送 CMD24；

（2）接收卡响应 R1；

（3）发送写数据起始令牌 0xFE；

（4）发送数据；

（5）发送 2 字节的伪 CRC；

（6）禁止片选之后，额外发 8 个时钟。

28.2　实　验

28.2.1　显示信息

【实验要求】基于 SmartM-M451 系列开发板：显示 SD 卡信息。

1. 硬件设计

（1）SD 卡硬件设计如图 28.2.1 所示。

（2）SD 卡硬件位置如图 28.2.2 所示。

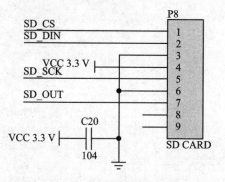

图 28.2.1　SD 卡硬件设计

图 28.2.2　SD 卡硬件位置

（3）参考"14.2.1 串口收发数据"一节中的硬件设计。

2. 软件设计

代码位置:\SmartM-M451\迷你板\入门代码\【SD】【显示信息】

（1）SD 卡既支持 SDIO 接口,也支持 SPI 接口,M451 只支持 SPI 接口,因此,实验中只能采用 SPI 接口。关于 SPI 通信使用之前学习到的 SPI 接口即可。

（2）获取 CID 时,需要发送指令 10。发送命令必须遵循 SD 卡命令传输机制,且每次发送的是 48 位命令,数据格式如图 28.2.3 所示。

图 28.2.3 48 位的命令传输格式

向 SD 卡发送命令时,起始位必须为"0",第二位为"1",紧接着就是命令的内容,最后发送的一个字节由 7 位的 CRC 和结束位"1"组成。

有一点要注意的是,SD 卡上电后默认为 SD 模式,必须要使用带 CRC 校验的命令,CMD0 让其进入 SPI 模式,进入 SPI 模式之后就无需再用任何带 CRC 校验的命令了。发送 SD 卡命令函数的代码如下。

程序清单 28.2.1 命令传输

```
UINT8 SD_SendCmd(UINT8 cmd, UINT32 arg, UINT8 crc)
{
    UINT8 r1;
    UINT8 Retry = 0;

    /* 取消上次片选 */
    SD_DisSelect();

    if(SD_Select())
    {
        /* 片选失效 */
        return 0XFF;
    }

    /* 分别写入命令 */
    SD_SPI_ReadWriteByte(cmd | 0x40); //发送命令,位或 0x40 表示起始位为 0,紧接着发送 1
```

```
SD_SPI_ReadWriteByte(arg >> 24);    //发送命令内容
SD_SPI_ReadWriteByte(arg >> 16);
SD_SPI_ReadWriteByte(arg >> 8);
SD_SPI_ReadWriteByte(arg);

SD_SPI_ReadWriteByte(crc);          //发送 7 位 CRC,结束位为 1

    /* 等待响应,或超时退出 */
    Retry = 0X1F;

    do
    {
        r1 = SD_SPI_ReadWriteByte(0xFF);

    }while((r1&0X80) && Retry -- );

    /* 返回状态值 */
    return r1;

}
```

(3) 初始化 SD 卡,前文已有介绍,此处不再赘述。详细流程图如图 28.2.4 所示。SD 卡初始化代码具体如下。

程序清单 28.2.2　SD 卡初始化

```
/* ***************************************
 * 函数名称:SD_Initialize
 * 输    入:无
 * 输    出:0     -成功
           其他  -失败
 * 功    能:SD 卡初始化
 *************************************** */
UINT8 SD_Initialize(VOID)
{
    UINT8   r1;     // 存放 SD 卡的返回值
    UINT16 retry;   // 用来进行超时计数
    UINT8 buf[4];
    UINT32 i;
    /* 初始化 IO */
    SD_SPI_Init();
    /* 设置到低速模式 */
    SD_SPI_SpeedLow();

    for(i = 0;i < 10;i ++ )
    {
        /* 发送最少 74 个时钟 */
```

ARM Cortex-M4 微控制器原理与实践

410

```c
        SD_SPI_ReadWriteByte(0XFF);
    }

    retry = 20;

    do
    {
        /* 进入 IDLE 状态 */
        r1 = SD_SendCmd(CMD0,0,0x95);

    }while((r1!= 0X01) && retry -- );

    /* 默认无卡 */
    SD_Type = 0;

    if(r1 == 0X01)
    {
        if(SD_SendCmd(CMD8,0x1AA,0x87) == 1)//SD V2.0
        {
            for(i = 0;i < 4;i ++ )
            {
                /* 等待应答 */
                buf[i] = SD_SPI_ReadWriteByte(0XFF);
            }

            /* 卡是否支持 2.7~3.6 V */
            if(buf[2] == 0X01&&buf[3] == 0XAA)
            {
                retry = 0XFFFE;
                do
                {
                    /* 发送 CMD55 */
                    SD_SendCmd(CMD55,0,0X01);
                    /* 发送 CMD41 */
                    r1 = SD_SendCmd(CMD41,0x40000000,0X01);

                }while(r1&&retry -- );
                /* 鉴别 SD2.0 卡版本开始 */
                if(retry&&SD_SendCmd(CMD58,0,0X01) == 0)
                {
                    for(i = 0;i < 4;i ++ )
                    {
                        /* 得到 OCR 值 */
                        buf[i] = SD_SPI_ReadWriteByte(0XFF);
                    }
                    /* 检查 CCS */
                    if(buf[0]&0x40)SD_Type = SD_TYPE_V2HC;
                    else            SD_Type = SD_TYPE_V2;
                }
            }
        }
```

```
    }
    else//SD V1.x/ MMC     V3
    {
        /* 发送 CMD55 */
        SD_SendCmd(CMD55,0,0X01);
        /* 发送 CMD41 */
        r1 = SD_SendCmd(CMD41,0,0X01);

        if(r1 < = 1)
        {
            SD_Type = SD_TYPE_V1;
            retry = 0XFFFE;

            do //等待退出 IDLE 模式
            {
                /* 发送 CMD55 */
                SD_SendCmd(CMD55,0,0X01);
                /* 发送 CMD41 */
                r1 = SD_SendCmd(CMD41,0,0X01);
            }while(r1&&retry -- );

        }
        else//MMC 卡不支持 CMD55 + CMD41 识别
        {
            /* MMC V3 */
            SD_Type = SD_TYPE_MMC;
            retry = 0XFFFE;

            /* 等待退出 IDLE模式 */
            do
            {
                /* 发送 CMD1 */
                r1 = SD_SendCmd(CMD1,0,0X01);

            }while(r1&&retry -- );
        }

        if(retry == 0||SD_SendCmd(CMD16,512,0X01)! = 0)
        {
            /* 错误的卡 */
            SD_Type = SD_TYPE_ERR;
        }

    }
}
/* 取消片选 */
SD_DisSelect();
/* 高速 */
SD_SPI_SpeedHigh();
```

ARM Cortex-M4 微控制器原理与实践

```
    if(SD_Type)return 0;
    if(r1)       return r1;
    /*  其他错误  */
    return 0xAA;
}
```

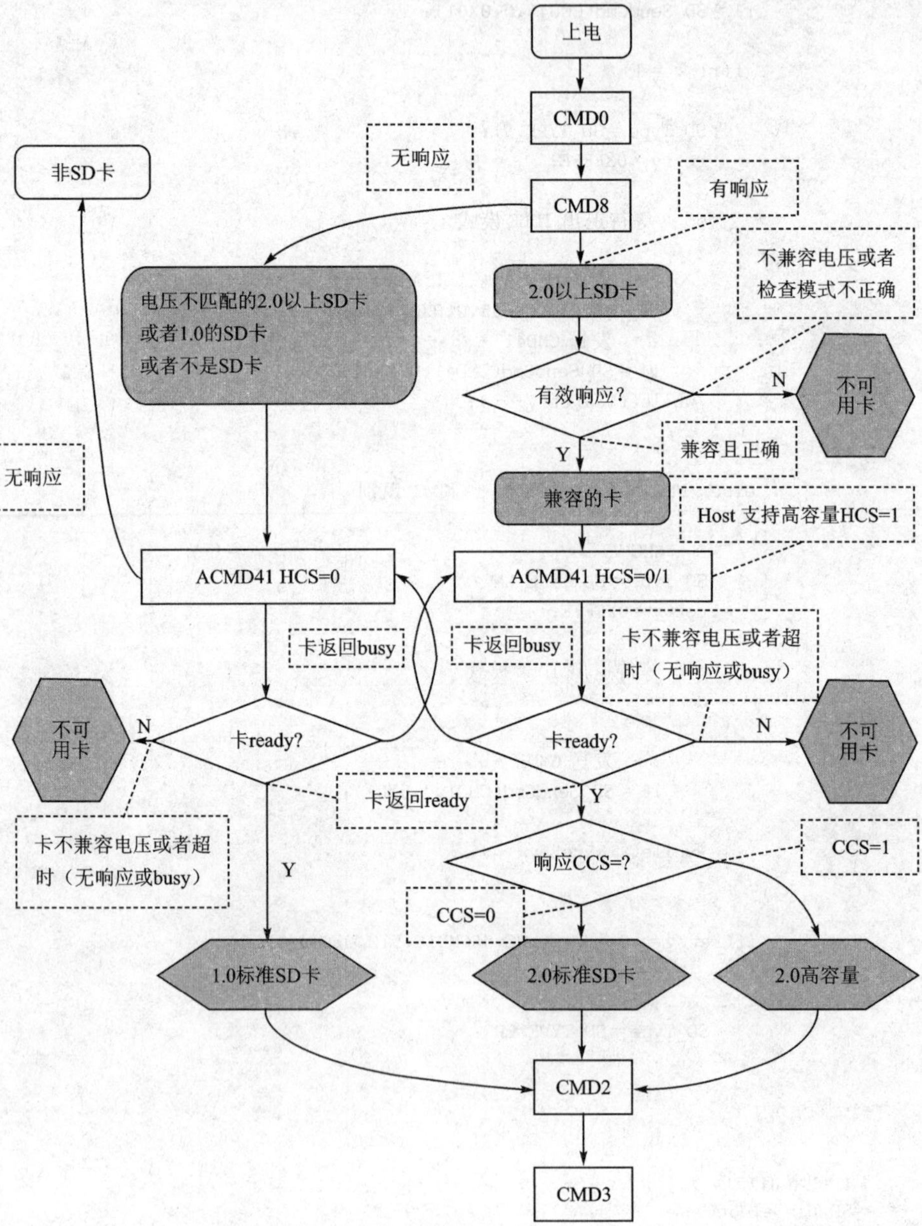

图 28.2.4　SD 卡初始化流程

ARM Cortex-M4 微控制器原理与实践

（4）读取数据。发送命令后从 SD 卡获取数据，SD 卡会自动地向主机端发送令牌 0xFE。当主机验证为 0xFE 后，同时传入 len 的参数。len 的参数比较固定，例如：读取 CSD 寄存器时，len 为 16；若对某一扇区进行读，则 len 为 512。最后，发送两个伪 CRC 值，表示当前的数据结束。具体函数代码编写如下。

程序清单 28.2.3　SD_RecvData 函数

```
/********************************************
* 函数名称:SD_RecvData
* 输    入:buf      数据缓存区
            len      要读取的数据长度
* 输    出:0        成功
            其他     失败
* 功    能:从 SD 卡读取一个数据包的内容
********************************************/
UINT8 SD_RecvData(UINT8 * buf,UINT16 len)
{
    /* 等待 SD 卡发回数据起始令牌 0xFE */
    if(SD_GetResponse(0xFE))
    {

        return 1;
    }

    /* 开始接收数据 */
    while(len -- )
    {
        * buf = Spi0WriteRead(0xFF);
        buf ++ ;
    }

    /* 下面是 2 个伪 CRC(Dummy CRC) */
    SD_SPI_ReadWriteByte(0xFF);
    SD_SPI_ReadWriteByte(0xFF);

    /* 读取成功 */
    return 0;
}
```

（5）当一切准备就绪后，就是研究如何获取 SD 卡的 CID 和 CSD 信息了。CID 存储了 SD 卡的标识码，每一个卡都有唯一的标识码。CID 长度为 128 位，主要是获得厂商信息、产品版本等，它的寄存器结构如表 28.2.1 所列。

表 28.2.1　CID 的域值

名　称	域	宽　度	CID 划分
生产标识号	MID	8	[127:120]
OEM/应用标识	OID	16	[119:104]
产品名称	PNM	40	[103:64]
产品版本	PRV	8	[63:56]
产品序列号	PSN	32	[55:24]
保留	—	4	[23:20]
生产日期	MDT	12	[19:8]
CRC7 检验码	CRC	7	[7:1]
未使用,始终为 1	—	1	[0:0]

① MID:8 位的二进制数,表示卡的制造商。MID 号由 SD-3C、LLC 组织来控制、定义以及分配给 SD 卡制造商。这个程序是用来保证 CID 的唯一性的。

② OID:2 个字符的 ASCII 码,表明卡的 OEM 和/或者卡的内容(当用于分发媒体的时候)。OID 同样是由 SD-3C、LLC 组织来控制、定义和分配的,也是为了保证 CID 的唯一性。

注:SD-3C,LLC 授权给厂家来生产或者销售 SD 卡,包含但不限于 Flash 存储、ROM、OTP、RAM 和 SDIO 卡;SD-3C 是由松下电子工业、SanDisk 公司和东芝公司成立的有限责任公司。

③ PNM:产品名称,5 个字符的 ASCII 码。

④ PRV:产品版本,由 2 个十进制数组成,每个数 4 位。"n.m":n 表示大版本号,m 表示小版本号。比如,产品版本号是"6.2",那么 PRV="0110 0010"。

⑤ PSN:序列号,32 位二进制数。

⑥ MDT:制造日期,由 2 个十六进制数组成,一个是 8 位的年(y),一个是 4 位的月(m)。

m=bit[11:8],1=1 月。

n=bit[19:12],0=2000。

比如:2001 年 4 月,MDT="0000 0001 0100"。

⑦ CRC:7 位 CRC 校验码,CID 内容的校验码。

SD 卡获取 CID 的代码如下。

程序清单 28.2.4　SD 卡获取 CID

```
/************************************
* 函数名称:SD_GetCID
* 输      入:cid_data
        arg    命令参数
        crc    CRC 校验值
* 输      出:SD 卡返回的响应
* 功      能:获取 SD 卡的 CID 信息,包括制造商信息
************************************/
UINT8 SD_GetCID(UINT8 * cid_data)
{
    UINT8 r1;

    /* 发 CMD10 命令,读 CID */
    r1 = SD_SendCmd(CMD10,0,0x01);

    if(r1 == 0x00)
    {
            /* 接收 16 个字节的数据 */
            r1 = SD_RecvData(cid_data,16);
    }

    /* 取消片选 */
    SD_DisSelect();

    if(r1)
    {
        return 1;
    }

    return 0;
}
```

（6）CSD(Card-Specific Data)寄存器提供了读写 SD 卡的一些信息,其中的一些单元可以由用户重新编程。CSD 内容非常丰富,可将 SD 卡的所有信息完整描述出来,包含 SD 卡的扇区大小、最大最小读取电流、最大数据传输速率等,具体的 CSD 结构如表 28.2.2 所列。

ARM Cortex-M4 微控制器原理与实践

表 28.2.2　SD 卡 CSD 寄存器

名　称	区　域	宽　度	值	单元类型	CSD 位
CSD 结构体	CSD_STRUCTURE	2	01	R	[127:126]
保留	—	6	00 0000	R	[125:120]
数据读访问时间	(TAAC)	8	0Eh	R	[119:112]
时钟周期（NSAC×100）中的数据读访问时间	(NSAC)	8	00h	R	[111:104]
最大数据传输速率	(TRAN_SPEED)	8	32h/5Ah	R	[103:96]
卡命令类	CCC	12	01x1 1011 0101	R	[95:84]
读数据块最大长度	(READ_BL_LEN)	4	9	R	[83:80]
允许块部分读	(READ_BL_PARTIAL)	1	0	R	[79]
写块不对齐	(WRITE_BLK_MISALIGN)	1	0	R	[78]
读块不对齐	(READ_BLK_MISALIGN)	1	0	R	[77]
执行的 DSR	DSR_IMP	1	x	R	[76]
保留	—	6	00 0000	R	[75:70]
设备尺寸	C_SIZE	22	00 xxxxh	R	[69:48]
保留	—	1	0	R	[47]
擦单块使能	(ERASE_BLK_EN)	1	1	R	[46]
擦扇区尺寸	(SECTOR_SIZE)	7	7Fh	R	[45:39]
写保护组尺寸	(WP_GRP_SIZE)	7	000 0000	R	[38:32]
写保护组使能	(WP_GRP_ENABLE)	1	0	R	[31]
保留	—	2	00	R	[30:29]
写速度因素	(R2W_FACTOR)	3	010	R	[28:26]
最大写数据块长度	(WRITE_BL_LEN)	4	9	R	[25:22]
允许块部分写	(WRITE_BL_PARTIAL)	1	0	R	[21]
保留	—	5	0 0000	R	[20:16]
文件格式组	(FILE_FORMAT_GRP)	1	0	R	[15]
复制标志(OTP)	COPY	1	x	R/W(1)	[14]
永久写保护	PERM_WRITE_PROTECT	1	x	R/W(1)	[13]
临时写保护	TMP_WRITE_PROTECT	1	x	R/W	[12]
文件格式	(FILE_FORMAT)	2	00	R	[11:10]
保留	—	2	00	R	[9:8]
CRC	CRC	7	xxx xxxx	R/W	[7:1]
无用，总是 1	—	1	1	—	[0]

SD 卡获取 CSD 的代码如下。

程序清单 28.2.5　SD 卡获取 CSD

```
/*********************************************
* 函数名称:SD_GetCSD
* 输    入:csd_data  存放 CSD 的内存,至少 16 字节
* 输    出:0    NO_ERR
         1    错误
* 功    能:获取 SD 卡的 CSD 信息,包括容量和速度信息
**********************************************/
UINT8 SD_GetCSD(UINT8 * csd_data)
{
    UINT8 r1;

/* 发 CMD9 命令,读 CSD */
    r1 = SD_SendCmd(CMD9,0.0x01);

    if(r1 == 0)
{
        /* 接收 16 个字节的数据 */
    r1 = SD_RecvData(csd_data, 16);
    }

    /* 取消片选 */
SD_DisSelect();

    if(r1)
{
        return 1;
}

    return 0;
}
```

(7) 程序主体如下。

程序清单 28.2.6　程序主体

```
#include "SmartM_M4.h"

/*********************************************
* 函数名称:main
* 输    入:无
```

417

ARM Cortex-M4 微控制器原理与实践

```
 * 输    出:无
 * 功    能:函数主体
 ********************************************/
INT32 main(void)
{
    UINT8   buf[512] = {0};
    UINT8   i = 0;

    PROTECT_REG
    (
        /* 系统时钟初始化 */
        SYS_Init(PLL_CLOCK);

        /* 串口 0 初始化 */
        UART0_Init(115200);
    )


    printf("\r\n =====================================    \r\n");
    printf("\r\n                       SD Card Test       \r\n");
    printf("\r\n                 SD Card Show CID & CSD    \r\n");
    printf("\r\n =====================================    \r\n");

    /* SD 卡初始化 */
    while(SD_Initialize())
    {
        Delayms(500);
        printf("Please insert SD Card\r\n");
    }

    /* SD 卡获取 CID */
    SD_GetCID(buf);
    printf("\r\nSD Card CID is:");
    for(i = 0;i < 16;i ++ )
    {
        printf(" %02X",buf[i]);
    }
    printf("\r\n");


    /* SD 卡获取 CSD */
```

```
SD_GetCSD(buf);
printf("\r\nSD Card CSD is:");
for(i = 0;i<16;i++)
{
    printf(" % 02X",buf[i]);

}
printf("\r\n");

while(1);
}
```

3. 下载验证

通过 NuLink 仿真下载器将程序下载到 SmartM-M451 迷你板后,进入单片机多功能调试助手的串口调试页面,打印信息如图 28.2.5 所示。

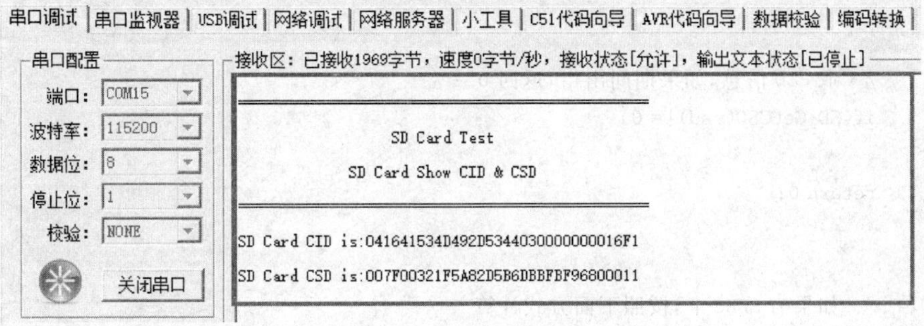

图 28.2.5　SD 卡的 CID 与 CSD 寄存器信息

28.2.2　显示容量

【实验要求】基于 SmartM-M451 系列开发板:显示 SD 卡容量。

1. 硬件设计

参考"28.2.1　显示信息"一节中的硬件设计。

2. 软件设计

代码位置:\SmartM-M451\迷你板\入门代码\【SD】【显示容量】

(1) 获取 SD 卡信息至关重要,更重要的是如何获取当前 SD 卡的总容量,此前获得的 SD 卡 CSD 信息中,包含了相关 SD 卡的容量信息,代码如下。

程序清单 28.2.7　获取 SD 卡总扇区数目

```
/*******************************************
* 函数名称:SD_GetSectorCount
* 输    入:无
* 输    出:0    取容量出错
             其他 SD 卡的容量(扇区数/512 字节)
* 功    能:获取 SD 卡的总扇区数(扇区数)
             每扇区的字节数必为 512,因为如果不是 512,则初始化不能通过
*******************************************/
UINT32 SD_GetSectorCount(VOID)
{
    UINT8   csd[16];
    UINT8   n;
    UINT16 csize;
    UINT32 Capacity;


    /* 取 CSD 信息,如果期间出错,返回 0 */
    if(SD_GetCSD(csd)!= 0)
    {
    return 0;
    }

    /* 如果为 SDHC 卡,按照下面方式计算 */
    if((csd[0]&0xC0)== 0x40)// V2.00 的卡
    {
        /* 得到扇区数 */
        csize = csd[9] + ((UINT16)csd[8] << 8) + 1;
        Capacity = (UINT32)csize << 10;
    }
    else//V1.XX 的卡
    {
        /* 得到扇区数 */
        n = (csd[5] & 15) + ((csd[10]&128) >> 7) + ((csd[9]&3) << 1) + 2;
        csize = (csd[8] >> 6) + ((UINT16)csd[7] << 2) + ((UINT16)(csd[6]&3) << 10) + 1;
        Capacity = (UINT32)csize << (n - 9);
    }

    return Capacity;
}
```

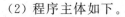

（2）程序主体如下。

程序清单 28.2.8　程序主体

```
#include "SmartM_M4.h"

/*********************************
* 函数名称:main
* 输入:无
* 输出:无
* 功能:函数主体
*********************************/
int32_t main(void)
{
    UINT32 i = 0;

    PROTECT_REG
    (
        /* 系统时钟初始化 */
        SYS_Init(PLL_CLOCK);

        /* 串口 0 初始化 */
        UART0_Init(115200);
    )


    printf("\r\n ============================== \r\n");
    printf("\r\n              SD Card Test           \r\n");
    printf("\r\n              SD Card Show Size      \r\n");
    printf("\r\n ============================== \r\n");

    /* SD 卡初始化 */
    while(SD_Initialize())
    {
        Delayms(500);
        printf("Please insert SD Card\r\n");

    }
    /* SD 卡获取扇区数并显示容量 */
    i = SD_GetSectorCount();
    printf("SD Card Count = %d\r\n",i);
    printf("SD Card Size is %dMB\r\n",(UINT32)((FP32)i * 512/1024/1024));


    while(1);
}
```

（3）代码分析如下。

① 调用 SD_GetSectorCount 函数获取当前 SD 卡扇区数目。

② 由于每个扇区大小为 512 字节，那么 SD 卡的总容量为总扇区数目×512 字节，为了方便我们知道 SD 卡容量，因此必须再除以（1 024×1 024），以得出 SD 卡容量的单位为 MB。

3. 下载验证

通过 NuLink 仿真下载器将程序下载到 SmartM-M451 迷你板后，打开单片机多功能调试助手，进入串口调试页面，可以知道当前 SD 卡的扇区数目为 2 972 672，计算出 SD 卡的容量为 1 451 MB，如图 28.2.6 所示。

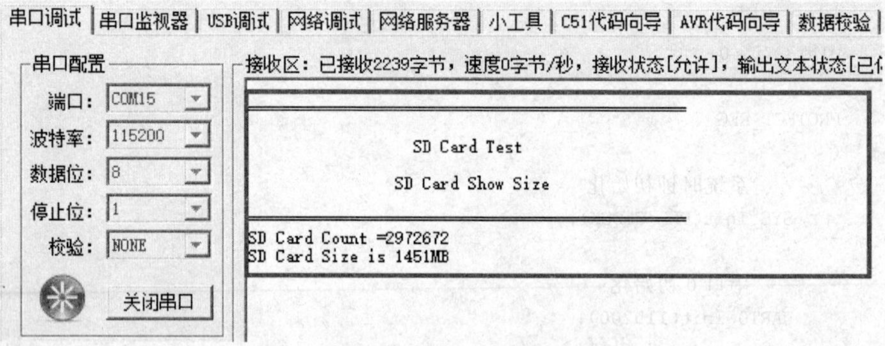

图 28.2.6　SD 卡的总扇区数与容量

28.2.3　读写数据

【实验要求】基于 SmartM-M451 系列开发板：对 SD 卡某一扇区读写数据。

1. 硬件设计

参考"28.2.1　显示信息"一节中的硬件设计。

2. 软件设计

代码位置：\SmartM-M451\迷你板\入门代码\【SD】【读写数据】

（1）数据读写之前应确保初始化 SD 卡已成功，否则读写数据会失败。扇区读是对 SD 卡驱动的目的之一。SD 卡的每一个扇区中有 512 个字节，一次扇区读操作将把某一个扇区内的 512 个字节全部读出。数据读取的过程很简单，先写入命令，在得到相应的回应后，开始数据读取。发送命令 CMD17 属于单次读取，发送 CMD18 属于连续读取，代码如下。

程序清单 28.2.9　SD 卡读取扇区

```
/*********************************
* 函数名称:SD_ReadDisk
* 输    入:buf      数据缓存区
           sector   扇区
           cnt      扇区数
* 输    出:0        成功
           其他     失败
* 功    能:SD 卡读
*********************************/
UINT8 SD_ReadDisk(UINT8 * buf,UINT32 sector,UINT8 cnt)
{
    UINT8 r1;

    if(SD_Type!= SD_TYPE_V2HC)
    {
        /* 转换为字节地址 */
        sector << = 9;
    }

    if(cnt == 1)
    {
        /* 读命令 */
        r1 = SD_SendCmd(CMD17,sector,0X01);
        /* 指令发送成功 */
        if(r1 == 0)
        {
            /* 接收 512 个字节 */
            r1 = SD_RecvData(buf,512);
        }

    }
    else
    {
        /* 连续读命令 */
        r1 = SD_SendCmd(CMD18,sector,0X01);

        do
        {
            /* 接收 512 个字节 */
            r1 = SD_RecvData(buf,512);
```

ARM Cortex-M4 微控制器原理与实践

```
            buf + = 512;

    }while( -- cnt && r1 == 0);
    /* 发送停止命令 */
    SD_SendCmd(CMD12,0,0X01);
}
/* 取消片选 */
SD_DisSelect();

return r1;
}
```

(2) 扇区写是 SD 卡驱动的另一目的。每次扇区写操作将向 SD 卡的某个扇区中写入 512 个字节。过程与扇区读相似,只是数据的方向相反和写入的命令不同而已。发送 CMD24 指令属于单次写入,发送 CMD25 指令属于连续写入,代码如下。

程序清单 28.2.10 SD 卡写入扇区

```
/**********************************************
* 函数名称:SD_WriteDisk
* 输入:buf     数据缓存区
       sector 扇区
       cnt     扇区数
* 输出:0      成功
       其他    失败
* 功能:SD 卡写
**********************************************/
UINT8 SD_WriteDisk(UINT8 * buf,UINT32 sector,UINT8 cnt)
{
    UINT16 r1;

    /* 转换为字节地址 */
    if(SD_Type! = SD_TYPE_V2HC)
    {
        sector * = 512;
    }

    if(cnt == 1)
    {
        /* 读命令 */
        r1 = SD_SendCmd(CMD24,sector,0X01);
        /* 指令发送成功 */
        if(r1 == 0)
```

```
                {
                    /* 写 512 个字节 */
                    r1 = SD_SendBlock(buf,0xFE);
                }
        }
        else
        {
            if(SD_Type!= SD_TYPE_MMC)
            {
                SD_SendCmd(CMD55,0,0X01);
                SD_SendCmd(CMD23,cnt,0X01);          //发送指令
            }

            r1 = SD_SendCmd(CMD25,sector,0X01);      //连续写命令

            if(r1 == 0)
            {
                do
                {
                    r1 = SD_SendBlock(buf,0xFC);     //接收 512 个字节
                    buf + = 512;
                }while( - - cnt && r1 == 0);

                r1 = SD_SendBlock(0,0xFD);           //接收 512 个字节
            }
        }

        SD_DisSelect();//取消片选

        return r1;
}
```

（3）程序主体如下。

程序清单 28.2.11　程序主体

```
# include "SmartM_M4.h"

# define SD_TEST_SECTOR    0x10000

/**************************************************
 * 函数名称:main
```

ARM Cortex-M4 微控制器原理与实践

```
 * 输入:无
 * 输出:无
 * 功能:函数主体
 ***********************************************/
INT32 main(void)
{
    UINT8   buf[512] = {0};
    UINT8   i = 0;

    PROTECT_REG
    (
        /* 系统时钟初始化 */
        SYS_Init(PLL_CLOCK);

        /* 串口 0 初始化 */
        UART0_Init(115200);
    )


    printf("\r\n ==================================\r\n");
    printf("\r\n                     SD Card Test                    \r\n");
    printf("\r\n                 SD Card write and read              \r\n");
    printf("\r\n ================================== \r\n");

    /* SD 卡初始化 */
    while(SD_Initialize())
    {
        Delayms(500);
        printf("Please insert SD Card\r\n");

    }

    /* SD 卡写扇区 */
    if(SD_WriteDisk("www.smartmcu.com",SD_TEST_SECTOR,1) = = 0)
    {
        printf("SD 卡写:www.smartmcu.com\r\n");
    }
    else
    {
        printf("SD 卡写失败啊\r\n");

        return 0;
```

```
}

    Delayms(1000);

    memset(buf,0,sizeof buf);

    /* SD 卡读扇区 */
    if(SD_ReadDisk(buf,SD_TEST_SECTOR,1) = = 0)
    {
        printf("SD 卡读：% s\r\n",buf);
    }
    else
    {
        printf("SD 卡读失败啊\r\n");
    }

    while(1);
}
```

（4）代码分析如下。

① 调用 SD_Initialize 函数对 SD 卡进行初始化。

② 调用 SD_WriteDisk 函数对测试扇区写入数据为 www.smartmcu.com。

③ 调用 SD_ReadDisk 函数对测试扇区进行读取，并将读取到的内容输出打印到串口。

3. 下载验证

通过 NuLink 仿真下载器将程序下载到 SmartM-M451 迷你板后，进入单片机多功能调试助手的串口调试页面，打印信息如图 28.2.7 所示。

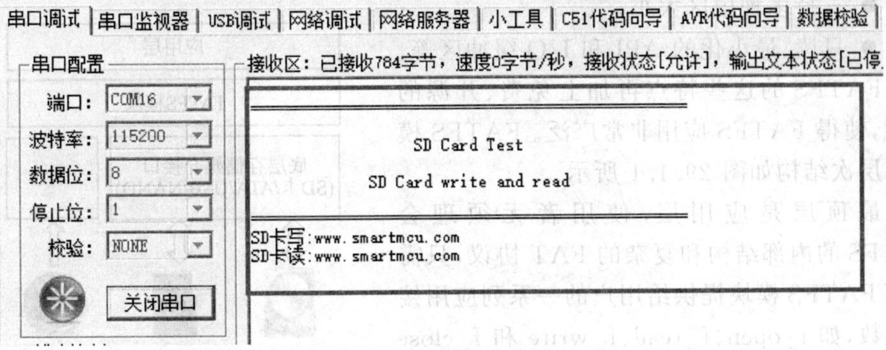

图 28.2.7　SD 卡读写数据

第 **29** 章

FATFS

29.1 简 介

FATFS 是一个完全免费开源的 FAT 文件系统模块,专门为小型的嵌入式系统而设计。它完全用标准 C 语言编写,所以具有良好的硬件平台独立性,可以移植到 8051、PIC、AVR、SH、Z80、H8、ARM 等系列单片机上,只需做简单的修改。它支持 FAT12、FAT16 和 FAT32,支持多个存储媒介;有独立的缓冲区,可以对多个文件进行读/写,并且特别对 8 位单片机和 16 位单片机做了优化。

1. FATFS 的特性

- Windows 兼容的 FAT 文件系统(支持 FAT12/FAT16/FAT32);
- 与平台无关,移植简单;
- 代码量少、效率高;
- 多种配置选项;
- 支持多卷(物理驱动器或分区,最多 10 个卷);
- 多个 ANSI/OEM 代码页包括 DBCS;
- 支持长文件名、ANSI/OEM 或 Unicode;
- 支持 RTOS;
- 支持多种扇区大小;
- 只读、最小化的 API 和 I/O 缓冲区等。

FATFS 的这些特点再加上免费、开源的原则,使得 FATFS 应用非常广泛。FATFS 模块的层次结构如图 29.1.1 所示。

最顶层是应用层,使用者无须理会 FATFS 的内部结构和复杂的 FAT 协议,只需调用 FATFS 模块提供给用户的一系列应用接口函数,如 f_open、f_read、f_write 和 f_close 等,就可以像在 PC 上读/写文件那样简单。

中间层 FATFS 模块,实现了 FAT 文件

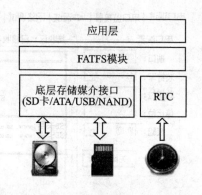

图 29.1.1 FATFS 模块的层次结构

读/写协议。FATFS 模块提供的是 ff.c 和 ff.h。除非必要,使用者一般不用修改,使用时将头文件直接包含进去即可。需要我们编写移植代码的是 FATFS 模块提供的底层接口,它包括存储媒介读/写接口(disk I/O)和供给文件创建修改时间的实时时钟。

2. 移　植

FATFS 的源码可以在 http://elm-chan.org/fsw/ff/00index_e.html 网站下载,目前最新版本为 R0.09a。本章我们就使用最新版本的 FATFS 用于介绍,下载最新版本的 FATFS 软件包,解压后可以得到两个文件夹:doc 和 src。doc 里面主要是对 FATFS 的介绍,而 src 里面才是我们需要的源码。其中,与平台无关的 *.h 文件和 ff.c 文件如表 29.1.1 和 29.1.2 所列,与平台相关的只有 diskio.c,如表 29.1.3 所列。

表 29.1.1　与平台无关的 *.h 文件

文件名	功　能
ffconf.h	FATFS 模块配置文件
ff.h	FATFS 和应用模块公用的包含文件
ff.c	FATFS 模块
diskio.h	FATFS 和 disk I/O 模块公用的包含文件
interger.h	数据类型定义
option.h	可选的外部功能(比如支持中文等)

表 29.1.2　与平台无关的 ff.c 文件

文件名	功　能
f_mount	注册/注销一个工作区域(Work Area)
f_open	打开/创建一个文件,f_close 为关闭一个文件
f_read	读文件,f_write 为写文件
f_lseek	移动文件读/写指针
f_truncate	截断文件
f_sync	冲洗缓冲数据(Flush Cached Data)
f_opendir	打开一个目录
f_readdir	读取目录条目
f_getfree	获取空闲簇(Get Free Clusters)
f_stat	获取文件状态
f_mkdir	创建一个目录
f_unlink	删除一个文件或目录

续表 29.1.2

文件名	功　能
f_chmod	改变属性(Attribute)
f_utime	改变时间戳(Timestamp)
f_rename	重命名/移动一个文件或文件夹
f_mkfs	在驱动器上创建一个文件系统
f_forward	直接转移文件数据到一个数据流
f_gets	读一个字符串
f_putc	写一个字符
f_puts	写一个字符串
f_printf	写一个格式化的字符磁盘 I/O 接口

表 29.1.3　与平台相关的 diskio.c 文件(FATFS 和 disk I/O 模块接口层文件)

文件名	功　能
disk_initialize	初始化磁盘驱动器
disk_status	获取磁盘状态
disk_read	读扇区
disk_write	写扇区
disk_ioctl	设备相关的控制特性
get_fattime	获取当前时间

　　FATFS 模块在移植时,一般只需修改 2 个文件,即 ffconf.h 和 diskio.c。FATFS 模块的所有配置项都存放在 ffconf.h 里面,可以通过配置里面的一些选项来满足自己的需求。接下来我们介绍几个重要的配置选项。

　　(1) _FS_TINY。这个选项在 R0.07 版本中开始出现,之前的版本都是以独立的 C 文件出现(FATFS 和 TinyFATFS)的,有了这个选项之后,两者整合在一起了,使用起来更方便。我们使用 FATFS,所以把这个选项定义为 0 即可。

　　(2)_FS_READONLY。这个用来配置是不是只读,本章需要读写都用,所以这里设置为 0 即可。

　　(3)_FS_READONLY。这个用来配置可供调用的函数,本章需要调用获取设备空间大小的函数,因此这里设置为 0。若设置为 1~3,代码占用量将随之减少。

　　(4)_USE_STRFUNC。这个用来设置是否支持字符串类操作,比如 f_putc、f_puts 等,本章不需要用到,故设置这里为 0。

　　(5)_USE_MKFS。这个用来设置是否使能格式化,因为不需要用到,所以设置这里为 0。

　　(6)_USE_FASTSEEK。这个用来设置使能快速定位,设置为 0,禁止快速定位。

(7) _CODE_PAGE。这个用于设置语言类型，包括很多选项（见 FATFS 官网说明），这里设置为 1，即仅支持 ASCII 码，目的是减少代码空间。

(8) _USE_LFN。该选项用于设置是否支持长文件名（还需要 _CODE_PAGE 支持），取值范围为 0～3。0 表示不支持长文件名，1～3 是支持长文件名，但是存储地方不一样，选择使用 3，通过 ff_memalloc 函数来动态分配长文件名的存储区域。

(9) _VOLUMES。用于设置 FATFS 支持的逻辑设备数目，设置为 1，即支持 1 个设备。

(10) _MAX_SS。扇区缓冲的最大值，一般设置为 512。

其他配置项，这里就不一一介绍了，FATFS 的说明文档里面有很详细的介绍，大家自己阅读即可。下面我们来讲讲 FATFS 的移植，FATFS 的移植过程主要分为以下 3 步。

第一步，数据类型。在 integer.h 里面定义好数据的类型。这里需要了解所使用的编译器的数据类型，并根据编译器定义数据类型。

第二步，配置。通过 ffconf.h 配置 FATFS 的相关功能，以满足自己的需要。

第三步，函数编写。打开 diskio.c，进行底层驱动编写，一般需要编写 6 个接口函数，如图 29.1.2 所示。

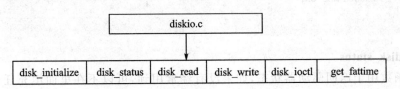

图 29.1.2　diskio.c 接口函数

通过以上 3 步，我们即可完成对 FATFS 的移植。

第一步，我们使用的是 MDK4.50 编译器，器数据类型和 integer.h 里面定义的一致，所以此步不需要做任何改动。

第二步，关于 ffconf.h 里面的相关配置，在前面已经有介绍（之前介绍的 10 个配置），我们将对应配置修改为所介绍的值即可，其他的配置用默认配置。

第三步，因为 FATFS 模块完全与磁盘 I/O 层分开，因此需要下面的函数来实现底层物理磁盘的读写与获取当前时间。底层磁盘 I/O 模块并不是 FATFS 的一部分，并且必须由用户提供。在 diskio.c 里面，这些函数一般有 6 个，详见如下。

1）disk_initialize

该函数用于初始化驱动器，调用到 SD 卡初始化函数 SD_Initialize，代码如下。

程序清单 29.1.1 disk_initialize 函数

```
/*******************************************
 * 函数名称:disk_initialize
 * 输     入:drv - 指定要初始化的逻辑驱动器号,即盘符
                应当取值 0~9
 * 输     出:函数返回一个磁盘状态作为结果
 * 功     能:初始化磁盘驱动器
 *******************************************/
DSTATUS disk_initialize (
    BYTE drv
)
{

    UINT8 status;

    /* SD 卡初始化 */
    status = SD_Initialize();
    if(status != 0){
        return STA_NOINIT;
    }
    else
    {
        return RES_OK;
    }
}
```

2) disk_status

该函数用于返回驱动器状态,如果没有经常用到,可以不在里面填充任何代码,代码如下。

程序清单 29.1.2 disk_status 函数

```
/*******************************************
 * 函数名称:disk_status
 * 输     入:drv - 指定要初始化的逻辑驱动器号,即盘符
                应当取值 0~9
 * 输     出:函数返回一个磁盘状态作为结果
 * 功     能:返回磁盘驱动器状态
 *******************************************/
DSTATUS disk_status (
    BYTE drv
)
{

    return RES_OK;
}
```

3) disk_read

该函数用于磁盘驱动器上读取扇区,调用 SD 卡读取扇区函数 SD_ReadDisk,代码如下。

程序清单 29.1.3　disk_read 函数

```
/********************************************
* 函数名称:disk_read
* 输      入:drv      - 指定要初始化的逻辑驱动器号,即盘符
                        应当取值 0～9
          buff     - 数据读取缓冲区
          sector   - 读扇区地址
          count    - 连续读多少个扇区
* 输      出:函数返回一个磁盘状态作为结果
* 功      能:在磁盘驱动器上读取扇区
********************************************/
DRESULT disk_read (
    BYTE drv,
    BYTE * buff,
    DWORD sector,
    BYTE count
)
{
    UINT8 res;
    if (count == 1){
        res = SD_ReadDisk(buff,sector,count);
    }
    else{
    }
    if(res == 0){
        return RES_OK;
    }
    else{
        return RES_ERROR;
    }
}
```

433

4) disk_write

该函数用于磁盘驱动器上写入扇区,调用 SD 卡写入扇区函数 SD_Write Disk,代码如下。

程序清单 29.1.4　disk_write 函数

```
/***************************************************
* 函数名称:disk_write
* 输      入:drv        -指定要初始化的逻辑驱动器号,即盘符
                        应当取值 0～9
            buff      -数据写入缓冲区
            sector    -写扇区地址
            count     -连续写多少个扇区
* 输      出:函数返回一个磁盘状态作为结果
* 功      能:在磁盘驱动器上写入扇区
***************************************************/
#if _READONLY == 0
DRESULT disk_write (
    BYTE drv,
    const BYTE * buff,
    DWORD sector,
    BYTE count
)
{
    UINT8 res;
    if (count == 1){
        res = SD_WriteDisk((UINT8 * )buff,sector,count);
    }
    else{
    }
    if(res == 0){
        return RES_OK;
    }
    else{
        return RES_ERROR;
    }

}
#endif / *  _READONLY * /
```

5) disk_ioctl

该函数用于控制设备指定特性和除了读/写外的杂项功能,如果没有经常用到,可以不在里面填充任何代码,代码如下。

程序清单 29.1.5　disk_ioctl 函数

```
/ *********************************************
* 函数名称:disk_ioctl
* 输    入:drv       - 指定要初始化的逻辑驱动器号,即盘符
                      应当取值 0~9
         ctrl       - 指定命令代码
         buff       - 指向参数缓冲区的指针,取决于命令代码
* 输    出:函数返回一个磁盘状态作为结果
* 功    能:控制设备指定特性和除了读/写外的杂项功能
********************************************* /
DRESULT disk_ioctl (
    BYTE drv,
    BYTE ctrl,
    void * buff
)
{

    return RES_OK;

}
```

6) get_fattime

该函数用于获取当前时间,如果没有经常用到,可以不在里面填充任何代码,代码如下。

程序清单 29.1.6　get_fattime 函数

```
/ *********************************************
* 函数名称:get_fattime
* 输    入:无
* 输    出:当前时间以双字值封装返回,位域如下:
         bit31:25 年(0~127)(从 1980 开始)
         bit24:21 月(1~12)
         bit20:16 日(1~31)
         bit15:11 时(0~23)
         bit10:5 分(0~59)
         bit4:0 秒(0~59)
* 功    能:获取当前时间
********************************************* /
DWORD get_fattime(void)
{

    return 0;

}
```

29.2 实 验

29.2.1 显示文件系统容量

【实验要求】基于 SmartM-M451 系列开发板：使用 FAT 文件系统的函数，显示当前文件系统的容量。

1. 硬件设计

参考"28.2.1 显示信息"一节中的硬件设计。

2. 软件设计

代码位置：\SmartM-M451\迷你板\入门代码\【FATFS】【SD 卡显示容量】

（1）显示 SD 卡容量之前，SD 卡需要被格式为 FAT32 的文件系统，用户既可以选择计算机进行格式化，也可以使用 FATFS 提供的 f_mkfs 进行格式化，关于格式化将放在"29.2.4 格式化"一节中进行阐述。为了实现显示 SD 卡当前容量，需要调用到 f_getfree 函数，功能是获取空闲的簇。接着可以调用 f_getfree 函数进行获取，在调用 f_getfree 之前，也需要了解 FATFS 结构体，因为该结构体含有文件系统的所有信息，具体代码如下。

程序清单 29.2.1　FATFS 结构体

```
typedef struct {
    BYTE    fs_type;          /* FAT 类型 */
    BYTE    drv;              /* 磁盘号 */
    BYTE    csize;            /* 每簇多少个扇区 */
    BYTE    n_fats;           /* FAT 文件系统总数 */
    BYTE    wflag;            /* 数组 win[]回写标志位 */
    BYTE    fsi_flag;         /* fsinfo 回写标志位 */
    WORD    id;               /* 文件系统挂载 ID */
    WORD    n_rootdir;        /* 根目录数目 */
#if _MAX_SS != 512
    WORD    ssize;            /* 每个扇区多少个字节 */
#endif
#if _FS_REENTRANT
    _SYNC_t  sobj;            /* 同步标识 */
#endif
#if !_FS_READONLY
    DWORD   last_clust;       /* 最后分配的簇 */
    DWORD   free_clust;       /* 空闲簇的数目 */
    DWORD   fsi_sector;       /* fsinfo扇区 */
```

```
#endif
#if _FS_RPATH
    DWORD     cdir;                    /* 当前目录起始簇 */
#endif
    DWORD     n_fatent;                /* FAT 进入点数目 */
    DWORD     fsize;                   /* 每个 FAT 多少个扇区 */
    DWORD     fatbase;                 /* FAT 起始扇区 */
    DWORD     dirbase;                 /* 根目录起始扇区 */
    DWORD     database;                /* 数据起始扇区 */
    DWORD     winsect;                 /* 数组 win[]下标值 */
    BYTE      win[_MAX_SS];            /* 数组 win[] */
} FATFS;
```

调用 f_getfree 函数获取总扇区数和空闲扇区数的代码如下。

程序清单 29.2.2　调用 f_getfree 函数获取总扇区数和空闲扇区数

```
rt = f_getfree((const TCHAR *)drv, &fre_clust, &fs1);

    if(rt == 0)
    {
        tot_sect = (fs1 ->n_fatent - 2) * fs1 ->csize;       //得到总扇区数
        fre_sect = fre_clust * fs1 ->csize;                  //得到空闲扇区数
        * total = tot_sect >> 1;                             //单位为千字节(KB)
        * free = fre_sect >> 1;                              //单位为千字节(KB)
    }

    return rt;
```

（2）在调用所有文件操作函数如 f_getfree、f_open、f_close、f_read、f_write 等之前，必须注册一个工作区域，使用到的函数是 f_mount，代码如下。

程序清单 29.2.3　f_mount 函数

```
FRESULT f_mount (
    BYTE vol,/* 逻辑磁盘号 */
    FATFS *fs/* 指向新建的文件系统 */
)
{
    ......//省略代码
}
```

（3）完整代码如下。

程序清单 29.2.4　完整代码

```c
#include "SmartM_M4.h"

/* 声明文件系统对象 */
STATIC FATFS fs;


/*******************************************
* 函数名称:fat_getfree
* 输    入:drv    - 驱动器号
          total  - 总容量
          free   - 空闲容量
* 输    出:无
* 功    能:函数主体
*******************************************/
STATIC UINT8 fat_getfree(UINT8 * drv,UINT32 * total,UINT32 * free)
{
    FATFS * fs1;
    UINT8   rt;
    UINT32 fre_clust = 0, fre_sect = 0, tot_sect = 0;

    //得到磁盘信息及空闲簇数量
    rt = f_getfree((const TCHAR * )drv, &fre_clust, &fs1);

    if(rt == 0)
    {
        tot_sect = (fs1 ->n_fatent - 2) * fs1 ->csize;     //得到总扇区数
        fre_sect = fre_clust * fs1 ->csize;                //得到空闲扇区数
        * total = tot_sect >> 1;                           //单位为千字节(KB)
        * free = fre_sect >> 1;                            //单位为千字节(KB)
    }

    return rt;
}
/*******************************************
* 函数名称:main
* 输    入:无
* 输    出:无
* 功    能:函数主体
*******************************************/
INT32 main(void)
```

438

```
{
    UINT32 total,free;

    PROTECT_REG
    (
        /* 系统时钟初始化 */
        SYS_Init(PLL_CLOCK);

        /* 串口 0 初始化 */
        UART0_Init(115200);
    )

    printf("\r\n=====================================\r\n");
    printf("\r\n                FATFS Test                \r\n");
    printf("\r\nSD Card Size from FATFS                 \r\n");
    printf("\r\n=====================================\r\n");

    /*  SD 卡 初始化 */
    while(disk_initialize(0))
    {
        Delayms(500);
        printf("Please insert SD Card\r\n");
    }

    /*  挂载 SD 卡 */
    f_mount(0,&fs);

    /*  得到 SD 卡的总容量和剩余容量 */
    while(fat_getfree("0",&total,&free))
    {
        Delayms(500);
        printf("Please format SD Card to fat32\r\n");
    }

    printf("\r\nSD Card total size = %dMB, free size = %dMB\r\n",total >> 10,free >> 10);

    while(1);
}
```

（4）代码分析如下。

① 调用 disk_initialize 函数初始化 SD 卡。

② 调用 fat_getfree 函数获取当前 SD 卡的总容量与空闲容量，单位为千字节（KB）。

③ 调用 printf 函数输出打印容量还得除以 1 024，即右移 10 位，转换单位为兆字节（MB）进行输出打印到串口。

3. 下载验证

通过 NuLink 仿真下载器将程序下载到 SmartM-M451 迷你板后，进入单片机多功能调试助手的串口调试页面，打印信息如图 29.2.1 所示。

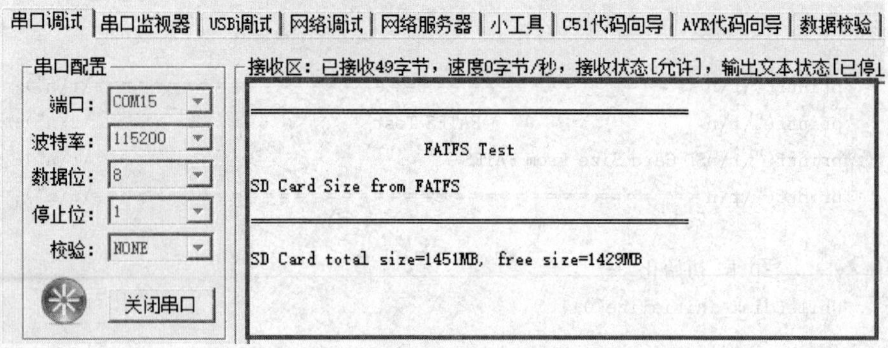

图 29.2.1　显示 SD 卡总容量与空闲容量

29.2.2　读写文本

【实验要求】基于 SmartM-M451 系列开发板：在 SD 卡中创建文本后写入数据，然后读出来并将读到的数据打印到串口。

1. 硬件设计

参考"28.2.1　显示信息"一节中的硬件设计。

2. 软件设计

代码位置：\SmartM-M451\迷你板\入门代码\【FATFS】【SD 卡读写文本】

（1）在"29.2.1 显示文件系统容量"一节中，已经介绍了 FATFS 结构体，同时 FAT 文件系统中的 FIL 结构体也是非常重要的，因为这两个结构体包含了 FAT 文件系统的核心信息，所有函数都是基于这两个结构体进行调用的。

① FIL 结构体。其包含了当前文件的所有信息，代码如下。

程序清单 29.2.5 FIL 结构体

```
typedef struct {
    FATFS * fs;                      /* 文件系统指针 */
    WORD id;                         /* 文件系统 ID   */
    BYTE flag;                       /* 文件状态标志位 */
    BYTE pad1;
    DWORD fptr;                      /* 文件读写指针 */
    DWORD fsize;                     /* 文件大小 */
    DWORD sclust;                    /* 文件起始簇 */
    DWORD clust;                     /* 当前簇 */
    DWORD dsect;                     /* 当前数据扇区 */
# if ! _FS_READONLY
    DWORD dir_sect;                  /* 目录进入点 */
    BYTE * dir_ptr;                  /* 指向目录进入点 */
# endif
# if _USE_FASTSEEK
    DWORD * cltbl;                   /* 指向簇链接映射表 */
# endif
# if _FS_SHARE
    UINT lockid;                     /* 文件锁 ID */
# endif
# if ! _FS_TINY
    BYTE buf[_MAX_SS];               /* 文件数据读写缓冲区 */
# endif
} FIL;
```

② f_open。该函数用于创建/打开一个用于访问文件的文件对象,函数声明如下。

程序清单 29.2.6 f_open 函数

```
FRESULT f_open (
    FIL * fp,/* 空白文件对象结构体指针 */
    const TCHAR * path,/* 文件名指针 */
    BYTE mode /* 模式标志 */
)
{
        ......//省略代码
}
```

在这里着重讲解模式标志,因为 f_open 函数支持多种打开模式,如表 29.2.1 所列。f_open 使用到的返回值如表 29.2.2 所列。

表 29.2.1　f_open 使用到的模式

模　式	描　述
FA_READ	指定访问对象。可以从文件中读取数据,与 FA_WRITE 结合可以进行读写访问
FA_WRITE	指定写访问对象。可以向文件中写入数据,与 FA_READ 结合可以进行读写访问
FA_OPEN_EXISTING	打开文件。如果文件不存在,则打开失败(默认方式)
FA_OPEN_ALWAYS	如果文件存在,则打开;否则,创建一个新文件
FA_CREATE_NEW	创建一个新文件。如果文件已存在,则创建失败
FA_CREATE_ALWAYS	创建一个新文件。如果文件已存在,则它将被截断并覆盖

注意: 当 FS_READONLY＝＝1 时,模式标志 FA_WRITE、FA_OPEN_ALWAYS、FA_CREATE_NEW、FA_CREATE_ALWAYS 是无效的。

表 29.2.2　f_open 使用到的返回值

返回值	描　述
FR_OK	函数成功,该文件对象有效
FR_NO_FILE	找不到该文件
FR_NO_PATH	找不到该路径
FR_INVALID_NAME	文件名无效
FR_INVALID_DRIVE	驱动器无效
FR_EXIST	该文件已存在
FR_DENIED	由于下列原因,所需的访问被拒绝: ①以写模式打开一个只读文件; ②由于存在一个同名的只读文件或目录,而导致文件无法被创建; ③由于目录表或磁盘已满,而导致文件无法被创建
FR_NOT_READY	由于驱动器中没有存储介质或其他原因,导致驱动器无法工作
FR_WRITE_PROTECT	在存储介质被写保护的情况下,以写模式打开或创建文件对象
FR_DISK_ERR	由于底层磁盘 I/O 接口函数中的一个错误,导致该函数失败
FR_INT_ERR	由于一个错误的 FAT 结构或一个内部错误,导致该函数失败
FR_NOT_EANBLE	磁盘驱动器没有工作
FR_NO_FILESYSTEM	磁盘上没有有效的 FAT 卷

注意: 如果 f_open 函数成功,被后续的读/写函数访问文件后没有使用 f_close 函数进行关闭,那么文件可能会崩溃。

③ f_close。该函数用于关闭 f_open 打开过的文件,若不调用,文件可能崩溃,代码如下。

程序清单 29.2.7　f_close 函数

```
FRESULT f_close (
    FIL * fp              /* 指向要关闭的文件 */
)
{
        ......//省略代码



}
```

④ f_read。该函数用于读取文件数据,代码如下。

程序清单 29.2.8　f_read 函数

```
FRESULT f_read (
    FIL * fp,             /* 指向文件对象 */
    void * buff,          /* 指向数据缓冲区 */
    UINT btr,             /* 读取多少字节 */
    UINT * br             /* 读到多少字节 */
)
{
        ......//省略代码



}
```

⑤ f_write。该函数用于写入文件数据,代码如下。

程序清单 29.2.9　f_write 函数

```
FRESULT f_write (
    FIL * fp,               /* 指向文件对象     */
    const void * buff,      /* 指向数据缓冲区   */
    UINT btw,               /* 写入多少字节     */
    UINT * bw               /* 实际写入字节数   */
)
{
        ......//省略代码



}
```

(2) 完整代码。主程序中实现很简单,调用函数流程如下:

① f_mount 挂载 SD 卡;

② f_open 创建 write. txt 文件,并允许写入访问;

③ f_write 写入数据到 write. txt 文件;

④ f_read 读取 write.txt 文件中的内容并通过串口进行打印。

完整代码如下。

程序清单 29.2.10　完整代码

```
# include "SmartM_M4.h"


/* ----------------------------------------------------- */
/*                    全局变量              */
/* ----------------------------------------------------- */


STATIC FATFS fs;          //声明文件系统对象
STATIC FIL    fdst;       //声明文件对象


STATIC UINT8 CONST g_szTextBuf[] = {"SmartM - M451 By SmartMcu"};


/* ***************************************
* 函数名称:main
* 输入:无
* 输出:无
* 功能:函数主体
***************************************/
INT32 main(void)
{
    UINT32 bw = 0, br = 0;
    UINT8   buf[512] = {0};
    UINT8   rt = 0;

    PROTECT_REG
    (
        /* 系统时钟初始化 */
        SYS_Init(PLL_CLOCK);

        /* 串口 0 初始化 */
        UART0_Init(115200);
    )


    printf("\r\n ===============================\r\n");
    printf("\r\n                    FATFS Test            \r\n");
    printf("\r\nSD:FATFS write and read             \r\n");
```

```
printf("\r\n ================================\r\n");

/*    SD 卡初始化  */
while(disk_initialize(0))
{
    Delayms(500);
    printf("Please insert SD Card\r\n");
}

/*    挂载 SD 卡  */
f_mount(0,&fs);


/*    创建文件并可对其写入  */
rt = f_open(&fdst,"0:/Write.txt",FA_CREATE_ALWAYS | FA_WRITE);

if ( rt == FR_OK )
{
    printf("创建 Write.txt 成功\r\n");
    /* 将缓冲区的数据写到文件中  */
    rt = f_write(&fdst,g_szTextBuf, sizeof(g_szTextBuf), &bw);
    /* 关闭文件  */
    f_close(&fdst);

    printf("写入 Write.txt 成功\r\n");
}
else
{
    printf("@创建 Write.txt 失败\r\n");
}

f_close(&fdst);

Delayms(1000);

printf("\r\n ----------------------------------------\r\n");

rt = f_open(&fdst,"0:/Write.txt",FA_READ);//打开文件

if(rt == FR_OK)
{
    printf("打开 Write.txt 成功\r\n");
```

```
        f_read(&fdst,buf,512,(UINT32 * )&br);

        if(br)
        {
            printf(" > 读取内容如下:\r\n");
            printf("% s",buf);
        }
        else
        {
            printf("@读取数据失败\r\n");
        }
    }

    f_close(&fdst);



    while(1);
}
```

（3）代码分析如下。

① 调用 f_open 函数在 SD 卡顶层总是创建 Write.txt 文件,并具有写入的权限,创建成功后返回值为 FR_OK。

② 调用 f_write 函数对 Write.txt 文件写入数据,写入数据为 g_szTextBuf 中的内容"SmartM-M451 By SmartMcu"。

③ 调用 f_close 函数关闭 Write.txt 文件。

④ 再次调用 f_open 函数打开 Write.txt 文件,检查当前 Write.txt 文件创建是否成功。

⑤ 调用 f_read 函数对 Write.txt 文件内容进行读取,若读取成功,返回值为 FR_OK,同时将读取到的内容保存到 buf 数组中,并将读取到的数据打印到串口中。

⑥ 调用 f_close 函数关闭 Write.txt 文件,结束对该文件的任何操作。

3. 下载验证

通过 NuLink 仿真下载器将程序下载到 SmartM-M451 迷你板后,打开单片机多功能调试助手,进入串口调试页面,可以观察到创建 Write.txt 文件成功,并能够读取到该文件的内容为"SmartM-M451 By SmartMcu",如图 29.2.2 所示。

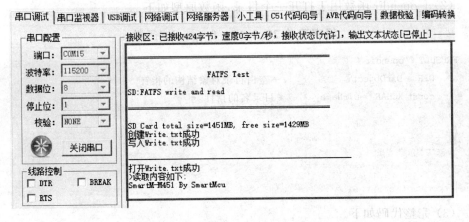

图 29.2.2　创建 Write.txt 文件成功

29.2.3　遍历根目录

【实验要求】基于 SmartM-M451 系列开发板：遍历根目录。

1. 硬件设计

参考"28.2.1　显示信息"一节中的硬件设计。

2. 软件设计

代码位置：\SmartM-M451\迷你板\入门代码\【FATFS】【SD 卡遍历根目录】

（1）使用 FATFS 文件系统，就像 Windows 中 FAT32 的文件系统，能够了解到当前文件的大小、类型，可以修改文件的名字等，而且提供了查找文件的功能，同样 FATFS 文件系统也提供了类似的功能，需要调用 f_opendir 函数。调用 f_opendir 得传入参数 DIR，DIR 结构体具体如下。

程序清单 29.2.11　DIR 结构体

```
typedef struct {
    FATFS * fs;              /* 指向文件系统对象的所有者 */
    WORD id;                 /* 文件系统所有者挂载的 ID */
    WORD index;             /* 当前读/写索引号 */
    DWORD sclust;           /* 表开始簇群集（0:Root dir）*/
    DWORD clust;            /* 当前簇 */
    DWORD sect;             /* 当前扇区 */
    BYTE * dir;             /* 指向 win[]中当前有效的短型文件名 */
    BYTE * fn;              /* 指向短型文件名（in/out）{file[8],ext[3],status[1]} */
#if _USE_LFN
    WCHAR * lfn;            /* 指向长型文件名的工作缓冲区 */
    WORD lfn_idx;          /* 上一次匹配的长文件名索引号（0xFFFF:No LFN）*/
#endif
} DIR;
```

（2）f_opendir 函数用于打开一个目录，函数原型如下。

程序清单 29.2.12　f_opendir 函数

```
FRESULT f_opendir (
    DIR * DirObject,            /* 空白目录对象结构的指针 */
    const XCHAR * DirName      /* 目录名的指针 */
);
{
    ……

}
```

（3）完整代码如下。

程序清单 29.2.13　完整代码

```
#include "SmartM_M4.h"


/* ------------------------------------------------------ */
/*                    全局变量                              */
/* ------------------------------------------------------ */


STATIC FATFS fs;            //声明文件系统对象


/* ------------------------------------------------------ */
/*                    函数                                 */
/* ------------------------------------------------------ */



/*********************************************
* 函数名称:main
* 输    入:无
* 输    出:无
* 功    能:函数主体
*********************************************/
INT32 main(void)
{
    DIR dir;

    FILINFO fileinfo;

    UINT8    rt = 0;
```

```
UINT32 unNumofFile = 0;

PROTECT_REG
(
    /* 系统时钟初始化 */
    SYS_Init(PLL_CLOCK);

    /* 串口 0 初始化 */
    UART0_Init(115200);
)

printf("\r\n ===================================\r\n");
printf("\r\n                    FATFS Test                    \r\n");
printf("\r\nSD:FATFS Search root file                    \r\n");
printf("\r\n ===================================\r\n");

/*   SD 卡 初始化 */
while(disk_initialize(0))
{
    Delayms(500);
    printf("Please insert SD Card\r\n");
}

/*   挂载 SD 卡 */
f_mount(0,&fs);

printf("\r\nSD Card File:\r\n");

/* 搜索根目录文件 */
if (FR_OK == f_opendir(&dir,(const TCHAR * )"0:/"))
{
    while(1)
    {
        memset(fileinfo.fname,0,sizeof fileinfo.fname);

        rt = f_readdir(&dir, &fileinfo);                      //读取目录下的一个文件
        if (rt != FR_OK || fileinfo.fname[0] == 0) break;//错误了/到末尾了,退出
        //if (fileinfo.fname[0] == '.') continue;              //忽略上级目录

        unNumofFile ++ ;

        printf("[ % 02X] % s\r\n",unNumofFile,fileinfo.fname);
```

```
        }

    }
    else
    {

        printf("SD Card No File\r\n");
    }

    while(1);
}
```

（4）代码分析如下。

① 调用 f_opendir 函数打开对应的目录，当前目录为根目录。

② 调用 f_readdir 函数读取目录下的文件，若检测到新的文件，则 unNumofFile 变量自加 1，并打印出当前的文件名；若检测到最后一个文件，则跳出该循环。

3．下载验证

通过 NuLink 仿真下载器将程序下载到 SmartM-M451 迷你板后，打开单片机多功能调试助手，进入串口调试页面，可以观察到当前 SD 卡根目录的所有文件与文件夹，如图 29.2.3 所示。

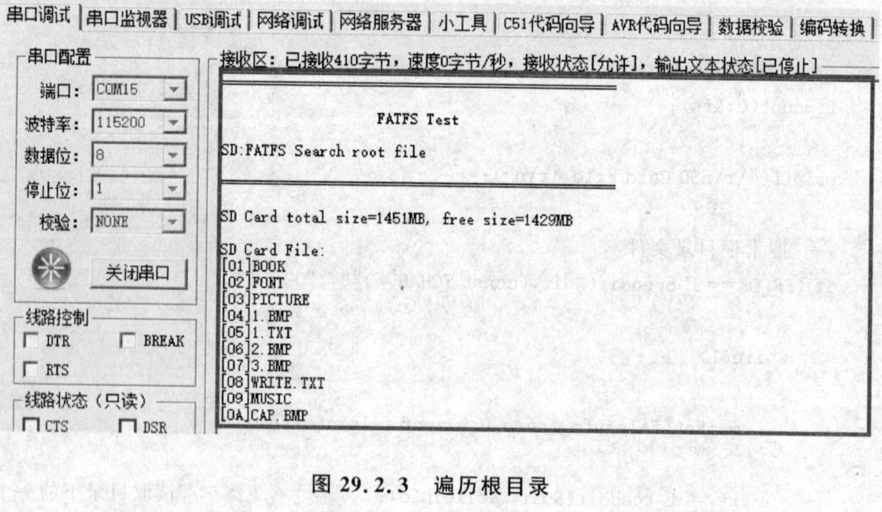

图 29.2.3 遍历根目录

29.2.4 格式化

【实验要求】基于 SmartM-M451 系列开发板：格式化 SD 卡。

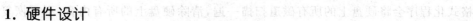

1. 硬件设计

参考"28.2.1 显示信息"一节中的硬件设计。

2. 软件设计

代码位置:\SmartM-M451\迷你板\入门代码\【FATFS】【SD 卡格式化】

格式化是指对磁盘或磁盘中的分区(Partition)进行初始化的一种操作,这种操作通常会导致现有的磁盘或分区中所有的文件被清除。

格式化,简单地说,就是把一张空白的盘划分成一个个小区域并编号,供计算机储存、读取数据。没有这项工作,计算机就不知在哪写,从哪读。

格式化这一概念原来只应用于计算机硬盘,随着电子产品不断发展,很多存储器都用到了"格式化"这一名词,狭义的理解,就等于数据清零,删掉存储器内的所有数据,并将存储器恢复到初始状态。

硬盘必须先经过分区才能使用(Linux 则不需要分区就可使用,也可分区后使用),磁盘经过分区之后就是对硬盘进行高级格式化(FORMAT)的工作。硬盘都必须格式化才能使用,有时候格式化格式不对会使得设备不被认可读取。

格式化是在磁盘中建立磁道和扇区,磁道和扇区建立好之后,计算机才可以使用磁盘来储存数据。

这里我们用一个形象的比喻:假如硬盘是一间大的清水房,我们把它隔成三居室(分成 3 个区);但是我们还不能马上入住,之前还必须对每个房间进行清洁和装修,那么这里的格式化就是"清洁和装修"这一步了! 另外,硬盘使用前的高级格式化还能识别硬盘磁道和扇区有无损伤,如果格式化过程畅通无阻,硬盘一般无大碍。

格式化通常分为低级格式化(普通格式化)和高级格式化(快速格式化,见图 29.2.4)。如果没有特别指明,对硬盘的格式化通常是指高级格式化,而对软盘的格式化通常同时包括这两者。两者的区别在于:快速格式化仅仅是清掉FAT 表(文件分配表),使系统认为盘上没有文件了,并不真正格式化全部硬盘,快速格式化后可以通过工具恢复硬盘数

图 29.2.4 快速格式化

据,快速格式化的速度比普通格式化要快得多就是这个原因;不选快速格式化,普通

格式化程序会将硬盘上的所有磁道扫描一遍,清除硬盘上的所有内容,不可恢复,普通格式化可以检测出硬盘上的坏道,速度会慢一些。

(1) 格式化用到的函数是 f_mkfs,原型如下。

程序清单 29.2.14   f_mkfs 函数

```
FRESULT f_mkfs (
  const TCHAR * path,    /* 逻辑驱动器号 */
  BYTE   sfd,            /* 分区规则 */
  UINT   au              /* 分配单元的大小 */
)
{
    /* =================== 部分代码  =================== */
    //1.获取扇区大小
if (disk_ioctl(pdrv, GET_SECTOR_SIZE, &SS(fs)) != RES_OK || SS(fs) > _MAX_SS)
…………………………

    //2.获取扇区总数目
if (disk_ioctl(pdrv, GET_SECTOR_COUNT, &n_vol) != RES_OK || n_vol < 128)
    ………………………

    //3.获取块大小,即每块有多少个扇区
if (disk_ioctl(pdrv, GET_BLOCK_SIZE, &n) != RES_OK || ! n || n > 32768) n = 1;
    ………………………
    //4.刷新磁盘缓存
return (disk_ioctl(pdrv, CTRL_SYNC, 0) == RES_OK) ? FR_OK:FR_DISK_ERR;
}
```

(2) 为了完整完成 f_mkfs 的功能,disk_ioctl 函数必须包含以下 4 个操作,这 4 个宏定义在 diskio.h 中。

- GET_SECTOR_SIZE:获取扇区大小。
- GET_SECTOR_COUNT:获取扇区总数目。
- GET_BLOCK_SIZE:获取块大小,即每块有多少个扇区。
- CTRL_SYNC:刷新磁盘缓存。

disk_ioctl 函数代码如下。

程序清单 29.2.15   disk_ioctl 函数

```
#define BLOCK_SIZE            512 /* 当前块的大小为 512 字节 */

DRESULT disk_ioctl (
    BYTE drv,        /* 逻辑驱动器号 */
    BYTE ctrl,       /* 控制码 */
    void * buff      /* 缓冲发送/接收控制数据 */
```

```
)
{
        DRESULT res = 0;

        switch(ctrl)
        {
            /* 刷新磁盘缓存 */
            case CTRL_SYNC:
            {
                    SD_CS(0);

                if(SD_WaitReady() == 0)res = RES_OK;
                    else res = RES_ERROR;

                    SD_CS(1);

            } break;

            /* 获取扇区大小 */
            case GET_SECTOR_SIZE:
            {
                    *(WORD *)buff = 512;
                    res = RES_OK;
            }break;

            /* 获取块大小 */
            case GET_BLOCK_SIZE:
            {
                    *(WORD *)buff = 8;
                    res = RES_OK;

            }break;
                /* 获取扇区总数目 */
            case GET_SECTOR_COUNT:
            {
                    *(DWORD *)buff = SD_GetSectorCount();
                    res = RES_OK;

            }break;
```

```
                default:
                    res = RES_PARERR;
                    break;
        }


    return res;
}
```

（3）完整代码如下。

程序清单 29.2.16　完整代码

```
#include "SmartM_M4.h"

/* ---------------------------------------------------------- */
/*                      全局变量                               */
/* ---------------------------------------------------------- */

STATIC FATFS fs;          //声明文件系统对象

/* ---------------------------------------------------------- */
/*                      函数                                  */
/* ---------------------------------------------------------- */

/* *********************************************
* 函数名称:fat_getfree
* 输    入:drv    -驱动器号
           total  -总容量
           free   -空闲容量
* 输    出:无
* 功    能:函数主体
********************************************** */
STATIC UINT8 fat_getfree(UINT8 *drv,UINT32 *total,UINT32 *free)
{
    FATFS *fs1;
    UINT8  rt;
    UINT32 fre_clust = 0, fre_sect = 0, tot_sect = 0;

    //得到磁盘信息及空闲簇数量
    rt = f_getfree((const TCHAR *)drv, &fre_clust, &fs1);

    if(rt == 0)
    {
        tot_sect = (fs1->n_fatent - 2) * fs1->csize;     //得到总扇区数
        fre_sect = fre_clust * fs1->csize;               //得到空闲扇区数
        *total = tot_sect >> 1;                          //单位为 KB
        *free = fre_sect >> 1;                           //单位为 KB
```

```
    }

    return rt;
}
/ * * * * * * * * * * * * * * * * * * * * * * * * * * * * * * * * * * * *
* 函数名称:main
* 输    入:无
* 输    出:无
* 功    能:函数主体
* * * * * * * * * * * * * * * * * * * * * * * * * * * * * * * * * * * */
INT32 main(void)
{
    UINT32 total,free;

    PROTECT_REG
    (
        / *  系统时钟初始化 * /
        SYS_Init(PLL_CLOCK);

        / *  串口 0 初始化 * /
        UART0_Init();
    )


    printf("\r\n ====================================\r\n");
    printf("\r\n                 FATFS Test                \r\n");
    printf("\r\nSD Card Format                          \r\n");
    printf("\r\n ====================================\r\n");

    / *   SD 卡初始化 * /
    while(disk_initialize(0))
    {
        Delayms(500);
        printf("Please insert SD Card\r\n");
    }

    / *    挂载 SD 卡 * /
    f_mount(0,&fs);

    / *    格式化 SD 卡,并等待很久的时间才能格式化完成 * /
    printf("\r\nSD Card format,please wait......\r\n");

    if(f_mkfs(0,1,512) = = FR_OK)
    {
        printf("\r\nSD Card format sucess\r\n");

    }
```

ARM Cortex-M4 微控制器原理与实践

```
else
{
    printf("\r\nSD Card format fail\r\n");
}


/*    得到 SD 卡的总容量和剩余容量  */
while(fat_getfree("0",&total,&free))
{

    Delayms(500);
    printf("Please format SD Card to fat32\r\n");

}

printf("\r\nSD Card total size = % dMB, free size = % dMB\r\n",total >> 10,free >> 10);

while(1);
}
```

（4）代码分析如下。

① 调用 f_mkfs 对 SD 卡使用 FDISK 进行格式化，会在驱动器的第一个扇区创建一个分区表，然后文件系统被创建在分区上，同时每个簇的大小为 512 字节。SD 卡容量越大，格式化所花的时间越久。一般格式化所花的时间都需要数分钟。

② 格式化成功后，调用 fat_getfree 函数来获取当前 SD 卡的总容量与空闲容量。

3. 下载验证

通过 NuLink 仿真下载器将程序下载到 SmartM-M451 迷你板后，进入单片机多功能调试助手的串口调试页面，打印信息如图 29.2.5 所示。

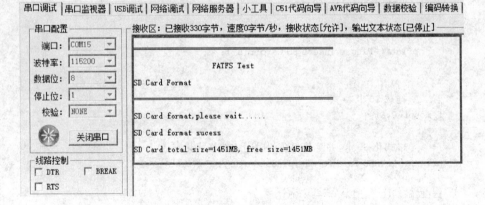

图 29.2.5   格式化 SD 卡成功

## 第 30 章

文字显示

30.1　GB2312 简介

常用的汉字内码系统有 GB2312、GB13000、GBK、BIG5（繁体）等几种，其中 GB2312 支持的汉字仅有几千个，但是完全能满足我们一般应用的要求。

本实例我们将制作一个 GB2312 标准字库，制作好的字库放在 SD 卡里面，然后通过 SD 卡将字库文件复制到外部 Flash 芯片 W25Q64 里，这样，W25Q64 就相当于一个汉字字库芯片了。汉字在液晶上的显示原理与前面显示字符的是一样的。汉字在液晶上的显示其实就是一些点的显示与不显示，这就相当于我们的笔一样，有笔经过的地方就画出来，没经过的地方就不画。所以要显示汉字，首先要知道汉字的点阵数据，这些数据可以由专门的软件来生成。只要知道了一个汉字点阵的生成方法，那么在程序里就可以把这个点阵数据解析成一个汉字，这样就可以推及整个汉字库了。

汉字在各种文件里面的存储不是以点阵数据的形式存储的（否则占用的空间就太大了），而是以内码的形式存储的，就是 GB2312/GBK/BIG5 等这几种的一种，每个汉字对应着一个内码，在知道了内码之后再去字库里面查找这个汉字的点阵数据，然后在液晶上显示出来。这个过程是看不到的，但是计算机是要去执行的。

单片机显示汉字也与此类似：汉字内码（GBK/GB2312）查找点阵库解析显示。所以，只要有了整个汉字库的点阵，就可以把计算机上的文本信息在单片机上显示出来了。这里要解决的最大问题就是制作一个与汉字内码对得上号的汉字点阵库，而且要方便单片机的查找。在该章节中，我们使用的是 GB2312 标准的 HZK16 字库，16×16点阵。HZK16 的 GB2312 - 80 支持的汉字有 6 763 个，符号 682 个。其中，一级汉字有 3 755 个（按声序排列），二级汉字有 3 008 个（按偏旁部首排列）。我们在一些应用场合根本用不到这么多汉字字模，所以在应用时可以提取部分字体作为己用。

HZK16 字库里的 16×16 汉字一共需要 256 个点来显示，也就是说，需要 32 个字节才能达到显示一个普通汉字的目的。我们知道一个 GB2312 汉字是由两个字节编码的，范围为 A1A1～FEFE。A1～A9 为符号区，B0～F7 为汉字区，每一个区有 94 个字符（注意：这只是编码的许可范围，不一定都有字形对应，比如符号区就有很多编码空白区域）。下面以汉字"我"为例，介绍如何在 HZK16 文件中找到它对应的

32 个字节的字模数据。

前面说到一个汉字占两个字节,这两个中前一个字节为该汉字的区号,后一个汉字为该字的位号。其中,每个区记录 94 个汉字,位号为该字在该区中的位置,所以要找到"我"在 HZK16 库中的位置就必须得到它的区码和位码。

区码:区号(汉字的第一个字节——0xA0)。因为汉字编码是从 0xA0 区开始的,所以文件最前面就是从 0xA0 区开始,要算出相对区码。

位码:位号(汉字的第二个字节——0xA0)。

这样,就可以得到汉字在 HZK6 字库中的绝对偏移位置:

$$偏移值＝(94×(区码－1)＋(位码－1))×32$$

注解:

(1) 区码减 1 是因为数组是从 0 开始而区号位号是以 1 开始的;

(2) (94×(区码－1)＋(位码－1))是一个汉字字模占用的字节数;

(3) 最后乘以 32 是因为汉字库每个文字从该位置起的 32 字节信息记录该字的字模信息(前面提到一个汉字要有 32 个字节显示)。

这里已经详细介绍了 GB2312 汉字字库的组成。

30.2　ASCII 简介

在计算机中,所有的数据在存储和运算时都要使用二进制数表示(因为计算机用高电平和低电平分别表示 1 和 0),像 a、b、c、d 这样的 52 个字母(包括大写)以及 0、1 等数字,还有一些常用的符号(例如 ＊、#、@等),在计算机中存储时也要使用二进制数来表示。具体用哪些二进制数字表示哪个符号,每个人都可以约定自己的一套(这就叫编码),但大家如果要想互相通信而不造成混乱,那么就必须使用相同的编码规则,于是美国有关的标准化组织就出台了所谓的 ASCII 编码,统一规定了上述常用符号用哪些二进制数来表示。

美国标准信息交换代码是由美国国家标准学会(American National Standard Institute,ANSI)制定的,标准的单字节字符编码方案用于基于文本的数据,起始于 20 世纪 50 年代后期,在 1967 年定案。它最初是美国国家标准,供不同计算机在相互通信时用作共同遵守的西文字符编码标准,后来被国际标准化组织(International Organization for Standardization,ISO)定为国际标准,称为 ISO－646 标准,适用于所有拉丁文字字母。

ASCII 码使用指定的 7 位或 8 位二进制数组合来表示 128 或 256 种可能的字符。标准 ASCII 码也叫基础 ASCII 码,使用 7 位二进制数来表示所有的大写和小写字母,数字 0～9,标点符号,以及在美式英语中使用的特殊控制字符。其中:

0～31 及 127(共 33 个)是控制字符或通信专用字符(其余为可显示字符),如控制符 LF(换行)、CR(回车)、FF(换页)、DEL(删除)、BS(退格)、BEL(响铃)等,通信专用字符 SOH（文头）、EOT（文尾）、ACK（确认）等，ASCII 值 8、9、10 和 13 分别转换为退格、制表、换行和回车字符。它们并没有特定的图形显示，但会依不同的应用程序，而对文本显示有不同的影响。

32～126（共 95 个）是字符（32 是空格），其中：48～57 为 0～9 十个阿拉伯数字。

65～90 为 26 个大写英文字母，97～122 号为 26 个小写英文字母，其余为一些标点符号、运算符号等。

同时还要注意，在标准 ASCII 中，其最高位（b7）用作奇偶校验位。所谓奇偶校验，是指在代码传送过程中用来检验是否出现错误的一种方法，一般分奇校验和偶校验两种。奇校验规定：正确的代码一个字节中 1 的个数必须是奇数，若非奇数，则在最高位 b7 添 1。偶校验规定：正确的代码一个字节中 1 的个数必须是偶数，若非偶数，则在最高位 b7 添 1。

后 128 个称为扩展 ASCII 码。许多基于 x86 的系统都支持使用扩展（或"高"）ASCII。扩展 ASCII 码允许将每个字符的第 8 位用于确定附加的 128 个特殊符号字符、外来语字母和图形符号。

常见的 ASCII 码表如表 30.2.1 所列。

表 30.2.1 ASCII 码表

Bin	Dec	Hex	缩写/字符	解 释
0000 0000	0	00	NUL(null)	空字符
0000 0001	1	01	SOH(start of headline)	标题开始
0000 0010	2	02	STX (start of text)	正文开始
0000 0011	3	03	ETX (end of text)	正文结束
0000 0100	4	04	EOT (end of transmission)	传输结束
0000 0101	5	05	ENQ (enquiry)	请求
0000 0110	6	06	ACK (acknowledge)	收到通知
0000 0111	7	07	BEL (bell)	响铃
0000 1000	8	08	BS (backspace)	退格
0000 1001	9	09	HT (horizontal tab)	水平制表符
0000 1010	10	0A	LF (NL line feed, new line)	换行键
0000 1011	11	0B	VT (vertical tab)	垂直制表符
0000 1100	12	0C	FF (NP form feed, new page)	换页键
0000 1101	13	0D	CR (carriage return)	回车键
0000 1110	14	0E	SO (shift out)	不用切换
0000 1111	15	0F	SI (shift in)	启用切换
0001 0000	16	10	DLE (data link escape)	数据链路转义

Bin	Dec	Hex	缩写/字符	解　释
0001 0001	17	11	DC1 (device control 1)	设备控制 1
0001 0010	18	12	DC2 (device control 2)	设备控制 2
0001 0011	19	13	DC3 (device control 3)	设备控制 3
0001 0100	20	14	DC4 (device control 4)	设备控制 4
0001 0101	21	15	NAK (negative acknowledge)	拒绝接收
0001 0110	22	16	SYN (synchronous idle)	同步空闲
0001 0111	23	17	ETB (end of trans. block)	传输块结束
0001 1000	24	18	CAN (cancel)	取消
0001 1001	25	19	EM (end of medium)	介质中断
0001 1010	26	1A	SUB (substitute)	替补
0001 1011	27	1B	ESC (escape)	换码(溢出)
0001 1100	28	1C	FS (file separator)	文件分割符
0001 1101	29	1D	GS (group separator)	分组符
0001 1110	30	1E	RS (record separator)	记录分离符
0001 1111	31	1F	US (unit separator)	单元分隔符
0010 0000	32	20	(space)	空格
0010 0001	33	21	!	—
0010 0010	34	22	"	—
0010 0011	35	23	#	—
0010 0100	36	24	$	—
0010 0101	37	25	%	—
0010 0110	38	26	&	—
0010 0111	39	27	'	—
0010 1000	40	28	(	—
0010 1001	41	29	)	—
0010 1010	42	2A	*	—
0010 1011	43	2B	+	—
0010 1100	44	2C	,	—
0010 1101	45	2D	—	—
0010 1110	46	2E	.	—
0010 1111	47	2F	/	—
0011 0000	48	30	0	—
0011 0001	49	31	1	—

Bin	Dec	Hex	缩写/字符	解 释
0011 0010	50	32	2	—
0011 0011	51	33	3	—
0011 0100	52	34	4	—
0011 0101	53	35	5	—
0011 0110	54	36	6	—
0011 0111	55	37	7	—
0011 1000	56	38	8	—
0011 1001	57	39	9	—
0011 1010	58	3A	:	—
0011 1011	59	3B	;	—
0011 1100	60	3C	<	—
0011 1101	61	3D	=	—
0011 1110	62	3E	>	—
0011 1111	63	3F	?	—
0100 0000	64	40	@	—
0100 0001	65	41	A	—
0100 0010	66	42	B	—
0100 0011	67	43	C	—
0100 0100	68	44	D	—
0100 0101	69	45	E	—
0100 0110	70	46	F	—
0100 0111	71	47	G	—
0100 1000	72	48	H	—
0100 1001	73	49	I	—
0100 1010	74	4A	J	—
0100 1011	75	4B	K	—
0100 1100	76	4C	L	—
0100 1101	77	4D	M	—
0100 1110	78	4E	N	—
0100 1111	79	4F	O	—
0101 0000	80	50	P	—
0101 0001	81	51	Q	—
0101 0010	82	52	R	

Bin	Dec	Hex	缩写/字符	解　释
0101 0011	83	53	S	—
0101 0100	84	54	T	—
0101 0101	85	55	U	—
0101 0110	86	56	V	—
0101 0111	87	57	W	—
0101 1000	88	58	X	—
0101 1001	89	59	Y	—
0101 1010	90	5A	Z	—
0101 1011	91	5B	[	—
0101 1100	92	5C	\	—
0101 1101	93	5D	]	—
0101 1110	94	5E	ˆ	—
0101 1111	95	5F	_	—
0110 0000	96	60	`	—
0110 0001	97	61	a	—
0110 0010	98	62	b	—
0110 0011	99	63	c	—
0110 0100	100	64	d	—
0110 0101	101	65	e	—
0110 0110	102	66	f	—
0110 0111	103	67	g	—
0110 1000	104	68	h	—
0110 1001	105	69	i	—
0110 1010	106	6A	j	—
0110 1011	107	6B	k	—
0110 1100	108	6C	l	—
0110 1101	109	6D	m	—
0110 1110	110	6E	n	—
0110 1111	111	6F	o	—
0111 0000	112	70	p	—
0111 0001	113	71	q	—
0111 0010	114	72	r	—
0111 0011	115	73	s	—

续表 30.2.1

Bin	Dec	Hex	缩写/字符	解　释
0111 0100	116	74	t	—
0111 0101	117	75	u	—
0111 0110	118	76	v	—
0111 0111	119	77	w	—
0111 1000	120	78	x	—
0111 1001	121	79	y	—
0111 1010	122	7A	z	—
0111 1011	123	7B	{	—
0111 1100	124	7C			—
0111 1101	125	7D	}	—
0111 1110	126	7E	~	—
0111 1111	127	7F	DEL（delete）	删除

ASCII 码直观图如图 30.2.1 所示。

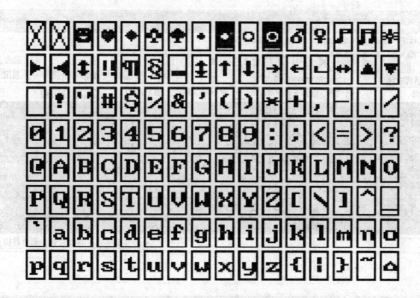

图 30.2.1　ASCII 直观图

平时显示中更涉及数字、英文字母及符号的问题，这里调用到 ASC16 字库，这个就比 GB2312 简单多了，每个 ASCII 码都由 16 个字节组成，即 8×16，因此得出绝对偏移值位置：

$$偏移值＝ASCII 码值×16$$

30.3　实　验

30.3.1　取模显示字体

【实验要求】SmartM-M451 系列开发板：取模显示字体。

1. 硬件设计

（1）参考"17.3.1　读 ID"一节中的硬件设计。

（2）参考"27.4.1　颜色显示"一节中的硬件设计。

（3）参考"27.4.3　坐标校准"一节中的硬件设计。

（4）参考"28.2.1　显示信息"一节中的硬件设计。

2. 软件设计

代码位置：\SmartM-M451\迷你板\进阶代码\【TFT】【取模显示汉字】

1）如何生成点阵数据

生成点阵数据可以采用软件"PCtoLCD2002"软件进行生成，如图 30.3.1 所示。

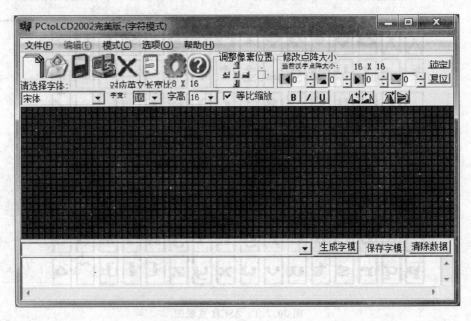

图 30.3.1　PCtoLCD2002

在生成点阵数据前，必须按照图 30.3.2 设置好"点阵格式（阴码）"、"取模方式（逐行式）"、"取模走向（顺向-高位在前）"、"输出数制（十六进制数）"等。

当设置好【字模选项】对话框后，就要在数据区输入要显示的数据，例如"温子祺"，然后单击【生成字模】按钮，如图 30.3.3 所示。

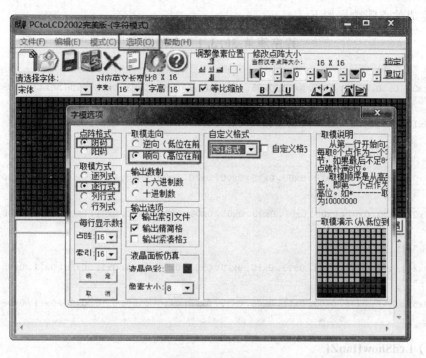

图 30.3.2 字模选项

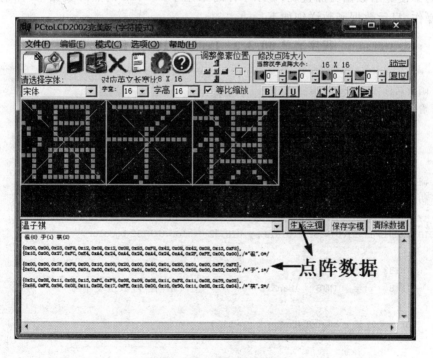

图 30.3.3 生成点阵数据

生成的点阵数据如下。

程序清单 30.3.1 点阵数据

```
/*"温",0 */
{0x00,0x00,0x23,0xF8,0x12,0x08,0x12,0x08,0x83,0xF8,0x42,0x08,0x42,0x08,0x13,
0xF8},
{0x10,0x00,0x27,0xFC,0xE4,0xA4,0x24,0xA4,0x24,0xA4,0x24,0xA4,0x2F,0xFE,0x00,
0x00},
/*"子",1 */
{0x00,0x00,0x7F,0xF8,0x00,0x10,0x00,0x20,0x00,0x40,0x01,0x80,0x01,0x00,0xFF,
0xFE},
{0x01,0x00,0x01,0x00,0x01,0x00,0x01,0x00,0x01,0x00,0x01,0x00,0x05,0x00,0x02,
0x00},
/*"祺",2 */
{0x21,0x08,0x11,0x08,0x13,0xFC,0xF9,0x08,0x09,0x08,0x11,0xF8,0x11,0x08,0x39,
0x08},
{0x55,0xF8,0x95,0x08,0x11,0x08,0x17,0xFE,0x10,0x00,0x10,0x90,0x11,0x08,0x12,
0x04},
```

2) LcdShowHanZi

为了使显示数据更加直观,显示字体时采用了 64×64 的点阵数据,具体请大家自行操作,显示数据函数详细如下。

程序清单 30.3.2 LcdShowHanZi 函数

```
/*********************************************
* 函数名称:LcdShowHanZi
* 输    入:x          横坐标
          y          纵坐标
          color      字体颜色
          bgcolor    字体背景色
* 输    出:无
* 功    能:LCD 显示时采用存储在 Flash 中的字体
*********************************************/
VOID LcdShowHanZi(UINT32 x,UINT32 y,UINT32 dcolor,UINT32 bgcolor)
{
    UINT32 i,j,k;
    UINT8 * pt = (UINT8 * )HanZi;              //指向点阵数组缓冲区

    for(k = 0; k < sizeof HanZi; k + = 512)
    {

        LcdAddressSet(x,y,x + 63,y + 63);      //设置显示区域
```

```
                /*   点阵数据为 64×64 共 4 096 个点 */
                for(j = 0;j < 512;j ++ )
                {
                        for(i = 0;i < 8;i ++ )
                        {
                                if((* pt&(1 ≪ (7 - i)))! = 0)
                                {
                                        LcdWriteData(dcolor ≫ 8,dcolor);   //显示的点
                                }
                                else
                                {
                                        LcdWriteData(bgcolor ≫ 8,bgcolor); //不显示的点
                                }
                        }

                        pt ++ ;
                }

                y+ = 64;
        }
}
```

3) 主程序设计

主程序直接调用了显示汉字函数 LcdShowHanZi,并每隔 500 ms 改变字体颜色,代码如下。

程序清单 30.3.3　main 函数

```
/******************************************
* 函数名称:main
* 输      入:无
* 输      出:无
* 功      能:函数主体
******************************************/

int32_t main(void)
{
    UINT32 i = 0;

    PROTECT_REG
    (
        /* 系统时钟初始化 */
        SYS_Init(PLL_CLOCK);
```

```
)

    /* LCD 初始化 */
    LcdInit();

    /* 刷屏为白色 */
    LcdCleanScreen(WHITE);

    /* 打开 LCD 背光灯 */
    LCD_BL(0);


    while(1)
    {

        if(i > 0x3FFF)
        {
            i = 0;
        }

        /*  显示 64×64 汉字,并每隔 500 ms 自行更改颜色 */
        LcdShowHanZi(80,80,BLUE + i,WHITE);

        Delayms(500);

        i + = 100;
    }
}
```

3. 下载验证

下载代码成功后,通过 TFT 屏可以观察到 3 个 64×64 的汉字显示到屏幕上,并每隔 500 ms 进行颜色变化,如图 30.3.4～图 30.3.6 所示。

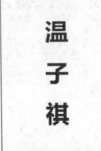

图 30.3.4 显示蓝色字体   图 30.3.5 显示绿色字体   图 30.3.6 显示紫色字体

30.3.2　字库显示字体

【实验要求】SmartM-M451 系列开发板：通过读取存储在 SPI Flash 中的 HZK16、ASC16 字库进行文字显示。

1. 硬件设计

（1）参考"17.3.1　读 ID"一节中的硬件设计。

（2）参考"27.4.1　颜色显示"一节中的硬件设计。

（3）参考"27.4.3　坐标校准"一节中的硬件设计。

（4）参考"28.2.1　显示信息"一节中的硬件设计。

2. 软件设计

代码位置：\SmartM-M451\迷你板\进阶代码\【TFT】【FATFS】【字库显示文字】

1）确定文字的绝对偏移值

在前文中已经说到，在 HZK16 与 ASC16 字库中的汉字都有自己对应的绝对偏移值，例如在 HZK16 字库中汉字绝对偏移值公式如下：

$$偏移值＝(94×(区码-1)+(位码-1))×32$$

在 ASC16 字库中，字符的绝对偏移值公式如下：

$$偏移值＝ASCII 码值×16$$

2）确定文字是汉字还是 ASCII 码

汉字是双字节，ASCII 码是单字节，那么如何判断呢？这很简单，因为 ASCII 码最大值是 0x7F，即 127，可以通过检测第一个字节数据判断是汉字还是 ASCII 码。LcdShowFont 函数代码如下。

程序清单 30.3.4　LcdShowFont 函数

```
STATIC VOID LcdShowFont(UINT16 x,UINT16 y,UINT8 * pucCode,UINT16 usColor,UINT16 usBgcolor)
{
    UINT32    FontOffset;
    UINT32    rt = 0,i = 0,j = 0,br = 0;
    UINT8     buf[32] = {0};

    /* 检测到当前输入的是汉字 */
    if(pucCode[0]&0x80)
    {
        FontOffset = (94 * ((UINT8) pucCode[0] - 0xA1 ) + ( (UINT8)pucCode[1] - 0xA1 ) ) << 5;

        /*   打开字库文件   */
        if(g_unFontPos == LCD_FONT_IN_FLASH)
        {
            /*   打开 SPI Flash 汉字字库   */
            rt = f_open(&g_fLcd,"0:/Font/HZK16",FA_READ);
```

```
    else if(g_unFontPos == LCD_FONT_IN_SD)
    {
        /*    打开 SD 卡中汉字字库   */
        rt = f_open(&g_fLcd,"1:/Font/HZK16",FA_READ);
    }
    else
    {
        rt = 0xFF;
    }

    if(rt)
    {
        return;
    }

    /*    定位到当前汉字所在位置   */
    f_lseek(&g_fLcd,FontOffset);

    /*    读取当前汉字点阵   */
    f_read(&g_fLcd,buf,32,(UINT32 * )&br);

    /*    判断 LCD 显示方向  */
    if(LcdGetDirection()! = LCD_DIRECTION_0)
    {
        /*    重构汉字点阵  */
        LcdRemakeFont(buf,LcdGetDirection(),FONT_IS_GBK16);
    }
    /*    设置显示区域     */
    LcdAddressSet(x,y,x + 15,y + 15);

    /*    显示汉字   */
    for(j = 0;j<32;j ++ )
    {
        for(i = 0;i<8;i ++ )
        {
            if((buf[j]&(1 << (7 - i)))! = 0)
            {
                LcdWriteData(usColor);
            }
            else
            {
                LcdWriteData(usBgcolor);
            }
        }
```

```
    }

        f_close(&g_fLcd);


}
/* 检测到当前输入的是 ASC */
else
{

    FontOffset = pucCode[0] << 4;

    /*    打开字库文件   */
    if(g_unFontPos == LCD_FONT_IN_FLASH)
    {
        /*    打开 SPI Flash 中的 ASC 字库   */
        rt = f_open(&g_fLcd,"0:/Font/ASC16",FA_READ);
    }
    else if(g_unFontPos == LCD_FONT_IN_SD)
    {
        /*    打开 SD 卡中的 ASC 字库   */
        rt = f_open(&g_fLcd,"1:/Font/ASC16",FA_READ);
    }
    else
    {
        rt = 0xFF;
    }

    if(rt)
    {
        return;
    }

    /*    定位到当前 ASC 字符所在位置   */
    f_lseek(&g_fLcd,FontOffset);

    /*    读取当前 ASC 字符点阵   */
    f_read(&g_fLcd,buf,16,(UINT32 *)&br);

    /*    判断 LCD 显示方向 */
    if(LcdGetDirection()!= LCD_DIRECTION_0)
    {
        /*    重构 ASC 点阵 */
        LcdRemakeFont(buf,LcdGetDirection(),FONT_IS_ASC16);
    }
```

```
/*   设置显示区域    */
LcdAddressSet(x,y,x + 7,y + 15);

/*   显示 ASC */
for(j = 0;j < 16;j++)
{
    for(i = 0;i < 8;i++)
    {
        if((buf[j]&(1 << (7 - i)))!= 0)
        {
            LcdWriteData(usColor);
        }
        else
        {
            LcdWriteData(usBgcolor);
        }
    }
}

f_close(&g_fLcd);
}
}
```

472

在 LcdShowFont 代码中可以看到一个函数 LcdRemakeFont，该函数用于重构字体的方向，提供显示的便利性，即本来翻转的字体，通过调用 LcdRemakeFont 就可以恢复正常，如图 30.3.7 所示。

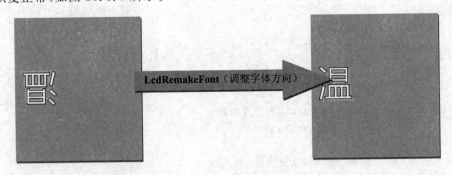

图 30.3.7　字体翻转示意图

因为 LcdShowFont 只能显示单个文字，可是我们平时需要连续显示多个文字，即显示字符串，所以必须对该函数再次加以封装，即 LcdShowString，详见代码如下。

程序清单 30.3.5   **LcdShowString 函数**

```
PIX LcdShowString(UINT16 x,UINT16 y,UINT8 * pucCode,UINT16 usColor,UINT16 usBgColor)
{
    PIX Pix;

    /* 检测当前字符串是否输入结束 */
    while(pucCode && * pucCode)
    {
        /* 显示单个文字 */
        LcdShowFont(x,y,pucCode,usColor,usBgColor);

        /* 若检测到当前是汉字,则 x 坐标偏移值自加 16 */
        if( * pucCode & 0x80)
        {
            pucCode += 2;

            x += 16;
        }
        /* 若检测到当前是 ASC,则 x 坐标偏移值自加 8 */
        else
        {
            pucCode ++ ;

            x += 8;
        }


        /* 检查是否已经整行显示完毕,若是,则执行换行显示操作 */
        if(x > LCD_WIDTH - 8)
        {
            x = 0;

            y += 20;
        }
    }

    Pix.x = x;
    Pix.y = y;

    return Pix;
}
```

LcdShowString 显示字符串函数能够对检测汉字、ASCII 码和换行进行处理,方便平时一大串文字的显示。

3) 主程序

main 函数代码如下。

程序清单 30.3.6　main 函数

```c
#include "SmartM_M4.h"

STATIC FATFS g_fs[2];

/**********************************************
* 函数名称:main
* 输    入:无
* 输    出:无
* 功    能:函数主体
**********************************************/
int32_t main(void)
{
    PROTECT_REG
    (
        /* 系统时钟初始化 */
        SYS_Init(PLL_CLOCK);
    )

    /* LCD 初始化 */
    LcdInit(LCD_FONT_IN_FLASH,LCD_DIRECTION_180);

    /* 打开 LCD 背光灯 */
    LCD_BL(0);

    /* W25QXX 初始化 */
    while(disk_initialize(FATFS_IN_FLASH))
    {
        printf("W25QXX init fail\r\n");
        Delayms(500);
    }

    /* SD 卡初始化 */
    while(disk_initialize(FATFS_IN_SD))
    {
```

474

```
        printf("SD init fail\r\n");
        Delayms(500);
    }


    /*    挂载 W25QXX 和 SD 卡 */
    f_mount(FATFS_IN_FLASH,&g_fs[0]);
    f_mount(FATFS_IN_SD    ,&g_fs[1]);

    /*      清屏      */
    LcdCleanScreen(WHITE);

    LcdFill(0,0,LCD_WIDTH-1,20,RED);
    LcdShowString(20,10,"字库[Flash]显示实验",YELLOW,RED);
    LcdShowString(0,80,"微创环宇科技-SmartMcu",RED,WHITE);
    LcdShowString(40,120,"学好电子,成就自己",RED,WHITE);

    while(1);
}
```

3. 下载验证

下载代码成功后,有两行汉字显示到屏幕上,分别是"微创环宇科技-SmartM-cu"和"学好电子,成就自己",如图30.3.8所示。

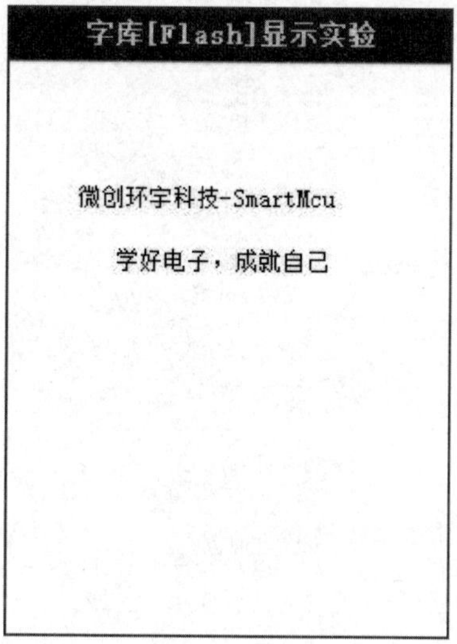

图 30.3.8 字库显示实验

深入重点：

（1）常用的汉字内码系统有 GB2312、GB13000、GBK、BIG5（繁体）等几种，其中 GB2312 支持的汉字仅有几千个，但是完全能满足我们一般应用的要求。

（2）HZK16 字库里的 16×16 汉字一共需要 256 个点来显示，也就是说，需要 32 个字节才能达到显示一个普通汉字的目的。我们知道一个 GB2312 汉字是由两个字节编码的，范围为 A1A1～FEFE。A1～A9 为符号区，B0～F7 为汉字区，每一个区有 94 个字符（注意：这只是编码的许可范围，不一定都有字形对应，比如符号区就有很多编码空白区域）。

（3）汉字在 HZK6 字库中的绝对偏移位置：

$$偏移值＝(94×(区码－1)+(位码－1))×32$$

（4）平时显示中更涉及数字、英文字母及符号的问题，这里调用 ASC16 字库，这个就比 GB2312 简单多了，每个 ASCII 码都由 16 个字节组成，即 8×16，因此得出绝对偏移值位置：

$$偏移值＝ASC 码值×16$$

## 第 31 章

位图编解码

31.1 简 介

位图图像(Bitmap,BMP),亦称为点阵图像或绘制图像,是由称为像素(图片元素)的单个点组成的。这些点可以进行不同的排列和染色以构成图样。当放大位图时,可以看见构成整个图像的无数单个方块。扩大位图尺寸的效果是增大单个像素,从而使线条和形状显得参差不齐。然而,如果从稍远的位置观看它,位图图像的颜色和形状又显得是连续的。

在红绿色盲体检时,工作人员会给体检人一个本子,在这个本子上有一些图像,它们都是由一个个的点组成的,这和位图图像其实是差不多的。由于每一个像素都是单独染色的,可以通过以每次一个像素的频率操作选择区域而产生近似相片的逼真效果,诸如加深阴影和加重颜色。缩小位图尺寸也会使原图变形,因为此举是通过减少像素来使整个图像变小的。同样,由于位图图像是以排列的像素集合体形式创建的,所以不能单独操作(如移动)局部位图。一般情况下,位图是工具拍摄后得到的,如数码相机拍摄的照片。

1. 颜色编码

1) RGB

位图颜色的一种编码方法,用红、绿、蓝三原色的光学强度来表示一种颜色。这是最常见的位图编码方法,可以直接用于屏幕显示。更详细的 RGB 介绍见 27.2 节中的图 27.2.1。

2) CMYK

位图颜色的一种编码方法,用青、品红、黄、黑 4 种颜料含量来表示一种颜色。这是常用的位图编码方法之一,可以直接用于彩色印刷。

2. 图像属性

1) 索引颜色/颜色表

这是位图常用的一种压缩方法。从位图图片中选择最有代表性的若干种颜色(通常不超过 256 种)编制成颜色表,然后将图片中原有颜色用颜色表的索引来表示,这样原图片可以被大幅度有损压缩。这种方式适合于压缩网页图形等颜色数较少的图形,不适合压缩照片等色彩丰富的图形。

2) Alpha 通道

在原有的图片编码方法基础上,增加像素的透明度信息。图形处理中,通常把 RGB 三种颜色信息称为红通道、绿通道和蓝通道,相应的把透明度称为 Alpha 通道。多数使用颜色表的位图格式都支持 Alpha 通道。

3) 色彩深度

色彩深度又叫色彩位数,即位图中要用多少个二进制位来表示每个点的颜色,是分辨率的一个重要指标。常用有 1 位(单色)、2 位(4 色,CGA)、4 位(16 色,VGA)、8 位(256 色)、16 位(增强色)、24 位和 32 位(真彩色)等。色深 16 位以上的位图还可以根据其中分别表示 RGB 三原色或 CMYK 四原色(有的还包括 Alpha 通道)的位数进一步分类,如 16 位位图图片还可分为 R5G6B5、R5G5B5X1(有 1 位不携带信息)、R5G5B5A1、R4G4B4A4 等。

3. 分辨率

处理位图时要着重考虑分辨率。处理位图时,输出图像的质量取决于处理过程开始时设置的分辨率。分辨率是一个笼统的术语,它指一个图像文件中包含的细节和信息的大小,以及输入、输出或显示设备能够产生的细节程度。操作位图时,分辨率既会影响最后输出的质量,也会影响文件的大小。处理位图需要三思而后行,因为给图像选择的分辨率通常在整个过程中都伴随着文件。无论是在一个 300 dpi 的打印机还是在一个 2 570 dpi 的照排设备上印刷位图文件,文件总是以创建图像时所设的分辨率大小印刷,除非打印机的分辨率低于图像的分辨率。如果希望最终输出看起来和屏幕上显示的一样,那么在开始工作前,就需要了解图像的分辨率和不同设备分辨率之间的关系。显然矢量图就不必考虑这么多,矢量图和位图的对比如表 31.1.1 所列。

表 31.1.1 矢量图与位图的对比

图像类型	组　成	优　点	缺　点	常用制作工具
位图	像素	只要有足够多的不同色彩的像素,就可以制作出色彩丰富的图像,逼真地表现自然界的景象	缩放和旋转容易失真,同时文件容量较大	Photoshop、画图等
矢量图像	数学向量	文件容量较小,在进行放大、缩小或旋转等操作时图像不会失真	不易制作色彩变化太多的图像	Flash、CorelDraw 等

31.2 结 构

典型的 BMP 图像文件由 4 部分组成：

（1）位图头文件数据结构，它包含 BMP 图像文件的类型、显示内容等信息；

（2）位图信息数据结构，它包含 BMP 图像的宽、高、压缩方法，以及定义颜色等信息；

（3）调色板，这个部分是可选的，有些位图需要调色板，有些位图，比如真彩色图（24 位的 BMP）就不需要调色板；

（4）位图数据，这部分的内容根据 BMP 位图使用的位数不同而不同，在 24 位图中直接使用 RGB，而其他的小于 24 位的使用调色板中颜色索引值，即图像数据，其紧跟在位图文件头、位图信息头和颜色表（如果有颜色表的话）之后，记录了图像的每一个像素值。对于有颜色表的位图，位图数据就是该像素颜色在调色板中的索引值；对于真彩色图，位图数据就是实际的 R、G、B 值（3 个分量的存储顺序是 B、G、R）。

根据 BMP 的结构，可以自定义以下结构体类型，分别是 BMP 信息头 BITMAP-INFOHEADER、BMP 头文件 BITMAPFILEHEADER、彩色表 REGQUAD，代码如下。

1) BMP 信息头

BMP 信息头代码如下。

程序清单 31.2.1 BMP 信息头

```
typedef __packed struct
{
    UINT32   biSize ;          //说明 BITMAPINFOHEADER 结构所需要的字数
    long  biWidth ;            //说明图像的宽度,以像素为单位
    long  biHeight ;           //说明图像的高度,以像素为单位
    UINT16   biPlanes ;        //为目标设备说明位面数,其值将总是被设为 1
    UINT16   biBitCount ;      //说明比特数/像素,其值为 1、4、8、16、24 或 32
    UINT32   biCompression ;   //说明图像数据压缩的类型。其值可以是下述值之一
//BI_RGB:没有压缩
//BI_RLE8:每个像素 8 比特的 RLE 压缩编码,压缩格式由 2 字节组成(重复像素计数和颜色索引)
//BI_RLE4:每个像素 4 比特的 RLE 压缩编码,压缩格式由 2 字节组成
//BI_BITFIELDS:每个像素的比特由指定的掩码决定
    UINT32 biSizeImage ;       //说明图像的大小,以字节为单位。当用 BI_RGB 格式时
                               //可设置为 0
    long  biXPelsPerMeter;     //说明水平分辨率,用像素/米表示
    long  biYPelsPerMeter ;    //说明垂直分辨率,用像素/米表示
    UINT32 biClrUsed ;         //说明位图实际使用的彩色表中的颜色索引数
    UINT32 biClrImportant;     //说明对图像显示有重要影响的颜色索引的数目,如果是 0
                               //表示都重要
}BITMAPINFOHEADER ;
```

2) BMP 头文件

BMP 头文件代码如下。

程序清单 31.2.2　　BMP 头文件

```
typedef __packed struct
{
    UINT16   bfType ;            //文件标志,只对"BM",用来识别 BMP 位图类型
    UINT32   bfSize ;            //文件大小,占 4 个字节
    UINT16   bfReserved1 ;       //保留
    UINT16   bfReserved2 ;       //保留
    UINT32   bfOffBits ;         //从文件开始到位图数据(Bitmap Data)开始之间的的偏移量
}BITMAPFILEHEADER ;
```

3) 彩色表

彩色表代码如下。

程序清单 31.2.3　　彩色表

```
typedef __packed struct
{
    UINT8   rgbBlue ;           //指定蓝色强度
    UINT8   rgbGreen ;          //指定绿色强度
    UINT8   rgbRed ;            //指定红色强度
    UINT8   rgbReserved ;       //保留,设置为 0
}RGBQUAD ;
```

4) 位图数据

位图数据记录了位图的每一个像素值,记录顺序是扫描行内从左到右,扫描行之间是从下到上。位图的一个像素值所占的字节数:

- 当 biBitCount＝1 时,8 个像素占 1 个字节;
- 当 biBitCount＝4 时,2 个像素占 1 个字节;
- 当 biBitCount＝8 时,1 个像素占 1 个字节;
- 当 biBitCount＝16 时,1 个像素占 2 个字节;
- 当 biBitCount＝24 时,1 个像素占 3 个字节;
- 当 biBitCount＝32 时,1 个像素占 4 个字节。

biBitCount＝1:表示位图最多有两种颜色,默认情况下是黑色和白色,用户也可以自己定义这两种颜色。图像信息头装调色板中将有两个调色板项,称为索引 0 和索引 1。图像数据阵列中的每一位表示一个像素。如果一个位是 0,显示时就使用索引 0 的 RGB 值;如果位是 1,则使用索引 1 的 RGB 值。

biBitCount＝16:表示位图最多有 65 536 种颜色。每个像素用 16 位(2 个字节)表示。这种格式称为高彩色,或叫增强型 16 位色,或 64K 色。它的情况比较复杂,

当 biCompression 成员的值是 BI_RGB 时,它没有调色板。16 位中,最低的 5 位表示蓝色分量,中间的 5 位表示绿色分量,高的 5 位表示红色分量,一共占用了 15 位,最高的一位保留,设为 0。这种格式也被称作 555 的 16 位位图。如果 biCompression 成员的值是 BI_BITFIELDS,那么情况就复杂了,首先是原来调色板的位置被 3 个 DWORD 变量占据,称为红、绿、蓝掩码,分别用于描述红、绿、蓝分量在 16 位中所占的位置。在 Windows 95(或 98)中,系统可接受两种格式的位域:555 和 565。在 555 格式下,红、绿、蓝的掩码分别是 0x7C00、0x03E0、0x001F;在 565 格式下,它们分别为 0xF800、0x07E0、0x001F。用户在读取一个像素之后,可以分别用掩码"与"上像素值,从而提取出想要的颜色分量(当然还要再经过适当的左右移操作)。在 NT 系统中,则没有格式限制,只不过要求掩码之间不能有重叠(注:这种格式的图像使用起来是比较麻烦的,不过因为它的显示效果接近于真彩,而图像数据又比真彩图像小得多,所以,它更多的被用于游戏软件)。

biBitCount=32:表示位图最多有 4 294 967 296(2^{32})种颜色。这种位图的结构与 16 位位图结构非常相似,当 biCompression 成员的值是 BI_RGB 时,它也没有调色板,32 位中有 24 位用于存放 RGB 值,顺序是:最高位保留,红 8 位,绿 8 位,蓝 8 位。这种格式也被称为 888 的 32 位图。如果 biCompression 成员的值是 BI_BITFIELDS 时,原来调色板的位置将被 3 个 DWORD 变量占据,成为红、绿、蓝掩码,分别用于描述红、绿、蓝分量在 32 位中所占的位置。

在 Windows95(或 98)中,系统只接受 888 格式,也就是说 3 个掩码的值将只能是 0xFF 0000、0xFF00、0xFF。而在 NT 系统中,只要注意使掩码之间不产生重叠就行(注:这种图像格式比较规整,因为它是 DWORD 对齐的,所以在内存中进行图像处理时可进行汇编级的代码优化(简单))。

BMP 信息头 BITMAPINFOHEADER、BMP 头文件 BITMAPFILEHEADER、彩色表 REGQUAD 定义好后,我们再次将它们统一在一起,定义新的结构体 BITMAPINFO 去包含它们,代码如下。

程序清单 31.2.4 位图信息

```
typedef __packed struct
{
    BITMAPFILEHEADER bmfHeader;
    BITMAPINFOHEADER bmiHeader;
    UINT32 RGB_MASK[3];      //调色板用于存放 RGB 掩码
    //RGBQUAD bmiColors[256];
}BITMAPINFO;
```

31.3 实 验

31.3.1 位图显示

【实验要求】基于 SmartM-M451 系列开发板：读取 SD 卡位图并通过 LCD 屏显示。

1. 硬件设计

（1）参考"17.3.1 读 ID"一节中的硬件设计。

（2）参考"27.4.1 颜色显示"一节中的硬件设计。

（3）参考"27.4.3 坐标校准"一节中的硬件设计。

（4）参考"28.2.1 显示信息"一节中的硬件设计。

2. 软件设计

代码位置：\SmartM-M451\迷你板\进阶代码\【TFT】【PICTURE】【BMP 显示】

（1）BMP 解码函数。该函数用于位图的解码并同步显示，由于位图文件放到 SD 卡中，必须通过调用 FATFS 的相关函数对其数据进行读取，如 f_open、f_read、f_lseek。对于 Windows 中常用的 16 位位图、24 位位图，该函数也能进行解释，通过对读取到的位图头文件信息 biBitCount 来判断 16 位/24 位位图，如果 biBitCount＝16，则为 16 色位图；如果 biBitCount＝24，则为 24 色位图。读取一个像素之后，可以分别用掩码"与"上像素值，从而提取出想要的颜色分量（当然还要再经过适当的左右移操作），再次通过调用 LcdDrawPoint 来显示像素，详见 BMP_Decode 函数如下。

程序清单 31.3.1　位图解码函数

```
UINT8 BMP_Decode(UINT32 x,UINT32 y,CONST UINT8 * pszBmpPath)
{

    UINT32 br;
    UINT8   color_byte;
    UINT16 color;
    UINT8   res;
    UINT8 * pBuf;                      //数据读取存放地址
    UINT16 readlen = 1200;             //一次从 SD 卡读取的字节数长度


    UINT8 biCompression = 0;           //记录压缩方式


    UINT8 * bmpbuf;                    //数据解码地址
    FIL    * fBmp = &g_Fil;
```

```
UINT32 ImgHeight,ImgWidth;


BITMAPINFO * pbmp;                //临时指针

pBuf = g_ucBmpReadBuf;

/* 打开文件 */
res = f_open(fBmp,pszBmpPath,FA_READ);

/* 打开成功 */
if(res == 0)
{
    /* 读出 BITMAPINFO 信息 */
    f_read(fBmp,pBuf,sizeof(BITMAPINFO),(UINT32 *)&br);

    /* 得到 BMP 的头部信息 */
    pbmp = (BITMAPINFO *)pBuf;

    /* 彩色位 16/24/32 */
    color_byte = pbmp->bmiHeader.biBitCount/8;

    /* 压缩方式 */
    biCompression = pbmp->bmiHeader.biCompression;

    /* 得到图片高度 */
    ImgHeight = pbmp->bmiHeader.biHeight;

    /* 得到图片宽度 */
    ImgWidth = pbmp->bmiHeader.biWidth;

    /* 位图文件数据偏移 54 字节 */
    f_lseek(fBmp,pbmp->bmfHeader.bfOffBits);

    /* 关闭 LCD 显示 */
    LcdDisplayOn(0);

    /* 设置 LCD 显示从右到左,从上到下 */
    LcdDirectionSet(R2L_T2B);

    /* 设置位图显示的 x、y 起始坐标和显示区域 */
```

```
        LcdAddressSet(x,y,ImgWidth-1,ImgHeight-1);

        while(1)
        {
            /* 读出 readlen 个字节 */
            f_read(fBmp,pBuf,readlen,&br);

            if(br < readlen)
            {
                res = 1;
            }

            bmpbuf = pBuf;

            /* 24 位 BMP 图片 */
            if(color_byte == 3)
            {
            while(br)
                {
                        color = (* bmpbuf ++ ) >> 3;                          //B
                        color + = ((UINT16)(* bmpbuf ++ ) << 3)&0X07E0;       //G
                        color + = (((UINT16)* bmpbuf ++ ) << 8)&0XF800;       //R


                        if(br > = 3)br - = 3;
                        else        br = 0;
                    }
            }
            /* 16 位 BMP 图片 */
            else if(color_byte == 2)
            {
                    while(br)
                    {
                            /* RGB:5,5,5 */
                            if(biCompression == BI_RGB)
                            {
                                    color = ((UINT16)* bmpbuf&0X1F);          //R
                                    color += (((UINT16)* bmpbuf ++ )&0XE0) << 1; //G
                                    color += ((UINT16)* bmpbuf ++ ) << 9;     //R,G
                            }
                            /* RGB:5,6,5 */
                            else
```

```
                              {
                                      color = * bmpbuf ++ ;                    //G,B
                                      color += ((UINT16) * bmpbuf ++ ) << 8;    //R,G


                              }

                          if(br > = 2)br -= 2;
                                      else        br = 0;

                          LcdWriteData(color);
                              }


                      }
                  else
                  {
                          f_close(fBmp);

                          break;
                  }

                  if(res)
                  {
                      break;
                  }


              }

          f_close(fBmp);
      }
  else
  {
      res = 0;
  }

  res = 1;

  /* 设置 LCD 显示从左到右,从上到下 */
  LcdDirectionSet(L2R_T2B);

  /* 开启 LCD 显示 */
  LcdDisplayOn(1);
```

```
        return res;
}
```

（2）完整代码如下。

程序清单 31.3.2　完整代码

```
#include "SmartM_M4.h"

/* ------------------------------------------------------- */
/*                      全局变量                *         */
/* ------------------------------------------------------- */

STATIC FATFS g_fs[2];

/* ------------------------------------------------------- */
/*                        函数          *                  */
/* ------------------------------------------------------- */

/********************************************
* 函数名称:main
* 输入:无
* 输出:无
* 功能:函数主体
********************************************/
INT32 main(void)
{

    PROTECT_REG
    (
        /* 系统时钟初始化 */
        SYS_Init(PLL_CLOCK);

        /* 串口 0 初始化 */
        UART0_Init(115200);
    )

    /* LCD 初始化 */
    LcdInit(LCD_FONT_IN_FLASH.LCD_DIRECTION_180);

    /* 打开 LCD 背光灯 */
    LCD_BL(0);
```

```
/*   SPI Flash 初始化  */
while(disk_initialize(FATFS_IN_FLASH))
{
    printf("spi flash init fail\r\n");
    Delayms(500);
}

/*   挂载 SPI Flash */
f_mount(FATFS_IN_FLASH   ,&g_fs[0]);

/*   SD 卡初始化  */
while(disk_initialize(FATFS_IN_SD))
{
    printf("sd init fail\r\n");
    Delayms(500);
}

/*   挂载 SD 卡 */
f_mount(FATFS_IN_SD   ,&g_fs[1]);

LcdCleanScreen(WHITE);
LcdFill(0,0,LCD_WIDTH - 1,20,RED);
LcdShowString(80,3,"位图显示",YELLOW,RED);


while(1)
{
    /* 显示 SD 卡 Picture 目录中 1.bmp */
    BMP_Decode(0,0,"1:/Picture/1.bmp");
    Delayms(1000);

    /* 显示 SD 卡 Picture 目录中 2.bmp */
    BMP_Decode(0,0,"1:/Picture/2.bmp");
    Delayms(1000);

    /* 显示 SD 卡 Picture 目录中 3.bmp */
    BMP_Decode(0,0,"1:/Picture/3.bmp");
    Delayms(1000);
}
}
```

（3）代码分析如下。

① 调用 BMP_Decode 函数进行位图显示，显示起始坐标为（0,0），图片位置存储

在 SD 卡中的/Picture/1. bmp。

　　② 调用 BMP_Decode 函数进行位图显示，显示起始坐标为(0,0)，图片位置存储在 SD 卡中的/Picture/2. bmp。

　　③ 调用 BMP_Decode 函数进行位图显示，显示起始坐标为(0,0)，图片位置存储在 SD 卡中的/Picture/3. bmp。

3. 下载验证

通过 NuLink 仿真下载器将程序下载到 SmartM-M451 迷你板后，观察到 TFT 屏每隔 1 s 循环播放 1. bmp～3. bmp，如图 31.3.1～图 31.3.3 所示。

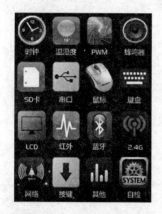

图 31.3.1　1. bmp

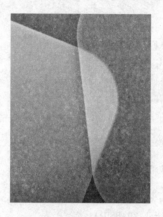

图 31.3.2　2. bmp

图 31.3.3　3. bmp

31.3.2　屏幕截图

【实验要求】基于 SmartM-M451 系列开发板：将"27.4.4 触摸描点"一节实验显示的像素点保存位图到 SD 卡。

1. 硬件设计

参考"31.3.1　位图显示"一节中的硬件设计。

2. 软件设计

代码位置：\SmartM-M451\迷你板\进阶代码\【TFT】【屏幕截图】

1) 颜色转换

有关 RGB 三色空间我想大家都很熟悉，这里我想说的是在 Windows 下，颜色阵列存储的格式其实是 BGR，也就是说，RGB 位图像素数据格式如图 31.3.4 所示。而此时我们从 TFT 屏读取像素点的格式却为 RGB，那么存储为位图时必须将 RGB 格

蓝色	绿色	红色

图 31.3.4　BGR 格式

式的像素点转换为 BGR 格式的像素点，以适合 Windows 位图文件的存储与显示，代码如下。

程序清单 31.3.3　RGB 转 BGR 函数

```
/*********************************************
* 函数名称:RGB2BGR
* 输    入:bgr - bgr 颜色
* 输    出:无
* 功    能:RGB 转 BGR 格式
*********************************************/
UINT16RGB2BGR (UINT16 bgr)
{
    UINT16   r,g,b,rgb;

    /* 蓝色数据获取 5 位 */
    b = (bgr >> 0)&0x1f;

    /* 绿色数据获取 6 位 */
    g = (bgr >> 5)&0x3f;

    /* 红色数据获取 5 位 */
    r = (bgr >> 11)&0x1f;

    /* 重新将颜色数据进行排序 */
    rgb = (b << 11) + (g << 5) + (r << 0);

    return(rgb);
}
```

2）获取屏幕像素点

获取 TFT 屏数据可以参考 20.3.1 节中的图 20.3.4，在此不再赘述。当前获取像素点的 RGB 数据就跟获取 TFT 屏 ID 信息基本一样，代码如下。

程序清单 31.3.4　LcdReadPoint 函数

```
/*********************************************
* 函数名称:LcdReadPoint
* 输    入:x - 横坐标
          y - 纵坐标
* 输    出:返回颜色值
```

```
* 功      能:读取 LCD 某一坐标的颜色
*********************************************/
UINT16   LcdReadPoint(UINT16 x,UINT16 y)
{

    UINT16 r;
    UINT16 Lcd_x = x,Lcd_y = y;

    / * 设置 X 坐标位置 * /
    LcdWriteCmd(0x20);LcdWriteData(Lcd_x);

    / * 设置 Y 坐标位置 * /
    LcdWriteCmd(0x21);LcdWriteData(Lcd_y);
    LcdWriteCmd(0x22);

#ifEBI_ENABLE
    LCD_RS(1);
    NOP( );NOP( );NOP( );NOP( );
    r = EBIO_READ_DATA16(0);
#else
    / * 设置 16 位 PA[0:7]和 PC[0:7]为输出模式 * /
    GPIO_SetMode(PA, BYTE0_Msk, GPIO_MODE_INPUT);
    GPIO_SetMode(PC, BYTE0_Msk, GPIO_MODE_INPUT);
    LCD_WR(1);
    LCD_RS(1);
    LCD_RD(0);
    Delayus(10);
    LCD_RD(1);
    Delayus(10);
    r = (_GET_BYTE0(GPIO_GET_IN_DATA(PC)) << 8)|(_GET_BYTE0(GPIO_GET_IN_DATA(PA)));
    Delayus(10);
    / * 设置 16 位 PA[0:7]和 PC[0:7]为输出模式 * /
    GPIO_SetMode(PA, BYTE0_Msk, GPIO_MODE_OUTPUT);
    GPIO_SetMode(PC, BYTE0_Msk, GPIO_MODE_OUTPUT);
#endif
    return RGB2BGR(r);
}
```

3) 位图编码函数

关于位图的编码只要将当前位图的头部数据、颜色数据准确写入到文件就行了,详细位图的结构信息已在"31.2 结构"一节中介绍,代码的编写必须严格按照头部数据进行写入,代码如下。

程序清单 31.3.5 位图编码函数

```
/*************************************
* 函数名称:BMP_Code
* 输    入:   szPath    - 保存的文件名路径
              x         - 保存位置的起始横坐标
              y         - 保存位置的起始纵坐标
              width     - 图片宽度
              heigth    - 图片高度
* 输    出:   1         - 成功
              0         - 失败
* 功    能:位图编码
*************************************/
UINT8 BMP_Code(CONST CHAR * szPath,UINT16 x,UINT16 y,UINT16 width,UINT16 height)
{
    FIL         * f_bmp;
    UINT16      usBmpHeadSize;        //BMP 头大小
    BITMAPINFO StBmpInfo;             //BMP 头
    UINT8       res = 0;
    UINT16      tx,ty;                //图像尺寸
    UINT16      * pBuf;               //数据缓存区地址
    UINT16      pixcnt;               //像素计数器
    UINT16      bi4width;             //水平像素字节数
    UINT32      bw;

    pBuf = (UINT16 * )g_ucBmpReadBuf;
    f_bmp = &g_Fil;

    /* 得到 BMP 文件头的大小 */
    usBmpHeadSize = sizeof(StBmpInfo);

    /* 清零 */
    memset((UINT8 * )&StBmpInfo,0,sizeof(StBmpInfo));

    /* 信息头大小 */
    StBmpInfo.bmiHeader.biSize = sizeof(BITMAPINFOHEADER);

    /* BMP 的宽度 */
    StBMPInfo.bmiHeader.biWidth = width;

    /* BMP 的高度 */
    StBmpInfo.bmiHeader.biHeight = height;
```

```
/* 恒为 1 */
StBmpInfo.bmiHeader.biPlanes = 1;

/* BMP 为 16 位色 BMP */
StBmpInfo.bmiHeader.biBitCount = 16;

/* 每个像素的比特由指定的掩码决定 */
StBmpInfo.bmiHeader.biCompression = BI_BITFIELDS;

/* BMP 数据区大小 */
StBmpInfo.bmiHeader.biSizeImage = StBmpInfo.bmiHeader.biHeight *
StBmpInfo.bmiHeader.biWidth *
StBmpInfo.bmiHeader.biBitCount/8;

/* BMP 格式标志 */
StBmpInfo.bmfHeader.bfType = ((UINT16)M<<8) + B;

/* 整个 BMP 的大小 */
StBmpInfo.bmfHeader.bfSize = usBmpHeadSize + StBmpInfo.bmiHeader.biSizeImage;

/* 文件头到数据区的偏移 */
StBmpInfo.bmfHeader.bfOffBits = usBmpHeadSize;

/* 红色掩码 */
StBmpInfo.RGB_MASK[0] = 0X00F800;

/* 绿色掩码 */
StBmpInfo.RGB_MASK[1] = 0X0007E0;

/* 蓝色掩码 */
StBmpInfo.RGB_MASK[2] = 0X00001F;

/* 尝试打开之前的文件 */
res = f_open(f_bmp,(const TCHAR *)szPath,FA_WRITE|FA_CREATE_ALWAYS);

/* 由于 Windows 在进行行扫描的时候最小的单位为 4 个字节,所以当图片宽乘以每个像
   素的字节数不等于 4 的整数倍时,要在每行的后面补上缺少的字节,以 0 填充(一般
   来说,当图像宽度为 2 的幂时不需要对齐)。位图文件里的数据在写入的时候已经进
   行了行对齐,也就是说,加载的时候不需要再做行对齐。但是这样一来图片数据的长
   度就不是:宽 × 高 × 每个像素的字节数了。
*/
if((StBmpInfo.bmiHeader.biWidth * 2) % 4)
```

```
{
    /* 实际要写入的宽度像素,必须为 4 的倍数 */
    bi4width = ((StBmpInfo.bmiHeader.biWidth * 2)/4 + 1) * 4;
}
else
{
    /* 刚好为 4 的倍数        */
    bi4width = StBmpInfo.bmiHeader.biWidth * 2;
}


/* 检查文件是否创建成功 */
if(res = = FR_OK)
{
    /* 写入 BMP 首部 */
    res = f_write(f_bmp,(UINT8 * )&StBmpInfo,usBmpHeadSize,&bw);

    /* 保存像素点时 EBI 总线要降速,否则读取数据不正确 */
    EBI_Open(EBI_BANK0, EBI_BUSWIDTH_16BIT, EBI_TIMING_NORMAL , 0, EBI_CS_ACTIVE_LOW);

    for(ty = y;StBmpInfo.bmiHeader.biHeight && ty < height;ty ++ )
    {
        pixcnt = 0;

        for(tx = x + width - 1;pixcnt!  = (bi4width/2);)
        {
            if(pixcnt < StBmpInfo.bmiHeader.biWidth)
            {
                /* 读取坐标点的值 */
                pBuf[pixcnt] = LcdReadPoint(tx,ty);
            }
            else
            {
                /* 补充白色的像素 */
                pBuf[pixcnt] = 0Xffff;

            }
            pixcnt ++ ;
            tx -- ;
        }

        StBmpInfo.bmiHeader.biHeight -- ;
```

ARM Cortex-M4 微控制器原理与实践

```
                    /* 写入数据 */
            res = f_write(f_bmp,(UINT8 *)pBuf,bi4width,&bw);
        }

        /* 设置 EBI Bank0 速度为快速 */
        EBI_Open(EBI_BANK0, EBI_BUSWIDTH_16BIT, EBI_TIMING_FAST , 0, EBI_CS_ACTIVE_LOW);

        f_close(f_bmp);
    }
    else
    {
        return 0;
    }

    return 1;
}
```

4) 完整代码

完整代码如下。

程序清单 31.3.6　完整代码

```
# include "SmartM_M4.h"

/* ---------------------------------------------------------- */
/*                        全局变量                            */
/* ---------------------------------------------------------- */

# define EN_SCREEN_SHOT          1

STATIC FATFS g_fs[2];

/* ---------------------------------------------------------- */
/*                          函数                              */
/* ---------------------------------------------------------- */
/***********************************************
* 函数名称:LcdTouchPoint
* 输    入:无
* 输    出:无
* 功    能:获取屏幕触摸
***********************************************/
VOID LcdTouchPoint(VOID)
{
    UINT32 i;
```

```
        PIX Pix;      //当前触控坐标的取样值

        i = 0;

        while(i < 3000)
        {
            if(XPT_IRQ_PIN() == 0)
            {
                i = 0;

                if(XPTPixGet(&Pix) == TRUE)
                {
                    Pix = XPTPixConvertToLcdPix(Pix);

                    if(LcdGetDirection() == LCD_DIRECTION_180)
                    {
                        Pix.x = 240 - Pix.x;
                        Pix.y = 320 - Pix.y;
                    }

                    /* 绘制触摸点 */
                    LcdDrawBigPoint(Pix.x,Pix.y,BLUE);
                }

            }

            i++;
            Delayms(1);

#if EN_SCREEN_SHOT
            /* 检查是否 KEY2 按下,进行屏幕截图 */
            if(PE8 == 0)
            {
                /* 屏幕截图操作 */
                BMP_Code("1:/cap.bmp",0,0,240,320);

                /* 显示当前屏幕截图成功 */
                LcdFill(0,0,LCD_WIDTH - 1,20,BLUE);
                LcdShowString(80,3,"屏幕截图成功",YELLOW,BLUE);

                Delayms(1000);

                /* 恢复显示正常的标题 */
                LcdFill(0,0,LCD_WIDTH - 1,20,RED);
```

```
                    LcdShowString(35,3,"TFT 屏触摸描点 + 屏幕截图",YELLOW,RED);
                }
    # endif
        }


    .   LcdCleanScreen(WHITE);
        LcdFill(0,0,LCD_WIDTH - 1,20,RED);
        LcdShowString(35,3,"TFT 屏触摸描点 + 屏幕截图",YELLOW,RED);
}


/* *********************************************
* 函数名称:main
* 输    入:无
* 输    出:无
* 功    能:函数主体
********************************************* */
INT32 main(void)
{
    PROTECT_REG
    (
        /* 系统时钟初始化 */
        SYS_Init(PLL_CLOCK);

        /* 串口 0 初始化 */
        UART0_Init(115200);
    )

# if EN_SCREEN_SHOT
    /* PE8 引脚初始化为输入模式,用于屏幕截图 */
    GPIO_SetMode(PE,BIT8,GPIO_MODE_INPUT);
# endif

    /* LCD 初始化 */
    LcdInit(LCD_FONT_IN_FLASH,LCD_DIRECTION_180);

    /* 打开 LCD 背光灯 */
    LCD_BL(0);

    /* W25QXX 初始化 */
    while(disk_initialize(FATFS_IN_FLASH))
    {
        printf("W25QXX init fail\r\n");
        Delayms(500);
    }
```

```
/*   SD 卡初始化 */
while(disk_initialize(FATFS_IN_SD))
{
    printf("SD init fail\r\n");
    Delayms(500);
}

/*   挂载 W25QXX 和 SD 卡 */
f_mount(FATFS_IN_FLASH,&g_fs[0]);
f_mount(FATFS_IN_SD   ,&g_fs[1]);

LcdCleanScreen(WHITE);
LcdFill(0,0,LCD_WIDTH-1,20,RED);
LcdShowString(35,3,"TFT 屏触摸描点 + 屏幕截图",YELLOW,RED);

/* XPT2046 初始化 */
XPTSpiInit();

while(1)
{
    LcdTouchPoint();
}
}
```

5) 代码分析

当前代码只需在之前"触摸描点实验"代码中添加上截图操作就行了。主动截图操作必须使用按键进行截图动作,并保存到 SD 卡,该截图动作放在 LcdTouchPoint 函数内就可以了。

3. 下载验证

通过 NuLink 仿真下载器将程序下载到 Smart-M-M451 迷你板后,使用手指在触摸屏上进行滑动,能够实时绘制当前的点与显示当前坐标值。例如,当前绘制的是"M451"文字,同时按下按键 2 保存屏幕截图到 SD 卡,屏幕截图如图 31.3.5 所示。

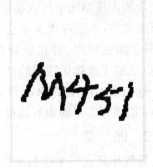

图 31.3.5　屏幕截图

第 **32** 章

JPEG 解码

32.1 简 介

JPEG 是一种针对相片图像而广泛使用的一种有损压缩标准方法。这个名称代表联合图像专家小组(Joint Photographic Experts Group),此团队创立于 1986 年,1992 年发布了 JPEG 的标准,1994 年获得了 ISO 10918-1 的认定。使用 JPEG 格式压缩的图片文件一般也被称为 JPEG Files,最普遍被使用的扩展名格式为 .jpg,JPEG 图片如图 32.1.1 所示。

图 32.1.1 JPEG 图片

1. 功 能

我们可以提高或降低 JPEG 文件压缩的级别,但是,文件大小是以牺牲图像质量为代价的。压缩比率可以高达 100:1(JPEG 格式可在 10:1 到 20:1 的比率下轻松地压缩文件,而图片质量不会下降)。JPEG 压缩可以很好地处理写实摄影作品,但是,对于颜色较少、对比级别强烈、实心边框或纯色区域大的较简单的作品来说,JPEG 压缩无法提供理想的结果。有时,压缩比率会低到 5:1,严重损失了图片完整性。这一损失产生的原因是,JPEG 压缩方案可以很好地压缩类似的色调,但是 JPEG 压缩方案不能很好地处理亮度的强烈差异或处理纯色区域。

2. 优 点

摄影作品或写实作品支持高级压缩,利用可变的压缩比可以控制文件大小,支持交错(对于渐近式 JPEG 文件),广泛支持 Internet 标准。

图 32.1.2 JPEG 图片
(质量下降)

由于体积小,JPEG 图片在万维网中被用于储存和传输照片的格式。

3. 缺 点

有损耗压缩会使原始图片数据质量下降。当编辑和重新保存 JPEG 文件时,JPEG 会降低原始图片的数据质量,如图 32.1.2 所示,这种质量下降是累积性的。JPEG

不适用于所含颜色很少、具有大块颜色相近的区域，或亮度差异十分明显的、较简单的图片。

4. 相关格式

JPEG 格式又可分为标准 JPEG、渐进式 JPEG 及 JPEG2000 三种格式，具体如下所述。

（1）标准 JPEG 格式：此类型图档在网页下载时只能由上而下依序显示图片，直到图片资料全部下载后，才能看到全貌。

（2）渐进式 JPEG 格式：渐进式 JPEG 为标准 JPEG 的改良格式，可以在网页下载时先呈现出图片的粗略外观后，再慢慢地呈现出完整的内容（就像 GIF 格式的交错显示）。另外，存成渐进式 JPEG 格式的档案比存成标准 JPEG 格式的档案要来得小，所以如果要在网页上使用图片，常用这种格式。

（3）JPEG2000 格式：新一代的影像压缩法，压缩品质更好，并可改善无线传输时因讯号不稳造成马赛克及位置错乱的情况，改善传输的品质。此外，以往浏览线上地图时总要花许多时间等待全图下载，JPEG2000 格式具有 Random Access 的特性，可让浏览者先从伺服器下载 10% 的图档资料，在模糊的全图中找到需要的部分后，再重新下载这部分资料即可，如此一来可以大幅缩短浏览地图的时间。

5. 压缩步骤

由于 JPEG 的无损压缩方式并不比其他的压缩方法更优秀，因此我们着重来看它的有损压缩。以一幅 24 位彩色图像为例，JPEG 的压缩步骤分为以下几步。

1）颜色转换

由于 JPEG 只支持 YUV 颜色模式的数据结构，而不支持 RGB 图像数据结构，所以在将彩色图像进行压缩之前，必须先对颜色模式进行数据转换。各个值的转换可以通过下面的转换公式计算得出：

$$Y = 0.299R + 0.587G + 0.114B$$
$$U = -0.169R - 0.3313G + 0.5B$$
$$V = 0.5R - 0.4187G - 0.0813B$$

式中：Y 表示亮度，U 和 V 表示颜色。

转换完成之后还需要进行数据采样。一般采用的采样比例是 4:1:1 或 4:2:2。由于在执行了此项工作之后，每两行数据只保留一行，因此，采样后图像数据量将压缩为原来的一半。

2）DCT 变换

DCT(Discrete Cosine Transform)是将图像信号在频率域上进行变换，分离出高频和低频信息的处理过程。然后再对图像的高频部分（即图像细节）进行压缩，以达到压缩图像数据的目的。

首先将图像划分为多个 8×8 的矩阵，然后对每一个矩阵作 DCT 变换。变换后得到一个频率系数矩阵,其中的频率系数都是浮点数。

3) 量　化

由于在后面编码过程中使用的码本都是整数,因此需要对变换后的频率系数进行量化,将之转换为整数。

由于进行数据量化后,矩阵中的数据都是近似值,和原始图像数据之间有了差异,这一差异是造成图像压缩后失真的主要原因,如图 32.1.3 所示。

图 32.1.3　量化前后对比

在这一过程中,质量因子的选取至关重要。值选得过大,可以大幅度提高压缩比,但是图像质量就比较差;反之,质量因子越小(最小为 1),图像重建质量越好,但是压缩比越低。对此,ISO 已经制定了一组供 JPEG 代码实现者使用的标准量化值。

4) 编　码

从前面过程我们可以看到,颜色转换完成到编码之前,图像并没有得到进一步的压缩,DCT 变换和量化可以说是为编码阶段做准备的。编码采用两种机制:一是 0 值的行程长度编码;二是熵编码(Entropy Coding)。

在 JPEG 中,采用曲徊序列,即以矩阵对角线的法线方向作“之”字排列矩阵中的元素。这样做的优点是使得靠近矩阵左上角、值比较大的元素排列在行程的前面,而行程的后面所排列的矩阵元素基本上为 0 值。行程长度编码是非常简单和常用的编码方式,在此不再赘述。

编码实际上是一种基于统计特性的编码方法。在 JPEG 中允许采用 HUFF-MAN 编码或者算术编码。

32.2　文件格式

JPEG 文件的存储格式有很多种,但最常用的是 JFIF(JPEG File Interchange Format)格式。JPEG 文件大体可以分为两个部分,具体如下。

(1) 标记码。由两个字节构成,其中,前一个字节是固定值 0xFF,代表了一个标

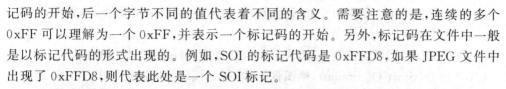

记码的开始,后一个字节不同的值代表着不同的含义。需要注意的是,连续的多个 0xFF 可以理解为一个 0xFF,并表示一个标记码的开始。另外,标记码在文件中一般是以标记代码的形式出现的。例如,SOI 的标记代码是 0xFFD8,如果 JPEG 文件中出现了 0xFFD8,则代表此处是一个 SOI 标记。

（2）压缩数据。一个完整的两字节标记码的后面就是该标记码对应的压缩数据,它记录了关于文件的若干信息。

一些典型的标记码及其所代表的含义如下所述。

（1）SOI(Start Of Image),图像开始,标记代码为固定值 0xFFD8,用 2 字节表示。

（2）APP0(Application 0),应用程序保留标记 0,标记代码为固定值 0xFFE0,用 2 字节表示。该标记码之后包含了 9 个具体的字段,具体如下。

① 数据长度:2 个字节,用来表示①～⑨的 9 个字段的总长度,即不包含标记代码但包含本字段。

② 标示符:5 个字节,固定值 0x4 A649 4600,表示字符串"JFIF0"。

③ 版本号:2 个字节,一般为 0x0102,表示 JFIF 的版本号为 1.2;但也可能为其他数值,从而代表了其他版本号。

④ x、y 方向的密度单位:1 个字节,只有 3 个值可选,0 表示无单位,1 表示点数每英寸,2 表示点数每厘米。

⑤ x 方向像素密度:2 个字节,取值范围未知。

⑥ y 方向像素密度:2 个字节,取值范围未知。

⑦ 缩略图水平像素数目:1 个字节,取值范围未知。

⑧ 缩略图垂直像素数目:1 个字节,取值范围未知。

⑨ 缩略图 RGB 位图:长度可能是 3 的倍数,保存了一个 24 位的 RGB 位图;如果没有缩略位图(这种情况更常见),则字段⑦和⑧的取值均为 0。

（3）APPn(Application n),应用程序保留标记 $n(n=1\sim15)$,标记代码为 2 个字节,取值为 0xFFE1～0xFFFF,包含了两个字段,具体如下。

① 数据长度:2 个字节,表示①和②两个字段的总长度,即不包含标记代码,但包含本字段。

② 详细信息:数据长度 2 个字节,内容不定。

（4）DQT(Define Quantization Table),定义量化表,标记代码为固定值 0xFFDB,包含 2 个具体字段,具体如下。

① 数据长度:2 个字节,表示①和多个②字段的总长度,即不包含标记代码,但包含本字段。

② 量化表:数据长度 2 个字节,其中包括以下内容:

● 精度及量化表 ID,1 个字节,高 4 位表示精度,只有两个可选值,0 表示 8 位,1 表示 16 位;低 4 位表示量化表 ID,取值范围为 0～3;

● 表项,64×(精度取值＋1)个字节,例如,8 位精度的量化表,其表项长度为 64×(0＋1)＝64 字节。

本标记段中,②可以重复出现,表示多个量化表,但最多只能出现 4 次。

(5) SOF(Start Of Frame),帧图像开始,标记代码为固定值 0xFFC0,包含 6 个具体字段,具体如下。

① 数据长度:2 个字节,①～⑥共 6 个字段的总长度,即不包含标记代码,但包含本字段。

② 精度:1 个字节,代表每个数据样本的位数,通常是 8 位。

③ 图像高度:2 个字节,表示以像素为单位的图像高度,如果不支持 DNL 就必须大于 0。

④ 图像宽度:2 个字节,表示以像素为单位的图像宽度,如果不支持 DNL 就必须大于 0。

⑤ 颜色分量个数:1 个字节,由于 JPEG 采用 YCrCb 颜色空间,这里恒定为 3。

⑥ 颜色分量信息:颜色分量个数×3 个字节,这里通常为 9 个字节,并且依次表示如下一些信息:

● 颜色分量 ID,1 个字节。

● 水平/垂直采样因子,1 个字节,高 4 位代表水平采样因子,低 4 位代表垂直采样因子。

● 量化表,1 个字节,当前分量使用的量化表 ID。

本标记段中,字段⑥应该重复出现 3 次,因为这里有 3 个颜色分量。

(6) DHT(Define Huffman Table),定义 Huffman 表,标记码为 0xFFC4,包含 2 个字段,具体如下。

① 数据长度,2 个字节,表示①～②的总长度,即不包含标记代码,但包含本字段。

② Huffman 表,数据长度 2 个字节,包含以下字段:

● 表 ID 和表类型,1 个字节,高 4 位表示表的类型,取值只有两个,0 表示 DC 直流,1 表示 AC 交流;低 4 位表示 Huffman 表的 ID;需要提醒的是,DC 表和 AC 表分开进行编码;

● 不同位数的码字数量,16 个字节;

● 编码内容,16 个不同位数的码字数量之和(字节)。

本标记段中,字段②可以重复出现,一般需要重复 4 次。

(7) DRI(Define Restart Interval),定义差分编码累计复位的间隔,标记码为固定值 0xFFDD,包含 2 个具体字段,具体如下。

① 数据长度:2 个字节,取值为固定值 0x0004,表示①和②两个字段的总长度,即不包含标记代码,但包含本字段。

② MCU 块的单元中重新开始间隔:2 个字节,如果取值为 n,就代表每 n 个

MCU 块就有一个 RSTn 标记;第一个标记是 RST0,第二个是 RST1,RST7 之后再从 RST0 开始重复;如果没有本标记段,或者间隔值为 0,就表示不存在重开始间隔和标记 RST。

(8) SOS(Start Of Scan),扫描开始,标记码为 0xFFDA,包含 4 个具体字段,具体如下。

① 数据长度:2 个字节,表示①～④字段的总长度。

② 颜色分量数目:1 个字节,只有 3 个可选值,1 表示灰度图,3 表示 YCrCb 或 YIQ,4 表示 CMYK。

③ 颜色分量信息:包括以下字段具体如下。

● 颜色分量 ID:1 个字节。

● 直流/交流系数表 ID,1 个字节,高 4 位表示直流分量的 Huffman 表的 ID,低 4 位表示交流分量的 Huffman 表的 ID。

④ 压缩图像数据,具体如下。

● 谱选择开始:1 个字节,固定值 0x00。

● 谱选择结束:1 个字节,固定值 0x3F。

● 谱选择:1 个字节,固定值 0x00。

本标记段中,③应该重复出现,有多少个颜色分量,就重复出现几次。本段结束之后,就是真正的图像信息了,图像信息直到遇到 EOI 标记就结束了。

(9)EOI(End Of Image),图像结束,标记代码为 0xFFD9。

另外,需要说明的是,在 JPEG 中 0xFF 具有标记的意思,所以在压缩数据流(真正的图像信息)中,如果出现了 0xFF,就需要做特别处理了。方法是:如果在图像数据流中遇到 0xFF,应该检测其紧接着的字符,具体如下。

(1) 如果是 0x00,则表示 0xFF 是图像流的组成部分,需要进行译码。

(2) 如果是 0xD9,则表示与 0xFF 组成标记 EOI,即代表图像流的结束,同时图像文件结束。

(3) 如果是 0xD0～0xD7,则组成 RSTn 标记,需要忽视整个 RSTn 标记,即不对当前 0xFF 和紧接着的 0xDn 两个字节进行译码,并按 RST 标记的规则调整译码变量。

(4) 如果是 0xFF,则忽略当前 0xFF,对后一个 0xFF 进行判断。

(5) 如果是其他数值,则忽略当前 0xFF,并保留紧接着的数值用于译码。

需要说明的是,JPEG 文件格式中,一个字(16 位)的存储使用的是 MOTORO-LA 格式,而不是 Intel 格式。也就是说,一个字的高字节(高 8 位)在数据流的前面,低字节(低 8 位)在数据流的后面,与平时习惯的 Intel 格式有所不同。这种字节顺序问题的起因在于早期的硬件发展上。在 8 位 CPU 的时代,许多 8 位 CPU 都可以处理 16 位的数据,但它们显然是分两次进行处理的,这个时候就出现了先处理高位字节还是先处理低位字节的问题。以 Intel 为代表的厂家生产的 CPU 采用先低字节后高字节的方式,而以 MOTOROLA、IBM 为代表的厂家生产的 CPU 则采用了先高字节后低字节的方式。Intel 的字节顺序也称为 little-endian(小端格式),MOTOROLA 的字节顺序就叫做 Big-Endian(大端格式),JPEG/JFIF 文件格式采用了 Big-Endian。下面的函数实现了从 Intel 格式到 MOTOROLA 格式的转换。

程序清单 32.2.1　JPEG 不同格式的转换

```
USHORT Intel2Moto(USHORT val)
{
    BYTE highBits = BYTE(val / 256);
    BYTE lowBits = BYTE(val % 256);
    return lowBits * 256 + highBits;
}
```

32.3　解码过程

(1) 从文件头读出文件的相关信息。JPEG 文件数据分为文件头和图像数据两大部分,其中文件头记录了图像的版本、长宽、采样因子、量化表、哈夫曼表等重要信息。所以解码前必须将文件头信息读出,以备图像数据解码过程之用。

(2) 从图像数据流读取一个最小编码单元(MCU),并提取出里边的各个颜色分量单元。

(3) 将颜色分量单元从数据流恢复成矩阵数据。使用文件头给出的哈夫曼表,对分割出来的颜色分量单元进行解码,把其恢复成 8×8 的数据矩阵。

(4) 8×8 的数据矩阵进一步解码。此部分解码工作以 8×8 的数据矩阵为单位,其中包括相邻矩阵的直流系数差分解码、使用文件头给出的量化表反量化数据、反 Zig-zag 编码、隔行正负纠正、反向离散余弦变换 5 个步骤,最终输出仍然是一个 8×8 的数据矩阵。

(5) 颜色系统 YCrCb 向 RGB 转换。将一个 MCU 的各个颜色分量单元解码结果整合起来,将图像颜色系统从 YCrCb 向 RGB 转换。

(6) 排列整合各个 MCU 的解码数据。不断读取数据流中的 MCU 并对其解码,直至读完所有 MCU 为止,将各 MCU 解码后的数据正确排列成完整的图像。

JPEG 的解码本身是比较复杂的,这里 FATFS 的作者提供了一个轻量级的 JPG/JPEG 解码库:TjpgDec,最少仅需 3 KB 的 RAM 和 3.5 KB 的 Flash 即可实现 JPG/JPEG 解码。本例程采用 TjpgDec 作为 JPG/JPEG 的解码库。

32.4　实　验

【实验要求】基于 SmartM-M451 系列开发板:显示 SD 卡的 JPEG 图片。

1. 硬件设计

参考"31.3.1　位图显示"一节中的硬件设计。

2. 软件设计

代码位置：\SmartM-M451\迷你板\进阶代码\【TFT】【PICTURE】【JPEG 显示】

（1）JPEG 解码函数。由于 JPEG 代码比较复杂，同时代码篇幅过长，有兴趣的读者可自行阅读，重点调用的函数为 jpg_decode，函数原型如下：

$$u8\ jpg\_decode(const\ u8\ *\ filename, u8\ fast)$$

参数说明如下。

① filename：文件路径。

② fast：是否使用快速解码。默认使用标准解码，若使用快速解码，则跟 TFT 屏的扫描方式有关。该参数默认为 0。

（2）完整代码如下。

程序清单 32.4.1　完整代码

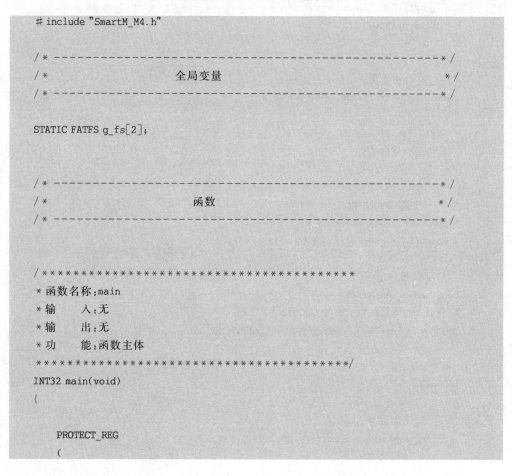

```
# include "SmartM_M4.h"


/* --------------------------------------------------- */
/*                     全局变量                          */
/* --------------------------------------------------- */


STATIC FATFS g_fs[2];



/* --------------------------------------------------- */
/*                      函数                            */
/* --------------------------------------------------- */



/*****************************************
* 函数名称:main
* 输    入:无
* 输    出:无
* 功    能:函数主体
*****************************************/
INT32 main(void)
{

    PROTECT_REG
    (
```

```
        /* 系统时钟初始化 */
        SYS_Init(PLL_CLOCK);

        /* 串口 0 初始化 */
        UART0_Init(115200);
    )

    /* LCD 初始化 */
    LcdInit(LCD_FONT_IN_FLASH,LCD_DIRECTION_180);

    /* 打开 LCD 背光灯 */
    LCD_BL(0);

    /*  W25QXX 初始化 */
    while(disk_initialize(FATFS_IN_FLASH))
    {
        printf("W25QXX init fail\r\n");
        Delayms(500);
    }

    /*  SD 卡初始化 */
    while(disk_initialize(FATFS_IN_SD))
    {
        printf("SD init fail\r\n");
        Delayms(500);
    }

    /*   挂载 W25QXX 和 SD 卡 */
    f_mount(FATFS_IN_FLASH,&g_fs[0]);
    f_mount(FATFS_IN_SD    ,&g_fs[1]);

/*   显示标题 */
    LcdCleanScreen(WHITE);
    LcdFill(0,0,LCD_WIDTH-1,20,RED);
    LcdShowString(80,3,"JPEG 图片显示",YELLOW,RED);

    while(1)
    {
        /*   显示 1.jpg */
        jpg_decode("1:/Picture/1.jpg",0);
        Delayms(1000);
```

```
/*    显示 2.jpg */
jpg_decode("1:/Picture/2.jpg",0);
Delayms(1000);

/*    显示 3.jpg */
jpg_decode("1:/Picture/3.jpg",0);
Delayms(1000);
    }
}
```

（3）main 函数分析如下。

① 调用 jpg_decode 函数传入路径为"1:/Picture/1.jpg"，表示显示 SD 卡 Picture 目录中的 1.jpg 文件；第二个参数为 0，不使用快速解码，若为 1，则使用快速解码。

② 调用 jpg_decode 函数传入路径为"1:/Picture/2.jpg"，表示显示 SD 卡 Picture 目录中的 2.jpg 文件；第二个参数为 0，不使用快速解码，若为 1，则使用快速解码。

③ 调用 jpg_decode 函数传入路径为"1:/Picture/3.jpg"，表示显示 SD 卡 Picture 目录中的 3.jpg 文件；第二个参数为 0，不使用快速解码，若为 1，则使用快速解码。

3. 下载验证

通过 NuLink 仿真下载器将程序下载到 SmartM-M451 迷你板后，观察到 TFT 屏每隔 1 s 循环播放 1.jpg～3.jpg，如图 32.4.1～图 32.4.3 所示。

图 32.4.1　1.jpg

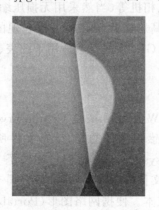

图 32.4.2　2.jpg

图 32.4.3　3.jpg

第 33 章

GIF 解码

33.1 简 介

图像互换格式（Graphics Interchange Format，GIF），是 CompuServe 公司在 1987 年开发的图像文件格式。GIF 文件的数据是一种基于 LZW 算法的连续色调的无损压缩格式，其压缩率一般在 50% 左右，它不属于任何应用程序。目前几乎所有相关软件都支持它，公共领域有大量的软件在使用 GIF 图像文件。GIF 格式的一个特点是，GIF 图像文件的数据是经过压缩的，而且是采用了可变长度等压缩算法；另一个特点是，其在一个 GIF 文件中可以存多幅彩色图像，如果把存于一个文件中的多幅图像数据逐幅读出并显示到屏幕上，就可构成一种最简单的动画。

GIF 格式自 1987 年由 CompuServe 公司引入后，因其体积小且成像相对清晰，特别适合于初期慢速的互联网，所以从此大受欢迎。它采用无损压缩技术，只要图像不多于 256 色，则可既减少文件的大小，又保持成像的质量（当然，现在也存在一些 hack 技术，在一定的条件下突破 256 色的限制）。然而，256 色的限制大大局限了 GIF 文件的应用范围，如彩色相机等（当然采用无损压缩技术的彩色相机照片亦不适合通过网络传输）。另外，在高彩图片上有着不俗表现的 JPG 格式却在简单折线上的效果难以令人满意。因此，GIF 格式普遍适用于图表、按钮等只需少量颜色的图像（如黑白照片）。

1. 历 史

在早期，GIF 所用的 LZW 压缩算法是 Compuserve 公司所开发的一种免费算法，然而令很多软件开发商感到意外的是，GIF 文件所采用的压缩算法忽然成了 Unisys 公司的专利。据 Unisys 公司称，他们已注册了 LZW 算法中的 W 部分。如果要开发生成（或显示）GIF 文件的程序，则需向该公司支付版税。由此，人们开始寻求一种新技术，以降低开发成本。便携网络图形（Portable Network Graphics，PNG）标准就应运而生了。它一方面满足了市场对更少的法规限制的需要，另一方面也带来了更少的技术上的限制，如颜色的数量等。

在 2003 年 6 月 20 日，LZW 算法在美国的专利权到期失效；在欧洲、日本及加拿大的专利权也分别在 2004 年的 6 月 18 日、6 月 20 日和 7 月 7 日到期失效。尽管如此,PNG 文件格式凭借其技术上的优势,已然成为网络上第三广泛应用格式。

2. 分　类

GIF 分为静态 GIF 和动画 GIF 两种,扩展名为.gif,是一种压缩位图格式,支持透明背景图像,适用于多种操作系统,"体型"很小,网上很多小动画都是 GIF 格式。其实,GIF 是将多幅图像保存为一个图像文件,从而形成动画,最常见的就是通过一帧帧的动画串联起来的搞笑 GIF 图,所以归根到底 GIF 仍然是图片文件格式,但GIF 只能显示 256 色。和 JPEG 格式一样,这是一种在网络上非常流行的图形文件格式。

GIF 主要分为两个版本,即 GIF 89a 和 GIF 87a。

(1) GIF 87a:是在 1987 年制定的版本。

(2) GIF 89a:是 1989 年制定的版本。在这个版本中,为 GIF 文档扩充了图形控制区块、备注、说明、应用程序编程接口 4 个区块,并提供了对透明色和多帧动画的支持。

更详细了解 GIF 文件格式与解码,可查阅本书配套资料中的"GIF 文件格式详解",此处不再赘述。

33.2　实　验

显示 GIF 图片

【实验要求】基于 SmartM-M451 系列开发板:显示 SD 卡中的 GIF 图片。

1. 硬件设计

(1) 参考"17.3.1　读 ID"一节中的硬件设计。

(2) 参考"27.4.1　颜色显示"一节中的硬件设计。

(3) 参考"27.4.3　坐标校准"一节中的硬件设计。

(4) 参考"28.2.1　显示信息"一节中的硬件设计。

2. 软件设计

代码位置:\SmartM-M451\迷你板\进阶代码\【TFT】【PICTURE】【GIF 显示】

(1) GIF 解码函数。由于 GIF 代码比较复杂,同时代码篇幅过长,有兴趣的读者可自行阅读,重点调用的函数为 gif_decode,函数原型如下:

　　u8 gif_decode(const u8 * filename,u16 x,u16 y,u16 width,u16 height)

参数说明如下。

① filename:文件路径。

② x:显示 GIF 的起始坐标 x。

③ y:显示 GIF 的起始坐标 y。

④ width:GIF 的宽度。

⑤ hegiht:GIF 的高度。

（2）完整代码如下。

程序清单 33.2.1　完整代码

```
# include "SmartM_M4.h"

/* ----------------------------------------------------------- */
/*                        全局变量                              */
/* ----------------------------------------------------------- */

STATIC FATFS g_fs[2];


/* ----------------------------------------------------------- */
/*                          函数                                */
/* ----------------------------------------------------------- */


/*********************************************
 * 函数名称:main
 * 输    入:无
 * 输    出:无
 * 功    能:函数主体
 *********************************************/
INT32 main(void)
{

    PROTECT_REG
    (
        /* 系统时钟初始化 */
        SYS_Init(PLL_CLOCK);

        /* 串口 0 初始化 */
        UART0_Init(115200);
    )

    /* LCD 初始化 */
    LcdInit(LCD_FONT_IN_FLASH,LCD_DIRECTION_0);
```

```
/* 打开 LCD 背光灯 */
LCD_BL(0);

/*  W25QXX 初始化 */
while(disk_initialize(FATFS_IN_FLASH))
{
    printf("W25QXX init fail\r\n");
    Delayms(500);
}

/*  SD 卡初始化 */
while(disk_initialize(FATFS_IN_SD))
{
    printf("SD init fail\r\n");
    Delayms(500);
}

/*  挂载 W25QXX 和 SD 卡 */
f_mount(FATFS_IN_FLASH,&g_fs[0]);
f_mount(FATFS_IN_SD    ,&g_fs[1]);

/* 显示标题 */
LcdCleanScreen(WHITE);
LcdFill(0,0,LCD_WIDTH-1,20,RED);
LcdShowString(80,3,"GIF 图片显示",YELLOW,RED);


while(1)
{
    /*   显示 1.gif */
    gif_decode("1:/Picture/1.gif",40,60,160,120);

    /*   显示 2.gif */
    gif_decode("1:/Picture/2.gif",40,60,160,120);
}
}
```

(3) 代码分析如下。

① 调用 gif_decode 函数对 SD 卡中的/Picture/1.gif 文件进行显示,起始坐标
(40,60),GIF 文件宽度 160、高度 120。

② 调用 gif_decode 函数对 SD 卡中的/Picture/2.gif 文件进行显示,起始坐标

(40,60)，GIF 文件宽度 160、高度 120。

3. 下载验证

通过 NuLink 仿真下载器将程序下载到 SmartM-M451 迷你板后，观察到 TFT 屏不断地在播放 GIF 动画，这里列出 GIF 动画播放的截图，如图 33.2.1～图 33.2.4 所示。

图 33.2.1　截图 1　　　图 33.2.2　截图 2　　　图 33.2.3　截图 3　　　图 33.2.4　截图 4

ARM Cortex-M4 微控制器原理与实践

第34章

RTOS

34.1　概　述

实时操作系统(Real Time Operating System,RTOS)是指当外界事件或数据产生时,能够接受并以足够快的速度予以处理,其处理的结果又能在规定的时间之内来控制生产过程或对处理系统做出快速响应,调度一切可利用的资源完成实时任务,并控制所有实时任务协调一致运行的操作系统。提供及时响应和高可靠性是其主要特点。

实时操作系统有硬实时和软实时之分,硬实时要求在规定的时间内必须完成操作,这是在操作系统设计时保证的;软实时则只要按照任务的优先级,尽可能快地完成操作即可。我们通常使用的操作系统在经过一定改变之后就可以变成实时操作系统。

例如,可以为确保生产线上的机器人能获取某个物体而设计一个操作系统。在"硬"实时操作系统中,如果不能在允许时间内完成使物体可达的计算,操作系统将因错误而结束。在"软"实时操作系统中,生产线仍然能继续工作,但产品的输出会因产品不能在允许时间内到达而减慢,这使机器人有短暂的不生产现象。一些实时操作系统是为特定的应用设计的,另一些是通用的。一些通用目的的操作系统称自己为实时操作系统。但某种程度上,大部分通用目的的操作系统,如微软的 Windows NT 或 IBM 的 OS/390 有实时系统的特征,也就是说,即使一个操作系统不是严格的实时系统,它们也能解决一部分实时应用问题。常用的 RTOS 如图 34.1.1 所示。

图 34.1.1　常用的 RTOS

1. 实时任务

在实时系统中必然存在着若干个实时任务,这些任务通常与某些外部设备相关,能反映或控制相应的外部设备,因而带有某种程度的紧迫性。可从不同的角度对实时任务加以分类,具体如下。

（1）按任务执行时是否呈现周期性变化可分为周期性实时任务和非周期性实时任务,如下。

① 周期性实时任务:外部设备周期性地发出激励信号给计算机,要求它按照指定周期循环执行,以便周期性地控制某种外部设备。

② 非周期性实时任务:外部设备所发出的激励信号并无明显的周期性,但都必须联系着一个截止时间。它又可分为开始截止时间(任务在某时间以前必须开始执行)和完成截止时间(任务在某时间以前必须完成)两部分。

（2）根据对截止时间的要求可分为硬实时任务和软实时任务。

2. 特　性

（1）高精度计时系统。计时精度是影响实时性的一个重要因素。在实时应用系统中,经常需要精确确定实时地操作某个设备或执行某个任务,或精确地计算一个时间函数。这些不仅依赖于一些硬件提供的时钟精度,也依赖于实时操作系统实现的高精度计时功能。

（2）多级中断机制。一个实时应用系统通常需要处理多种外部信息或事件,但处理的紧迫程度有轻重缓急之分。有的必须立即作出反应,有的则可以延后处理。因此,需要建立多级中断嵌套处理机制,以确保对紧迫程度较高的实时事件进行及时响应和处理。

（3）实时调度机制。实时操作系统不仅要及时响应实时事件中断,同时也要及时调度运行实时任务。但是,处理机调度并不能随心所欲地进行,因为涉及两个进程之间的切换,只能在确保"安全切换"的时间点上进行。实时调度机制包括两个方面:一是在调度策略和算法上保证优先调度实时任务;二是建立更多"安全切换"时间点,保证及时调度实时任务。

3. 实时系统与分时系统特性的比较

（1）多路性。实时信息处理系统与分时系统一样具有多路性。系统按分时原则为多个终端用户服务;而对实时控制系统,其多路性则主要表现在经常对多路的现场信息进行采集以及对多个对象或多个执行机构进行控制。

（2）独立性。实时信息处理系统与分时系统一样具有独立性。每个终端用户在向分时系统提出服务请求时,是彼此独立的操作,互不干扰;而在实时控制系统中,信息的采集和对对象的控制也彼此互不干扰。

（3）及时性。实时信息系统对实时性的要求与分时系统类似,都是以人所能接受的等待时间来确定;而实时控制系统的及时性,则是以控制对象所要求的开始截止时间或完成截止时间来确定的,一般为秒级、百毫秒级直至毫秒级,甚至有的要低于 $100\,\mu s$。

（4）交互性。实时信息处理系统具有交互性,但这里人与系统的交互仅限于访问系统中某些特定的专用服务程序。它不像分时系统那样能向终端用户提供数据处理、资源共享等服务。

（5）可靠性。分时系统要求系统可靠，相比之下，实时系统则要求系统高度可靠，因为任何差错都可能带来巨大的经济损失甚至无法预料的灾难性后果。因此，在实时系统中，采取了多级容错措施来保证系统的安全及数据的安全。

4. 相关概念

1) 基本概念

① 代码临界段：指处理时不可分割的代码。一旦这部分代码开始执行则不允许中断打入。

② 资源：任何为任务所占用的实体。

③ 共享资源：可以被一个以上任务使用的资源。

④ 任务：也称作一个线程，是一个简单的程序。每个任务被赋予一定的优先级，有它自己的一套 CPU 寄存器和自己的栈空间。典型地，每个任务都是一个无限的循环，每个任务都处于 5 个状态之一：休眠态，就绪态，运行态，挂起态，被中断态。

⑤ 任务切换：将正在运行任务的当前状态（CPU 寄存器中的全部内容）保存在任务自己的栈区，然后把下一个将要运行的任务的当前状态从该任务的栈中重新装入 CPU 的寄存器，并开始下一个任务的运行。

⑥ 内核：负责管理各个任务，为每个任务分配 CPU 时间，并负责任务之间的通信。其分为不可剥夺型内核和可剥夺型内核。

⑦ 调度：内核的主要职责之一，决定轮到哪个任务运行，一般基于优先级调度法。

2) 优先级的问题

① 任务优先级：分为优先级不可改变的静态优先级和优先级可改变的动态优先级。

② 优先级反转：优先级反转问题是实时系统中出现最多的问题。共享资源的分配可导致优先级低的任务先运行，优先级高的任务后运行。解决的办法是使用"优先级继承"算法来临时改变任务优先级，以遏制优先级反转。

3) 互　斥

虽然共享数据区简化了任务之间的信息交换，但是必须保证每个任务在处理共享数据时的排他性。使之满足互斥条件的一般方法有：关中断，使用测试并置位指令（TAS），禁止做任务切换，利用信号量。

因为采用实时操作系统的意义就在于能够及时处理各种突发的事件，即处理各种中断，因而衡量嵌入式实时操作系统的最主要、最具有代表性的性能指标参数无疑应该是中断响应时间了。

① 中断响应时间通常被定义为

中断响应时间＝中断延迟时间＋保存 CPU 状态的时间＋

该内核的 ISR 进入函数的执行时间

中断延迟时间＝MAX(关中断的最长时间,最长指令时间)＋

开始执行 ISR 的第一条指令的时间

② 最大中断禁止时间:当 RTOS 运行在核态或执行某些系统调用的时候,是不会因为外部中断的到来而中断执行的,只有当 RTOS 重新回到用户态时才响应外部中断请求,这一过程所需的最大时间就是最大中断禁止时间。

③ 任务切换时间:当由于某种原因使一个任务退出运行时,RTOS 保存它的运行现场信息,插入相应队列,并依据一定的调度算法重新选择一个任务使之投入运行,这一过程所需时间称为任务切换时间。

上述几项中,最大中断禁止时间和任务切换时间是评价一个 RTOS 实时性最重要的两个技术指标。

34.2　μC/OS－II

34.2.1　简　介

μC/OS－II(Micro Control Operation System Two)是一个可以基于 ROM 运行的、可裁剪的、抢占式、实时多任务内核,具有高度可移植性,特别适合于微处理器和控制器,适合很多商业操作系统性能相当的实时操作系统,如图 34.2.1 所示。为了提供最好的移植性能,μC/OS－II 最大程度上使

图 34.2.1　μC/OS－II

用 ANSI C 语言进行开发,并且已经移植到近 40 多种处理器体系上,涵盖了从 8 位到 64 位各种 CPU(包括 DSP)。μC/OS－II 可以简单地视为一个多任务调度器,在这个任务调度器之上完善并添加了和多任务操作系统相关的系统服务,如信号量、邮箱等。其主要特点有:公开源代码,代码结构清晰、明了,注释详尽,组织有条理,可移植性好,可裁剪,可固化。内核属于抢占式,最多可以管理 60 个任务。从 1992 年开始,由于 μC/OS－II 的高度可靠性、移植性和安全性,其已经广泛使用在从照相机到航空电子产品的各种应用中。

μC/OS－II 的前身是 μCOS,最早出自于美国嵌入式系统专家 Jean J. Labrosse 在《嵌入式系统编程》杂志的 1992 年 5 月和 6 月刊上刊登的文章连载,并且把 μCOS 的源码发布在该杂志的 BBS 上。

1. 组成部分

μC/OS－II 可以大致分成核心、任务处理、时钟处理、任务同步与通信、CPU 的

接口部分 5 个部分。

(1) 核心部分(OSCore. c)：是操作系统的处理核心，包括操作系统初始化、操作系统运行、中断进出的前导、时钟节拍、任务调度、事件处理等部分。能够维持系统基本工作的部分都在这里。

(2) 任务处理部分(OSTask. c)：任务处理部分中的内容都是与任务的操作密切相关的，包括任务的建立、删除、挂起、恢复等。因为 μC/OS - II 是以任务为基本单位调度的，所以这部分内容也相当重要。

(3) 时钟部分(OSTime. c)：μC/OS - II 中的最小时钟单位是时钟节拍(Timetick)。任务延时等操作是在这里完成的。

(4) 任务同步与通信部分：为事件处理部分，包括信号量、邮箱、消息队列、事件标志等部分；主要用于任务间的互相联系和对临界资源的访问。

(5) 与 CPU 的接口部分：是指 μC/OS - II 针对所使用的 CPU 的移植部分。由于 μC/OS - II 是一个通用性的操作系统，所以对于关键问题上的实现，还是需要根据具体 CPU 的具体内容和要求作相应的移植。这部分内容由于牵涉 SP 等系统指针，所以通常用汇编语言编写。这部分内容主要包括中断级任务切换的底层实现、任务级任务切换的底层实现、时钟节拍的产生和处理、中断的相关处理部分等。

2. 应用情况

(1) 高优先级的任务因为需要某种临界资源，主动请求挂起，让出处理器，此时将调度就绪状态的低优先级任务获得执行，这种调度也称为任务级的上下文切换。

(2) 高优先级的任务因为时钟节拍到来，在时钟中断的处理程序中，内核发现高优先级任务获得了执行条件(如休眠的时钟到时)，则在中断态直接切换到高优先级任务执行。这种调度也称为中断级的上下文切换。

这两种调度方式在 μC/OS - II 的执行过程中非常普遍，一般来说前者发生在系统服务中，后者发生在时钟中断的服务程序中。调度工作的内容可以分为两部分：最高优先级任务的寻找和任务切换。其最高优先级任务的寻找是通过建立就绪任务表来实现的。

μC/OS - II 中的每一个任务都有独立的堆栈空间，并有一个称为任务控制块 (Task Control Block,TCB)的数据结构，其中第一个成员变量就是保存的任务堆栈指针。任务调度模块首先用变量 OSTCBHighRdy 记录当前最高级就绪任务的 TCB 地址，然后调用 OS_TASK_SW()函数来进行任务切换。

3. 任务调度

μC/OS - II 采用的是可剥夺型实时多任务内核。可剥夺型的实时内核在任何时候都运行就绪了的最高优先级的任务。μC/OS - II 的任务调度是完全基于任务优先级的抢占式调度，也就是最高优先级的任务一旦处于就绪状态，则立即抢占正在运行的低优先级任务的处理器资源。为了简化系统设计，μC/OS - II 规定所有任务的优先级不同,因而任务的优先级也同时唯一标志了该任务本身。

4. 任务管理

μC/OS-II 中最多可以支持 64 个任务,分别对应优先级 0～63,其中,0 为最高优先级,63 为最低级。系统保留了 4 个最高优先级的任务和 4 个最低优先级的任务,所有用户可以使用的任务数有 56 个。

μC/OS-II 提供了任务管理的各种函数调用,包括创建任务、删除任务、改变任务的优先级以及任务挂起和恢复等。

系统初始化时会自动产生两个任务:一个是空闲任务,它的优先级最低,该任务仅给一个整型变量做累加运算;另一个是统计任务,它的优先级为次低,该任务负责统计当前 CPU 的利用率。

5. 时间管理

μC/OS-II 的时间管理是通过定时中断来实现的,该定时中断一般为 10 ms 或 100 ms 发生一次,时间频率取决于用户对硬件系统的定时器编程来实现。中断发生的时间间隔是固定不变的,该中断也成为一个时钟节拍。

μC/OS-II 要求用户在定时中断的服务程序中,调用系统提供的与时钟节拍相关的系统函数,例如,中断级的任务切换函数、系统时间函数。

6. 内存管理

在 ANSI C 中是使用 malloc 和 free 两个函数来动态分配和释放内存的。但在嵌入式实时系统中,多次这样的操作会导致内存碎片化,并且由于内存管理算法的原因,malloc 和 free 的执行时间也是不确定的。

μC/OS-II 中把连续的大块内存按分区管理,每个分区中包含整数个大小相同的内存块,但不同分区之间的内存块大小可以不同。用户需要动态分配内存时,系统选择一个适当的分区,按块来分配内存。释放内存时将该块放回它以前所属的分区,这样能有效解决碎片问题,同时执行时间也是固定的。

7. 通信同步

对一个多任务的操作系统来说,任务间的通信和同步是必不可少的。μC/OS-II 中提供了 4 种同步对象,分别是信号量、邮箱、消息队列和事件,所有这些同步对象都有创建、等待、发送、查询的接口用于实现进程间的通信和同步。

8. 可移植性

随着信息化技术的发展和数字化产品的普及,以计算机技术、芯片技术和软件技术为核心的嵌入式系统再度成为当前研究和应用的热点。

对功能、可靠性、成本、体积和功耗严格要求的嵌入式系统一般由嵌入式微处理器、外围硬件设备、嵌入式操作系统以及用户的应用程序 4 个部分组成,其中嵌入式微处理器和嵌入式操作系统分别是其硬件和软件的核心。

ARM 处理器由于其具有小体积、低功耗、低成本、高性能等特点,广泛应用在 16/32 位嵌入式 RISC 解决方案中,几乎占有嵌入式微处理器市场份额的 75% 。本文采用新唐公司的 M451 系列芯片进行 μC/OS - II 的移植。

μC/OS - II 的正常运行需要处理器平台满足以下要求:

① 处理器的 C 编译器能产生可重入代码;

② 用 C 语言就可以打开和关闭中断;

③ 处理器支持中断,并且能产生定时中断(通常在 $10\sim100$ Hz 之间);

④ 处理器支持能够容纳一定量数据(可能是几千字节)的硬件堆栈;

⑤ 处理器有将堆栈指针和其他 CPU 寄存器读出和存储到堆栈或内存中的指令。

9. 主体移植过程

1) 设置与处理器及编译器相关的代码[OS_CPU.H]

不同的编译器会使用不同的字节长度来表示同一数据类型,所以要定义一系列数据类型以确保移植的正确性。下面是 μC/OS - II 定义的一部分数据类型。

程序清单 34.2.1　μC/OS - II 的数据类型

```
typedef unsigned char BOOLEAN;
typedef unsigned char INT8U;            /* 无符号 8 位 */
typedef signed char INT8S;              /* 带符号 8 位 */
typedef unsigned int INT16U;            /* 无符号 16 位 */
typedef signed int INT16S;              /* 带符号 16 位 */
typedef unsigned long INT32U;           /* 无符号 32 位数 */
typedef signed long INT32S;             /* 带符号 32 位数 */
typedef float FP32;                     /* 单精度浮点数 */
typedef double FP64;                    /* 双精度浮点数 */
typedef unsigned int OS_STK;            /* 堆栈入口宽度 */
typedef unsigned int OS_CPU_SR;         /* 寄存器宽度 */
```

μC/OS - II 需要先关中断再访问临界区的代码,并且在访问完后重新允许中断。μC/OS - II 定义了两个宏来禁止和允许中断:OS_ENTER_CRITICAL()和 OS_EXIT_CRITICAL(),本移植实现这两个宏的汇编代码,具体如下。

程序清单 34.2.2　临界区代码

```
#define OS_ENTER_CRITICAL()(cpu_sr = OSCPUSaveSR())/* Disable interrupts */
#define OS_EXIT_CRITICAL()(OSCPURestoreSR(cpu_sr))/* Enable interrupts */

EXPORT OSCPUSaveSR
OSCPUSaveSR
    mrs r1,cpsr
```

```
    mov r0,r1
    orr r1,r1,#0xc0
    msr cpsr cxsf,r1
    mov pc,lr


    EXPORT OSCPURestoreSR
OSCPURestoreSR
    msr cpsr_cxsf,r0
    mov pc,lr
```

2）用 C 语言实现与处理器任务相关的函数[OS_CPU_C.C]

相关函数为 OSTaskStkInit、OSTaskCreateHook、OSTaskDelHook、OSTask-SwHook、OSTaskStatHook、OSTimeTickHook，实际需要修改的只有 OSTaskSt-kInit 函数，其他 5 个函数需要声明，但不一定有实际内容。这 5 个函数都是用户定义的，所以 OS_CPU_C.C 中没有给出代码。如果需要使用这些函数，可以将文件 OS_CFG.H 中的 #define constant OS_CPU_HOOKS_EN 设为 1，设为 0 表示不使用这些函数。

OSTaskStkInit 函数由 OSTaskCreate 或 OSTaskCreateExt 函数调用，需要传递的参数是任务代码的起始地址、参数指针（pdata）、任务堆栈顶端的地址和任务的优先级，用来初始化任务的堆栈，初始状态的堆栈为中断后的堆栈结构。堆栈初始化工作结束后，OSTaskStkInit 函数返回新的堆栈栈顶指针，OSTaskCreate 或 OSTaskCreateExt 函数将指针保存在任务的 OS_TCB 中。调用 OSTaskStkInit 函数，任务做一个初始的任务上下文堆栈。

3）处理器相关部分汇编实现

整个 μC/OS-II 移植实现中，只需要提供一个汇编语言文件，提供几个必须由汇编才能实现的函数。

（1）OSStartHighRdy：该函数在 OSStart 函数多任务启动之后，负责从最高优先级任务的 TCB 控制块中获得该任务的堆栈指针 sp，通过 sp 依次将 CPU 现场恢复，此时系统就将控制权交给用户创建的该任务的进程，直到该任务被阻塞或者被其他更高优先级的任务抢占了 CPU。该函数仅仅在多任务启动时被执行一次，用来启动第一个，也就是最高优先级的任务执行。

（2）OSCtxSw：该函数是任务级的上下文切换函数，在任务因为被阻塞而主动请求与 CPU 调度时执行。主要工作是先将当前任务的 CPU 现场保存到该任务堆栈中，然后获得最高优先级任务的堆栈指针，从该堆栈中恢复此任务的 CPU 现场，使之继续执行，从而完成一次任务切换。

（3）OSIntExit：该函数是中断级的任务切换函数，在时钟中断 ISR 中发现有高优先级任务在等待时，需要在中断退出后不返回被中断的任务，而是直接调度就绪的高优先级任务执行。其目的在于能够尽快让高优先级的任务得到响应，保证系统的实时性能。

（4）OSTickISR：该函数是时钟中断处理函数，主要任务是负责处理时钟中断，调用系统实现的 OSTimeTick 函数，如果有等待时钟信号的高优先级任务，则需要在中断级别上调度其执行。另外两个相关函数是 OSIntEnter 和 OSIntExit 函数，都需要在 ISR 中执行。

至此代码移植过程已经完成，下一步工作就是测试。测试一个像 μC/OS-II 一样的多任务实时内核并不复杂，甚至可以在没有应用程序的情况下测试。换句话说，就是让这个实时内核在目标板上跑起来，让内核自己测试自己。这样做有两个好处：第一，避免使本来就复杂的事情更加复杂；第二，如果出现问题，可以知道问题出在内核代码上而不是应用程序。刚开始的时候可以运行一些简单的任务和时钟节拍中断服务例程，一旦多任务调度成功地运行了，再添加应用程序的任务就是非常简单的工作了。

34.2.2 创建工程

由于 μC/OS-II 官网没有提供关于新唐公司的 ARM Cortex-M4 内核的 M451 系列的源码，读者可以使用我们移植好的 μC/OS-II 的源码，新建工程重点步骤如下。

1. 向工程中添加相应文件

1）建立相应文件夹

我们在工程目录的外面新建 μC/OS-II 文件夹，并在 μC/OS-II 文件夹内新建 3 个文件夹，分别为 CONFIG、CORE 和 PORT，如图 34.2.2 所示。

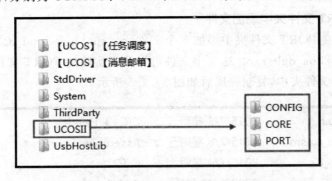

图 34.2.2 μC/OS-II 文件夹下的内容

2）在 CORE 文件夹中添加文件

在 CORE 文件夹中我们添加 μC/OS-II 源码，我们打开 μC/OS-II 源码的 Source 文件夹，里面一共有 14 个文件，除了 os_cfg_r.h 和 os_dbg_r.c 这两个文件外，将其他的文件都复制到工程中的 μC/OS-II 文件夹中的 CORE 文件夹下，如图 34.2.3 所示。

os_core.c	2014/7/9 星期三 …	C 文件	87 KB
os_flag.c	2010/6/3 星期四 …	C 文件	55 KB
os_mbox.c	2010/6/3 星期四 …	C 文件	31 KB
os_mem.c	2014/7/9 星期三 …	C 文件	20 KB
os_mutex.c	2010/6/3 星期四 …	C 文件	37 KB
os_q.c	2010/6/3 星期四 …	C 文件	42 KB
os_sem.c	2010/6/3 星期四 …	C 文件	29 KB
os_task.c	2014/10/30 星期…	C 文件	57 KB
os_time.c	2010/6/3 星期四 …	C 文件	11 KB
os_tmr.c	2010/6/3 星期四 …	C 文件	44 KB
ucos_ii.c	2010/6/3 星期四 …	C 文件	2 KB
ucos_ii.h	2014/7/9 星期三 …	C/C++ Header	78 KB

图 34.2.3　CORE 文件夹下的内容

3) 在 CONFIG 文件夹中添加文件

在 CONFIG 文件夹中有两个文件要添加：includes.h 和 os_cfg.h。这两个文件大家可以从本实验工程复制到自己的工程中，其中，includes.h 里面都是一些头文件，os_cfg.h 文件主要是用来配置和裁剪 μC/OS - II 的。将这两个文件复制到工程中，如图 34.2.4 所示。

522

includes.h	2015/1/8 星期四 …	C/C++ Header	1 KB
os_cfg.h	2014/12/18 星期…	C/C++ Header	11 KB

图 34.2.4　CONFIG 文件夹下的文件

4) 在 PORT 文件夹中添加文件

我们需要在 PORT 文件夹中添加 5 个文件：os_cpu.h、os_cpu_a.asm、os_cpu_c.c、os_dbg.c 和 os_dgb_r.c。这 5 个文件可以从本实验的 PORT 文件夹中复制到自己的 PORT 文件夹中，复制完成后如图 34.2.5 所示。

os_cpu.h	2015/7/3 星期五 …	C/C++ Header	3 KB
os_cpu_a.asm	2015/7/3 星期五 …	Assembler Source	8 KB
os_cpu_c.c	2015/7/4 星期六 …	C 文件	14 KB
os_dbg.c	2008/5/30 星期…	C 文件	12 KB
os_dbg_r.c	2010/6/3 星期四 …	C 文件	13 KB

图 34.2.5　PORT 文件夹下的文件

2. 将与 μC/OS - II 有关的文件添加到工程中

前面只是将所有的文件添加到工程目录的文件夹里面，还没有将这些文件真正地添加到工程中。我们在工程分组中建立 3 个分组：μC/OS－II_CONFIG，μC/OS－II_CORE 和 μC/OS－II_PORT，并对相应的目录添加相应的文件，建立完成后如图 34.2.6 所示。

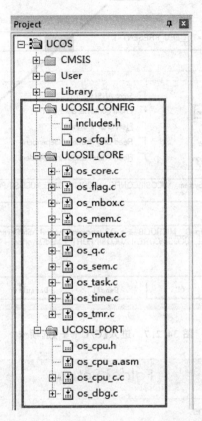

图 34.2.6　添加相应的 μC/OS－II 文件到工程目录中

3. 添加相应的文件路径

添加相应的文件路径如图 34.2.7 和图 34.2.8 所示。

4. 开启 FPU

如果要使用 FPU，则＿FPU_PRESENT 和＿FPU_USED 要为 1。在 M451Series.h 文件中已经定义了＿FPU_PRESENT 为 1，但是并未定义＿FPU_USED，因此按图 34.2.9 所示添加＿FPU_USED 的定义。

最后，设置 Keil 软件使能 ARM Cortex-M4 硬件内部浮点运算器单元，如图 34.2.10 所示。

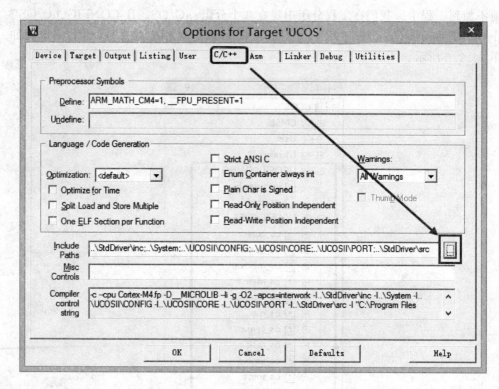

图 34.2.7　进入【C/C++】选项卡

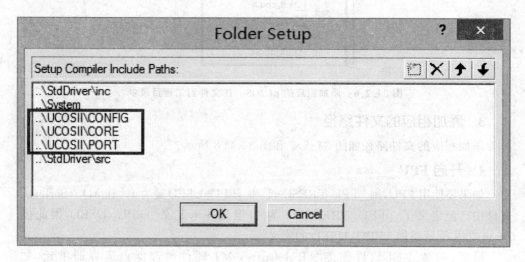

图 34.2.8　在 Include Paths 中添加 μC/OS‑II 相关文件夹

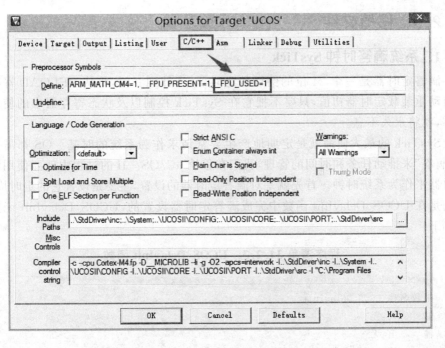

图 34.2.9　定义__FPU_USED=1

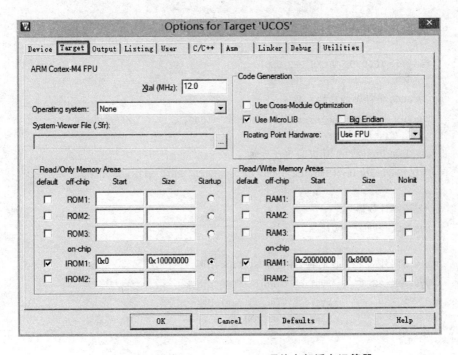

图 34.2.10　使能 ARM Cortex-M4 硬件内部浮点运算器

34.2.3　移植文件

1.　系统滴答时钟 SysTick

滴答定时器是一个 24 位的倒计数定时器,当计到 0 时,将从 RELOAD 寄存器中自动重装载定时器初值,只要不把它在 SysTick 控制以及状态寄存器中的使能位清零,就将永久不息。

SysTick 的最大使命就是定期地产生异常请求作为系统的时基。OS 都需要这种"滴答"来推动任务和时间的管理,我们在移植 μC/OS-II 的过程中就要使用滴答定时器来作为系统时钟。首先就是对滴答定时器的设置,主要是设置它的定时周期,我们是在 UCOS_DelayInit 函数中完成滴答定时器设置的,UCOS_DelayInit 函数代码如下。

程序清单 34.2.3　UCOS_DelayInit 函数

```
/*********************************************
* 函数名称:UCOS_DelayInit
* 输    入:无
* 输    出:无
* 功    能:UCOS 延时初始化
*********************************************/
void UCOS_DelayInit(void)
{
    fac_ms = 1000/OS_TICKS_PER_SEC;

    /* μCOS 每秒钟的计数次数 */
    SysTick ->LOAD = fac_ms  * CyclesPerUs * 1000;

    /* 为 NVIC SysTick 中断设置优先级 */
    NVIC_SetPriority (SysTick_IRQn, (1 << __NVIC_PRIO_BITS) - 1);

    /* 清零计数器 */
    SysTick ->VAL   = 0;

    /* 使用外部 12 MHz 时钟,并使能 SysTick 中断 */
    SysTick ->CTRL   = SysTick_CTRL_CLKSOURCE_Msk |
                       SysTick_CTRL_TICKINT_Msk   |
                       SysTick_CTRL_ENABLE_Msk;
}
```

开启 SysTick 后还要编写 SysTick 的中断服务函数 SysTick_Handler,函数代码如下。

程序清单 34.2.4　SysTick_Handler 函数

```
/************************************
* 函数名称:SysTick_Handler
* 输　　入:无
* 输　　出:无
* 功　　能:系统滴答中断服务函数
************************************/
void SysTick_Handler(void)
{
    /* 进入中断 */
    OSIntEnter();

    /* 调用 μCOS 的时钟服务程序 */
    OSTimeTick();

    /* 触发任务切换软中断 */
    OSIntExit();
}
```

2. os_cpu_a.asm 文件详解

为了方便起见,我们分段来介绍 os_cpu_a.asm 文件,如下。

程序清单 34.2.5　os_cpu_a.asm 分段代码 1

```
;引用外部的函数
IMPORT  OSRunning
IMPORT  OSPrioCur
IMPORT  OSPrioHighRdy
IMPORT  OSTCBCur
IMPORT  OSTCBHighRdy
IMPORT  OSIntNesting
IMPORT  OSIntExit
IMPORT  OSTaskSwHook

;函数定义
EXPORT  OSStartHighRdy
EXPORT  OSCtxSw
EXPORT  OSIntCtxSw
EXPORT  OS_CPU_SR_Save
EXPORT  OS_CPU_SR_Restore
EXPORT  PendSV_Handler
```

上面代码分为两部分,上半部分使用 IMPORT 来定义,下半部分使用 EXPORT 来定义。IMPORT 定义表示这是一个外部变量的标号,不是在本程序定义的;EXPORT 定义表示这些函数是在本文件中定义的,供其他文件调用。

os_cpu_a.asm 分段代码 2 如下。

程序清单 34.2.6　os_cpu_a.asm 分段代码 2

```
NVIC_INT_CTRLEQU        0xE000ED04   ;中断控制寄存器
NVIC_SYSPRI2EQU         0xE000ED22   ;系统优先级寄存器(2)
NVIC_PENDSV_PRIEQU        0xFFFF    ；PendSV 中断和系统节拍中断(都为最低,0xFFFF)
NVIC_PENDSVSETEQU       0x10000000  ;触发软件中断的值
```

EQU 和 C 语言中的 #define 一样,都是定义一个宏。NVIC_INT_CTRL 为中断控制寄存器,地址为 0xE000 ED04;NVIC_SYSPRI2 为 PendSV 中断优先级寄存器,地址为 0xE000 ED22;NVIC_PENDSV_PRI 为 PendSV 和 Systick 的中断优先级,这里为 0xFFFF,都为最低优先级;NVIC_PENDSVSET 可以触发软件中断,通过给中断控制寄存器(NVIC_INT_CTRL)的位 28 写 1 来触发软件中断,因此 NVIC_PENDSVSET 为 0x1000 0000。

os_cpu_a.asm 分段代码 3 如下。

程序清单 34.2.7　os_cpu_a.asm 分段代码 3

```
OS_CPU_SR_Save
    MRS      R0, PRIMASK;读取 PRIMASK 到 R0,R0 为返回值
    CPSID    I;PRIMASK = 1,关中断(NMI 和硬件 FAULT 可以响应)
    BX       LR;返回


OS_CPU_SR_Restore
    MSR      PRIMASK, R0;读取 R0 到 PRIMASK 中,R0 为参数
    BX       LR;返回
```

OS_CPU_SR_Save 和 OS_CPU_SR_Restore 是开关中断的汇编代码,通过给 PRIMASK 写 1 来关中断,写 0 来打开中断。这里也可是使用 CPS 指令来快速地开关中断,我们在 OS_CPU_SR_Save 中就使用了 CPSID I 来关中断。

os_cpu_a.asm 分段代码 4 如下。

程序清单 34.2.8　os_cpu_a.asm 分段代码 4

```
OSStartHighRdy
    LDR     R4, = NVIC_SYSPRI2；设置 PendSV 的优先级
    LDR     R5, = NVIC_PENDSV_PRI
    STR     R5, [R4]
```

```
MOV      R4，#0；设置 PSP 为 0 用于初始化上下文切换
MSR      PSP，R4

LDR      R4，= OSRunning；设置 OSRunning 为 1
MOV      R5，#1
STRB     R5，[R4]


;切换到最高优先级的任务
LDR      R4，= NVIC_INT_CTRL
LDR      R5，= NVIC_PENDSVSET
STR      R5，[R4]；触发上下文切换

CPSIE    I；开中断


OSStartHang
B        OSStartHang；死循环，程序不会执行到这
```

OSStartHighRdy 是由 OSStart 调用，用来开启多任务的，如果多任务开启失败的话就会进入 OSStartHang。

os_cpu_a.asm 分段代码 5 如下。

程序清单 34.2.9　os_cpu_a.asm 分段代码 5

```
OSCtxSw
    PUSH     {R4，R5}
LDR      R4，= NVIC_INT_CTRL；触发 PendSV 异常
LDR      R5，= NVIC_PENDSVSET
STR      R5，[R4]；向 NVIC_INT_CTRL 写入 NVIC_PENDSVSET 触发 PendSV 中断
POP      {R4，R5}
BX       LR
```

os_cpu_a.asm 分段代码 6 如下。

程序清单 34.2.10　os_cpu_a.asm 分段代码 6

```
OSIntCtxSw
    PUSH     {R4，R5}
LDR      R4，= NVIC_INT_CTRL；触发 PendSV 异常
LDR      R5，= NVIC_PENDSVSET
STR      R5，[R4]
    POP      {R4，R5}；向 NVIC_INT_CTRL 写入 NVIC_PENDSVSET 触发 PendSV 中断
BX       LR
NOP
```

OSCtxSw 和 OSIntCtxSw 这两个是用来做任务切换的，它们都只是触发一个

PendSV 中断,具体的切换过程在 PendSV 中断服务函数里面进行。这两个函数看起来是一样的,但是它们的意义是不同的,OSCtxSw 是任务级切换,比如从任务 A 切换到任务 B;OSIntCtxSw 是中断级切换,是从中断退出时切换到一个任务中。从中断切换到任务时,CPU 的寄存器入栈工作已经完成,无须做第二次。

os_cpu_a.asm 分段代码 7 如下。

程序清单 34.2.11　os_cpu_a.asm 分段代码 7

```
PendSV_Handler
      CPSID   I                        ;关中断,任务切换期间要关中断
      MRS     R0, PSP                  ;如果在用 PSP 堆栈,则可以忽略保存寄存器
A.    CBZ     R0, PendSV_Handler_Nosave;如果 PSP 为 0 就跳转到 PendSV_Handler_Nosave

B.    TST     R14, #0x10               ;如果当前任务使用到 FPU 的话就保存 S16~S31 寄存器
      IT      EQ
      VSTMDBEQ R0!, {S16 - S31}

      SUBS    R0, R0, #0x20            ; R0 - = 0x20
      STM     R0, {R4 - R11}           ;保存剩下的 R4~R11 寄存器

      LDR     R1, = OSTCBCur           ;OSTCBCur ->OSTCBStkPtr = SP;
      LDR     R1, [R1]
      STR     R0, [R1]


PendSV_Handler_Nosave
      ;OSTaskSwHook 用于扩展任务切换代码的功能
      PUSH    {R14}                    ;保存 R14 的值,因为接着需要调用函数
      LDR     R0, = OSTaskSwHook       ;获取 OSTaskSwHook 函数地址保存到 R0
      BLX     R0                       ;调用 OSTaskSwHook
      POP     {R14}                    ;恢复 R14

      ;指向当前最高优先级的任务
      LDR     R0, = OSPrioCur          ;将 OSPrioCur 变量地址保存到 R0
      LDR     R1, = OSPrioHighRdy      ;将 OSPrioHighRdy 变量地址保存到 R1
      LDRB    R2, [R1]                 ;获取 OSPrioHighRdy 的值保存到 R2
      STRB    R2, [R0]                 ;将 R2 的值写入 OSPrioCur 变量中

      ;指向就绪的最高优先级的任务控制块
      LDR     R0, = OSTCBCur           ;将 OSTCBCur 变量地址保存到 R0
      LDR     R1, = OSTCBHighRdy       ;将 OSTCBHighRdy 变量地址保存到 R1
      LDR     R2, [R1]                 ;获取 OSTCBHighRdy 的值保存到 R2
```

```
        STR     R2,[R0]             ;将 R2 的值写入 OSTCBCur 变量中

C.  LDR     R0,[R2]             ;R0 = *R2,即 R0 = OSTCBHighRdy,R0 是新任务的 SP(堆栈)
    LDM     R0,{R4-R11}         ;从堆栈中恢复 R4~R11
    ADDS    R0,R0,#0x20         ;R0 + = 20

    ;任务如果使用 FPU 的话就将 S16~S31 从堆栈中恢复出来
D.  TST     R14,#0x10
    TST     R14,#0x10
    IT      EQ
    VLDMIAEQ R0!,{S16-S31}

    MSR     PSP,R0              ;PSP = R0,用新任务的 SP 加载 PSP
E.  ORR     LR,LR,#0x04         ;确保 LR 的位 2 为 1,返回后使用进程堆栈
    CPSIE   I                   ;开中断
    BX      LR                  ;中断返回
    NOP
    end
```

　　上面的汇编代码才是真正的任务切换程序,在每行代码后都有详细的注释。为了更好地理解代码,我们对代码中打标号的地方重点讲解一下。

　　A. 如果 PSP 为 0 的话说明是第一次做任务切换,而任务创建的时候会调用堆栈初始化函数 OSTaskStkInit 来初始化堆栈,在初始化的过程中已经做了入栈处理,所以这里就不需要再做入栈处理,直接跳转到 PendSV_Handler_Nosave。

　　B. 通过判断 R14 的位 4 来决定是否将 S16~S31 寄存器做入栈处理。

　　C. 此时 SP 指向的就是要运行的最高优先级的任务。

　　D. 同 B 一样。

　　E. 因为进入中断使用的是 MSP,而退出中断的时候使用的是 PSP,因此这里需要将 LR 的位 2 置 1。

3. os_cpu.h 文件详解

os_cpu.h 文件分段代码 1 如下。

程序清单 34.2.12　os_cpu.h 文件分段代码 1

```
typedef unsigned char    BOOLEAN;
typedef unsigned char    INT8U;        //无符号 8 位数
typedef signed char INT8S;             //有符号 8 位数
typedef unsigned short   INT16U;       //无符号 16 位数
typedef signed short    INT16S;        //有符号 16 位数
typedef unsigned int     INT32U;       //无符号 32 位数
typedef signed int    INT32S;          //有符号 32 位数
```

```
typedef float    FP32;              //单精度浮点数
typedef double   FP64;              //双精度浮点数
/* M451 是 32 位位宽的,这里 OS_STK 和 OS_CPU_SR 都应该为 32 位数据类型 */
typedef unsigned int    OS_STK;     //OS_STK 为 32 位数据,也就是 4 字节
typedef unsigned int    OS_CPU_SR;  //默认的 CPU 状态寄存器大小 32 位
```

上面代码主要是定义了一些数据类型,在这里一定要注意 OS_STK 这个数据类型,在定义任务堆栈的时候就是定义为 OS_STK 类型的,这是一个 32 位的数据类型,按字节来算的话实际堆栈大小是定义的 4 倍。

os_cpu.h 文件分段代码 2 如下。

程序清单 34.2.13   os_cpu.h 文件分段代码 2

```
/* 定义栈的增长方向 */
/* Cortex-M4 中,栈是由高地址向低地址增长的,所以 OS_STK_GROWTH 设置为 1 */
#define  OS_STK_GROWTH          1


/* 任务切换宏,由汇编实现 */
#define  OS_TASK_SW()           OSCtxSw()


/* OS_CRITICAL_METHOD = 1 :直接使用处理器的开关中断指令来实现宏
OS_CRITICAL_METHOD = 2   :利用堆栈保存和恢复 CPU 的状态
OS_CRITICAL_METHOD = 3   :利用编译器扩展功能获得程序状态字,保存在局部变量 cpu_sr
*/

/* 进入临界段的方法 */
#define  OS_CRITICAL_METHOD     3

#if OS_CRITICAL_METHOD == 3
#define  OS_ENTER_CRITICAL()  {cpu_sr = OS_CPU_SR_Save();}
#define  OS_EXIT_CRITICAL()   {OS_CPU_SR_Restore(cpu_sr);}
#endif
```

上面代码中定义了堆栈的增长方向,任务级切换的宏定义 OS_TASK_SW。如果 OS_CRITICAL_METHOD 被定义为 3 的话,那么进出临界段的宏定义则分别为 OS_ENTER_CRITICAL()和 OS_EXIT_CRITICAL(),它们都是由汇编编写的。

4. os_cpu_c.c 文件详解

os_cpu_c.c 文件里面主要定义了几个钩子函数,这里我们就不具体讲解这些钩子函数了,我们主要来看一下 OSTaskStkInit 这个函数。OSTaskStkInit 是堆栈初始化函数,函数代码如下。

程序清单 34.2.14　**OSTaskStkInit 函数**

```
OS_STK * OSTaskStkInit (void ( * task) (void * p_arg), void * p_arg, OS_STK * ptos,
INT16U opt)
{
    OS_STK * stk;

    (void)opt;                      / * opt 变量没有使用,防止产生编译警告       * /
    stk     = ptos;                 / * 获取堆栈指针                            * /

# if ( __FPU_PRESENT = = 1)
    * ( -- stk) = (INT32U)0x00000000L; //No Name Register
    * ( -- stk) = (INT32U)0x00001000L; //FPSCR
    * ( -- stk) = (INT32U)0x00000015L; //s15
    * ( -- stk) = (INT32U)0x00000014L; //s14
    * ( -- stk) = (INT32U)0x00000013L; //s13
    * ( -- stk) = (INT32U)0x00000012L; //s12
    * ( -- stk) = (INT32U)0x00000011L; //s11
    * ( -- stk) = (INT32U)0x00000010L; //s10
    * ( -- stk) = (INT32U)0x00000009L; //s9
    * ( -- stk) = (INT32U)0x00000008L; //s8
    * ( -- stk) = (INT32U)0x00000007L; //s7
    * ( -- stk) = (INT32U)0x00000006L; //s6
    * ( -- stk) = (INT32U)0x00000005L; //s5
    * ( -- stk) = (INT32U)0x00000004L; //s4
    * ( -- stk) = (INT32U)0x00000003L; //s3
    * ( -- stk) = (INT32U)0x00000002L; //s2
    * ( -- stk) = (INT32U)0x00000001L; //s1
    * ( -- stk) = (INT32U)0x00000000L; //s0
# endif
    / * Registers stacked as if auto - saved on exception                      * /
    * (stk)     = (INT32U)0x01000000L;    / * xPSR                             * /
    * ( -- stk) = (INT32U)task;           / * Entry Point                      * /
    * ( -- stk) = (INT32U)OS_TaskReturn;  / * R14 (LR) (init value will cause fault if
                                              ever used)                       * /
    * ( -- stk) = (INT32U)0x12121212L;    / * R12                              * /
    * ( -- stk) = (INT32U)0x03030303L;    / * R3                               * /
    * ( -- stk) = (INT32U)0x02020202L;    / * R2                               * /
    * ( -- stk) = (INT32U)0x01010101L;    / * R1                               * /
    * ( -- stk) = (INT32U)p_arg;          / * R0 : argument                    * /

# if ( __FPU_PRESENT = = 1)
```

```
        * (−− stk)  =  (INT32U)0x00000031L;      //s31
        * (−− stk)  =  (INT32U)0x00000030L;      //s30
        * (−− stk)  =  (INT32U)0x00000029L;      //s29
        * (−− stk)  =  (INT32U)0x00000028L;      //s28
        * (−− stk)  =  (INT32U)0x00000027L;      //s27
        * (−− stk)  =  (INT32U)0x00000026L;      //s26
        * (−− stk)  =  (INT32U)0x00000025L;      //s25
        * (−− stk)  =  (INT32U)0x00000024L;      //s24
        * (−− stk)  =  (INT32U)0x00000023L;      //s23
        * (−− stk)  =  (INT32U)0x00000022L;      //s22
        * (−− stk)  =  (INT32U)0x00000021L;      //s21
        * (−− stk)  =  (INT32U)0x00000020L;      //s20
        * (−− stk)  =  (INT32U)0x00000019L;      //s19
        * (−− stk)  =  (INT32U)0x00000018L;      //s18
        * (−− stk)  =  (INT32U)0x00000017L;      //s17
        * (−− stk)  =  (INT32U)0x00000016L;      //s16
    #endif

    /* Remaining registers saved on process stack                              */
        * (−− stk)   =  (INT32U)0x11111111L;     /* R11                        */
        * (−− stk)   =  (INT32U)0x10101010L;     /* R10                        */
        * (−− stk)   =  (INT32U)0x09090909L;     /* R9                         */
        * (−− stk)   =  (INT32U)0x08080808L;     /* R8                         */
        * (−− stk)   =  (INT32U)0x07070707L;     /* R7                         */
        * (−− stk)   =  (INT32U)0x06060606L;     /* R6                         */
        * (−− stk)   =  (INT32U)0x05050505L;     /* R5                         */
        * (−− stk)   =  (INT32U)0x04040404L;     /* R4                         */

    return (stk);
}
```

　　堆栈初始化函数 OSTaskStkInit 是由任务创建函数 OSTaskCreate 和 OSTaskCreateExt 调用的,用于在创建任务的时候初始化堆栈,从上面的代码中可以看出就是在任务堆栈中保存寄存器的值。如果使用 FPU,就要保存 FPU 寄存器,否则只保存通用寄存器。

　　这里一定要注意入栈顺序,前面讲过,如果开启 FPU 并使用了 Lazy Stacking 特性(ARM Cortex-M4 默认是开启了的),就会将 FPSCR、S0～S15、xPSR、PC、LR、R12、R0～R3 这些寄存器自动入栈,可以看到在 OSTaskStkInit 函数中就是按照这个顺序入栈的。剩下的 S16～S31 和 R4～R11 就需要手动入栈了。至此,移植文件的讲解就完成了,关于这几个文件的详细内容,大家要参考源码。

34.3　实　验

34.3.1　任务调度

【实验要求】基于 SmartM-M451 系列开发板:使用 μC/OS-Ⅱ 实现任务调度。

1. 硬件设计

(1) 参考"6.2.1　驱动 LED"一节中的硬件设计。

(2) 参考"14.2.1　串口收发数据"一节中的硬件设计。

2. 软件设计

代码位置:\SmartM-M451\迷你板\μCOS\【μCOS】【任务调度】

(1) 重点函数如表 34.3.1 所列。

表 34.3.1　重点函数

序　号	函数分析
1	void　OSInit（void） 位置:os_core.c 功能:μCOS 初始化(初始化任务就绪表、任务控制块、事件控制块等) 参数:无
2	INT8U　OSTaskCreate（void　（ * task）（void * p_arg）， 　　　　　　　　　void　　* p_arg， 　　　　　　　　　OS_STK　* ptos， 　　　　　　　　　NT8U　　prio） 位置:os_task.c 功能:建立一个新任务。任务的建立可以在多任务环境启动之前,也可以在正在运行的任务中建立。中断处理程序中不能建立任务。一个任务必须为无限循环结构,且不能有返回点 参数: task:指向任务代码的指针 p_arg:指向一个数据结构,该结构用来在建立任务时向任务传递参数 ptos:指向任务堆栈栈顶的指针 prio:任务的优先级
3	void　OSStart（void） 位置:os_core.c 功能:启动 μCOS 多任务的环境,而且该函数只能调用一次 参数:无

续表 34.3.1

序 号	函数分析
4	void OSStatInit (void) 位置:os_core.c 功能:获取当系统中没有其他任务运行时,32 位计数器所能达到的最大值 参数:无
5	OS_ENTER_CRITICAL() 位置:os_cpu.h 功能:关中断,进行现场保护 参数:无
6	OS_EXIT_CRITICAL() 位置:os_cpu.h 功能:开中断,进行现场恢复 参数:无
7	INT8U OSTaskSuspend (INT8U prio) 位置:os_task.c 功能:任务挂起 参数: prio:指定要获取挂起的任务优先级,也可以指定参数 OS_PRIO_SELF,挂起任务本身,此时,下一个优先级最高的就绪任务将运行

(2) 完整代码如下。

程序清单 34.3.1 完整代码

```
#include "SmartM_M4.h"


                        /* START 任务 */
/* 设置任务优先级 */
#define START_TASK_PRIO                       10
/* 设置任务堆栈大小 */
#define START_STK_SIZE                        64
/* 创建任务堆栈空间 */
OS_STK START_TASK_STK[START_STK_SIZE];
/* 任务函数接口 */
VOID StartTask(VOID * pdata);


                        /* LED1 任务 */
/* 设置任务优先级 */
#define LED1_TASK_PRIO                        7
/* 设置任务堆栈大小 */
```

```
#define LED1_STK_SIZE                          64
/* 创建任务堆栈空间      */
OS_STK LED1_TASK_STK[LED1_STK_SIZE];
/* 任务函数接口 */
VOID Led1Task(VOID * pdata);


                       /* printf  任务 */
/* 设置任务优先级 */
#define PRINTF_TASK_PRIO                        6
/* 设置任务堆栈大小 */
#define PRINTF_STK_SIZE                         64
/* 创建任务堆栈空间      */
OS_STK PRINTF_TASK_STK[PRINTF_STK_SIZE];
/* 任务函数接口 */
VOID PrintfTask(VOID * pdata);


/**********************************************
* 函数名称:main
* 输      入:无
* 输      出:无
* 功      能:函数主体
**********************************************/
int32_t main(VOID)
{


    PROTECT_REG
    (
        /* 系统时钟初始化 */
        SYS_Init(PLL_CLOCK);

        /* 串口 0 初始化,波特率为 115 200 bps */
        UART0_Init(115200);
    )

    /* μCOS 延时初始化 */
    UCOS_DelayInit();

    /* 设置 PB8 为输出模式 */
    GPIO_SetMode(PB,BIT8,GPIO_MODE_OUTPUT);

    /* OS 初始化 */
```

```
    OSInit();

    /* 创建起始任务 */
    OSTaskCreate(StartTask,
                (VOID *)0,
                (OS_STK *)&START_TASK_STK[START_STK_SIZE - 1],
                START_TASK_PRIO );

    /* 执行任务调度 */
    OSStart();
}


/****************************************
* 函数名称:StartTask
* 输      入:pdata       -传入的参数
* 输      出:无
* 功      能:起始任务
****************************************/
VOID StartTask(VOID * pdata)
{
    OS_CPU_SR cpu_sr = 0;
    pdata = pdata;

    /* 初始化统计任务,这里会延时 1 s 左右 */
    OSStatInit();

    /* 进入临界区(无法被中断打断) */
    OS_ENTER_CRITICAL();

    /* 创建 LED1 任务 */
    OSTaskCreate(Led1Task,
                (VOID * )0,
                (OS_STK * )&LED1_TASK_STK[LED1_STK_SIZE - 1],
                LED1_TASK_PRIO);

    /* 创建 printf 任务 */
    OSTaskCreate(PrintfTask,
                (VOID * )0,
                (OS_STK * )&PRINTF_TASK_STK[PRINTF_STK_SIZE - 1],
                PRINTF_TASK_PRIO);
```

```
    /* 挂起起始任务 */
    OSTaskSuspend(START_TASK_PRIO);


    /* 退出临界区(可以被中断打断) */
    OS_EXIT_CRITICAL();
}


/***********************************************
* 函数名称:Led1Task
* 输    入:pdata       - 传入的参数
* 输    出:无
* 功    能:LED1 任务
***********************************************/
VOID Led1Task(VOID * pdata)
{
    printf("This is Led1 Task\r\n");


    while(1)
    {
        PB8 = 1;
        Delayms(100);


        PB8 = 0;
        Delayms(100);
    }
}


/***********************************************
* 函数名称:PrintfTask
* 输    入:pdata       - 传入的参数
* 输    出:无
* 功    能:printf 任务
***********************************************/
VOID PrintfTask(VOID * pdata)
{
    UINT32 count = 0;

    printf("This is Printf Task\r\n");


    while(1)
    {
        printf("count = % d\r\n",count ++ );
```

```
        Delayms(500);
    }
}
```

（3）main 函数分析如下。

① 调用 UCOS_DelayInit 函数进行延时初始化，一旦每个任务执行微秒、毫秒函数时就会执行任务调度。

② 调用 OSInit 函数执行 μCOS 初始化。

③ 调用 OSTaskCreate 函数创建启动任务。

④ 调用 OSStart 函数启动任务调度。

（4）StartTask 函数分析如下。

① 调用 OSStatInit 函数用于初始化统计任务，约延时 1 s 时间。

② 调用 OS_ENTER_CRITICAL 函数进入临界区，即关闭系统总中断，也就是说连系统定时器也停止运行，防止创建新的任务影响当前任务的创建。

③ 调用 OSTaskCreate 函数连续创建两个新的任务，分别为 Led1Task、PrintfTask。

（5）Led1Task 函数分析如下。

① PB8 引脚电平设置为高，熄灭 LED1。

② 延时 100 ms。

③ PB8 引脚电平设置为低，点亮 LED1。

④ 延时 100 ms。

（6）PrintfTask 函数分析如下。

① 调用 printf 函数对 count 值进行打印。

② 延时 500 ms。

3. 下载验证

通过 NuLink 仿真下载器将程序下载到 SmartM-M451 迷你板后，观察到 LED1 灯每隔 100 ms 闪烁一次。打开单片机多功能调试助手，观察到串口每隔 500 ms 就对 count 变量的计数值进行一次打印，如图 34.3.1 所示。

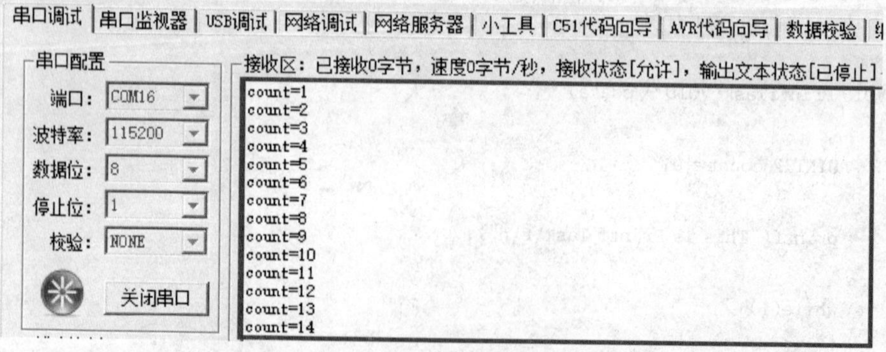

图 34.3.1　count 变量值的打印信息

34.3.2 消息通信

【实验要求】基于 SmartM-M451 系列开发板:使用 μC/OS-II 新建任务 1 用于按键扫描,任务 2 用于按键处理,实现消息通信。

1. 硬件设计

参考"14.2.1 串口收发数据"一节中的硬件设计。

2. 软件设计

代码位置:\SmartM-M451\迷你板\μCOS\【μCOS】【消息通信】

(1) 重点函数如表 34.3.2 所列。

表 34.3.2 重点函数

序 号	函数分析
1	INT8U OSMboxPost (OS_EVENT * pevent,void * pmsg) 位置:os_mbox.c 功能:通过消息邮箱向任务发送消息 参数: pevent:指向即将接收消息的消息邮箱的指针。该指针的值在建立该消息邮箱时可以得到 pmsg:即将实际发送给任务的消息。消息是一个指针长度的变量,在不同的程序中消息的使用也可能不同。不允许传递一个空指针,因为这意味着消息邮箱为空
2	void * OSMboxPend (OS_EVENT * pevent, INT32U timeout, INT8U * perr) 位置:os_mbox.c 功能:任务等待消息 pevent:指向即将接收消息的消息邮箱的指针。该指针的值在建立该消息邮箱时可以得到 timeout:允许一个任务在经过了指定数目的时钟节拍后还没有得到需要的消息时恢复运行。如果该值为零,则表示任务将持续的等待消息。最大的等待时间为 65 535 个时钟节拍。这个时间长度并不是非常严格的,可能存在一个时钟节拍的误差,因为只有在一个时钟节拍结束后才会减少定义的等待超时时钟节拍 perr:指向包含错误码的变量的指针

(2) 完整代码如下。

程序清单 34.3.2　完整代码

```
#include "SmartM_M4.h"
```

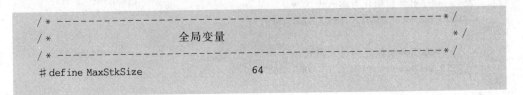

```
/* ------------------------------------------------------ */
/*                    全局变量                            */
/* ------------------------------------------------------ */
#define MaxStkSize                    64
```

ARM Cortex-M4 微控制器原理与实践

```
# define TASK_KEY_SCAN_PRIO              1              //不要大于 OS_LOWEST_PRIO
# define TASK_KEY_DONE_PRIO              2              //不要大于 OS_LOWEST_PRIO


STATIC OS_STK TaskKeyScanStk[MaxStkSize];               //按键扫描任务栈
STATIC OS_STK TaskKeyDoneStk[MaxStkSize];               //按键处理任务栈


STATIC VOID TASK_KeyScan(VOID * pData);
STATIC VOID TASK_KeyDone(VOID * pData);


STATIC OS_EVENT      * g_KeyMsg;


/* ---------------------------------------------------------------- */
/*                          函数                                  * /
/* ---------------------------------------------------------------- */



/* * * * * * * * * * * * * * * * * * * * * * * * * * * * * * * * * *
* 函数名称:main
* 输     入:无
* 输     出:无
* 功     能:函数主体
* * * * * * * * * * * * * * * * * * * * * * * * * * * * * * * * * * */
INT32 main(VOID)
{

    PROTECT_REG
    (
        /* 系统时钟初始化 */
        SYS_Init(PLL_CLOCK);
    )


    /* μCOS 延时初始化 */
    UCOS_DelayInit();
    OSInit();


    /* PB0 引脚初始化为输入模式 */
    GPIO_SetMode(PB,BIT0,GPIO_MODE_INPUT);


    /* PE8 引脚初始化为输入模式 */
    GPIO_SetMode(PE,BIT8,GPIO_MODE_INPUT);
```

542

```
    /*  OS 创建消息邮箱 */
    g_KeyMsg = OSMboxCreate((VOID * )0);

    /*  建立任务 */
    OSTaskCreate( TASK_KeyScan, (VOID * )0, &TaskKeyScanStk[MaxStkSize-1], TASK_KEY_
    SCAN_PRIO );
    OSTaskCreate( TASK_KeyDone, (VOID * )0, &TaskKeyDoneStk[MaxStkSize-1], TASK_KEY_
    DONE_PRIO );

    /*  执行任务调度 */
    OSStart();
}

/* *****************************************
* 函数名称:TASK_KeyScan
* 输    入:pdata - 传入参数
* 输    出:无
* 功    能:按键扫描任务
***************************************** */
VOID TASK_KeyScan(VOID * pdata)
{
    UINT8 ucKeyValue = 0;

    while(1)
    {
        /*  检测到 KEY1 按下 */
        if(PB0 == 0)
        {
            /*  延时消抖 */
            Delayms(10);

            if(PB0 == 0)
            {
                ucKeyValue = 0x01;

                /*  发送消息 */
                OSMboxPost(g_KeyMsg,(VOID * )ucKeyValue);
            }

        }

        /*  检测到 KEY2 按下 */
        if(PE8 == 0)
        {
            /*  延时消抖 */
```

```
            Delayms(10);

            if(PE8 == 0)
            {
                ucKeyValue = 0x02;

                /* 发送消息 */
                OSMboxPost(g_KeyMsg,(VOID *)ucKeyValue);
            }


        }
    }
}
/*********************************************
* 函数名称:TASK_KeyDone
* 输    入:pdata - 传入参数
* 输    出:无
* 功    能:按键处理任务
**********************************************/
VOID TASK_KeyDone(VOID * pdata)
{
    UINT32 unKeyVal = 0;
    UINT8   ucErrorCode = 0;

    while(1)
    {
        /*    等待消息 */
        unKeyVal = (UINT32)OSMboxPend(g_KeyMsg,10,&ucErrorCode);

        /*    检测按键值 */
        if(unKeyVal & (1 << 0))
        {
            printf("KEY1 Down\r\n");
        }


        /*    检测按键值 */
        if(unKeyVal & (1 << 1))
        {
            printf("KEY2 Down\r\n");
        }
    }
}
```

（3）main 函数分析如下。

① 调用 UCOS_DelayInit 函数进行延时初始化，一旦每个任务执行微秒、毫秒函数时就会执行任务调度。

② 调用 OSInit 函数执行 μCOS 初始化。

③ 调用 OSTaskCreate 函数创建启动任务。

④ 调用 OSStart 函数启动任务调度。

（4）TASK_KeyScan 函数分析如下。

① 当有 KEY1 按下时，ucKeyValue 变量值赋为 1，并调用 OSMboxPost 函数进行消息传递。

② 当有 KEY2 按下时，ucKeyValue 变量值赋为 2，并调用 OSMboxPost 函数进行消息传递。

（5）TASK_KeyDone 函数分析如下。

① 调用 OSMboxPend 函数获取当前的消息。

② 若 unKeyVal 为 1，则当前检测到按键 1 按下。

③ 若 unKeyVal 为 2，则当前检测到按键 2 按下。

3. 下载验证

通过 NuLink 仿真下载器将程序下载到 SmartM-M451 迷你板后，当按下"KEY1"时，串口输出"KEY1 Down"；当按下"KEY2"时，串口输出"KEY2 Down"，如图 34.3.2 所示。

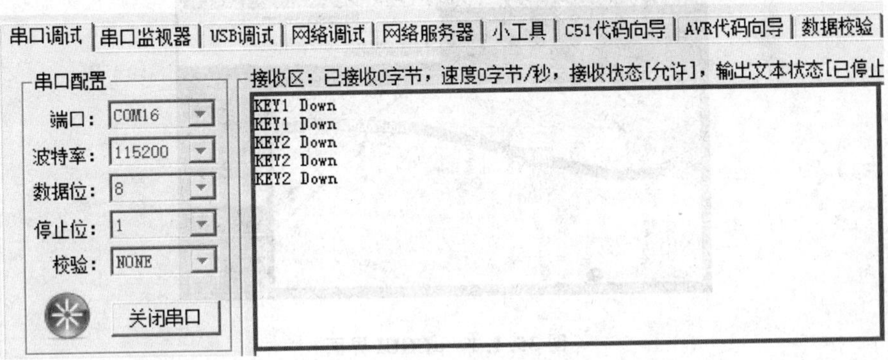

图 34.3.2　按键按下打印输出信息

第 **35** 章

μCGUI

35.1 概　述

　　μCGUI 是一种嵌入式应用中的图形支持系统,如图 35.1.1 所示。它设计用于为任何使用 LCD 图形显示的应用提供高效的独立于处理器及 LCD 控制器的图形用户接口,适用于单任务或是多任务系统环境,并适用于任意 LCD 控制器和 CPU 下任何尺寸的真实显示或虚拟显示。它的设计架构是模块化的,由不同的模块中的不同层组成,由一个 LCD 驱动层来包含所有对 LCD 的具体图形操作。μCGUI 可以在任何的 CPU 上运行,因为它是 100% 的标准 C 代码编写的。μCGUI 能够适应大多数的使用黑白或彩色 LCD 的应用,提供非常好的允许处理灰度的颜色管理,还提供一个可扩展的 2D 图形库及占用极少 RAM 的窗口管理体系。

图 35.1.1　μCGUI 界面

1. 要　求

　　对于开发 μCGUI 图形应用不需要指定什么目标系统,大部分的图形应用开发都可以在模拟器下进行,但是最终的目的还是在目标系统上运行程序。

1) 目标系统(硬件)

目标系统必须具备如下几点:

- CPU(8/16/32/64 位);
- 必要的 RAM 和 ROM 存储;

- LCD 显示器(任何类型及分辨率的)。

对于内存的需求取决于用户选用的 μCGUI 的功能模块以及所使用的目标系统上的编译器的效率。内存的占用量无法估计准确的值,下面的参数值适用于多数的目标系统。

2) 小型系统(不含窗口管理功能)

- RAM:100 字节;
- 堆栈:500 字节;
- ROM:10~25 KB(取决于选用的 μCGUI 功能模块)。

3) 大型系统(包含窗口管理及各种窗体控件功能)

- RAM:2~6 KB (取决于选用的应用中建立窗口的数量);
- 堆栈:1 200 字节;
- ROM:30~60 KB (取决于选用的 μCGUI 功能模块)。

注:以上的所有值都是粗糙的估计,并不准确。

4) 开发环境(编译器)

目标系统中采用什么样的 CPU 并不重要,但必须要有与所用 CPU 相对应的 C 编译器。大多数 16/32/64 位的 CPU 或 DSP 上的编译器都可以正常使用,大部分 8 位的编译也都可以正常编译,并不需要 C++编译器,不过它也可以正常使用,如果有需求的话,应用程序也可以在 C++环境下正常编译使用。

2. 特　性

1) 一般特点

- 适用于任何 8/16/32 位 CPU,只要有相对应的标准 C 编译器。
- 任何控制器的 LCD 显示器(单色、灰度、颜色),只要有适合的 LCD 驱动可用。
- 在小模式显示时无须 LCD 控制器。
- 所有接口支持使用宏进行配制。
- 显示尺寸可定制。
- 字符和位图可在 LCD 显示器上的任意起点显示,并不仅局限于偶数对齐的地址起点。
- 程序在大小和速度上都进行了优化。
- 编译时允许进行不同的优化。
- 对于缓慢一些的 LCD 控制器,LCD 显存可以映射到内存当中,从而减少访问次数到最小并达到更高的显示速度。
- 清晰的设计架构。
- 支持虚拟显示,虚拟显示可以比实际尺寸大(即放大)。

2) 图　库

- 支持不同颜色深度的位图。

- 有效的位图转换器。
- 绝对没有使用浮点运算。
- 快速线/点绘制(没有使用浮点运算)。
- 非常快的圆/多边形的绘制。
- 不同的绘画模式。

3) 字 体

- 为基本软件提供了不同种类的字体:4×6、6×8、6×9、8×8、8×9、8×16、8×17、8×18、24×32,以及 8、10、13、16 等几种高度(以像素为单位)的均衡字体。
- 可以定义和简便地链接新的字体。
- 只有用于应用程序的字体才实际上与执行结果链接,这样保证了最低的 ROM 占用。
- 字体可以分别在 X 轴和 Y 轴方向上充分地缩放。
- 提供有效的字体转换器,任何在主系统(即 Microsoft Windows)上的有效字体都可以转换。

4) 字符串/数值输出程序

- 程序支持任何字体的十进制、二进制、十六进制的数值显示。
- 程序支持任何字体的十进制、二进制、十六进制的数值编辑。

5) 视窗管理器(WM)

- 完全的窗口管理器包括剪切在内。一个窗口的外部区域的改写是不可能的。
- 窗口能够移动和缩放。
- 支持回调函数(可选择用法)。
- WM 使用极小的 RAM(大约每个窗口 20 字节)。

6) 可选择用于 PC 外观的控件

控件(窗口对象)有效,它们一般自动运行,并且易于使用。

7) 触摸屏和鼠标支持

对于比如按钮控件之类的窗口对象,μCGUI 提供触摸屏和鼠标支持。

8) PC 工具

- 模拟器及观察器。
- 位图转换器。
- 字体转换器。

35.2　创建工程

1. 向工程中添加相应文件

将 Config、GUI 文件夹复制到当前工程目录外,如图 35.2.1 所示。

2. 将与 μCGUI 有关的文件添加到工程

在 GUI 文件夹中包含的文件夹如图 35.2.2 所示。

📁 【GUI】【无OS】【示例】
　　📁 Config
　　📁 GUI

图 35.2.1　Config、GUI 文件夹　　　图 35.2.2　GUI 目录下的文件夹

GUI 文件夹下的各文件夹与 Config 文件夹的详细功能如表 35.2.1 所列。

表 35.2.1　Config 与 GUI 文件夹实现的功能

目　录	内　容	目　录	内　容
Config	配置文件(根据应用配置)	GUI\LCDDriver	LCD 驱动(移植部分:根据需要修改或添加)
GUI\AntiAlias	抗锯齿支持 *	GUI\JPEG	JPEG 图像支持　*
GUI \ Convert-Mono	用于 B/W(黑白两色)及灰度显示的色彩转换程序	GUI\Mendev	存储器件支持　　*
GUI \ Convert-Color	用于彩色显示的色彩转换的程序	GUI\Touch	触摸屏支持　　　*
GUI\Core	μCGUI 内核	GUI\Widget	视窗控件库　　　*
GUI\Font	字体文件	GUI\WM	视窗管理器　　　*

注:*为可选项,不同的版本有所不同。

前面只是将所有的文件添加到工程目录的文件夹里面,还没有将这些文件真正地添加到工程中。我们在工程分组中建立 3 个分组:UCGUI_Config、UCGUI_Anti-Alias 和 UCGUI_ConvertColor,并对相应的目录添加相应的文件,建立完成后如图 35.2.3 所示。

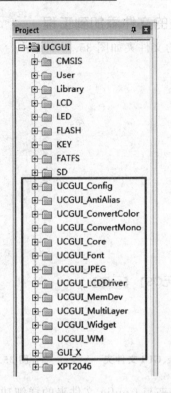

图 35.2.3 添加相应的 μCGUI 文件到工程目录中

说明：移植时要特别注意配置文件 Config 和 GUI/LCDDriver。

GUI/LCDDriver 文件夹中存放的是一些 LCD 驱动代码，如果用户使用的 LCD 在这里可以找到代码，则可以直接通过 Config 中的 LCDConf.h 里边的 LCD_CON-TROLLER 宏定义进行设置：

程序清单 35.2.1 选择 LCD 驱动

```
#define LCD_CONTROLLER -1 // -1 表示没有选择 LCD 驱动,而是使用里边的样本程序进行修改
```

在工程中只需加载需要的 LCD 驱动代码文件即可。如果设置为 -1，则选择加载 LCDDummy.C 或 LCDTemplate.C 文件（不同的版本，此代码的文件名可能会不同）。

3. 移植 μCGUI 要点

（1）必须编写好 LCD 的驱动函数，当然如果 μCGUI 中已经包含了移植需要的 LCD 底层驱动，就不用再编写了；如果没有就需要编写好 LCD 的底层驱动。底层驱动需要包含如下函数。

- LCD_Init()：LCD 初始化函数。
- LCD_SetPixel()：LCD 画点函数。

● LCD_GetPixel()：LCD 读点颜色函数。

（2）编写好这 3 个函数后，可以直接在 LCDDummy.C 或 LCDTemplate.C 文件中添加相应的代码。

① 添加画点函数：

程序清单 35.2.2　添加画点函数

```
void LCD_L0_SetPixelIndex(int x, int y, int PixelIndex)
{
    /* Write into hardware ... Adapt to your system */
    {
        /*添加画点函数*/
        LcdDrawPoint(x,y,PixelIndex)
    }
}
```

② 添加获取像素点颜色函数：

程序清单 35.2.3　添加获取像素点颜色函数

```
unsigned int LCD_L0_GetPixelIndex(int x, int y)
{
    /* Read from hardware ... Adapt to your system */
    {
        /*添加获取像素点颜色函数*/
        PixelIndex = LcdReadPoint(x,y);;

    }

    return PixelIndex;
}
```

③ 添加初始化函数：

程序清单 35.2.4　添加初始化函数

```
int   LCD_L0_Init(void)
{

    LCD_INIT_CONTROLLER();

    return 0;

}
```

当然也可以直接在 LCDConf.h 文件中把宏改成如下。

程序清单 35.2.5　设置 LCD_INIT_CONTROLLER 宏

```
#define LCD_INIT_CONTROLLER()   LcdInit(LCD_FONT_IN_SD,LCD_DIRECTION_180);
```

同时,在 LCDConf.h 文件当中设置好 LCD 屏的分辨率,代码如下。

程序清单 35.2.6　设置 LCD 屏的分辨率

```
#define LCD_XSIZE        (240)
#define LCD_YSIZE        (320)
```

(3) 为 Keil 添加 Include 目录,如图 35.2.4 和图 35.2.5 所示。

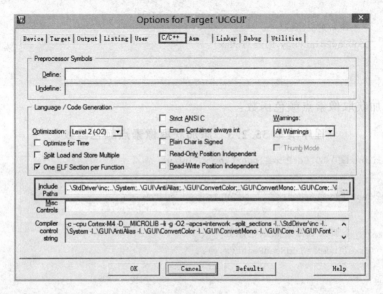

图 35.2.4　切换到工程的【C/C++】选项卡

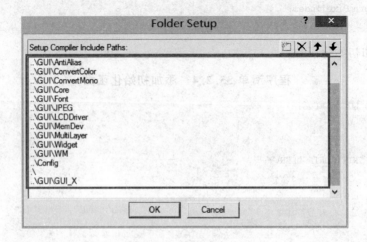

图 35.2.5　为 Include 目录添加 GUI 相关的文件夹

35.3　触摸移植

此前我们已经完成 μCGUI 驱动的移植，也就是说，已经完成了 μCGUI 移植的三分之二，最后剩下的是触摸屏的移植。接下来修改 Config 文件夹下的文件，Config 下有 3 个文件：

- GUIConf. h
- LCDConf. h
- GUITouchConf. h

配置 GUIToucConf. h 文件的具体代码如下。

程序清单 35.3.1　GUIToucConf. h 文件

```
# ifndef GUITOUCH_CONF_H
# define GUITOUCH_CONF_H


/ * 不同 LCD 值不同,需另测    * /
# define GUI_TOUCH_AD_LEFT        3778      //最左边 x 轴的 AD 值,非坐标值
# define GUI_TOUCH_AD_RIGHT       349       //最右边 x 轴的 AD 值
# define GUI_TOUCH_AD_TOP         448       //最上边 y 轴的 AD 值
# define GUI_TOUCH_AD_BOTTOM      3802      //最下边 y 轴的 AD 值


# define GUI_TOUCH_SWAP_XY        0         //不允许翻转
# define GUI_TOUCH_MIRROR_X       0
# define GUI_TOUCH_MIRROR_Y       0


# endif / * GUITOUCH_CONF_H * /
```

μCGUI 触摸屏驱动接口函数文件 GUI_X_Touch. c 的代码如下。

程序清单 35.3.2　GUI_X_Touch. c 文件

```
# include "GUI.h"
# include "GUI_X.h"
# include "SmartM_M4.h"


void GUI_TOUCH_X_ActivateX(void) {         //不用配置
}


void GUI_TOUCH_X_ActivateY(void) {         //不用配置
}
```

```
int   GUI_TOUCH_X_MeasureX(void)
{
    if(XPT_IRQ_PIN() == 0)
    {
        XPTPixGet(&Pix);
    }
    else
    {
        return 0;
    }

# if 0
    printf("x = % d\r\n",Pix.x);
# endif

    return Pix.x;
}


int   GUI_TOUCH_X_MeasureY(void)
{

    if(XPT_IRQ_PIN() == 0)
    {
        XPTPixGet(&Pix);
    }
    else
    {
        return 0;
    }
# if 0
    printf("y = % d\r\n",Pix.y);
# endif
    return Pix.y;
}
```

还有最关键的一点就是，何时触发 μCGUI 调用这些函数、测量 AD 值、定位触摸点的坐标，很多文档都提及了这个问题，用户可以使用两种方法来触发，具体如下。

方案 1：设定触摸屏的一个引脚为外部触发，触摸单击时，电平变化触发中断，在中断函数中调用 GUI_TOUCH_Exec 函数，让 μCGUI 更新 TOUCH 时间数据。

方案 2：设定一个 10 ms 的定时器中断不断查询，在中断函数中调用 GUI_TOU-CH_Exec 函数。

其实方案 1 看似更为合适，不占用 CPU，让 CPU 可以处理其他事情；但是 µCGUI 的触摸事件，一次触摸只会读取一个轴的 AD 值，也就是说，一次读取 X 轴 AD，下一次再读取 Y 轴 AD 值，这样导致获得的数据都是错误的。µCGUI 有处理抖动的函数_StoreUnstable(x，y)，会将误差较大的数据过滤。如果两次单击事件时间很短的话，也至少会是一次正确坐标，一次错误坐标。

点击事件 1：MeasureY AD is 736，coordinate is X＝134261972，Y＝ 134261972

点击事件 2：MeasureX AD is 576，coordinate is X＝62，Y＝ 117

另外，外部中断的方法只能获得触摸单击的事件，无法获得触摸移动的事件，所以采用了查询的方法。使用 M451 的滴答定时器 产生一个 10 ms 的中断，在中断函数中调用 µCGUI 更新函数，详细见"35.5.3 校准参数"一节的内容。

35.4　µCOS 与 µCGUI 合并

此前章节，我们已经完成了 µCOS 与 µCGUI 的移植，这样更有助于以后写代码。µCOS 与 µCGUI 是完美的搭配，操作步骤如下。

（1）将移植好的 µC/OS-II 文件夹复制到工程目录外，如图 35.4.1 所示。

（2）将 µC/OS-II 添加到工程目录中，如图 35.4.2 所示。

（3）将 µC/OS-II 添加到工程目录中，如图 35.4.3～图 35.4.4 所示。

图 35.4.1　µC/OS-II 文件夹

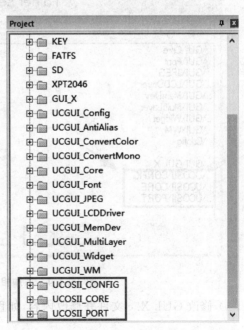

图 35.4.2　添加 µC/OS-II 到工程目录

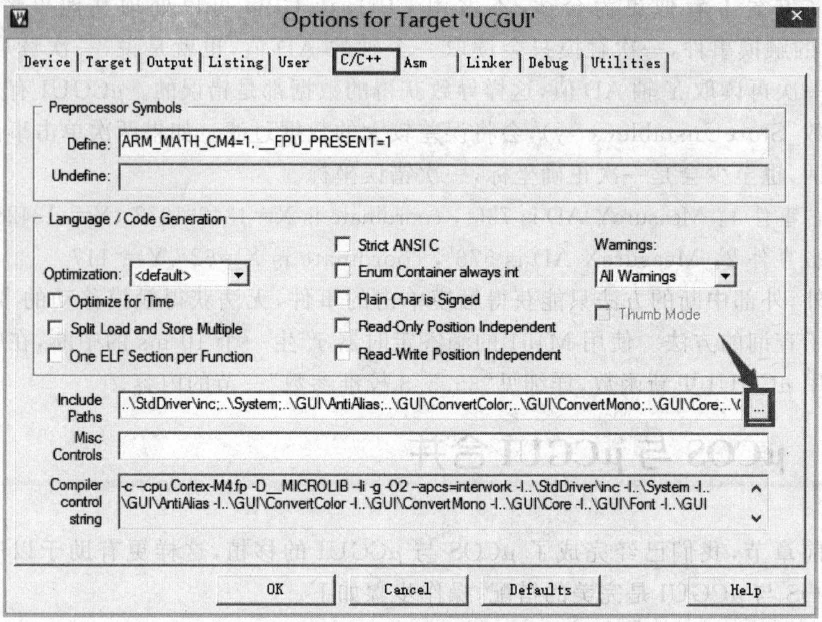

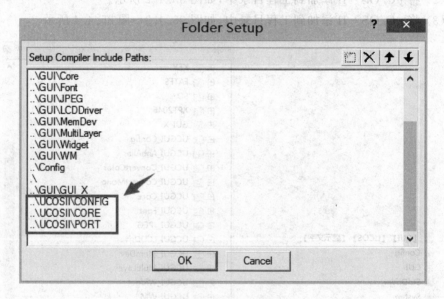

图 35.4.3 进入 Include 路径

图 35.4.4 添加相应的文件夹

（4）修改 GUI_X.c 文件并修改内容，如程序清单 35.4.1 所示。

程序清单 35.4.1 GUI_X.c

```
# include "includes.h"
# include "GUI.h"
# include "GUI_X.h"


int GUI_X_GetTime(void) {
    return OSTimeGet();
}


void GUI_X_Delay(int ms) {
    OSTimeDly(ms);
}


void GUI_X_Init(void)
{

}


void GUI_X_ExecIdle(void)
{
    GUI_X_Delay(1);
}


void GUI_X_Log      (const char * s) { GUI_USE_PARA(s); }
void GUI_X_Warn     (const char * s) { GUI_USE_PARA(s); }
void GUI_X_ErrorOut(const char * s) { GUI_USE_PARA(s); }


OS_EVENT * DispSem;



U32 GUI_X_GetTaskId(void) { return ((U32)(OSTCBCur ->OSTCBPrio)); }


void GUI_X_InitOS(void)      { DispSem = OSSemCreate(1); }


void GUI_X_Unlock(void)      { OSSemPost(DispSem); }


void GUI_X_Lock(void) {
```

```
    INT8U err;


    OSSemPend(DispSem, 0, &err);


}
```

35.5 实 验

35.5.1 显示图文

【实验要求】基于 SmartM-M451 开发板系列：调用 μCGUI 提供的函数实现图文显示。

1. 硬件设计

(1) 参考"17.3.1 读 ID"一节中的硬件设计。

(2) 参考"27.4.1 颜色显示"一节中的硬件设计。

2. 软件设计

(1) 重点函数如表 35.5.1 所列。

表 35.5.1 重点函数

序 号	函数分析
1	int GUI_Init(void) 位置：GUICore. c 功能：调用 GUI_Init 函数初始化 LCD 和 μCGUI 的内部数据结构,在其他 μCGUI 函数运行之前必须被调用 参数：无
2	void GUI_Clear(void) 位置：GUICore. c 功能：清除活动视窗(如果背景是活动视窗,则是清除整个屏幕) 参数：无
3	void GUI_SetBkColor(GUI_COLOR color) 位置：GUI_SetColor. c 功能：设置当前背景颜色 参数： color：颜色值

序　号	函数分析
4	void GUI_SetColor(GUI_COLOR color) 位置:GUI_SetColor.c 功能:设置前景颜色 参数: color:颜色值
5	void GUI_DispStringAt(const char GUI_UNI_PTR * s, int x, int y) 位置:GUI_DispStringAt.c 功能:显示字符串 参数: s:字符串内容 x:横坐标 y:纵坐标
6	void GUI_FillRect(int x0, int y0, int x1, int y1) 位置:GUI_FillRect.c 功能:在当前视窗指定的位置绘一个矩形填充区域 参数: x0:左上角 X 坐标 y0:左上角 Y 坐标 x1:右下角 X 坐标 y1:右下角 Y 坐标
7	void GUI_DrawHLine(int y0, int x0, int x1) 位置:GUI_DrawHLine.c 功能:在当前视窗从一个指定的起点到一个指定的终点,以一个像素厚度画一条水平线 参数: y0:Y 轴坐标 x1:起点的 X 轴坐标 y1:终点的 X 轴坐标
8	void GUI_DrawVLine(int x0, int y0, int y1) 位置:GUI_DrawVLine.c 功能:在当前视窗从一个指定的起点到一个指定的终点,以一个像素厚度画一条垂直线 参数: x0:X 轴坐标 y0:起点的 Y 轴坐标 y1:终点的 Y 轴坐标

序　号	函数分析
9	void GUI_FillEllipse(int x0, int y0, int rx, int ry) 位置:GUICrci.c 功能:按指定的尺寸绘一个填充椭圆 参数: x0:在客户视窗中圆心的 X 轴坐标(以像素为单位) y0:在客户视窗中圆心的 Y 轴坐标(以像素为单位) rx:椭圆的 X 轴半径(直径的一半)。最小值:0,最大值:180 ry:椭圆的 Y 轴半径(直径的一半)。最小值:0,最大值:180
10	void GUI_DrawPolygon(const GUI_POINT * pPoints, int NumPoints, int x0, int y0) 位置:GUI2DLib.c 功能:在当前视窗中绘一个由一系列点定义的多边形的轮廓 参数: pPoints:显示多边形的指针 NumPoints:在点的序列中指定点的数量 x0:原点的 X 轴坐标 y0:原点的 Y 轴坐标
11	void GUI_FillPolygon(const GUI_POINT * pPoints, int NumPoints, int x0, int y0) 位置:GUI_FillPolygon.c 功能:在当前视窗中绘一个由一系列点定义的填充多边形 参数: pPoints:显示填充多边形的指针 NumPoints:在点的序列中指定点的数量 x0:原点的 X 轴坐标 y0:原点的 Y 轴坐标

(2) 完整代码如下。

程序清单 35.5.1　完整代码

```
#include "SmartM_M4.h"
#include "GUI.h"
#include "BUTTON.h"


/* ----------------------------------------------------------- */
/*                         全局变量                            */
/* ----------------------------------------------------------- */
STATIC FATFS fs;
```

```
/* ------------------------------------------------------ */
/*                          函数                         */
/* ------------------------------------------------------ */

/**********************************************
* 函数名称:RePaintWindow
* 输    入:pMsg  窗口消息
* 输    出:无
* 功    能:重绘背景
**********************************************/
STATIC VOID RePaintWindow(WM_MESSAGE * pMsg)
{
    switch (pMsg ->MsgId)
    {
        case WM_PAINT:
            {
                GUI_SetBkColor(GUI_BLACK);
                GUI_Clear();

                GUI_SetColor(GUI_WHITE);
                GUI_SetFont(&GUI_Font24_ASCII);
                GUI_DispStringAt("SmartMCU - M451", 40, 5);


            }break;

        default:WM_DefaultProc(pMsg);
            break;
    }
}


/**********************************************
* 函数名称:main
* 输    入:无
* 输    出:无
* 功    能:函数主体
**********************************************/
int32_t main(VOID)
{
    #define countof(Array)  (sizeof(Array)/sizeof(Array[0]))

    const GUI_POINT apoint[] =
```

```
{
    {0,0},{50,0},{80,60},{40,90},{20,20}
};


PROTECT_REG
(
    /* 系统时钟初始化 */
    SYS_Init(PLL_CLOCK);

    /* 串口初始化 */
    UART0_Init(115200);
)


/*   LCD  初始化 */
LcdInit(LCD_FONT_IN_FLASH,LCD_DIRECTION_180);
LCD_BL(0);
LcdCleanScreen(WHITE);
/*   SPI FLash 初始化 */
SpiFlashInit();

while(SpiFlashReadID()! = W25Q64)
{
    Led1(1);Delayms(500);
    Led1(0);Delayms(500);
}


/*   XPT2046  初始化 */
XPTSpiInit();

/*   SPI Flash  初始化 */
while(disk_initialize(FATFS_IN_FLASH))
{
    Led1(1);Delayms(500);
    Led1(0);Delayms(500);
}


/*   挂载 SPI Flash */
f_mount(FATFS_IN_FLASH,&fs);

/*   µCGUI 初始化 */
```

```
GUI_Init();

/* 为背景设置回调函数 */
WM_SetCallback(WM_HBKWIN, &RePaintWindow);

/* 在所有窗口使用内存设备以避免闪烁 */
WM_SetCreateFlags(WM_CF_MEMDEV);

/* 设置背景色为黑色 */
GUI_SetBkColor(GUI_BLACK);
GUI_Clear();

/* 设置前景色为黄色 */
GUI_SetColor(GUI_YELLOW);

/* 设置字体为 Font24_ASCII */
GUI_SetFont(&GUI_Font24_ASCII);

/* 设置显示的字符串在 x = 40,y = 5 */
GUI_DispStringAt("SmartMcu - M451", 40, 5);

while(1)
{
    /* 显示矩形 */
    GUI_Clear();
    GUI_SetColor(GUI_RED);
    GUI_FillRect(0,50,100,100);
    Delayms(1000);


    /* 绘制横线、竖线 */
    GUI_Clear();
    GUI_SetColor(GUI_YELLOW);
    GUI_DrawHLine(40,100,180);
    GUI_DrawVLine(80,100,180);
    Delayms(1000);


    /* 绘制圆形 */
    GUI_Clear();
    GUI_SetColor(GUI_CYAN);
    GUI_DrawCircle(140,110,30);
    Delayms(1000);
```

```
        /* 填充椭圆形 */
        GUI_Clear();
        GUI_FillEllipse(110,250,30,45);
        Delayms(1000);

        /* 绘制多边形 */
        GUI_Clear();
        GUI_SetColor(GUI_GREEN);
        GUI_DrawPolygon(apoint,countof(apoint),0,150);
        Delayms(1000);

        /* 填充多边形 */
        GUI_Clear();
        GUI_SetColor(GUI_GREEN);
        GUI_FillPolygon(apoint,countof(apoint),150,200);
        Delayms(1000);
    }
}
```

（3）代码分析如下。

该代码比较简单，详细查看程序清单 35.5.1。

3. 下载验证

通过 NuLink 仿真下载器将程序下载到 SmartM-M451 迷你板后，显示图形如图 35.5.1～图 35.5.4 所示。由于篇幅限制，只列出这 4 张图，其他图形请读者自行编写程序观看。

图 35.5.1　显示文字　　图 35.5.2　显示　　图 35.5.3　显示　　图 35.5.4　显示椭圆形
　　　　　　　　　　　红色矩形　　　　　水平线与垂直线

35.5.2　自定义字体

【实验要求】基于 SmartM-M451 开发板系列：自定义 μCGUI 字体并显示相应的内容。

1. 硬件设计

（1）参考"17.3.1　读 ID"一节中的硬件设计。

（2）参考"27.4.1　颜色显示"一节中的硬件设计。

2. 软件设计

μCGUI 为我们提供了很多字体,虽然非常实用,但是有时为了显示的需要,给予用户最好的体验,可以为 μCGUI 建立更多的字体,详细步骤如下。

1) 自定义字体步骤

（1）打开 μCGUI 字体生成器 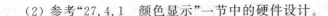,如图 35.5.5 所示。

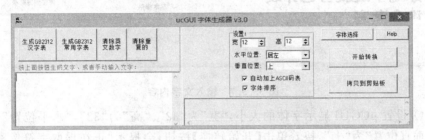

图 35.5.5　μCGUI 字体生成器

（2）进入【字体】对话框,选择"字体"为"隶书","字形"为"粗体","大小"为"小一",如图 35.5.6 所示。

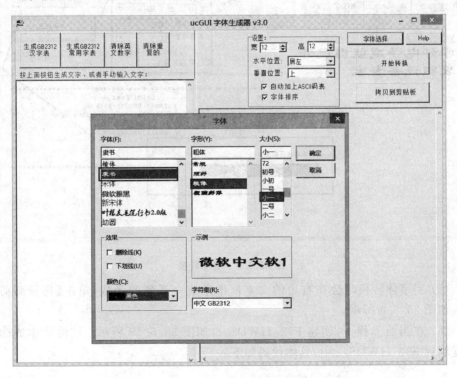

图 35.5.6　设置字体格式

（3）在"按上面生成文字、或者手动输入文字"文本框中输入要显示的文字，内容为"学好电子 成就自己 开发板设备专家"，如图 35.5.7 所示。

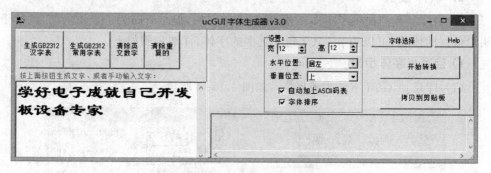

图 35.5.7 输入文字内容

（4）设置 μCGUI 显示字体的大小，"宽"为"32"、"高"为"32"，"水平位置"为"居左"，"垂直位置"为"上"，接着单击【开始转换】按钮，会提示"正在提取字符像素"，如图 35.5.8 所示。

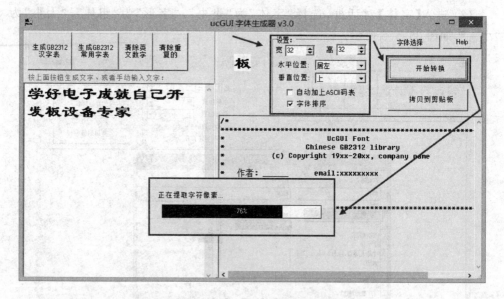

图 35.5.8 字体转换

（5）当字体转换时会在右边的文本框中生成一系列的函数，单击【拷贝到剪贴板】，如图 35.5.9 所示。

（6）在当前工程下，创建 F32_HWDS.c，如图 35.5.10 所示。同时将生成的函数复制到 F32_HWDS.c 中，具体代码如下。

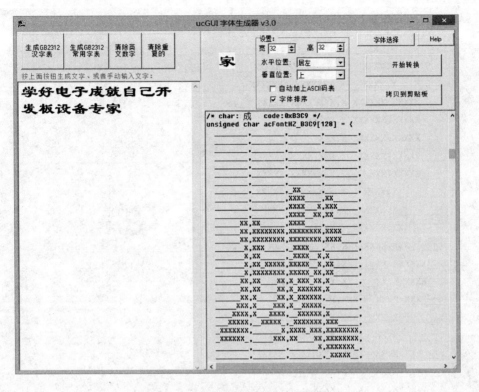

图 35.5.9　字体转换后生成的函数

📁 lst		2015/7/18 星期…	文件夹
📁 output		2015/7/18 星期…	文件夹
📄 diskio.c	2015/5/25 星期…	C 文件	5 KB
📄 diskio.h	2015/2/18 星期…	C/C++ Header	3 KB
📄 F32_HWDS.c	2015/2/7 星期六 …	C 文件	24 KB
📄 ff.c	2014/10/2 星期…	C 文件	176 KB
📄 ff.h	2014/10/2 星期…	C/C++ Header	15 KB
📄 ffconf.h	2015/5/25 星期…	C/C++ Header	8 KB
📄 Flash.c	2015/5/25 星期…	C 文件	12 KB
📄 Flash.h	2015/5/25 星期…	C/C++ Header	3 KB

图 35.5.10　F32_HWDS.c 存放位置

程序清单 35.5.2　F32_HWDS.c 内容

```
#include "GUI.H"

/* char：板    code:0xB0E5 */
unsigned char acFontHZ_B0E5[128] = {
    _____,_____,_____,_____,
    _____,_____,_____,_____,
```

```
_____,_____,_____,_____,
_____,_____,_____,_____,
_____,_XX_____,_____,_____,
_____,XXXX____,____XXXX,XXXXX___,
_____X,XXXX___X,XXXXXXXX,XXXXXX__,
XXXXX,XXXXXX_X,XXXXXXXX,XXXX____
___XXXXX,XXXXXX_X,XXXXX___,_____,
___XXXXX,XXXXXX_X,XXX_____,_____,
__XXXXX,XXXXX__X,XXXXXXXX,XXXXXX__,
___XXXXX,XXX____X,XXXXXXXX,XXXXXX_.
_____X,XXXX___X,XXXXXXXX,XXXXX___,
_____X,XXXXX__X,XXXXXXX_,XXXX____,
_____XX,XXXXXX_X,XXXXXXX_,XXX_____,
_____XXX,XXXXXXX,XX_XXXXX,XXX_____,
__XXXXXX,XX____XX,XX__XXXX,XX_____,
__XXXXXX,XX____XX,XX___XXX,XX_____,
__XXXX_X,XX___XXX,X____XXX,XX_____,
_____X,XX___XXX,X___XXXX,XXX_____,
_____X,XX__XXXX,X__XXXXX,XXXX____,
_____X,XX__XXXX,_XXXXX_X,XXXXXX__,
_____X,XX_XXXXX,XXXX___,XXXXXXX_,
_____X,XX_XXXX_,XXXX____,XXXXXXXX,
_____X,XX_____X,XXX_____,_XXXXXX_,
_____X,X_____,_____,__XXXX__,
_____,_____,_____,_____,
_____,_____,_____,_____,
_____,_____,_____,_____,
_____,_____,_____,_____,
_____,_____,_____,_____,
_____,_____,_____,_____,
};

/* char: 备    code:0xB1B8 */
unsigned char acFontHZ_B1B8[128] = {
_____,_____,_____,_____,
_____,_____,_____,_____,
_____,_____,_____,_____,
_____,____XX,XX_____,_____,
_____,__XXXXXX,_XXXXXXX,X_____,
_____,XXXXXX__,____XXXX,XX_____,
____XXX,XXXXXX__,_,__XXXXXX,_____,
___XXXX,XXXXXXXX,XXXXX___,_____,
```

```
      ___XXXX,X____XXX,XXX_____,_____,
_____,____XXXX,XXXXX___,_____,
_____,__XXXXX_,_XXXXXX_,_____,
_____X,XXXXX___,___XXXXX,X_____,
____XXXX,XXXXXXXX,XXXXXXXX,XXX_____,
__XXXXXX,XXXXXXXX,XXXXXXXX,XXXXXXX_,
__XXXXXX,XXXX__XX,XXXXXXXX,XXXXXXX_,
__XXXXX_,XXXX__XX,X____XXX,XXXXXXX_,
_____,XXXXXXXX,XX___XXX,_XXXXX__,
_____,XXXXXXXX,XXXXXXXX,_____,
_____,XXXXXXXX,XXXXXXXX,_____,
_____,XXX___XX,X___XXX,_____,
_____,XXX___XX,X___XXX,_____,
_____X,XXXXXXXX,XXXXXXXX,_____,
_____X,XXXXXXXX,XXXXXXXX,_____,
_____X,XXXX____,___XXXXX,_____,
_____X,XX_____,_____XXX,_____,
_____,_____,_____,_____,
_____,_____,_____,_____,
_____,_____,_____,_____,
_____,_____,_____,_____,
_____,_____,_____,_____,
};
```

//由于篇幅限制,其他字体具体的点阵数据,请查看 F32_HWDS.c 文件

```
GUI_CHARINFO GUI_FontHZ_32x32_CharInfo[15] = {
    { 32, 32, 4, (unsigned char * )&acFontHZ_B0E5 }, / * 0：板 * /
    { 32, 32, 4, (unsigned char * )&acFontHZ_B1B8 }, / * 1：备 * /
    { 32, 32, 4, (unsigned char * )&acFontHZ_B3C9 }, / * 2：成 * /
    { 32, 32, 4, (unsigned char * )&acFontHZ_B5E7 }, / * 3：电 * /
    { 32, 32, 4, (unsigned char * )&acFontHZ_B7A2 }, / * 4：发 * /
    { 32, 32, 4, (unsigned char * )&acFontHZ_BAC3 }, / * 5：好 * /
    { 32, 32, 4, (unsigned char * )&acFontHZ_BCBA }, / * 6：己 * /
    { 32, 32, 4, (unsigned char * )&acFontHZ_BCD2 }, / * 7：家 * /
    { 32, 32, 4, (unsigned char * )&acFontHZ_BECD }, / * 8：就 * /
    { 32, 32, 4, (unsigned char * )&acFontHZ_BFAA }, / * 9：开 * /
    { 32, 32, 4, (unsigned char * )&acFontHZ_C9E8 }, / * 10：设 * /
    { 32, 32, 4, (unsigned char * )&acFontHZ_D1A7 }, / * 11：学 * /
    { 32, 32, 4, (unsigned char * )&acFontHZ_D7A8 }, / * 12：专 * /
```

```
    { 32, 32, 4, (unsigned char * )&acFontHZ_D7D3 }, / * 13：子 * /
    { 32, 32, 4, (unsigned char * )&acFontHZ_D7D4 }, / * 14：自 * /
};


GUI_FONT_PROP GUI_FontHZ_32x32_Prop14 = {
    0xD7D3, / * start ：子 * /
    0xD7D4, / * end    ：自，  len = 2 * /
    &GUI_FontHZ_32x32_CharInfo[ 13 ],
    (void * )0
};


GUI_FONT_PROP GUI_FontHZ_32x32_Prop13 = {
    0xD7A8, / * start ：专 * /
    0xD7A8, / * end    ：专，  len = 1 * /
    &GUI_FontHZ_32x32_CharInfo[ 12 ],
    &GUI_FontHZ_32x32_Prop14
};


GUI_FONT_PROP GUI_FontHZ_32x32_Prop12 = {
    0xD1A7, / * start ：学 * /
    0xD1A7, / * end    ：学，  len = 1 * /
    &GUI_FontHZ_32x32_CharInfo[ 11 ],
    &GUI_FontHZ_32x32_Prop13
};


GUI_FONT_PROP GUI_FontHZ_32x32_Prop11 = {
    0xC9E8, / * start ：设 * /
    0xC9E8, / * end    ：设，  len = 1 * /
    &GUI_FontHZ_32x32_CharInfo[ 10 ],
    &GUI_FontHZ_32x32_Prop12
};


GUI_FONT_PROP GUI_FontHZ_32x32_Prop10 = {
    0xBFAA, / * start ：开 * /
    0xBFAA, / * end    ：开，  len = 1 * /
    &GUI_FontHZ_32x32_CharInfo[ 9 ],
    &GUI_FontHZ_32x32_Prop11
};
```

```
GUI_FONT_PROP GUI_FontHZ_32x32_Prop9 = {
    0xBECD, / * start :就 * /
    0xBECD, / * end    :就,  len = 1 * /
    &GUI_FontHZ_32x32_CharInfo[ 8 ],
    &GUI_FontHZ_32x32_Prop10
};


GUI_FONT_PROP GUI_FontHZ_32x32_Prop8 = {
    0xBCD2, / * start :家 * /
    0xBCD2, / * end    :家,  len = 1 * /
    &GUI_FontHZ_32x32_CharInfo[ 7 ],
    &GUI_FontHZ_32x32_Prop9
};


GUI_FONT_PROP GUI_FontHZ_32x32_Prop7 = {
    0xBCBA, / * start :己 * /
    0xBCBA, / * end    :己,  len = 1 * /
    &GUI_FontHZ_32x32_CharInfo[ 6 ],
    &GUI_FontHZ_32x32_Prop8
};


GUI_FONT_PROP GUI_FontHZ_32x32_Prop6 = {
    0xBAC3, / * start :好 * /
    0xBAC3, / * end    :好,  len = 1 * /
    &GUI_FontHZ_32x32_CharInfo[ 5 ],
    &GUI_FontHZ_32x32_Prop7
};


GUI_FONT_PROP GUI_FontHZ_32x32_Prop5 = {
    0xB7A2, / * start :发 * /
    0xB7A2, / * end    :发,  len = 1 * /
    &GUI_FontHZ_32x32_CharInfo[ 4 ],
    &GUI_FontHZ_32x32_Prop6
};
```

```
GUI_FONT_PROP GUI_FontHZ_32x32_Prop4 = {
    0xB5E7, /* start :电 */
    0xB5E7, /* end   :电， len = 1 */
    &GUI_FontHZ_32x32_CharInfo[ 3 ],
    &GUI_FontHZ_32x32_Prop5
};


GUI_FONT_PROP GUI_FontHZ_32x32_Prop3 = {
    0xB3C9, /* start :成 */
    0xB3C9, /* end    :成， len = 1 */
    &GUI_FontHZ_32x32_CharInfo[ 2 ],
    &GUI_FontHZ_32x32_Prop4
};


GUI_FONT_PROP GUI_FontHZ_32x32_Prop2 = {
    0xB1B8, /* start :备 */
    0xB1B8, /* end    :备， len = 1 */
    &GUI_FontHZ_32x32_CharInfo[ 1 ],
    &GUI_FontHZ_32x32_Prop3
};


GUI_FONT_PROP GUI_FontHZ_32x32_Prop1 = {
    0xB0E5, /* start :板 */
    0xB0E5, /* end    :板， len = 1 */
    &GUI_FontHZ_32x32_CharInfo[ 0 ],
    &GUI_FontHZ_32x32_Prop2
};


GUI_CONST_STORAGE GUI_FONT GUI_FontHZ32x32 = {
    GUI_FONTTYPE_PROP_SJIS,
    32,
    32,
    1,
    1,
    &GUI_FontHZ_32x32_Prop1
};
```

（7）将 F32_HWDS.c 文件添加到工程中，如图 35.5.11 所示。

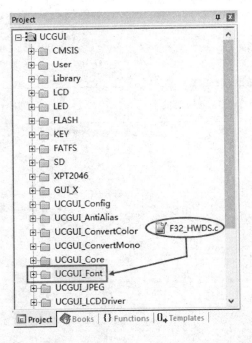

图 35.5.11　将 F32_HWDS.c 添加到 μCGUI_Font 目录中

（8）然后在 GUI.h 添加如下外部引用，如程序清单 35.5.3 所示。

程序清单 35.5.3　GUI_FontHZ32x32 外部引用

```
/* Digits */
extern GUI_CONST_STORAGE GUI_FONT GUI_FontD24x32;
extern GUI_CONST_STORAGE GUI_FONT GUI_FontD32;
extern GUI_CONST_STORAGE GUI_FONT GUI_FontD36x48;
extern GUI_CONST_STORAGE GUI_FONT GUI_FontD48;
extern GUI_CONST_STORAGE GUI_FONT GUI_FontD48x64;
extern GUI_CONST_STORAGE GUI_FONT GUI_FontD64;
extern GUI_CONST_STORAGE GUI_FONT GUI_FontD60x80;
extern GUI_CONST_STORAGE GUI_FONT GUI_FontD80;

/* Comic fonts */
extern GUI_CONST_STORAGE GUI_FONT GUI_FontComic18B_ASCII,GUI_FontComic18B_1;
extern GUI_CONST_STORAGE GUI_FONT GUI_FontComic24B_ASCII,GUI_FontComic24B_1;
/* 修改者: www.smartmcu.com by 温子祺 */
extern GUI_CONST_STORAGE GUI_FONT GUI_FontHZ32x32;
```

2）完整代码

完整代码如下。

程序清单 35.5.4　完整代码

```c
# include "SmartM_M4.h"
# include "GUI.h"
# include "BUTTON.h"


/* ------------------------------------------------------------ */
/*                        全局变量                              */
/* ------------------------------------------------------------ */
STATIC FATFS fs;




/* ------------------------------------------------------------ */
/*                        函数                                  */
/* ------------------------------------------------------------ */



/*********************************************
* 函数名称:main
* 输    入:无
* 输    出:无
* 功    能:函数主体
*********************************************/
int32_t main(VOID)
{
    PROTECT_REG
    (
        /* 系统时钟初始化 */
        SYS_Init(PLL_CLOCK);

        /* 串口初始化 */
        UART0_Init(115200);
    )


    /*   LCD 初始化 */
    LcdInit(LCD_FONT_IN_FLASH,LCD_DIRECTION_180);
    LCD_BL(0);
    LcdCleanScreen(WHITE);

    /* SPI FLash 初始化 */
    SpiFlashInit();
```

```
while(SpiFlashReadID()!=W25Q64)
{
    Led1(1);Delayms(500);
    Led1(0);Delayms(500);
}

/* XPT2046 初始化 */
XPTSpiInit();

/* SPI Flash 初始化 */
while(disk_initialize(FATFS_IN_FLASH))
{
    Led1(1);Delayms(500);
    Led1(0);Delayms(500);
}

/* 挂载 SPI Flash */
f_mount(FATFS_IN_FLASH,&fs);

/* μCGUI 初始化 */
GUI_Init();

/* 设置背景色为黑色 */
GUI_SetBkColor(GUI_BLACK);
GUI_Clear();

/* 设置前景色为黄色 */
GUI_SetColor(GUI_YELLOW);

/* 显示字符串 */
GUI_DispStringAt("学好电子", 55, 80);
GUI_DispStringAt("成就自己", 55, 130);

/* 设置前景色为绿色 */
GUI_SetColor(GUI_GREEN);

/* 显示字符串 */
GUI_DispStringAt("开发板设备专家", 8, 200);

/* 设置前景色为白色 */
GUI_SetColor(GUI_WHITE);
```

```
/* 设置字体为 GUI_Font13B_1 */
GUI_SetFont(&GUI_Font13B_1);

/* 显示字符串 */
GUI_DispStringAt("www.smartmcu.com",130,300);
}
```

3. 下载验证

通过 NuLink 仿真下载器将程序下载到 SmartM-M451 迷你板后,观察到使用 μCGUI 自定义字体显示,如图 35.5.12 所示。

图 35.5.12　自定义字体的文字显示

35.5.3　校准参数

【实验要求】基于 SmartM-M451 系列开发板:获取触摸屏左上角和右下角的 x、y 坐标值,用于转换为当前的 LCD 坐标。

1. 硬件设计

(1) 参考"17.3.1　读 ID"一节中的硬件设计。

(2) 参考"27.4.1　颜色显示"一节中的硬件设计。

(3) 参考"27.4.3　坐标校准"一节中的硬件设计。

2. 软件设计

代码位置:\SmartM-M451\代码\迷你板\μCGUI【GUI】【无 OS】【获取 AD 值】

(1) 重点函数如表 35.5.2 所列。

表 35.5.2 重点函数

序 号	函数分析
1	int GUI_Init(void) 位置:GUICore. c 功能:调用 GUI_Init 函数初始化 LCD 和 μCGUI 的内部数据结构,在其他 μCGUI 函数运行之前必须被调用 参数:无
2	void GUI_Clear(void) 位置:GUICore. c 功能:清除活动视窗(如果背景是活动视窗,则是清除整个屏幕) 参数:无
3	void GUI_TOUCH_Exec(void) 位置:GUI_TOUCH_DriverAnalog. c 功能:激活 X 轴和 Y 轴的测量;需要大约每秒 100 次的调用 参数:无
4	void GUI_TOUCH_StoreState(int x, int y) 位置:GUI_TOUCH_StoreState. c 功能:存储触摸屏的当前状态 参数: x:x 轴坐标 y:y 轴坐标

(2) 完整代码如下。

程序清单 35.5.5 完整代码

```
# include "SmartM_M4. h"
# include "GUI. h"
# include "WM. h"
# include "BUTTON. h"
# include "FRAMEWIN. h"
# include "text. h"
# include "LISTBOX. h"
# include "DIALOG. h"
/* ---------------------------------------------------------------- */
/*                         全局变量                                   */
/* ---------------------------------------------------------------- */
STATIC FATFS fs;

/* ---------------------------------------------------------------- */
```

```
/*                              函数                                  */
/* ------------------------------------------------------------------ */

/* ********************************************
 * 函数名称:main
 * 输    入:无
 * 输    出:无
 * 功    能:函数主体
 * ********************************************/
int32_t main(void)
{
    PROTECT_REG
    (
        /* 系统时钟初始化 */
        SYS_Init(PLL_CLOCK);

        /* 串口初始化 */
        UART0_Init(115200);

        /* 使能定时器 0 模块 */
        CLK_EnableModuleClock(TMR0_MODULE);
        CLK_SetModuleClock(TMR0_MODULE, CLK_CLKSEL1_TMR0SEL_HXT, 0);
    )

    /* LCD 初始化 */
    LcdInit(LCD_FONT_IN_SD,LCD_DIRECTION_180);
    LCD_BL(0);
    LcdCleanScreen(WHITE);

    /* XPT2046 初始化 */
    XPTSpiInit();

    /* SD卡 初始化 */
    while(disk_initialize(0))
    {
        Led2(1);Delayms(500);
        Led2(0);Delayms(500);
    }

    /* 定时器 0 每 1 s 产生 100 次中断,即 10 ms 中断一次 */
    TIMER_Open(TIMER0, TIMER_PERIODIC_MODE, 100);
    TIMER_EnableInt(TIMER0);
```

```
    /* 使能嵌套向量中断控制器定时器 0 */
    NVIC_EnableIRQ(TMR0_IRQn);

    /* 启动定时器 0 */
    TIMER_Start(TIMER0);

    /* 挂载 SD 卡 */
    f_mount(0,&fs);

    /* GUI 初始化 */
    GUI_Init();

    /* GUI 清屏 */
    GUI_Clear();

    while(1);

}
/* ------------------------------------------------------------ */
/*                        中断服务函数                          */
/* ------------------------------------------------------------ */
/*********************************************
* 函数名称:TMR0_IRQHandler
* 输    入:无
* 输    出:无
* 功    能:定时器 0 中断服务函数
*********************************************/
void TMR0_IRQHandler(void)
{
    if(TIMER_GetIntFlag(TIMER0) == 1)
    {
        /* 检查是否有触摸操作 */
        if(XPT_IRQ_PIN() == 0)
        {
            /* 转换触摸坐标值 */
            GUI_TOUCH_Exec();
        }
        else
        {
            /* 保存逻辑坐标值(0,0),即无触摸操作 */
            GUI_TOUCH_StoreState(0,0);
```

```
        }

        /*  清除定时器 0 标志位  */
        TIMER_ClearIntFlag(TIMER0);
    }
}
```

3. 下载验证

通过 NuLink 仿真下载器将程序下载到 SmartM-M451 迷你板后，按照以下步骤执行坐标校准操作。

（1）单击触摸屏左上角，如图 35.5.13 所示模拟单击操作，串口打印的数值如图 35.5.14 所示。

图 35.5.13 左上角单击位置

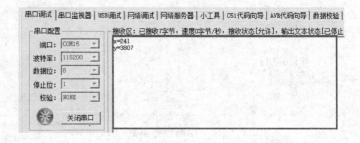

图 35.5.14 显示左上角的 x、y 的 AD 值

（2）单击触摸屏右下角，如图 35.5.15 所示模拟单击操作，串口打印的数值如图 35.5.16 所示。

图 35.5.15 右下角单击位置

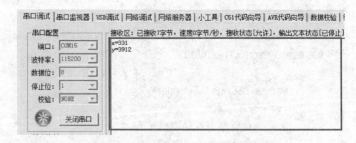

图 35.5.16 显示右下角的 x、y 的 AD 值

（3）将得到的左上角与右下角的 AD 值填写到 GUIToucConf. h 文件中，如图 35.5.17 所示。

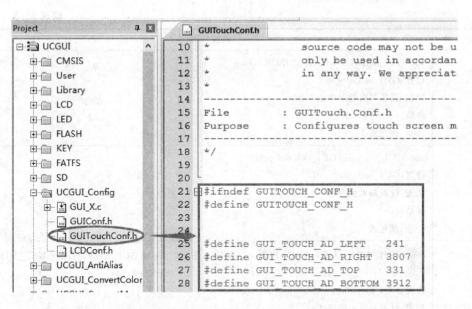

图 35.5.17 修改 GUIToucConf.h 文件内的 AD 值

35.5.4 触摸输出

【实验要求】基于 SmartM-M451 系列开发板:使用 µCGUI 按键组件实现串口输出文字。

1. 硬件要求

(1) 参考"17.3.1 读 ID"一节中的硬件设计。

(2) 参考"27.4.1 颜色显示"一节中的硬件设计。

(3) 参考"27.4.3 坐标校准"一节中的硬件设计。

2. 软件要求

代码位置:\SmartM-M451\迷你板\µCGUI\【GUI】【无 OS】【按钮输出文字】

(1) 重点函数如表 35.5.3 所列。

表 35.5.3 重点函数

序 号	函数分析
1	int GUI_Init(void) 位置:GUICore.c 功能:调用 GUI_Init 函数初始化 LCD 和 µCGUI 的内部数据结构,在其他 µCGUI 函数运行之前必须被调用 参数:无

续表 35.5.3

ARM Cortex-M4 微控制器原理与实践

582

序　号	函数分析
2	void GUI_SetBkColor(GUI_COLOR color) 位置：GUI_SetColor. c 功能：设置当前背景颜色 参数： color：颜色值
3	void GUI_SetColor(GUI_COLOR color) 位置：GUI_SetColor. c 功能：设置前景颜色 参数： color：颜色值
4	const GUI_FONT GUI_UNI_PTR * GUI_SetFont (const GUI_FONT GUI_UNI_PTR * pNewFont) 位置：GUI_SetFont. c 功能：设置要显示的字体 参数： pNewFont：字体
5	void GUI_DispStringAt(const char GUI_UNI_PTR * s, int x, int y) 位置：GUI_DispStringAt. c 功能：显示字符串 参数： s：字符串内容 x：横坐标 y：纵坐标
6	WM_CALLBACK * WM_SetCallback (WM_HWIN hWin, WM_CALLBACK * cb) 位置：WM_SetCallback. c 功能：为一个窗口设置回调函数 参数： hWin：窗口的句柄 cb：回调函数的指针
7	U16 WM_SetCreateFlags(U16 Flags) 位置：WM_SetCreateFlags. c 功能：创建一个新的窗口时设置用作默认值的标志 参数： Flags：常用标志为 WM_CF_MEMDEV，在所有窗口上自动使用存储设备，避免闪烁 返回值：该参数原先的值

序　号	函数分析
8	BUTTON_Handle BUTTON_Create(int x0，int y0，int xsize，int ysize，int Id，int Flags) 位置：BUTTON_Create.c 功能：创建按键 参数： x0：按钮最左边的像素(在桌面坐标中) y0：按钮最顶部的像素(在桌面坐标中) xsize：按钮的水平尺寸(以像素为单位) ysize：按钮的垂直尺寸(以像素为单位) Id：按钮按下时返回的 ID Flags：窗口建立标识。具有代表性的,WM_CF_SHOW 是为了使控件立即可见 返回值：所建立的按钮控件的句柄,如果函数执行失败,则返回 0
9	void BUTTON_SetFont(BUTTON_Handle hObj, const GUI_FONT GUI_UNI_PTR ＊ pfont) 位置：BUTTON.c 功能：设置按键字体 参数： hObj：按键句柄 pfont：字体
10	void BUTTON_SetBkColor(BUTTON_Handle hObj,unsigned int Index，GUI_COLOR Color) 位置：BUTTON.c 功能：设置按键背景色 参数： hObj：按键句柄 Index：文本颜色的索引 Color：颜色
11	void BUTTON_SetTextColor(BUTTON_Handle hObj,unsigned int Index，GUI_COLOR Color) 位置：BUTTON.c 功能：设置按键文本颜色 参数： hObj：按键句柄 Index：文本颜色的索引 Color：颜色
12	void BUTTON_SetText(BUTTON_Handle hObj, const char ＊ s) 位置：BUTTON.c 功能：设置按键文本 参数： hObj：按键句柄 s：文本内容

续表 35.5.3

序　号	函数分析
13	int GUI_GetKey(void) 位置：GUI_OnKey.c 功能：获取当前触发的按键 参数：无 返回：当前触发的按键值；如果没有按键触发则为 0

（2）完整代码如下。

程序清单 35.5.6　完整代码

```
# include "SmartM_M4.h"
# include "GUI.h"
# include "BUTTON.h"


/* -------------------------------------------------------- */
/*                      全局变量                          * /
/* -------------------------------------------------------- */


/* -------------------------------------------------------- */
/*                      函数                              * /
/* -------------------------------------------------------- */
/*******************************************
* 函数名称：RePaintWindow
* 输入：pMsg  窗口消息
* 输出：无
* 功能：重绘背景
*******************************************/
STATIC VOID RePaintWindow(WM_MESSAGE * pMsg)
{
    switch (pMsg ->MsgId)
    {
    case WM_PAINT:
        {
            GUI_SetBkColor(GUI_BLACK);
            GUI_Clear();

            GUI_SetColor(GUI_WHITE);
            GUI_SetFont(&GUI_Font24_ASCII);
            GUI_DispStringAt("SmartMCU - M451", 40, 5);
```

```
        }break;

    default:WM_DefaultProc(pMsg);
        break;
    }
}
/*******************************************
* 函数名称:main
* 输入:无
* 输出:无
* 功能:函数主体
*******************************************/
int32_t main(VOID)
{
    UINT8          i;

    BUTTON_Handle m_ButtonTbl[9] = {0};

    PROTECT_REG
    (
        /* 系统时钟初始化 */
        SYS_Init(PLL_CLOCK);

        /* 串口初始化 */
        UART0_Init(115200);

        /* 使能定时器 0 时钟模块 */
        CLK_EnableModuleClock(TMR0_MODULE);

        /* 设置定时器 0 时钟源来自外部晶振 */
        CLK_SetModuleClock(TMR0_MODULE, CLK_CLKSEL1_TMR0SEL_HXT, 0);
    )

    /* 初始化 LED 灯 */
    LedInit();

    /* XPT2046 初始化 */
    XPTSpiInit();
```

```
/* 定时器 0 每 1 s 产生 100 次中断,即 10 ms 中断一次 */
TIMER_Open(TIMER0, TIMER_PERIODIC_MODE, 100);
TIMER_EnableInt(TIMER0);

/* 使能定时器 0 嵌套中断向量控制器 */
NVIC_EnableIRQ(TMR0_IRQn);

/* 启动定时器 0 进行计数 */
TIMER_Start(TIMER0);

/* μCGUI 初始化 */
GUI_Init();
LCD_BL(0);

/* 设置屏幕背景色为黑色 */
GUI_SetBkColor(GUI_BLACK);

/* 清屏 */
GUI_Clear();

/* 设置当前的前景色为白色 */
GUI_SetColor(GUI_WHITE);

/* 设置当前字体为 GUI_Font24_ASCII */
GUI_SetFont(&GUI_Font24_ASCII);

/* 显示文字在 x = 40,y = 5 坐标处 */
GUI_DispStringAt("SmartMcu - M451", 40, 5);

/* 为背景设置回调函数 */
WM_SetCallback(WM_HBKWIN, &RePaintWindow);

/* 在所有窗口使用内存设备以避免闪烁 */
WM_SetCreateFlags(WM_CF_MEMDEV);

/* 建立 9 个按钮 */
m_ButtonTbl[0] = BUTTON_Create(    0, 200, 80, 40,
                                GUI_KEY_F1 ,
                                WM_CF_SHOW |
                                WM_CF_STAYONTOP |
```

```
                                                   WM_CF_MEMDEV);

    m_ButtonTbl[1] = BUTTON_Create(      80, 200,80,40,
                                         GUI_KEY_F2 ,
                                         WM_CF_SHOW |
                                         WM_CF_STAYONTOP |
                                         WM_CF_MEMDEV);

    m_ButtonTbl[2] = BUTTON_Create(      160, 200,80,40,
                                         GUI_KEY_F3 ,
                                         WM_CF_SHOW |
                                         WM_CF_STAYONTOP |
                                         WM_CF_MEMDEV);

    m_ButtonTbl[3] = BUTTON_Create(      0, 240, 80,40,
                                         GUI_KEY_F4 ,
                                         WM_CF_SHOW |
                                         WM_CF_STAYONTOP |
                                         WM_CF_MEMDEV);

    m_ButtonTbl[4] = BUTTON_Create(      80, 240,80,40,
                                         GUI_KEY_F5 ,
                                         WM_CF_SHOW |
                                         WM_CF_STAYONTOP |
                                         WM_CF_MEMDEV);

    m_ButtonTbl[5] = BUTTON_Create(      160, 240,80,40,
                                         GUI_KEY_F6 ,
                                         WM_CF_SHOW |
                                         WM_CF_STAYONTOP |
                                         WM_CF_MEMDEV);

    m_ButtonTbl[6] = BUTTON_Create(      0, 280, 80,40,
                                         GUI_KEY_F7 ,
                                         WM_CF_SHOW |
                                         WM_CF_STAYONTOP |
                                         WM_CF_MEMDEV);

    m_ButtonTbl[7] = BUTTON_Create(      80, 280,80,40,
                                         GUI_KEY_F8 ,
                                         WM_CF_SHOW |
                                         WM_CF_STAYONTOP |
```

```
                                                    WM_CF_MEMDEV);


    m_ButtonTbl[8] = BUTTON_Create(     160,280,80,40,
                                        GUI_KEY_F9 ,
                                        WM_CF_SHOW |
                                        WM_CF_STAYONTOP |
                                        WM_CF_MEMDEV);

/*设置按钮的属性 */
for(i = 0; i<9; i++)
{
    /* 按键字体设置为 GUI_Font16B_1 */
    BUTTON_SetFont          (m_ButtonTbl[i],&GUI_Font16B_1);

    /* 按键背景色设置为 GUI_GRAY */
    BUTTON_SetBkColor       (m_ButtonTbl[i],0,GUI_GRAY);

    /* 按键显示文字的颜色 */
    BUTTON_SetTextColor     (m_ButtonTbl[i],0,GUI_WHITE);
}

/* 设置按键显示的文字 */
BUTTON_SetText(m_ButtonTbl[0], "1");
BUTTON_SetText(m_ButtonTbl[1], "2");
BUTTON_SetText(m_ButtonTbl[2], "3");
BUTTON_SetText(m_ButtonTbl[3], "4");
BUTTON_SetText(m_ButtonTbl[4], "5");
BUTTON_SetText(m_ButtonTbl[5], "6");
BUTTON_SetText(m_ButtonTbl[6], "7");
BUTTON_SetText(m_ButtonTbl[7], "8");
BUTTON_SetText(m_ButtonTbl[8], "9");

while(1)
{

    /* 获取当前哪个按键按下 */
    switch(GUI_GetKey())
    {
            /*检测到按键 1 */
        case GUI_KEY_F1:
            {
```

```
                printf("KEY1\r\n");

        }break;
        /* 检测到按键 2 */
case GUI_KEY_F2:
        {
                printf("KEY2\r\n");
        }break;
        /* 检测到按键 3 */
case GUI_KEY_F3:
        {
                printf("KEY3\r\n");
        }break;

        /* 检测到按键 4 */
case GUI_KEY_F4:
        {
                printf("KEY4\r\n");
        }break;
        /* 检测到按键 5 */
case GUI_KEY_F5:
        {
                printf("KEY5\r\n");
        }break;
        /* 检测到按键 6 */
case GUI_KEY_F6:
        {
                printf("KEY6\r\n");
        }break;

        /* 检测到按键 7 */
case GUI_KEY_F7:
        {
                printf("KEY7\r\n");
        }break;
        /* 检测到按键 8 */
case GUI_KEY_F8:
        {
                printf("KEY8\r\n");
        }break;

        /* 检测到按键 9 */
```

```
                    case GUI_KEY_F9:
                        {
                            printf("KEY9\r\n");
                        }break;

                    default:break;
                }


            /* 刷新屏幕 */
            WM_ExecIdle();

            /* 延时 10 ms */
            Delayms(10);

        }

}


/* ---------------------------------------------------------- */
/*                    中断服务函数                  */
/* ---------------------------------------------------------- */
/*********************************************
* 函数名称:TMR0_IRQHandler
* 输入:无
* 输出:无
* 功能:触摸操作检测任务
**********************************************/
void TMR0_IRQHandler(void)
{
    if(TIMER_GetIntFlag(TIMER0) == 1)
    {
        /* 检查到触摸操作 */
        if(XPT_IRQ_PIN() == 0)
        {
            /* 激活 X 轴和 Y 轴的测量 */
            GUI_TOUCH_Exec();
        }
        else
        {
            /* 存储触摸屏的当前状态 */
            GUI_TOUCH_StoreState(0,0);
```

```
        }

        /* 清除定时器 0 标志位 */
        TIMER_ClearIntFlag(TIMER0);
    }
}
```

（3）main 函数分析如下。

① 调用 BUTTON_Create 函数连续创建 9 个按键，每个按键的宽度为 80，高度为 40。

② 调用 BUTTON_SetFont 函数设置这 9 个按键的字体。

③ 调用 BUTTON_SetBkColor 函数设置 9 个按键的背景色。

④ 调用 BUTTON_SetTextColor 函数设置 9 个按键字体的颜色。

⑤ 调用 BUTTON_SetText 函数设置按键显示的内容。

⑥ 调用 GUI_GetKey 函数用于获取当前按下按键的键值。

（4）TMR0_IRQHandler 函数分析如下。

每隔 10 ms 对触摸操作进行一次检测，若发现有触摸操作，则调用 GUI_TOU-CH_Exec 函数激活对 X 轴和 Y 轴的测量；若无触摸操作，则调用 GUI_TOUCH_StoreState 函数存储触摸屏的当前状态。

3. 下载验证

通过 NuLink 仿真下载器将程序下载到 SmartM-M451 迷你板后，界面显示如图 35.5.18 所示。

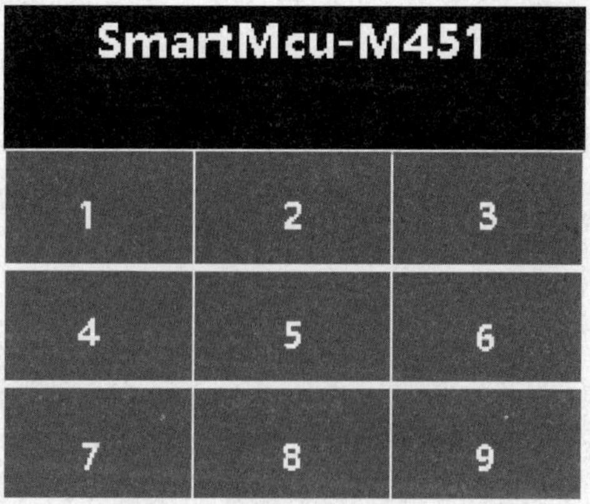

图 35.5.18　按键界面

当单击"按键 1"时，串口输出打印"KEY1"，如图 35.5.19 所示；当单击"按键 5"时，串口输出打印"KEY5"，如图 35.5.19 所示。

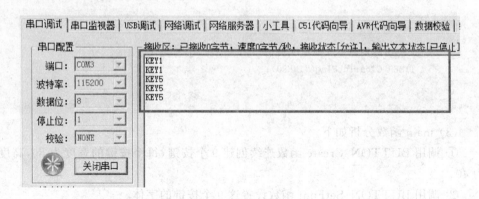

图 35.5.19　按键按下的输出打印信息

35.5.5　按键控制 LED 灯

【实验要求】基于 SmartM-M451 系列开发板：使用 µCOS 与 µCGUI 实现按键控制 LED 灯，并且打印当前按键按下的信息。

1. 硬件设计

（1）参考"17.3.1　读 ID"一节中的硬件设计。

（2）参考"27.4.1　颜色显示"一节中的硬件设计。

（3）参考"27.4.3　坐标校准"一节中的硬件设计。

2. 软件设计

代码位置：\SmartM-M451\迷你板\µCOS+µCGUI\【GUI】【µCOS】【控制 LED 灯】

（1）完整代码如下。

程序清单 35.5.7　完整代码

```
# include "SmartM_M4.h"
# include "GUI.h"
# include "BUTTON.h"


/* ----------------------------------------------------- */
/*                     全局变量                           */
/* ----------------------------------------------------- */
STATIC FATFS fs;




/* ----------------------------------------------------- */
/*                   任务堆栈设置                         */
```

```
/* ---------------------------------------------- */


//START  任务
//设置任务优先级
#define START_TASK_PRIO                          10
//设置任务堆栈大小
#define START_STK_SIZE                           128
//创建任务堆栈空间
OS_STK START_TASK_STK[START_STK_SIZE];
//任务函数接口
VOID START_TASK(VOID * pdata);


//LED 任务
//设置任务优先级
#define GUI_LED_TASK_PRIO                        7
//设置任务堆栈大小
#define GUI_LED_STK_SIZE                         128
//创建任务堆栈空间
OS_STK GUI_LED_TASK_STK[GUI_LED_STK_SIZE];
//任务函数接口
VOID GUI_LED_TASK(VOID * pdata);



//触摸任务
//设置任务优先级
#define GUI_TOUCH_TASK_PRIO                      6
//设置任务堆栈大小
#define GUI_TOUCH_STK_SIZE                       128
//创建任务堆栈空间
OS_STK GUI_TOUCH_TASK_STK[GUI_TOUCH_STK_SIZE];
//任务函数接口
VOID GUI_TOUCH_TASK(VOID * pdata);



/**********************************************
* 函数名称:main
* 输    入:无
* 输    出:无
* 功    能:函数主体
**********************************************/
```

```
int32_t main(VOID)
{
    PROTECT_REG
    (
        /* 系统时钟初始化 */
        SYS_Init(PLL_CLOCK);

        /* 串口初始化 */
        UART0_Init(115200);
    )

    /* LED 初始化 */
    LedInit();

    /*  μCOS 初始化 */
    UCOS_DelayInit();
    OSInit();

    /*  XPT2046 初始化 */
    XPTSpiInit();

    /*  SPI Flash 初始化 */
    while(disk_initialize(FATFS_IN_FLASH))
    {
        Led1(1);Delayms(500);
        Led1(0);Delayms(500);
    }


    /*  挂载 SPI Flash */
    f_mount(0,&fs);

    /*  μCGUI 初始化 */
    GUI_Init();
    LCD_BL(0);
    GUI_SetBkColor(GUI_RED);
    GUI_Clear();

    GUI_SetColor(GUI_WHITE);
    GUI_SetFont(&GUI_Font24_ASCII);
    GUI_DispStringAt("SmartMcu-M451", 40, 5);
```

```
GUI_SetFont(&GUI_Font16B_1);
GUI_SetColor(GUI_YELLOW);
GUI_DispStringAt("www.smartmcu.com",110, 300);

/*   创建启动任务 */
OSTaskCreate(START_TASK,
             (VOID *)0,
             (OS_STK *)&START_TASK_STK[START_STK_SIZE - 1],
             START_TASK_PRIO );

/* 启动 OS 进行任务调度 */
OSStart();


}
/*******************************************
* 函数名称:START_TASK
* 输      入:pdata  传入参数
* 输      出:无
* 功      能:启动任务
*******************************************/
VOID START_TASK(VOID * pdata)
{
    OS_CPU_SR cpu_sr = 0;
    pdata = pdata;

    /* 初始化统计任务,这里会延时 1 s 左右      */
    OSStatInit();

    /* 进入临界区(无法被中断打断) */
    OS_ENTER_CRITICAL();

    /* 创建任务 */
    OSTaskCreate(GUI_LED_TASK,
                 (VOID *)0,
                 (OS_STK *)&GUI_LED_TASK_STK[GUI_LED_STK_SIZE - 1],
                 GUI_LED_TASK_PRIO);

    OSTaskCreate(GUI_TOUCH_TASK    ,
                 (VOID *)0,
                 (OS_STK *)&GUI_TOUCH_TASK_STK[GUI_TOUCH_STK_SIZE - 1],
```

```
                          GUI_TOUCH_TASK_PRIO);

    /* 挂起起始任务 */
    OSTaskSuspend(START_TASK_PRIO);

    /* 退出临界区(可以被中断打断) */
    OS_EXIT_CRITICAL();
}
/*******************************************
* 函数名称:RePaintWindow
* 输    入:pMsg  窗口消息
* 输    出:无
* 功    能:重绘背景
*******************************************/
STATIC VOID RePaintWindow(WM_MESSAGE * pMsg)
{
    switch (pMsg->MsgId)
    {
    case WM_PAINT:
        {
            GUI_SetBkColor(GUI_RED);
            GUI_Clear();

            GUI_SetColor(GUI_WHITE);
            GUI_SetFont(&GUI_Font24_ASCII);
            GUI_DispStringAt("SmartMCU - M451", 40, 5);

            GUI_SetFont(&GUI_Font16B_1);
            GUI_SetColor(GUI_YELLOW);
            GUI_DispStringAt("www.smartmcu.com",110, 300);

        }break;

        default:WM_DefaultProc(pMsg);break;
    }
}
/*******************************************
* 函数名称:GUI_LED_TASK
* 输    入:pdata    传入参数
* 输    出:无
* 功    能:LED 控制任务
*******************************************/
```

```
VOID GUI_LED_TASK(VOID * pdata)
{
    BUTTON_Handle m_ButtonTbl[3] = {0};

    /* 为背景设置回调函数 */
    WM_SetCallback(WM_HBKWIN, &RePaintWindow);

    /* 在所有窗口使用内存设备以避免闪烁 */
    WM_SetCreateFlags(WM_CF_MEMDEV);

    /* 初始化 LED 灯 */
    LedInit();

    /* 建立 3 个按钮 */
    m_ButtonTbl[0] = BUTTON_Create(  80, 60, 80,40,
                                     GUI_KEY_F1 ,
                                     WM_CF_SHOW |
                                     WM_CF_STAYONTOP |
                                     WM_CF_MEMDEV
                                    );

    m_ButtonTbl[1] = BUTTON_Create(  80, 140,80,40,
                                     GUI_KEY_F2 ,
                                     WM_CF_SHOW |
                                     WM_CF_STAYONTO|
                                     WM_CF_MEMDEV);

    m_ButtonTbl[2] = BUTTON_Create(  80, 220,80,40,
                                     GUI_KEY_F3 ,
                                     WM_CF_SHOW |
                                     WM_CF_STAYONTOP |
                                     WM_CF_MEMDEV);
    /* 设置按钮的属性 */
    BUTTON_SetFont(m_ButtonTbl[0],&GUI_Font16B_1);
    BUTTON_SetFont(m_ButtonTbl[1],&GUI_Font16B_1);
    BUTTON_SetFont(m_ButtonTbl[2],&GUI_Font16B_1);

    BUTTON_SetBkColor(m_ButtonTbl[0],0,GUI_GRAY);
    BUTTON_SetBkColor(m_ButtonTbl[1],0,GUI_GRAY);
    BUTTON_SetBkColor(m_ButtonTbl[2],0,GUI_GRAY);

    BUTTON_SetTextColor(m_ButtonTbl[0],0,GUI_WHITE);
```

ARM Cortex-M4 微控制器原理与实践

```c
BUTTON_SetTextColor(m_ButtonTbl[1],0,GUI_WHITE);
BUTTON_SetTextColor(m_ButtonTbl[2],0,GUI_WHITE);


BUTTON_SetText(m_ButtonTbl[0], "KEY1");
BUTTON_SetText(m_ButtonTbl[1], "KEY2");
BUTTON_SetText(m_ButtonTbl[2], "KEY3");


while(1)
{
    /* 获取当前哪个按键按下 */
    switch(GUI_GetKey())
    {
        /* 检测到按键 1 */
        case GUI_KEY_F1:
        {
            printf("KEY1 Down\r\n");

            Led1(1);
            Delayms(500);
            Led1(0);

        }break;

        /* 检测到按键 2 */
        case GUI_KEY_F2:
        {
            printf("KEY2 Down\r\n");

        }break;

        /* 检测到按键 3 */
        case GUI_KEY_F3:
        {
            printf("KEY3 Down\r\n");

        }break;

        default:break;
    }

    /* 刷新屏幕 */
    WM_ExecIdle();
```

```
    }

}


/*********************************************
* 函数名称:GUI_TOUCH_TASK
* 输    入:pdata       传入参数
* 输    出:无
* 功    能:触摸操作检测任务
*********************************************/
VOID GUI_TOUCH_TASK(VOID * pdata)
{

    while(1)
    {
        /* 检查到触摸操作 */
        if(XPT_IRQ_PIN() = = 0)
        {
            GUI_TOUCH_Exec();
        }
        /* 恢复初始值 */
        else
        {
            GUI_TOUCH_StoreState(0,0);
        }
        /* 每 10 ms 进行触摸扫描 */
        Delayms(10);



    }


}
```

（2）GUI_LED_TASK 函数重点部分分析如下。

① 调用 GUI_GetKey 函数获取当前哪个按键被按下，判断依据为其函数的返回值 GUI_KEY_F1、GUI_KEY_F2、GUI_KEY_F3。

② 当 GUI_GetKey 函数返回值为 GUI_KEY_F1 时，执行 LED1 点亮 500 ms，并执行输出打印按键按下信息。

③ 当 GUI_GetKey 函数返回值为 GUI_KEY_F2 时，执行输出打印按键按下信息。

④ 当 GUI_GetKey 函数返回值为 GUI_KEY_F3 时，执行输出打印按键按下信息。

（3）GUI_TOUCH_TASK 函数分析如下。

① 每隔 10 ms,执行触摸检测操作。

② 若有触摸操作时,则调用 GUI_TOUCH_Exec 函数计算当前的 x、y 坐标。

③ 若无触摸操作时,则调用 GUI_TOUCH_StoreState 函数恢复 x、y 坐标的初值。

3. 下载验证

通过 NuLink 仿真下载器将程序下载到 SmartM-M451 迷你板后,显示操作界面如图 35.5.20 所示。

图 35.5.20　操作界面

当按下"KEY1"、"KEY2"、"KEY3"时,串口输出打印如图 35.5.21 所示。同时按下"KEY1"时会让 LED1 点亮 500 ms。

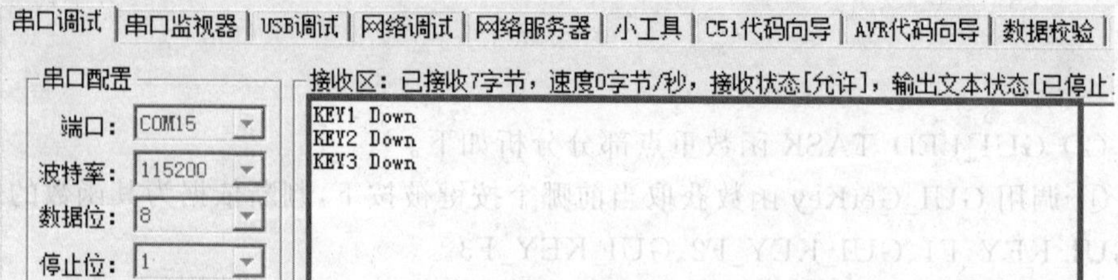

图 35.5.21　按键按下的输出信息

第**36**章

无线串口

随着物联网技术的不断发展,各类智能家居硬件如雨后春笋,层出不穷。智能网络和信息家电已越来越多地出现在人们的生活当中,如何建立一个高性能、低成本的智能家居系统也已成为当前研究的一个热点问题。目前,这一领域的国际标准尚未成熟,无线组网方案也没有统一。其中,基于 WiFi 和 ZigBee 技术的无线组网方案受到较多的关注;然而,这些技术在协议栈层面并未专门针对智能家居应用进行有效的功能剪裁和优化,因而具有较大的软硬件资源开销和成本代价。如 ZigBee 协议栈应用了 AODVjr 和 Cluster-Tree 相结合的路由算法,以满足各种复杂的动态网络拓扑结构,这对于智能家居中大多数节点位置相对固定、网络拓扑结构相对稳定的实际情况来说,较为冗余。本章设计了一种专用于智能家居领域的无线组网方案,以达到简单、实用的目的,就是使用无线串口简化编写代码并降低硬件设计成本。

36.1 简 介

SM-RFCOM 无线串口传输模块是基于无线 2.4G 芯片 Si24R1(完全兼容传统的 NRF24L01)进行空中数据传输的,不需要编写复杂的代码就能够轻易实现自动组网功能,实现主机与从机组成星型网络进行多点通信。SM-RFCOM 外形分为两种,一种可直接连接到单片机(见图 36.1.1),另外一种直接连接到计算机端,如图 36.1.2 所示。虽然这两者外形不一样,但实现的功能是一模一样的。存在 USB 外形的SM-RFCOM 方便开发者进行二次开发,该 USB 接口实现的是串口通信功能,但必须安装对应的驱动,熟悉上位机的朋友可自行编写属于自己的开发工具。

图 36.1.1 SM-RFCOM-A 型

图 36.1.2 SM-RFCOM-B 型

当前模块特点如下。

（1）编程简单，基于优秀的主控芯片，将无线芯片的 SPI 通信变更为串口通信，同时将无线通信复杂的逻辑关系全部交给主控芯片，提高了开发者的效率，只需要关注串口收发数据格式就行了。

（2）无线串口传输模块有两种设备模型：一种是连接 PC 端，另外一种可以自由地被连接到 MCU，虽然设备模型不同，但是实现的功能都是一模一样的，任君选择。

（3）无线串口连接到 MCU 端，还额外提供了 GP1/GP2 两个引脚，可以通过串口发送命令或无线来控制这两个引脚的高低电平，这为智能家居的设备控制提供了便利，降低了成本。

（4）无线串口传输模块稳定可靠，如串口数据自动容错，使能了主控芯片的硬件看门狗功能，并添加了软件看门狗，一旦发生异常，并向串口发送当前是复位状态，便可以检测出当前工作电压或工作环境是否合适。

无线串口参数说明如表 36.1.1 所列。

表 36.1.1　无线串口参数

序　号	参　　数	值
1	工作电压	**3.3** V
2	工作频段	2 400～2 525 MHz
3	调制方式	GFSK/FSK
4	空中数据传输速率	250 Kbps/**1** Mbps/2 Mbps
6	空旷地方通信距离 （速率越小，距离越远）	>**100** m
7	增益	−12/−6/−4/0/1/3/4/**7** dbm
8	串口通信波特率	**9 600**/19 200/38 400/57 600/115 200 bps

注：黑体部分为无线串口的默认值。

36.2　星形组网

星形网络如图 36.2.1 所示。

每个模块既能够被设置为从机端，也可以被设置为主机端。但是为了实现自动组网功能，通过图 36.2.1 所示的星形网络可以知道，主机端必须只有 1 个，从机端可以多达 6 个，并能够实现双向数据收发，那么如何判断收发数据成功呢？

1. 数据包格式

通过串口数据包格式判断应答码，后面 36.3.1 节将进行介绍。

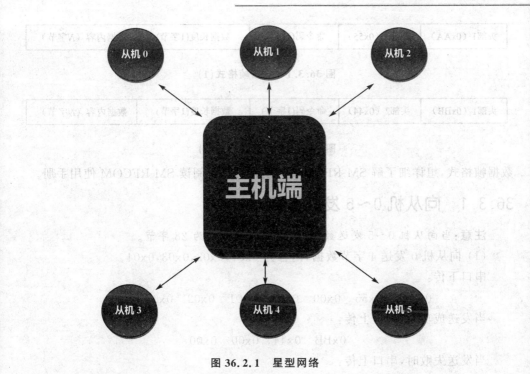

图 36.2.1　星型网络

2. LED 灯状态

每个模块都搭载了 LED 灯,当发送数据成功或接收数据成功的时候,LED 会持续亮 2 s;当没有操作或操作失败的时候,LED 灯保持闪烁状态。SM-RFCOM 模块的每个模块都搭载了 1 盏高亮 LED 灯,用于表示当前模块的状态,状态如下。

(1)模块开机时会进行自检,当自检失败时,LED 一直保持灭的状态。

(2)当模块自检成功时,会进入闪烁模式。

(3)当模块通过空中传输数据或接收数据成功时,LED 灯会持续亮 1 s,过后 LED 灯进入闪烁模式。

(4)当模块通过空中出现大数据的成功传输或接收时,LED 灯会持续高亮,若无数据收发时,即进入 LED 闪烁模式。

36.3　握手协议

SM-RFCOM 模块都是基于串口进行控制的,因此,需要设置特定的握手协议以进行数据交互,握手协议具体如下。

(1)通过串口向无线模块发送数据格式,如图 36.3.1 所示。

(2)无线模块向串口发送数据格式,如图 36.3.2 所示。

设置 SM-RFCOM 的数据帧格式多达 10 种,限于篇幅,以下只列出常用的 3 种

头部1（0xAA）	头部2（0x55）	命令码(1字节)	数据长度(1字节)	数据内容（N字节）

图 36.3.1　数据帧格式(1)

头部1（0xBB）	头部2（0x44）	命令码(1字节)	数据长度(1字节)	数据内容（N字节）

图 36.3.2　数据帧格式(2)

数据帧格式，想详细了解 SM-RFCOM 的读者可自行阅读 SM-RFCOM 使用手册。

36.3.1　向从机 0～5 发送数据

注意：当向从机 0～5 发送数据时，最大数据长度为 28 字节。

(1) 向从机 0 发送 4 字节数据，内容为 0x01,0x02,0x03,0x04。

串口下传：

　　　　0xAA　0x55　0x00　0x04　0x01　0x02　0x03　0x04

当发送成功时，串口上传：

　　　　0xBB　0x44　0x00　0x00

当发送失败时，串口上传：

　　　　0xBB　0x44　0xC0　0x00

(2) 向从机 1 发送 4 字节数据，内容为 0x01,0x02,0x03,0x04。

串口下传：

　　　　0xAA　0x55　0x01　0x04　0x01　0x02　0x03　0x04

当发送成功时，串口上传：

　　　　0xBB　0x44　0x01　0x00

当发送失败时，串口上传：

　　　　0xBB　0x44　0xC0　0x00

(3) 向从机 2 发送 4 字节数据，内容为 0x01,0x02,0x03,0x04。

串口下传：

　　　　0xAA　0x55　0x02　0x04　0x01　0x02　0x03　0x04

当发送成功时，串口上传：

　　　　0xBB　0x44　0x02　0x00

当发送失败时，串口上传：

　　　　0xBB　0x44　0xC0　0x00

(4) 向从机 3 发送 4 字节数据，内容为 0x01,0x02,0x03,0x04。

串口下传：

　　　　0xAA　0x55　0x03　0x04　0x01　0x02　0x03　0x04

当发送成功时，串口上传：

```
                    0xBB    0x44    0x03    0x00
```

当发送失败时,串口上传:

```
                    0xBB    0x44    0xC0    0x00
```

(5) 向从机 4 发送 4 字节数据,内容为 0x01,0x02,0x03,0x04。

串口下传:

```
        0xAA    0x55    0x04    0x04    0x01    0x02    0x03    0x04
```

当发送成功时,串口上传:

```
                    0xBB    0x44    0x04    0x00
```

当发送失败时,串口上传:

```
                    0xBB    0x44    0xC0    0x00
```

(6) 向从机 5 发送 4 字节数据,内容为 0x01,0x02,0x03,0x04。

串口下传:

```
        0xAA    0x55    0x05    0x04    0x01    0x02    0x03    0x04
```

当发送成功时,串口上传:

```
                    0xBB    0x44    0x05    0x00
```

当发送失败时,串口上传:

```
                    0xBB    0x44    0xC0    0x00
```

36.3.2　从从机 0～5 获取数据

注意:这是 MCU 被动获取接收数据的,必须通过串口进行实时检测,建议 MCU 端采用中断接收。

以下实例是无线模块主动向串口上传,主机端可以接收到从机 0～5 的数据,而从机端只能接收主机端数据,主机端默认地址与从机 0 地址是相同的。

(1) 主机端:若接收到从机 0～5 的数据,将按图 36.3.3 所示的格式进行接收。

头部1（0xBB）	头部2（0x44）	命令码 (1字节) 从机0: 0x70 从机1: 0x71 从机2: 0x72 从机3: 0x73 从机4: 0x74 从机5: 0x75	数据长度 (1字节)	数据内容 (N字节)

图 36.3.3　数据帧格式(3)

(2) 从机端:若接收到主机数据,将按图 36.3.4 所示的格式进行接收。

头部1（0xBB）	头部2（0x44）	命令码(1字节) 主机：0x70	数据长度 (1字节)	数据内容 （N字节）

图 36.3.4 数据帧格式（4）

36.3.3 设置模块角色

注意：SM-RFCOM 模块能够最多实现主机 1 对从机 6 进行通信,通信之前必须确保设置好通信频道一致,通信速率一致,同时各从机的角色定位和地址必须设置好。

1. 设置为主机

串口下传：

　　　　　　0xAA　0x55　0x60　0x01　0x00

当设置成功后,串口上传：

　　　　　　0xBB　0x44　0x60　0x00

2. 设置为从机 0

串口下传：

　　　　　　0xAA　0x55　0x60　0x01　0x01

当设置成功后,串口上传：

　　　　　　0xBB　0x44　0x60　0x00

3. 设置为从机 1

串口下传：

　　　　　　0xAA　0x55　0x60　0x01　0x02

当设置成功后,串口上传：

　　　　　　0xBB　0x44　0x60　0x00

4. 设置为从机 2

串口下传：

　　　　　　0xAA　0x55　0x60　0x01　0x03

当设置成功后,串口上传：

　　　　　　0xBB　0x44　0x60　0x00

5. 设置为从机 3

串口下传：

　　　　　　0xAA　0x55　0x60　0x01　0x04

当设置成功后,串口上传：

　　　　　　0xBB　0x44　0x60　0x00

6. 设置为从机 4

串口下传：

　　　　　0xAA　0x55　0x60　0x01　0x05

当设置成功后,串口上传:

　　　　　0xBB　0x44　0x60　0x00

7. 设置为从机 5

串口下传:

　　　　　0xAA　0x55　0x60　0x01　0x06

当设置成功后,串口上传:

　　　　　0xBB　0x44　0x60　0x00

36.4　实　验

一对多通信

　　【实验要求】基于 SmartM-M451 系列开发板:将两个 SM-RFCOM-A 型无线串口各自连接到开发板的串口 0,并且分别设置为从机 0 和从机 5;将 SM-RFCOM-B 型无线串口连接到计算机 USB 接口,使用无线串口调试助手实现一对多的数据收发,并且能够通过 LCD 屏显示接收到的数据。

1. 硬件设计

　　(1) 参考"14.2.1　串口收发数据"一节中的硬件设计。

　　(2) 参考"17.3.1　读 ID"一节中的硬件设计。

　　(3) 参考"27.4.1　颜色显示"一节中的硬件设计。

　　(4) 参考"27.4.3　坐标校准"一节中的硬件设计。

　　(5) 参考"28.2.1　显示信息"一节中的硬件设计。

　　(6) 连接示意图如图 36.4.1 所示。

　　(7) SM-RFCOM-A 型无线串口连接 SmartM-M451 迷你板示意图如图 36.4.2 所示。

　　注意: SM-RFOM-A 型需 3.3 V 供电,若连接到 5 V 供电,将损坏该模块。

2. 软件设计

　　代码位置:\SmartM-M451\迷你板\入门代码\【UART0】【无线串口】【一对多通信】

　　(1) 定义结构体与共用体。操作 SM-RFCOM 模块的接口是串口通信,而串口通信遵循一定的数据格式,根据图 36.3.1 与图 36.3.2 所示的数据帧格式,定义适用于 SM-RFCOM 握手协议的结构体与共用体如下。

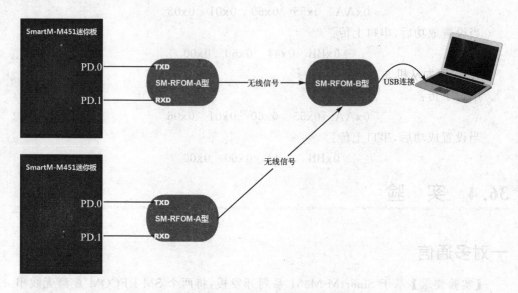

图 36.4.1　一对多通信连接示意图

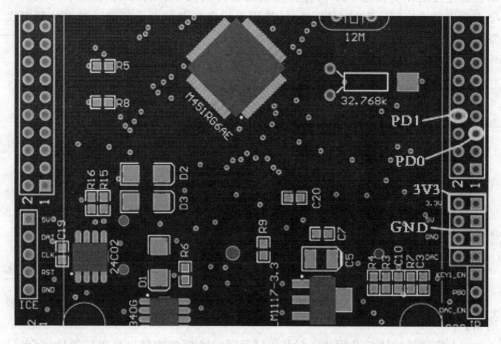

图 36.4.2　SM-RFCOM-A 型无线串口连接 SmartM-M451 迷你板示意图

程序清单 36.4.1　UART_PACKET 类型

```
typedef union _UART_PACKET
{
    struct
    {
        UINT8 m_ucHead1;         //头部 1
        UINT8 m_ucHead2;         //头部 2
        UINT8 m_ucOptCode;       //命令码
        UINT8 m_ucLength;        //数据长度
        UINT8 m_szBuf[28];       //数据内容
    }r;

    UINT8 p[32];

}UART_PACKET;
```

当使用了结构体后,阅读代码更加清晰,操作变量的数据更加灵活。

(2) 定义常用的宏定义,具体代码如下。

程序清单 36.4.2　常用宏定义

```
#define DCMD_CTRL_HEAD1        0xAA        //下传:头部 1
#define DCMD_CTRL_HEAD2        0x55        //下传:头部 2
#define DCMD_TXD_BAND0         0x00        //下传:通道 0
#define DCMD_TXD_BAND1         0x01        //下传:通道 1
#define DCMD_TXD_BAND2         0x02        //下传:通道 2
#define DCMD_TXD_BAND3         0x03        //下传:通道 3
#define DCMD_TXD_BAND4         0x04        //下传:通道 4
#define DCMD_TXD_BAND5         0x05        //下传:通道 5


#define UACK_CTRL_HEAD1        0xBB        //上传:头部 1
#define UACK_CTRL_HEAD2        0x44        //上传:头部 2
#define UACK_TXD_BAND0         0x00        //上传:通道 0
#define UACK_TXD_BAND1         0x01        //上传:通道 1
#define UACK_TXD_BAND2         0x02        //上传:通道 2
#define UACK_TXD_BAND3         0x03        //上传:通道 3
#define UACK_TXD_BAND4         0x04        //上传:通道 4
#define UACK_TXD_BAND5         0x05        //上传:通道 5


#define UACK_TXD_BANK_FAIL     0xC0        //上传:无线传输数据失败
#define UACK_SET_BAND_FAIL     0xC1        //上传:设置传输通道失败
```

ARM Cortex-M4微控制器原理与实践

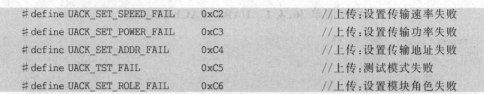

#define UACK_SET_SPEED_FAIL	0xC2	//上传:设置传输速率失败
#define UACK_SET_POWER_FAIL	0xC3	//上传:设置传输功率失败
#dcfine UACK_SET_ADDR_FAIL	0xC4	//上传:设置传输地址失败
#define UACK_TST_FAIL	0xC5	//上传:测试模式失败
#define UACK_SET_ROLE_FAIL	0xC6	//上传:设置模块角色失败

（3）编写无线串口收发函数 RFCOM.c。在 RFCOM.c 中，RFCOMSend 函数用于对某通道发送数据，而接收无线串口的数据则通过 UART0_IRQHandler 中断服务函数进行捕获，若接收到有效的数据，g_bRFRecvEnd 则置 1，具体代码如下。

程序清单 36.4.3 RFCOM.c

```c
#include "SmartM_M4.h"

VOLATILE BOOL g_bRFSendEnd = FALSE;
VOLATILE BOOL g_bRFRecvEnd = FALSE;


UART_PACKET g_UnUartPacketDown = {0};
VOLATILE UART_PACKET g_UnUartPacketUp = {0};


/***************************************
* 函数名称:RFCOMSend
* 输    入:    ucBand          通道号 0~5
                pbuf            数据缓冲区
                ucNumOfBytes    发送字节数
* 输    出:    0               发送成功
                1               发送失败
                0xFF            未知错误
* 功    能:无线串口发送数据
***************************************/
UINT8 RFCOMSend(UINT8 ucBand,UINT8 * pbuf,UINT8 ucNumOfBytes)
{
    UINT32 unRetry = 1000;
    /* 命令帧头部 1 */
    g_UnUartPacketDown.r.m_ucHead1      = 0xAA;
    /* 命令帧头部 2 */
    g_UnUartPacketDown.r.m_ucHead2      = 0x55;
    /* 通道号 */
    g_UnUartPacketDown.r.m_ucOptCode = ucBand;
    /* 发送字节数且不能超过 28 */
    g_UnUartPacketDown.r.m_ucLength = ucNumOfBytes>28? 28:ucNumOfBytes;
    /* 复制要发送的数据 */
    memcpy(g_UnUartPacketDown.r.m_szBuf,pbuf,g_UnUartPacketDown.r.m_ucLength);
```

610

```
    /* 向 SmartM - RF 发送数据 */
    UART_Write(UART0,g_UnUartPacketDown.p.ucNumOfBytes + 4);
    /* 等待 SmartM - RF 应答 */
    while(unRetry -- )
    {
        /* SmartM - RF 应答 */
        if(g_bRFSendEnd)
        {
            g_bRFSendEnd = FALSE;
            /* 检测到发送失败 */
            if(g_UnUartPacketUp.r.m_ucOptCode == UACK_TXD_BANK_FAIL)
            {
                return 1;
            }
            /* 检测到发送成功 */
            else
            {
                return 0;
            }
        }

        Delayms(1);
    }
    /* 超时,未知错误 */
    return 0xFF;
}
/* ------------------------------------------------------- */
/*                    中断服务函数                          */
/* ------------------------------------------------------- */

VOLATILE UINT8 g_ucUartDataCount = 0;

/***************************************
* 函数名称:UART0_IRQHandler
* 输    入:无
* 输    出:无
* 功    能:串口 0 中断服务函数
***************************************/
void UART0_IRQHandler(void)
{
    UINT32 unStatus = UART0 ->INTSTS;
```

```
if(unStatus & UART_INTSTS_RDAINT_Msk)
{
    /* 获取所有输入字符 */
    while(UART_IS_RX_READY(UART0))
    {
        /* 从 UART1 的数据缓冲区获取数据 */
        g_UnUartPacketUp.p[g_ucUartDataCount ++ ] = UART_READ(UART0);

        if(g_UnUartPacketUp.r.m_ucHead1 == UACK_CTRL_HEAD1)
        {
            /* 是否接收完所有数据 */
            if(g_ucUartDataCount < 4 + g_UnUartPacketUp.r.m_ucLength)
            {
                /* 是否是有效的数据帧头部 2 */
                if(g_ucUartDataCount > = 2 && g_UnUartPacketUp.r.m_ucHead2 !=
                UACK_CTRL_HEAD2)                        {
                    g_ucUartDataCount = 0;

                    continue;
                }
            }
            else
            {
                if((g_UnUartPacketUp.r.m_ucOptCode > = UACK_TXD_BAND0)
                        &&(g_UnUartPacketUp.r.m_ucOptCode < = UACK_TXD_BAND5))
                {
                    g_bRFSendEnd = TRUE;
                }
                else if((g_UnUartPacketUp.r.m_ucOptCode > = UACK_RXD_BAND0)
                        &&(g_UnUartPacketUp.r.m_ucOptCode < = UACK_RXD_BAND5))
                {
                    g_bRFRecvEnd = TRUE;
                }

                g_ucUartDataCount = 0;
            }
        }
        else
        {
            g_ucUartDataCount = 0;
        }
```

```
            }
        }
    }
```

（4）完整代码如下。

程序清单 36.4.4　完整代码

```
# include "SmartM_M4.h"


/* ------------------------------------------------- */
/*                     全局变量                      */
/* ------------------------------------------------- */


STATIC FATFS g_fs[2];


/* ------------------------------------------------- */
/*                       函数                        */
/* ------------------------------------------------- */
/* ******************************************
 * 函数名称:Uart_LcdKey1
 * 输    入:b   - 该按键是否按下
 * 输    出:无
 * 功    能:LCD 显示 1 键
 ****************************************** */
STATIC VOID Uart_LcdKey1(BOOL b)
{
    if(b)
    {
        RFCOMSend(0,"1",1);
        LcdFill(0,200,79,239,BLACK);
    }


    LcdFill(0,200,79,239,BROWN);


    LcdShowString(35,215,"1",WHITE,BROWN);
}
/* ******************************************
 * 函数名称:Uart_LCDKey2
 * 输    入:b   - 该按键是否按下
 * 输    出:无
 * 功    能:LCD 显示 2 键
```

ARM Cortex-M4 微控制器原理与实践

```
*********************************/
STATIC VOID Uart_LcdKey2(BOOL b)
{
    if(b)
    {
        RFCOMSend(0,"2",1);
        LcdFill(80,200,159,239,BLACK);
    }

    LcdFill(80,200,159,239,RED);

    LcdShowString(118,215,"2",WHITE,RED);
}
/*********************************************
* 函数名称:Uart_LcdKey3
* 输      入:b   -该按键是否按下
* 输      出:无
* 功      能:LCD 显示 3 键
***********************************************/
STATIC VOID Uart_LcdKey3(BOOL b)
{
    if(b)
    {
        RFCOMSend(0,"3",1);
        LcdFill(160,200,239,239,BLACK);
    }

    LcdFill(160,200,239,239,BROWN);

    LcdShowString(200,215,"3",WHITE,BROWN);
}
/*********************************************
* 函数名称:Uart_LCDKey4
* 输      入:b   -该按键是否按下
* 输      出:无
* 功      能:LCD 显示 4 键
***********************************************/
STATIC VOID Uart_LcdKey4(BOOL b)
{
    if(b)
    {
        RFCOMSend(0,"4",1);
```

```
            LcdFill(0,240,79,279,BLACK);

    }


    LcdFill(0,240,79,279,GREEN);


    LcdShowString(35,255,"4",WHITE,GREEN);

}
/***************************************
* 函数名称:Uart_LcdKey5
* 输    入:b  - 该按键是否按下
* 输    出:无
* 功    能:LCD 显示 5 键
***************************************/
STATIC VOID Uart_LcdKey5(BOOL b)
{
    if(b)
    {
        RFCOMSend(0,"5",1);
        LcdFill(80,240,159,279,BLACK);
    }


    LcdFill(80,240,159,279,BROWN);


    LcdShowString(118,255,"5",WHITE,BROWN);

}
/***************************************
* 函数名称:Uart_LcdKey6
* 输    入:b  - 该按键是否按下
* 输    出:无
* 功    能:LCD 显示 6 键
***************************************/
STATIC VOID Uart_LcdKey6(BOOL b)
{
    if(b)
    {
        RFCOMSend(0,"6",1);
        LcdFill(160,240,239,279,BLACK);
    }


    LcdFill(160,240,239,279,GREEN);


    LcdShowString(200,255,"6",WHITE,GREEN);
```

ARM Cortex-M4 微控制器原理与实践

```
}
/*************************************************
* 函数名称:Uart_LcdKey7
* 输    入:b   -该按键是否按下
* 输    出:无
* 功    能:LCD 显示 7 键
*************************************************/
STATIC VOID Uart_LcdKey7(BOOL b)
{
    if(b)
    {
        RFCOMSend(0,"7",1);
        LcdFill(0,280,79,319,BLACK);
    }

    LcdFill(0,280,79,319,BROWN);

    LcdShowString(35,295,"7",WHITE,BROWN);
}
/*************************************************
* 函数名称:Uart_LcdKey8
* 输    入:b   -该按键是否按下
* 输    出:无
* 功    能:LCD 显示 8 键
*************************************************/
STATIC VOID Uart_LcdKey8(BOOL b)
{
    if(b)
    {
        RFCOMSend(0,"8",1);
        LcdFill(80,280,159,319,BLACK);
    }

    LcdFill(80,280,159,319,RED);

    LcdShowString(118,295,"8",WHITE,RED);
}
/*************************************************
* 函数名称:Uart_LcdKey9
* 输    入:b   -该按键是否按下
* 输    出:无
* 功    能:LCD 显示 9 键
```

```
*********************************************/
STATIC VOID Uart_LcdKey9(BOOL b)
{
    if(b)
    {
        RFCOMSend(0,"9",1);
        LcdFill(160,280,239,319,BLACK);
    }

    LcdFill(160,280,239,319,BROWN);

    LcdShowString(200,295,"9",WHITE,BROWN);
}
/*********************************************
* 函数名称:Uart_LcdKeyRst
* 输    入:无
* 输    出:无
* 功    能:LCD 复位所有按键状态
**********************************************/
VOID Uart_LcdKeyRst(VOID)
{
    Uart_LcdKey1(FALSE);
    Uart_LcdKey2(FALSE);
    Uart_LcdKey3(FALSE);
    Uart_LcdKey4(FALSE);
    Uart_LcdKey5(FALSE);
    Uart_LcdKey6(FALSE);
    Uart_LcdKey7(FALSE);
    Uart_LcdKey8(FALSE);
    Uart_LcdKey9(FALSE);
}




/*********************************************
* 函数名称:main
* 输    入:无
* 输    出:无
* 功    能:函数主体
**********************************************/
int32_t main(void)
{
    UINT32 x = 0,y = 50;
```

```
PIX Pix;

PROTECT_REG
(
    /* 系统时钟初始化 */
    SYS_Init(PLL_CLOCK);

    /* 串口 0 初始化 */
    UART0_Init(9600);
)


/* LCD 初始化 */
LcdInit(LCD_FONT_IN_FLASH,LCD_DIRECTION_180);

/* 屏幕白屏 */
LcdCleanScreen(WHITE);

/* 打开 LCD 背光灯 */
LCD_BL(0);

/* W25QXX 初始化 */
while(disk_initialize(FATFS_IN_FLASH))
{
    printf("W25QXX init fail\r\n");
    Delayms(500);
}


/* 挂载 W25QXX */
f_mount(FATFS_IN_FLASH,&g_fs[0]);


LcdFill(0,0,LCD_WIDTH-1,20,RED);
LcdShowString(15,3,"SmartM-RFCOM 无线串口数据收发",YELLOW,RED);

/* 所有 LCD 虚拟按键恢复到初始状态 */
Uart_LcdKeyRst();

/* XPT2046 初始化 */
XPTSpiInit();
```

```
/* 使能 UART0 RDA/RLS/Time - out 中断 */
UART_EnableInt(UART0, UART_INTEN_RDAIEN_Msk);


while(1)
{
    /* 检查触摸屏操作 */
    if(XPT_IRQ_PIN() == 0)
    {
        if(XPTPixGet(&Pix) == TRUE)
        {
            Pix = XPTPixConvertToLcdPix(Pix);

            if(LcdGetDirection() == LCD_DIRECTION_180)
            {
                Pix.x = LCD_WIDTH - Pix.x;
                Pix.y = LCD_HEIGHT - Pix.y;
            }

            if(Pix.x > = 0 && Pix.x < = 79)
            {
                if(Pix.y > = 200 && Pix.y < = 239)Uart_LcdKey1(TRUE);
                if(Pix.y > = 240 && Pix.y < = 279)Uart_LcdKey4(TRUE);
                if(Pix.y > = 280 && Pix.y < = 319)Uart_LcdKey7(TRUE);
            }

            if(Pix.x > = 80 && Pix.x < = 159)
            {
                if(Pix.y > = 200 && Pix.y < = 239)Uart_LcdKey2(TRUE);
                if(Pix.y > = 240 && Pix.y < = 279)Uart_LcdKey5(TRUE);
                if(Pix.y > = 280 && Pix.y < = 319)Uart_LcdKey8(TRUE);
            }

            if(Pix.x > = 160 && Pix.x < = 239)
            {
                if(Pix.y > = 200 && Pix.y < = 239)Uart_LcdKey3(TRUE);
                if(Pix.y > = 240 && Pix.y < = 279)Uart_LcdKey6(TRUE);
                if(Pix.y > = 280 && Pix.y < = 319)Uart_LcdKey9(TRUE);
            }
        }
    }

    if(g_bRFRecvEnd)
```

```
        {
            g_bRFRecvEnd = FALSE;

            /* 显示接收到的数据 */
            Pix = LcdShowString(x,y,g_UnUartPacketUp.r.m_szBuf,BLACK,WHITE);

            /* 清空缓冲区 */
            memset(g_UnUartPacketUp.r.m_szBuf,0,sizeof g_UnUartPacketUp.r.m_szBuf);

            x = Pix.x;
            y = Pix.y;

            /* 判断换行操作 */
            if(y > = 140)
            {
                x = 0;
                y = 50;
                /* 清空接收数据区域 */
                LcdFill(0,50,LCD_WIDTH,180,WHITE);
            }
        }
    }
}
```

620

3. 下载验证

通过 NuLink 仿真下载器将程序下载到两块 SmartM-M451 迷你板后，迷你板的触摸屏显示操作界面如图 36.4.3 所示。

在 Windows 中打开"无线串口调试助手"，并打开对应的串口，如图 36.4.4 所示。

然后，在无线串口调试助手中选中"发送通道"为"从机 0"，对从机 0 发送数据为 www. smartmcu. com stephen. wen 0123456789；接着选择"发送通道"为"从机 5"，发送数据也为 www. smartmcu. com stephen. wen 0123456789。两块 SmartM-M451 迷你板的触摸屏显示数据如图 36.4.5 所示。

最后，在两块 SmartM-M451 迷你板上单击触摸屏上的虚拟按键，对 SM-RF-COM-B 型无线串口发送数据，此时，无线串口调试助手显示来自从机 0 和从机 5 的数据，如图 36.4.6 所示。

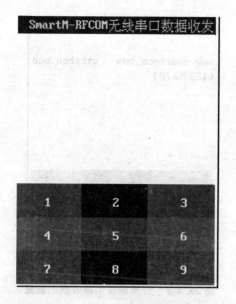

图 36.4.3　触摸屏操作界面

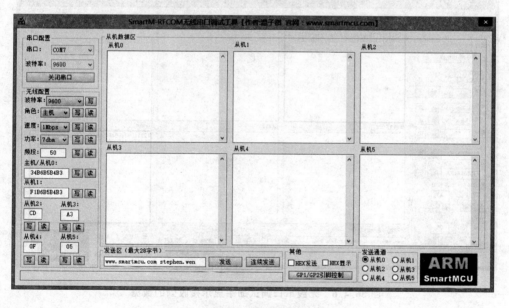

图 36.4.4　无线串口操作界面

图 36.4.5 触摸屏显示接收到的数据

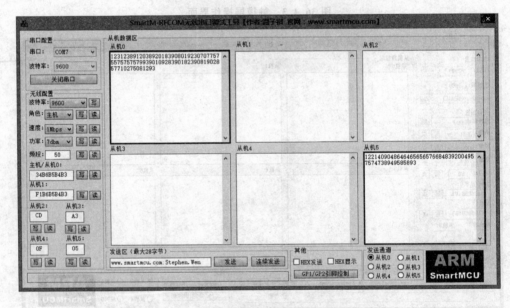

图 36.4.6 无线串口调试助手显示接收到的数据

附录 A

开发板原理图与实物照

SmartM-M451 迷你板实物图如图 A.1 所示。

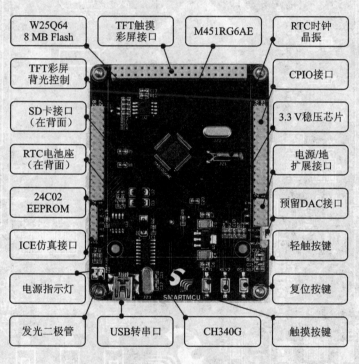

W25Q64 8 MB Flash	TFT触摸 彩屏接口	M451RG6AE	RTC时钟 晶振
TFT彩屏 背光控制			CPIO接口
SD卡接口 （在背面）			3.3 V稳压芯片
RTC电池座 （在背面）			电源/地 扩展接口
24C02 EEPROM			预留DAC接口
ICE仿真接口			轻触按键
电源指示灯			复位按键
发光二极管	USB转串口	CH340G	触摸按键

图 A.1 SmartM-M451 迷你板实物图

SmartM-M451 迷你板器件布局图（正面）如图 A.2 所示。

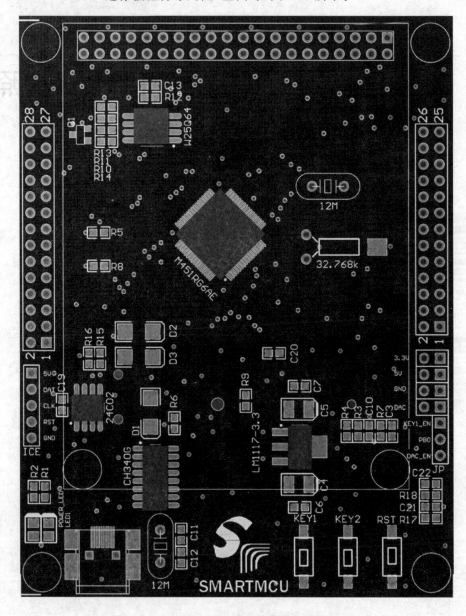

图 A.2 SmartM-M451 迷你板器件布局图（正面）

SmartM-M451 迷你板器件布局图(背面)如图 A.3 所示。

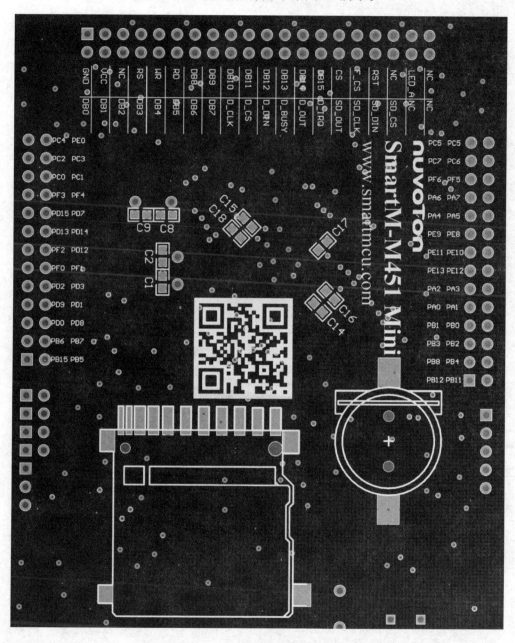

图 A.3 SmartM-M451 迷你板器件布局图(背面)

附录 B

无线串口实物照

SM-RFCOM 无线串口模组如图 B.1 所示。

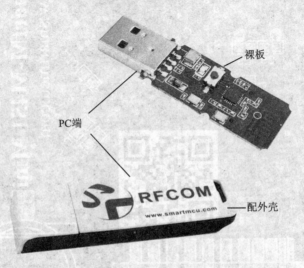

裸板

PC端

配外壳

主板端

图 B.1 SM-RFCOM 无线串口模组

单片机多功能调试助手

单片机多功能调试助手是一款多功能调试软件，不仅含有强大的串口调试功能，而且支持 USB 数据收发、网络数据收发、8051 单片机代码生成、AVR 单片机波特率计算、数码管字形码生成、进制转换、点阵生成、校验值（奇偶校验/校验和/CRC 冗余循环校验）、位图转十六进制等功能，还带有自动升级功能，使得读者手上的调试助手永远是最新的。单片机多功能调试助手如图 C.1 所示。

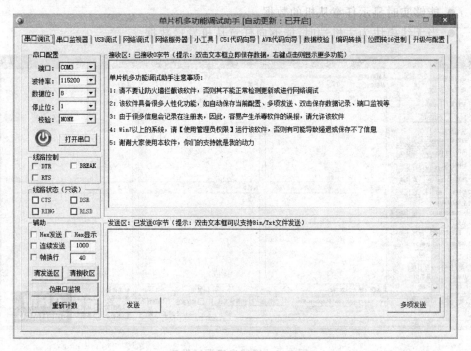

图 C.1　单片机多功能调试助手

温馨提示：调试工具推荐使用"单片机多功能调试助手"，若是 Win7 或 Win8 以上系统，请使用管理员权限运行该软件。

下载地址：http://www.smartmcu.com/或百度搜索"单片机多功能调试助手"。

附录 D

无线串口调试助手

为了提高开发者使用 SmartM-RFCOM 模块的效率,无线串口调试助手就是其最佳伴侣,如图 D.1 所示。使用无线串口调试助手时必须保证波特率与模块通信的波特率一模一样,而且必须先读取当前角色,因为发送通道按照角色变动而变动,特点如下:

- 友好地设置无线模块的属性,如波特率、角色、速度、功率、频段、地址等。
- 能够实时显示任意从机的数据。
- 当无线模块为主机端时,能够向任意从机发送数据。

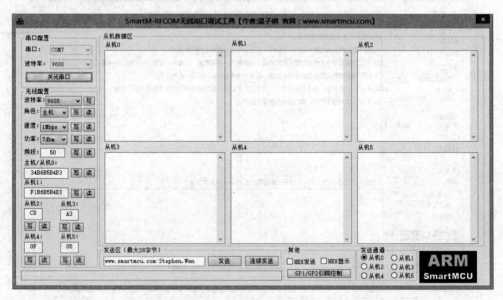

图 D.1　无线串口调试助手

下载地址:http://www.smartmcu.com/。

附录 E
源代码预览

入门代码文件如图 E.1 所示。

【ACMP】【模拟比较器】
【CRC】【CRC8循环冗余校验】
【CRC】【CRC16循环冗余校验】
【DAC】【输出电压值】【软件触发】
【DAC】【输出正弦波】【PWM触发】
【DAC】【输出正弦波】【定时器触发】
【DAC】【输出正弦波】【软件触发】
【EADC】【模拟数字转换】
【EBI】【读取TFT_ID】
【FATFS】【SD卡遍历根目录】
【FATFS】【SD卡读写文本】
【FATFS】【SD卡格式化】
【FATFS】【SD卡显示容量】
【FATFS】【W25QXX遍历根目录】
【FATFS】【W25QXX读写文本】
【FATFS】【W25QXX格式化】
【FATFS】【W25QXX显示容量】
【FCLK】【时钟源切换】
【FMC】【读写APROM】
【FMC】【读写DataFlash】

【FMC】【读写LDROM】
【FPU】【DSP_FFT(快速傅氏变换)】
【FPU】【计算浮点数】
【GPIO】【输出模式】【SysTick延时】
【GPIO】【输出模式】【SysTick中断】
【GPIO】【输出模式】【软件延时】
【GPIO】【输入模式】【按键检测】
【I2C】【24C02读写数据-查询模式】
【I2C】【24C02读写数据-软件模拟】
【PDMA】【Scatter_Gather模式】
【PDMA】【基本模式】
【PDMA】【基本模式】【串口数据接收】
【PLL】【频率变换】【驱动Led】
【PWM】【呼吸灯】
【PWM】【计数捕获】
【PWM】【计数捕获B】
【RTC】【Alarm唤醒】
【RTC】【显示日期与时间】
【SD】【读写数据】
【SD】【显示容量】

【SD】【显示信息】
【SPI】【W25QXX擦除扇区】
【SPI】【W25QXX擦除芯片】
【SPI】【W25QXX读取ID】
【SPI】【W25QXX读写数据】
【TFT】【图形显示】
【TFT】【颜色显示】
【TIMER】【定时计数】
【TKEY】【控制LED】
【TKEY】【上位机观察】
【TOUCH】【读取坐标值】
【UART0】【数据收发】
【UART0】【自定义printf】
【UART0】【自定义scanf】
【UART01】【无线串口】
【WDT】【超时复位】
【WWDT】【超时复位】
StdDriver
System

图 E.1　入门代码文件

进阶代码文件如图 E.2 所示。

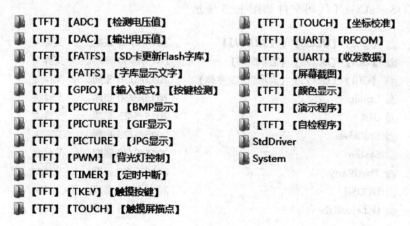

【TFT】【ADC】【检测电压值】
【TFT】【DAC】【输出电压值】
【TFT】【FATFS】【SD卡更新Flash字库】
【TFT】【FATFS】【字库显示文字】
【TFT】【GPIO】【输入模式】【按键检测】
【TFT】【PICTURE】【BMP显示】
【TFT】【PICTURE】【GIF显示】
【TFT】【PICTURE】【JPG显示】
【TFT】【PWM】【背光灯控制】
【TFT】【TIMER】【定时中断】
【TFT】【TKEY】【触摸按键】
【TFT】【TOUCH】【触摸屏描点】

【TFT】【TOUCH】【坐标校准】
【TFT】【UART】【RFCOM】
【TFT】【UART】【收发数据】
【TFT】【屏幕截图】
【TFT】【颜色显示】
【TFT】【演示程序】
【TFT】【自检程序】
StdDriver
System

图 E.2　进阶代码

ARM Cortex-M4微控制器原理与实践

630

μCOS 代码文件如图 E.3 所示。

【UCOS】【任务调度】	2015/8/30 星期...	文件夹
【UCOS】【消息邮箱】	2015/8/30 星期...	文件夹
StdDriver	2015/8/10 星期...	文件夹
System	2015/8/30 星期...	文件夹
ThirdParty	2015/8/10 星期...	文件夹
UCOSII	2015/8/10 星期...	文件夹
UsbHostLib	2015/8/10 星期...	文件夹

图 E.3　μCOS 代码

μCGUI 代码文件如图 E.4 所示。

【GUI】【无OS】【按钮输出文字】	2015/8/30 星期...	文件夹
【GUI】【无OS】【获取AD值】	2015/8/30 星期...	文件夹
【GUI】【无OS】【示例】	2015/8/30 星期...	文件夹
【GUI】【无OS】【显示图文】	2015/8/30 星期...	文件夹
【GUI】【无OS】【自定义字体】	2015/8/30 星期...	文件夹
Config	2015/8/30 星期...	文件夹
GUI	2015/7/17 星期...	文件夹
StdDriver	2015/7/17 星期...	文件夹
System	2015/8/30 星期...	文件夹
ThirdParty	2015/7/17 星期...	文件夹
UsbHostLib	2015/7/17 星期...	文件夹

图 E.4　μCGUI 代码

μCOS+μCGUI 代码文件如图 E.5 所示。

【GUI】【UCOS】【控制LED灯】	2015/8/30 星期...	文件夹
【GUI】【UCOS】【显示图形】	2015/8/30 星期...	文件夹
【GUI】【UCOS】【显示自定义字体】	2015/8/30 星期...	文件夹
Config	2015/8/30 星期...	文件夹
GUI	2015/5/25 星期...	文件夹
StdDriver	2015/5/25 星期...	文件夹
System	2015/8/30 星期...	文件夹
ThirdParty	2015/5/25 星期...	文件夹
UCOSII	2015/5/25 星期...	文件夹
UsbHostLib	2015/5/25 星期...	文件夹

图 E.5　μCOS+μCGUI 代码

参考文献

[1] 新唐科技股份有限公司. NuMicro M451 系列技术参考手册, 2014.

[2] 温子祺. ARM Cortex-M0 微控制器原理与实践 [M]. 北京：北京航空航天大学出版社, 2013.

[3] 温子祺. ARM Cortex-M0 微控制器深度实战 [M]. 北京：北京航空航天大学出版社, 2014.

[4] ARM 公司. RealView 编译器用户指南, 2007.

[5] ARM 公司. AMBA 3 AHB-Lite Protocol, 2006.

[6] Joseph Yiu. ARM Cortex-M3 与 Cortex-M4 权威指南 [M]. 3 版. 吴常玉, 曹孟娟, 王丽红, 译. 北京: 清华大学出版社, 2015.